科学出版社"十三五"普通高等教育本科规划教材

兽医药理学

主　编　芮　萍（河北科技师范学院）

副主编　郝智慧（中国农业大学）

　　　　　王成森（山东畜牧兽医职业学院）

　　　　　呼秀智（河北工程大学）

编　委（按姓氏拼音排序）

李守杰（潍坊海洋科技职业学院）　　　刘谢荣（河北科技师范学院）

马增军（河北科技师范学院）　　　　　毛　伟（内蒙古农业大学）

宋　涛（河北科技师范学院）　　　　　孙洪梅（黑龙江职业学院）

田志英（肃宁县职业技术教育中心）　　王加才（山东畜牧兽医职业学院）

严世杰（河北科技师范学院）　　　　　张德显（沈阳农业大学）

张启迪（青岛农业大学）　　　　　　　张学强（济南现代畜牧兽医学校）

周新锐（肃宁县职业技术教育中心）

科　学　出　版　社

北　京

内 容 简 介

本书在内容编写上充分考虑了动物医学专业职教师资培养的基本要求,结合我国兽医药理学的新发展,力求保证内容的科学性、先进性、实用性,重点明确、条理清晰、通俗易懂。第一章介绍了药物的基本知识、药理学的基本技能等内容,如药物剂量计算、动物诊疗处方的书写原则等。第二章至第十一章介绍了抗微生物药、抗寄生虫药、内脏系统药物、调节代谢药物、作用于神经系统药物等的作用特点、临床应用、相互作用、注意事项。为了理论与实践相互渗透和知识点相互连接,各章设计了实训内容;在每章末附有复习题,便于读者学习和思考。本书还专门设计了兽医药理学课程的教学法,将职业教育教学方法与专业课教学高度融合,增加了教材的针对性和实用性。

本书可供动物医学专业职教师资培养单位使用,也可供其他高校动物医学专业学生,动物医院和相关单位的教学、科研或从业人员参考。

图书在版编目(CIP)数据

兽医药理学 / 芮萍主编. —北京:科学出版社,2020.9
科学出版社"十三五"普通高等教育本科规划教材
ISBN 978-7-03-065892-0

Ⅰ. ①兽… Ⅱ. ①芮… Ⅲ. ①兽医学-药理学-高等学校-教材
Ⅳ. ① S859.7

中国版本图书馆 CIP 数据核字(2020)第155591号

责任编辑:丛 楠 张静秋 / 责任校对:严 娜
责任印制:张 伟 / 封面设计:蓝正设计

科 学 出 版 社 出版
北京东黄城根北街 16 号
邮政编码:100717
http://www.sciencep.com

北京凌奇印刷有限责任公司印刷
科学出版社发行 各地新华书店经销

*

2020年 9 月第 一 版 开本:787×1092 1/16
2024年 6 月第五次印刷 印张:16 1/2
字数:391 000
定价:69.80 元
(如有印装质量问题,我社负责调换)

前　言

发展职业教育，关键要有一支高素质的职业教育师资队伍。动物医学本科专业职教师资培养资源开发，计划包括中职学校动物医学专业教师标准、动物医学本科专业职教师资培养标准、动物医学本科专业职教师资培养质量评价体系、动物医学本科专业职教师资培养专用教材和数字教学资源库等系列教学资源。本套培养资源的开发正值我国兽医管理制度改革，对中职学校兽医专业毕业生的岗位定位进行了明确界定。因此，中等职业学校兽医专业的办学定位也要进行大幅度调整，与之配套的职教师资的职业素质也应进行重新设定。为适应这一形势变化，动物医学专业职教师资培养资源开发项目组彻底打破了原有的课程体系，参考发达国家兽医技术员和兽医护士层面的教育标准，结合我国新形势下中职学校兽医专业毕业生的岗位定位和能力要求，设计了一套全新的课程体系，并为 16 门主干课程编制配套教材。本教材属于动物医学本科专业职教师资培养配套教材之一。

本教材在内容设计上考虑了动物医学职教师资培养的基本要求和中职兽医专业毕业生的最低专业能力要求，结合我国兽医药理学的新发展，力求内容的科学性、先进性、实用性，重点明确、条理清晰、通俗易懂。教材内容以过程性知识为主，陈述性知识为辅，理论以"必需""够用"为度，突出常用技能和知识。重点突出药物的应用、相互作用、不良反应、注意事项等临床应用的知识，各章设计了实训内容，使教材更具广泛的实用性。在每章末附有知识拓展和复习题，便于读者学习和思考。另外，还专门设计了本课程的教学法，将职业教育教学方法与专业课教学高度融合，增加了教材的针对性和实用性。

本教材的编写人员来自全国动物医学专业职教师资培养单位、本科院校、高等职业专科学校、中等职业学校，初稿完成后分发到上述各个单位广泛征求意见，由兽医临床资深专家进行审阅，经反复修改，形成定稿。

本教材编写过程中，得到了各编写单位的大力支持和通力合作，在此致以衷心感谢。编写职教师资专用教材是一个大胆的尝试。由于编者水平有限，书中难免出现遗漏，恳请读者将发现的问题及时反馈给我们，以便在本书再版时予以修订。

芮　萍

2020 年 4 月 20 日

目 录

第一章 绪　论

【学习目标】
　　1）了解学习兽医药理学的目的。
　　2）了解兽医药理学的基本概念、主要研究内容、学习方法，明确药物合理应用的重要性。
【概　　述】
　　兽医药理学研究的范畴包括药物效应动力学和药物代谢动力学两部分，阐明药物的作用及作用机理、主要适应证、禁忌证和临床应用注意事项。兽医药理学是临床兽医各专业的基础医学课程，学科任务是为临床兽医专业学生在临床工作中合理用药、防治疾病提供理论依据，为从事兽医临床医疗工作奠定基础。

第一节　药物的基本知识

一、药物与兽药的概念

　　1. 药物　　指用于预防、治疗或诊断疾病的各种物质。随着科学的发展，药物的概念也在进一步扩大和深入。理论而言，凡能通过化学反应影响生命活动过程（包括器官功能及细胞代谢）的化学物质都属于药物范畴。

　　2. 兽药　　指用于预防、治疗、诊断动物疾病或者有目的地调节动物生理机能的物质（含药物饲料添加剂），主要包括血清制品、疫苗、诊断制剂、微生态制品、中药材、中成药、化学药品、抗生素、生化药品、放射性药品及外用杀虫剂、消毒剂等。

　　3. 毒药　　指作用剧烈，毒性极强，超过极量在短时间内即可引起动物中毒或死亡的药物，如硝酸士的宁、毛果芸香碱等。

　　4. 麻醉品　　指具有成瘾性的毒剧药品，如吗啡、可待因等。它与不具有成瘾性的麻醉药有本质区别，不能把麻醉品和麻醉药的概念相混淆。

　　5. 兽用处方药　　指凭兽医处方才能购买和使用的兽药。

　　6. 兽用非处方药　　指由国务院兽医行政管理部门公布的、不需要凭兽医处方就可以自行购买并按照说明书使用的兽药。

　　我国《兽医处方药和非处方药管理办法》2013 年 8 月 1 日公布，2014 年 3 月 1 日起实施。

二、药物的来源

　　药物的种类繁多，根据来源可分为天然药物、人工合成或半合成药物和生物技术药物三类。

　　1. 天然药物　　存在于自然界中具有预防和治疗疾病作用的天然物质称为天然药物。天然药物包括植物药（如黄连、龙胆）、动物药（如胰岛素、胃蛋白酶）、矿物药

（如硫酸钠、硫酸镁）三类。抗生素和生物制品（如青霉素、链霉素等）也列入天然药物范畴。

2. 人工合成或半合成药物 用化学方法人工合成或根据天然药物的化学结构用化学方法制备的药物称为人工合成药，如磺胺类药物和肾上腺素；人工半合成药是在原有天然药物的化学结构基础上引入不同的化学基团制得的一系列化学药物，如氨苄西林和多西环素等。人工合成和半合成药物应用非常广泛，是药物生产和获得新药的主要途径。

3. 生物技术药物 通过细胞工程、基因工程、酶工程和发酵工程等新技术生产的药物称为生物技术药物，如酶制剂、疫苗、单克隆抗体和细胞因子药物等。

三、兽医药理学的内容和性质

1. 定义和研究内容 兽医药理学（veterinary pharmacology）是药理学的重要组成部分。它是研究药物与机体（包括病原体）间相互作用的规律及其原理的科学。为临床合理用药、防治疾病、诊断疾病及促进动物生长、提高经济效益提供基本理论，是兽医学基础学科。兽医药理学的研究内容包括药物效应动力学和药物代谢动力学两部分：药物效应动力学简称药效学，主要研究药物对机体的作用及其作用原理；药物代谢动力学简称药动学，主要研究药物在体内的代谢过程，即机体如何对药物进行处理。

2. 性质 兽医药理学是临床兽医各专业的基础医学课程，也是药学专业的专业课程，它既是基础兽医学与临床兽医学间的桥梁，也是医学与药学间的桥梁。兽医药理学与动物生理学、动物生物化学、兽医病理、兽医微生物学、兽医免疫学等基础课程，以及家畜内科学、家畜外科学、家畜产科学、家畜传染病学、家畜寄生虫病学、中兽医学等专业课程都有密切的关系。

四、兽医药理学的学科任务、学习目的和学习方法

1. 学科任务 兽医药理学的学科任务是为兽医学专业学生在临床工作中合理用药、防治疾病提供理论依据，为阐明药物作用机制、改善药物质量、提高药物疗效、开发新药、发现药物新用途并为探索细胞生理生化及病理过程提供实验资料。兽医药理学属于基础兽医学，是连接基础学科与兽医临床学科的桥梁。兽医药理学的方法是实验性的，旨在严格控制的条件下观察药物对机体或其组成部分的作用规律并分析其客观作用原理。药理学的研究从宏观向微观转化。

2. 学习目的 兽医药理学的目的是运用动物生理学、动物生物化学、兽医病理学、兽医微生物学及免疫学等基础医学知识和理论，阐明药物的作用原理、主要适应证和禁忌证，在此基础上掌握兽医药理学的基本理论和基本技能，了解药物的来源、性质、作用原理和临床应用等主要内容，为兽医临床合理用药提供理论依据，指导临床合理用药，更有效地防治动物的各类疾病。

3. 学习方法 学习兽医药理学，要辩证地看待和处理药物与动物机体、药物与病原体之间的关系。兽医药理学既是动物医学的基础理论学科，又是实践性很强的实验性学科。因此，在学习过程中，要运用理论联系实际的学习方法，熟悉和掌握每类药物的基本作用、作用原理和作用规律，分析各类药物的共性和特性。对常用重点药物，必须全面掌握其功效、作用原理和临床应用，并注意与其他药物进行比较和鉴别。对常用的

试验方法和操作技能要重点学习和练习并熟练掌握，仔细观察和记录试验结果，同时要养成对试验结果和试验过程中出现的现象进行分析和思索的习惯，通过试验研究，培养严谨的工作作风、良好的试验素养和较强的分析和解决问题的能力。

五、兽医药理学的发展简史

古代人类为了生存，从生活经验中得知某些天然物质可以治疗疾病与伤痛，有很多药物一直沿用至今，如大黄导泻、楝实祛虫、柳皮退热等。这些药物知识大量积累、世代留传，集成了古代本草学。从古代本草学发展成为现代药物学经历了漫长的岁月，是人类药物知识和经验的总结过程。其中，我国的本草学发展很早，文献极为丰富，对世界药物学的发展曾做出重大贡献。《神农本草经》是我国最早的本草著作，成书时间约在公元 1 世纪前后，为汉代学者托"神农"之名编纂而成，此书收载植物药、动物药和矿物药 365 种。公元 659 年，唐朝政府在此基础上修订为《新修本草》并颁布实施。《新修本草》收载药物 884 种，并附有图谱，是世界最早的药典性著作，比欧洲最早的《纽伦堡药典》早 883 年。明代伟大医药学家李时珍经过 30 多年的艰苦努力，克服种种困难，编著而成药学巨著《本草纲目》。《本草纲目》收载药物 1892 种，绘制药图 1160 幅，收入药方 11 000 余条。此书内容丰富，收罗广泛，实事求是，改进了分类方法，批判了迷信谬说，在当时的历史条件下有相当高的科学性。《本草纲目》是我国本草学中最伟大的巨著，促进了我国医药的发展，并受到国际医药界的推崇，在世界各国流传很广，对世界医药学的发展具有巨大的推动作用。

兽医药物学的发展是随着药物学的发展而发展的。隋、唐之前兽医专用本草著作极少，兽用本草的内容多包含在历代的本草书籍之中。《神农本草经》中就载有不少专门治疗家畜病的药物，如柳叶"主马疥痂疮"，梓叶、桐花"治猪疮"等，可以认为《神农本草经》是一部人畜通用的药学专著。汉简记载，汉代已有兽医药方，如"治马伤水方：姜、桂、细辛、皂荚、付子各三分，远志五分，桂枝五钱……"。晋代名医葛洪（公元 281～340）所著《肘后备急方》在第八卷有"治牛马六畜水谷疫疠诸病方"。北魏贾思勰所著《齐民要术》一书中，有畜牧兽医专卷，列举了 48 种治疗家畜疾病的方法，其中有麦芽治中谷（伤食），麻子治肚胀，榆白皮治咳嗽，雄黄治疥癣等记载。据《隋书·经籍志》载，有《疗马方》等有关兽医方药的专著，但原书已佚，其内容也无从查考。唐朝李石所著《司牧安骥集》是我国现存最早的兽医专著，其中卷七为《安骥药方》，收载兽医药方 144 个。宋代王愈著《蕃牧纂验方》，收载兽医方剂 57 个，如消黄散、天麻散、石决明散、桂心散、茴香散、乌梅散等。元代卞宝著《痊骥通玄论》，收载药物 249 种，兽医药方 113 个。明代喻本元、喻本亨编撰了《元亨疗马集》（刊行于 1608 年），这是流行最广的一部中兽医古籍。在该书"用药须知"中，收载药物 260 种。此外，还有中药运用、配伍、禁忌等内容。在"经验良方"中，收载方剂 170 余个。"使用歌方"将常用方剂编成汤头歌，被后世称为"三十六汤头"。

科学的发展与生产力的发展有密切的关系，现代药理学的建立和发展是与现代科学技术的进步紧密联系的。16～18 世纪，欧洲经过资产阶级革命，资本主义兴起，社会生产力得到迅速提高，促进了自然科学的快速发展。化学和生理学等学科的发展为药物学和药理学的发展奠定了科学基础。18 世纪以前，凡研究药物知识的科学统称为药物学。

意大利生理学家 F.Fontana（1702~1805）通过动物实验对千余种药物进行了毒性测试，得出了"天然药物都有其活性成分，选择作用于机体某个部位而引起典型反应"的客观结论。这一结论后来被德国化学家 F.W.Sertürner（1783~1841）所证实，F.W.Sertürner 于 1804 年首先从罂粟中分类提纯吗啡，并在狗身上证明其具有镇痛作用。19 世纪初期，有机化学的发展为药理学提供了物质基础，从植物药中不断提纯其活性成分，得到纯度较高的药物，如咖啡因（1819）、士的宁（1818）、阿托品（1831）等。1819 年法国人 F.Magendie 用青蛙实验确立了士的宁的作用部位在脊髓。这些工作为药理学创造了试验方法。1828 年成功合成尿素，为人工合成有机化合物开辟了道路。药理学作为独立的学科起始于德国人 R.Buchheim（1820~1879），他建立了第一个药理学实验室，写出第一部药理学教科书，也是世界上第一位药理学教授。其学生 O.Schmiedeberg（1838~1921）继续发展了试验药理学，开始研究药物的作用部位，称为器官药理学。受体原是英国生理学家 J.N.Langley（1852~1925）提出的药物作用学说，现已被证实它是许多特异性药物作用的靶。此后，药理学得到飞跃发展，之后又开始人工合成新药，许多催眠药、解热镇痛药、局部麻醉药涌现出来，如德国微生物学家 P.Ehrlich 与同事共同合成治疗梅毒的新胂凡纳明（别名新 606），开创了用化学药物治疗传染病的新纪元。1935 年德国人 G.Domagk 发现磺胺类药百浪多息能治疗细菌感染。1940 年英国人 H.W.Florey 在 A.Fleming 的研究基础上，从青霉菌培养液中提纯了青霉素，开创了抗生素发展的新时代。20 世纪中叶，出现了许多前所未有的药理学新领域及新药，如抗生素、抗癌药、抗精神病药、抗高血压药、抗组胺药、抗肾上腺素药等。药理学已由过去的只与生理学有联系的单一学科发展成为与生物化学、生物物理学、免疫学、遗传学和分子生物学等诸多学科有密切联系的综合学科，并随之出现了许多新的分支学科，如生化药理学、细胞分子药理学、免疫药理学、遗传药理学等。而临床药理学特别是药动学的发展使临床用药从单凭经验发展为科学计算，并促进了生物药学的发展。药效学研究特别是药理作用原理的研究也逐渐向微观世界深入，阐明了许多药物作用的分子机制，反过来也促进了分子生物学的发展。展望今后，药理学科将针对疾病的根本原因，发展病因特异性药物治疗和基因治疗，后者是现代分子生物学技术在临床治疗学领域的一个重要进展，目前虽然还停留在临床试验阶段，但已显示出广阔的前景。

大约在 17 世纪初，西药制造方法开始传入我国。1840 年鸦片战争以后，我国海禁开放，西方医药大量传入，在传统医药之外逐渐形成另一西方医药体系。此后百余年，是中国对西药认识、学习和吸收的阶段。1949 年以前，我国医药科学发展十分缓慢。与此同时，中医药事业的发展也受到了相当严重的制约。1949 年以后，我国医药事业快速发展，药理学研究取得了巨大成就。例如，对抗血吸虫药酒石酸锑钾的药效学与药代学进行了系统研究，提高了疗效，又研制出非锑剂抗血吸虫药呋喃丙胺；阐明了吗啡的镇痛部位是在第三脑室周围和导水管周围的灰质，对镇痛药的作用机理研究产生了重要影响；在中药药理研究方面，对强心苷（如黄夹苷）、肌松药（如防己科植物）、镇痛药（如延胡索）、抗胆碱药（如山莨菪碱）、抗肿瘤药（如喜树碱）及抗疟药（如青蒿素）等进行了大量的研究，阐明了作用机理，推动了中西药的结合。

兽医药理学作为独立学科建立的准确年代无从考证，欧洲 18 世纪开始成立兽医学院，20 世纪初期已出现多种兽医药物学及治疗学的教科书，但多记述植物、矿物药和处方，没有叙述药物对组织的作用或作用机制。1917 年美国康乃尔大学的 H.J.Milks 教授出版教科书《实用药理学及治疗学》，在当时得到广泛应用，由此可认为 20 世纪 20 年代前后是兽医药理学学科建立的年代。

我国兽医药理学在 20 世纪 50 年代初成为独立学科，得到较好发展则是在 20 世纪 70 年代末期我国实行改革开放以后。兽医药理学研究蓬勃开展，新兽药的研制开发取得了突出成就。例如，对磺胺与抗生素在动物体内的药代动力学进行了比较系统的研究；创制了海南霉素；合成了兽用保定药二甲苯胺噻唑与保定宁等；兽药抗寄生虫药及新制剂也不断面世。特别是近十年来，新兽药的研制开发取得了更加突出的成就。20 世纪 50 年代初，我国成立独立的高等农业院校，大多数农业院校设立了兽医专业，开始开设兽医药理学课程，1959 年出版了全国试用教材《兽医药理学》，1980 年 5 月出版全国高等农业院校教材《兽医药理学》（第一版），2002 年出版面向 21 世纪课程教材《兽医药理学》（第二版）（即全国高等农业院校教材《兽医药理学》第二版）。此外，还编写出版了多种版本的《兽医药理学》教材和兽药专著、兽药手册等，促进和完善了兽医药理学教材体系的建设。1965 年出版了第一部《兽药规范》，1978 年出版了第二部《兽药规范》，1987 年 5 月国务院颁发了《兽药管理条例》，2004 年又重新修订。1991 年开始颁布《中华人民共和国兽药典》，现已颁布发行到 2015 年版。这些法规的颁布与实施对兽医药品的生产与质量控制发挥了重要作用。上述成果对保障我国畜牧业生产发展起到重要的作用。

六、药物剂型与制剂

（一）剂型和制剂

1. 剂型（dosage form）　　指将药物的原料药加工制成安全、稳定和便于应用的形式，如中药散剂、化药粉剂、片剂、注射剂等。

2. 制剂（preparation）　　为了便于药物的应用及防治疾病的需要等，将其制成片剂、注射剂、溶液剂等，如敌百虫片剂、链霉素注射剂等。

先进合理的剂型有利于药物的储存、运输和使用，如制成饮水剂、缓释剂；能够提高疗效，如磺胺类药物和某些抗菌药物与 TMP 制成复方制剂可提高疗效；降低不良反应，如阿司匹林制成肠溶片，减少对胃的刺激；改变药物的作用和疗效，如硫酸镁口服小剂量健胃，大剂量则作为泻药，25% 硫酸镁注射剂用于抗惊厥药。

（二）兽医临床常用的剂型分类

1. 液体剂型

（1）溶液剂　　指溶质为非挥发性药物的澄明液，溶媒多为水。主要供内服，也可外用，如硫酸镁溶液。

（2）合剂　　由两种以上药物制成的透明或混浊的液体剂型。多供内服用，用时摇匀，如复方甘草合剂。

（3）乳剂　　指两种以上不相混合的液体，加入乳化剂（如阿拉伯明胶等）后制成的乳状悬浊液。可内服或外用，如鱼肝油乳剂。

（4）酊剂　　指用不同浓度的乙醇溶液浸泡药材或溶解化学药物而制得的液体剂型。可供内服或外用，如碘酊。

（5）醑剂　　指挥发性药物的乙醇溶液。可供内服或外用，如樟脑醑。

（6）擦剂　　由刺激性药物制成的油性或醇性液体剂型。多供外用，涂擦于完整的皮肤表面，发挥局部治疗作用，如四三一擦剂。

（7）浸膏剂　　将药材的浸出液经浓缩除去部分溶媒而制成的符合标准的液体剂型。多供内服。通常每 1mL 相当于原药材 1g，如益母草流浸膏。

（8）透皮制剂　　也称透皮给药系统，指药物通过皮肤敷贴或喷洒给药到达体内，以达到长时间有效血药浓度和治疗作用的缓释或控释系统。兽医临床主要用于抗菌、驱虫或其他全身治疗，如左旋咪唑透皮剂和一些中药透皮剂。

（9）水针剂　　指药物制成的供注入体内的无菌溶液（包括乳浊液和混悬液）。

2. 半固体剂型

（1）软膏剂　　药物与适量的赋形剂（基质）均匀混合制成的易于外用涂布的半固体剂型。供眼科用的灭菌软膏称为眼膏，如红霉素软膏。

（2）舐剂　　是由各种植物药粉末、中性盐类或浸膏与黏浆药等混合制成的一种黏稠状或面团状半固体的剂型。供病畜自由舐食或涂抹在病畜舌根部任其吞食。应无刺激性及不良气味。常用的辅料有甘草粉、淀粉和糖浆等。

3. 固体剂型

（1）片剂　　指由药物与赋形剂制成颗粒后，压制成的圆片状或异型片状剂型。主供内服，如土霉素片。

（2）丸剂　　是一种类似球形或椭圆形的剂型，由主药、赋形药、黏合药等组成，如牛黄解毒丸。

（3）胶囊剂　　指将药物（刺激性或不良气味）密封于胶囊中的剂型。供内服，如速效感冒胶囊。

（4）散剂（粉剂）　　是由各种不同药物经粉碎、过筛、均匀混合而制成的干燥粉末状制剂。可供内服或外用。如健胃散。

（5）可溶性粉剂（饮水剂）　　是由一种或几种药物加入助溶剂或助悬剂后制成的可溶性粉末状制剂。多作为饮水添加剂型，投入饮水中（混饮）使药物均匀分散，供动物饮用。

（6）预混剂　　是由一种或几种药物与适宜的基质（赋形剂）混合制成供添加在饲料中的药物的粉末状制剂。常用的基质有碳酸钙、麸皮、玉米粉等。将适宜的基质掺入饲料中（混饲）充分混合，可达到使药物微量成分均匀分散的目的。

（7）粉针剂　　指药物制成的供注入体内的无菌粉末，临用前配成溶液或混悬液。

4. 气雾剂　　指药物与抛射剂共同封装于具有阀门系统的耐压容器中，借抛射剂的压力将药物以气雾状喷出的制剂。可供皮肤和腔道等局部应用，也可作吸入全身治疗、厩舍消毒、除臭及杀虫等。

5. 注射剂（针剂）　　指灌封于特别容器中的灭菌的澄明液、混悬液、乳浊液或粉末。据此可将注射剂分为水针剂和粉针剂（在临用时加注射用水等溶媒配制）。如果密封于安瓿中，称为安瓿剂。

（三）兽用新剂型

1. 缓控释制剂 缓释、控释制剂也称为缓控释给药系统，是近年来发展较快的新型给药系统。缓释制剂指药物在体内或用药部位能按要求长时间、缓慢地非恒速释放药物，使吸收、消除缓慢，药效延长、持久，如犬、猫的颈圈。控释制剂是指在用药后，能按要求缓慢地恒速或接近恒速释放药物，可长时间恒定地维持在有效血药浓度范围内的制剂。

2. 经皮给药制剂 指在皮肤表面给药，应用物理或化学方法及手段，促进药物穿过皮肤，药物由皮下毛细血管吸收进入血液循环并实现治疗或预防疾病的药物制剂。

3. 靶向制剂 指载体将药物通过局部给药或全身血液循环，选择性地浓集于靶组织、靶器官、靶细胞或细胞内结构的给药系统。目前兽医临床常用的靶向制剂有脂质体、微球或磁性微球等。

4. 微型胶囊 简称微囊，用天然的或合成的高分子材料（囊材），将固体或液体药物（囊芯物）包裹成直径 $1\sim5000\mu m$ 的微型胶囊。微囊可延长药效、提高药物的稳定性、掩盖药物的不良气味等。根据临床需要将微囊制成散剂、胶囊剂等。

5. 毫微型胶囊 指直径 $50\sim500nm$、在水中能分散成透明的胶体的系统，可供肌内、静脉注射。

七、药物的保管与贮存

妥善地保管与贮藏药物是防止药物变质、药效降低、毒性增加和发生意外的重要环节。

（一）药物的保管

保管药物应有专人负责，建立严格的保管制度，否则不但会造成药品的损失，甚至可能危害人、畜生命。特别是毒、剧药品和麻醉药品，应严格按国家颁发的有关法令、条例进行管理和保存。

（二）药物的贮藏

按药物的理化性质、用途等科学合理地贮存药物，是防止事故、避免损失的重要措施。各种药物贮藏总的原则是要遮光、密封贮藏，以免药物被污染，或发生挥发、潮解、风化、变质、燃烧甚至爆炸等。

对于有保存期限的药物，应经常检查，以免过期失效。有效期是指药物的有效使用期限，一般指药物自生产之日起到失效之日止；失效期指药物开始失效的日期。生产批号用来表示同一原料同一批次制造的产品，其内容包括日号和分号：日号原用六位数字表示，若同一日期生产几批，则可加分号来表示不同的批次。我国药厂生产的药品批号与出厂日期是合在一起的，现多用八位，如某药的批号为20070526-3，即表示2007年5月26日生产的第三批药物。

第二节　药物对机体的作用——药效学

一、药物的基本作用

（一）药物作用的基本表现

药物能引起动物生理机能或生化反应过程的变化，以及能抑制和杀灭病原体的作用称为药物作用，又称药物的效应或药效。

药物对机体作用的表现多种多样，但任何药物的作用都是在机体原有生理机能和生化过程的基础上产生的，即主要表现为机能活动加强和减弱两个方面。凡使机体的机能活动增强的作用称为兴奋作用，能引起兴奋的药物为兴奋药；凡使机体的机能活动减弱的作用称为抑制作用，能引起抑制的药物为抑制药。

药物的兴奋和抑制作用是可以转化的。当兴奋药的剂量过大或作用时间过久时，往往在兴奋之后出现抑制；同样，抑制药在产生抑制之前也可出现短时而微弱的兴奋。

（二）药物作用的方式

1. 药物的直接作用与间接作用　　药物对所接触的组织器官直接产生的作用称为直接作用，又称原发性作用；由于直接作用而使其他组织器官产生的反应称为间接作用，也称继发性作用。例如，洋地黄被机体吸收后，直接作用于心，加强心肌收缩力，心机能增强，这种作用为直接作用；同时由于心输出量的增加，间接增加肾的血流量，尿量增加，表现利尿作用，使心性水肿得以减轻或消除，这种作用为间接作用。

2. 药物的局部作用与吸收作用　　药物未被吸收进入血液前在用药局部产生的作用称为局部作用，如对注射部位的消毒，内服不吸收的硫酸新霉素治疗肠炎就是局部作用。药物吸收进入血液后对机体组织器官产生作用称为吸收作用，也称为全身作用，如肌注青霉素后出现的抗感染作用，就是吸收作用。

（三）药物的选择性作用

绝大多数的药物在适当的剂量时，仅对机体的某些器官组织有明显的药理作用，对其他器官组织作用较小或几乎无作用，这种现象称为药物的选择性作用或药物作用的选择性。例如，缩宫素对子宫平滑肌具有高度选择性，能用于催产。

药物的选择性作用一般是相对的，往往与剂量有关，随着剂量的加大，选择性可能降低。与选择性作用相反，有些药物对各种组织细胞均有类似作用，能破坏所有生命的蛋白质，称为原浆毒作用或原生质毒作用。这类药物一般仅作为环境或用具的防腐消毒药，如氢氧化钠。

（四）药物的防治作用与不良反应

药物作用于机体后，可产生多种药理效应，对防治疾病产生有益的作用，称为治疗作用；其他与用药目的无关或对动物有害的作用，称为不良反应。大多数药物在发挥治疗作用的同时，都存在不同程度的不良反应，这就是药物作用的两重性。在临床用药中，应充分发挥药物的防治作用，尽量减少或避免药物的不良反应。

1. 防治作用　　防治作用一般又分为对因治疗和对症治疗。用药后消除发病的原因称为对因治疗，也称治本，如抗生素杀灭体内的病原微生物等；用药后仅能改善或消除疾病的症状称为对症治疗，也称治标，如解热药可使病畜发热体温降至正常等。对因治疗和对症治疗是相辅相成的，临床应遵循"急则治标，缓则治本，标本兼治"的治疗原则，并根据病情灵活运用。

2. 不良反应

（1）**副作用**　　副作用是药物在治疗剂量时产生的与用药目的无关的作用。产生副作用的药理基础是药物作用选择性低，作用范围广。当某一效应被用为治疗目的时，其他效应就成了副作用，副作用可随治疗目的的不同而改变。例如，应用阿托品解除肠道平滑肌痉挛时，抑制腺体分泌引起口干为副作用；当利用它抑制腺体分泌的作用，作为麻醉前给药时，使平滑肌松弛而引起肠臌气，就成为副作用。药物的副作用对机体的损害一般比较轻微，并可事先预知。

（2）**毒性反应**　　毒性反应是由于药物用量过大、作用时间过长或机体对某一类药物特别敏感，以致造成机体明显损害的作用。有些药物有一定的毒性，通常可以预料，在用药时严格剂量就可以避免。某些药物可能有致畸、致癌或致突变等不良反应。

（3）**过敏反应**　　过敏反应是指少数具有特异体质的病畜，在应用极少量的某种药物时，产生的与药物作用性质完全不同的反应。过敏反应的发生与用药的剂量无关，在兽医临床一般不可预知，对机体的危害也是可轻可重。例如，青霉素过敏时，可表现为流汗、荨麻疹等过敏症状，严重时也可因过敏性休克而致死。

（4）**继发性反应**　　继发性反应是药物治疗作用引起的不良后果。例如，成年草食动物胃肠道有许多微生物寄生，正常情况下菌群之间维持平衡的共生状态，如果长期内服四环素类广谱抗生素时，对药物敏感的菌株受到抑制，菌群间相对平衡受到破坏，以致一些不敏感的细菌或抗药的细菌如真菌、葡萄球菌、大肠杆菌等大量繁殖，可引起真菌性肠炎或全身感染。这种继发性感染也称为二重感染。

（5）**后遗效应**　　后遗效应指停药后血药浓度已降至阈值以下时的残存药理效应。后遗效应可能对机体产生不良反应。例如，长期应用皮质激素可导致药源性疾病；有些药物也能对机体产生有利的后遗效应，如抗生素可提高吞噬细胞的吞噬能力。

二、药物的构效关系

药物的构效关系指特异性药物的化学结构与药物效应之间的密切关系。因为药理作用的特异性取决于特定的化学结构，这就是构效关系。化学结构类似的药物一般能与同一受体或酶结合，产生相似（拟似药）或相反的作用（拮抗药）。例如，去甲肾上腺素、肾上腺素、异丙肾上腺素为拟肾上腺素药，普萘洛尔为抗肾上腺素药。它们的结构如下。

此外，许多化学结构完全相同的药物存在光学异构体，具有不同的药理作用，多数左旋体有药理活性，而右旋体没有作用或较弱。

三、药物的量效关系

药物的量效关系指在一定范围内，药物的效应随着剂量的增加而增强。它定量地分

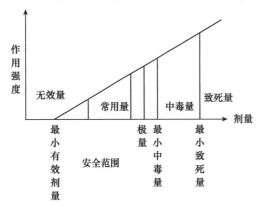

去甲肾上腺素　　　　　　　　肾上腺素

异丙肾上腺素　　　　　　　　普萘洛尔

析和阐明药物剂量与效应之间的规律。药物剂量从小到大的增加引起机体药物效应强度或性质的变化，药物剂量过小，不产生任何效应，称无效量。能引起药物效应的最小剂量，称最小有效剂量或阈剂量。随着剂量增加，效应强度相应增大，达到最大效应，称为极量。若再增加剂量，会出现毒性反应，出现中毒的最低剂量称为最小中毒量。比中毒量大并能引起死亡的剂量，称为致死量。药物的最小有效剂量到最小中毒量之间的范围称为安全范围。药物的常用量或治疗量在安全范围内，应比最小有效剂量大，并对机体产生明显效应，但并不引起毒性反应的剂量。药物作用与剂量的关系如图1-1所示。

在一定的范围内，药物的效应与靶部位的浓度成正相关，而后者决定于用药剂量或血中药物浓度，定量地分析与阐明两者间的

图1-1　药物作用与剂量的关系示意图

变化规律称为量效关系。它有助于了解药物作用的性质，也可为临床用药提供参考资料。

1. 最小有效剂量（minimal effective dose）或最小有效浓度（minimal effective concentration）　指能引起效应的最小药量或最小药物浓度，也称阈剂量（threshold dose）或阈浓度（threshold concentration）。

2. 半数有效量（50% effective dose，ED_{50}）　在量反应中指能引起50%最大反应强度的药量，在质反应中指引起50%实验对象出现阳性反应时的药量。以此类推，如效应为惊厥或死亡，则称为半数惊厥量（50% convulsion）或半数致死量（50% lethal dose，LD_{50}）。药物的ED_{50}越小，LD_{50}越大，说明药物越安全，一般常将药物的LD_{50}与ED_{50}的比值称为治疗指数（therapeutic index，TI），用以表示药物的安全性。但如果某药的量效曲线与其剂量毒性曲线不平行，则TI值不能完全反映药物安全性，故有人用LD_5与ED_{95}或LD_1与ED_{99}之间的距离表示药物的安全性。表示药物的安全性的指标有两个：治疗指数和安全范围（更可靠）。

3. 最大效应（maximal efficacy，E_{max}）　在反应系统中，随着剂量或浓度的增加，效应强度也随之增加，当效应增强到最大程度后虽再增加剂量或浓度，效应不再继续增强，这一药理效应的极限称为最大效应或效能（efficacy）。

4. 效价强度（potency）　用于作用性质相同的药物之间的等效剂量的比较，达到等效时所需药量较小者效价强度大，所用药量大者效价强度小。效价即效价强度，是指药物达到一定效应时所需的剂量（通常以毫克计），如镇痛作用或降压作用等。例如，

5mg B 药的镇痛作用和 10mg A 药的镇痛作用相同，则 B 药效价是 A 药的两倍。效价强度大并不能说明该药优于其他药，临床应用时要考虑许多因素，如副作用、毒性、作用持续时间及价格等。

效能是指药物产生最大效应的能力。例如，利尿药呋塞米（速尿）可比氢氯噻嗪消除更多的钠盐和水，则速尿的效能大。和效价一样，效能也仅仅是临床针对个体用药所考虑的因素之一。

四、药物的作用机制

药物作用机制是研究药物为什么起作用、如何起作用和在哪个部位起作用的问题。了解药物作用机制对加深理解药物作用和不良反应，指导临床实践有重要意义。由于药物的种类繁多、性质各异，且机体的生化过程和生理机能十分复杂，虽然人们的认识已从细胞水平、亚细胞水平深入到分子水平，但其学说也不完全相同。目前公认的药物作用机制有以下几种。

1）通过受体产生作用。药物通过与机体细胞的细胞膜或细胞内的受体相结合而产生药效效应。当某一药物与受体结合后，能使受体激活，产生强大效应，这一药物就是该受体的激动药或兴奋药，如毛果芸香碱是 M 受体兴奋剂；如果药物与受体结合后，不能使受体激活产生效应，反而阻断受体激动药与受体结合，这一药物就是该受体的阻断药或拮抗药，如阿托品是 M 受体的阻断剂。

2）通过改变机体的理化性质而发挥作用。抗酸药的化学中和作用，使胃液的酸度降低。如碳酸氢钠内服能中和过多的胃酸，可治疗胃酸过多症。

3）通过改变酶的活性而发挥作用。酶在细胞生化过程中起重要作用，如喹诺酮类药物，可通过抑制细菌 DNA 复制过程中所需回旋酶的活性而产生抗菌作用。

4）通过参与或影响细胞的物质代谢过程而发挥作用。如磺胺药通过干扰细菌的叶酸合成代谢过程而发挥抑菌作用。

5）通过改变细胞膜的通透性而发挥作用。如表面活性剂苯扎溴铵可改变细菌细胞膜的通透性而发挥抑菌作用。

6）通过影响体内活性物质的合成和释放而发挥作用。如大量碘能抑制甲状腺素的释放；阿司匹林能抑制生物活性物质前列腺素的合成而发挥解热作用。

第三节 机体对药物的作用——药动学

一、生物膜的结构与药物的转运

（一）生物膜的结构

生物膜是细胞膜和细胞器膜的统称，包括核膜、线粒体膜和溶酶体膜等。细胞膜大部分是由不连续的、具有液态特性的双分子脂层组成，厚度约为 8nm，较少部分由蛋白质或脂蛋白组成，并镶嵌在脂质的基架中。膜成分中的蛋白质有重要的生物学意义：一种为表在性蛋白，有的具有吞噬、胞饮作用；另一种为内在性蛋白，贯穿整个脂膜，组成生物膜的受体、酶、载体和离子通道等。生物膜能迅速地作局部移动，是一种可塑性的液态结构，它可以改变相邻蛋白质的相对几何形状，并形成通道内转运的屏障，不同组织的生物膜具有不同的特征，如血脑屏障决定了药物的转运方式。

（二）药物转运的方式

药物从给药部位进入全身血液循环，分布到各种器官、组织，经过生物转化，最后由体内排出，要经过一系列的细胞膜或生物膜，这一过程称为跨膜转运。

1. 被动转运 指药物通过生物膜由高浓度向低浓度转运的过程。一般包括简单扩散和滤过。

（1）简单扩散 又称被动扩散，大部分药物均通过这种方式转运，其特点是顺浓度梯度，扩散过程与细胞代谢无关，故不消耗能量，没有饱和现象。扩散速率主要决定于膜两侧的浓度梯度和药物的脂溶性，浓度越高、脂溶性越大，扩散越快。

（2）滤过 通过水通道滤过是许多小分子（相对分子量150～200）、水溶性、极性和非极性物质转运的常见方式。各种生物膜水通道的直径有所不同。毛细血管内皮细胞的膜孔比较大，直径约为4～8nm，而肠道上皮和大多数细胞膜仅为0.4nm。

2. 主动转运 这是一种载体介导的逆浓度或逆电化学梯度的转运过程。载体与被转运物质发生迅速、可逆的相互作用，所以对转运物质的化学性质有相当的选择性。由于载体的参与，转运过程有饱和性、相似化学性质的物质还有竞争性，竞争性抑制是载体转运的特征。

3. 易化扩散 又称促进扩散，也是载体介导的转运，故也具有饱和性和竞争性的特征。但是易化扩散是顺浓度梯度转运，不需要消耗能量，这是它和主动转运的区别。

4. 胞饮或胞吐作用 由于生物膜具有一定的流动性和可塑性，因此细胞膜可以主动变形而将某些物质摄入细胞内或从细胞内释放到细胞外，这种过程称为胞饮或胞吐作用。

二、药物的体内过程

从药物进入机体至排出体外的过程称为药物的体内过程，包括药物的吸收、分布、转化和排泄，这个过程几乎是相继发生、同时进行的（图1-2）。药物在体内的吸收、分布和排泄统称为药物在体内的转运、转化和排泄，又称为药物的消除。了解药物的体内过程，对临床优选给药方案和提高疗效具有重要意义。

（一）药物的吸收

药物自用药部位进入血液循环的过程称为吸收。药物的吸收速度和吸收量可影响药物的作用。给药途径、药物的理化性质等可影响药

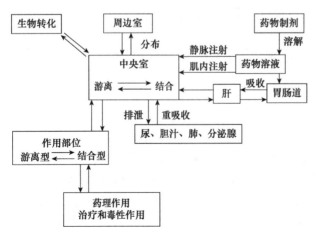

图1-2 药物体内过程示意图（引自操继跃和卢笑丛，2005）

物的吸收,除静脉注射以外,其他给药方法均有吸收过程。下面重点讨论常用的几种给药途径的吸收过程。

1. 内服给药 多数药物可经内服给药吸收,内服给药是简便、经济、安全的给药方法,经口给药时药物通过消化道的局部作用(如多数的泻下药)及吸收作用发挥药理作用,主要吸收部位是小肠,其次是胃,有的也可在口腔黏膜吸收。肠道吸收面积较大,有较强和较大的蠕动幅度,可使药物被充分吸收,因此,肠道功能直接影响药物吸收。凡是分子量小、脂溶性大、非解离比例大的化合物就易吸收。内服药物多以被动转运的方式经消化道黏膜吸收,主要吸收部位在小肠,吸收后的药物经门静脉进入肝,在肝中有一部分药物被代谢灭活,使进入血液循环的有效药量减少,药效下降,这种现象称为首过效应。例如,利多卡因经首过效应后,血液中几乎测不到原型药。影响药物吸收的因素有药物的溶解度、pH、浓度、肠内容物的量及胃肠蠕动快慢等。一般来说,①溶解度大的水溶性小分子和脂溶性药物易于吸收;②弱酸性药物在胃内酸性环境下不易解离而易于吸收,弱碱性药物在小肠内碱性环境下易于吸收;③胃肠内容物过多时,吸收减慢,据报道,饲喂后的猪对土霉素的吸收少而且慢,饥饿猪的生物利用度则可达23%,饲喂后猪的血药峰浓度仅为后者的10%;④药物浓度高则吸收较快;⑤胃肠蠕动快时,有的药物来不及吸收就被排出体外;⑥胃肠道内的阳离子如 Mg^{2+}、Fe^{2+}、Fe^{3+}、Ca^{2+}、Al^{3+} 等能与四环素发生螯合作用而减少药物的吸收。

2. 注射给药 主要有静脉注射、肌内和皮下注射,其他还包括腹腔注射、关节内注射、硬膜下腔注射和硬膜外注射等。静脉注射药物直接入血,无吸收过程。皮下或肌内注射,药物主要经毛细血管壁吸收,吸收速率与药物的水溶性、注射部位的血管分布状态有关。水溶性药物吸收迅速,油制剂、混悬剂、胶体制剂或其他缓释剂可在局部滞留,吸收较慢。肌肉组织的毛细血管丰富,故肌内注射药物比皮下注射吸收快。试验证明,将肌注量分点注射比一次注入的吸收快。

3. 呼吸道给药 气体或挥发性液体麻醉药和其他气雾剂型药物可通过呼吸道吸收。肺表面积大(如马 $500m^2$、猪 $50\sim80m^2$)、血流量大,经肺的血流量为全身的10%~12%,肺泡细胞结构较薄,故药物极易吸收。

4. 局部用药 黏膜及皮肤用药可称为局部用药,如涂擦、撒粉、点眼、滴鼻,多数药物难以通过完整的皮肤或黏膜。局部用药可通过黏膜的吸收而发挥全身作用。有些药物在局部炎症或外伤治疗时能发挥药效的作用。有些药物不易通过皮肤而易通过黏膜吸收,这些药物常用于直肠、阴道、尿道、乳管和口鼻黏膜等部位给药。脂溶性极大的药物还可以通过皮肤给药。但过量吸收时,可产生中毒。

(二)药物的分布

吸收后的药物随血液循环转运到机体各组织器官的过程称为分布。药物在体内的分布多呈不均匀性,且动态平衡。通常,药物在组织器官内的浓度越大,对该组织器官的作用就越强。但也有例外,如强心苷主要分布于肝和骨骼肌组织,却选择性地作用于心。影响药物分布的因素主要有以下几种。

1. 药物与血浆蛋白的结合力 药物在血浆中能不同程度地与血浆蛋白呈可逆性结合,游离型与结合型药物常处于动态平衡(图1-3)。药物与血浆蛋白结合后分子增大,不易透过细胞膜屏障而失去药理作用，也不易经肾排泄而使作用时间延长。此外，若同时使用两种都对血浆蛋白有较高亲和力的药物，则将发生竞争性抑制现象。例如，动物使用抗凝血药双香豆素后，几乎全部与血浆蛋白结合（结合率99%），若同时使用保泰松，则可竞争性地与血浆蛋白结合，把双香豆素置换出来，使游离药物浓度急剧增加，可能导致出血不止。

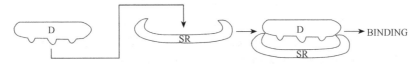

图1-3　药物与血浆蛋白结合示意图（引自刘占民和李丽，2012）

D. 药物；SR. 血浆蛋白；BINDING. 结合

2. 药物与组织的亲和力　　有些药物对某些组织细胞有特殊的亲和力，而使药物在该组织中的浓度高于血浆游离药物的浓度。例如，碘在甲状腺中的浓度比在血浆和其他组织约高1万倍；硫喷妥钠在给药3h后约有70%分布于脂肪组织；四环素可与Ca^{2+}络合贮存于骨组织中。

3. 药物的理化特性和局部组织的血流量　　脂溶性高的药物易为富含类脂质的神经组织所摄取，如硫喷妥钠。血管丰富、血流量大的器官中药物分布较多、浓度较高，如肝、肾、肺等。

4. 体内屏障　　血脑屏障是由毛细血管壁与神经胶质细胞形成的血浆与脑细胞之间的屏障，以及由脉络丛形成的血浆与脑脊液之间的屏障。这些血管由于比一般的毛细血管壁多一层神经胶质细胞，通透性较差，能阻止许多大分子的水溶性或解离型药物，与血浆蛋白结合的药物也不能通过。初生幼畜的血脑屏障发育不全，或脑膜炎患畜，血脑屏障的通透性增加，药物进入脑脊液增多。

胎盘屏障是指胎盘绒毛血流与子宫血窦间的屏障，其通透性与一般毛细血管没有明显差别。大多数母体所用药物均可进入胎儿体内，但因胎盘和母体交换的血液量少，因此，进入胎儿体内的药物需要较长时间才能和母体达到平衡（即使脂溶性很大的硫喷妥钠也需要15min）。

（三）药物的转化

药物在机体内发生的化学结构的变化称为药物的转化，也称为药物的生物转化或药物的代谢。吸收后的药物主要在肝中经药物酶系统进行转化，其转化的方式主要有氧化、还原、水解、结合4种。其中氧化、还原和水解反应为第一步，结合反应为第二步。

（1）氧化反应实例　　苯巴比妥的侧链被氧化成为对羟基苯巴比妥。

$$O=C \begin{matrix} NH-CO \\ NH-CO \end{matrix} C \begin{matrix} C_2H_5 \\ \bigcirc \end{matrix} \xrightarrow{[O]} O=C \begin{matrix} NH-CO \\ NH-CO \end{matrix} C \begin{matrix} C_2H_5 \\ \bigcirc-OH \end{matrix}$$

苯巴比妥　　　　　　　　　　　　　　对羟基苯巴比妥

（2）还原反应实例

$$CCl_3CHO \cdot H_2O \xrightarrow{2H} CCl_3CH_2OH + H_2O$$

水合氯醛　　　　　　三氯乙醇

（3）水解反应实例 普鲁卡因水解，生成对氨基苯甲酸和二乙氨基乙醇。

$$H_2N-\underset{\text{普鲁卡因}}{\boxed{}}-COOCH_2CH_2N\begin{matrix}C_2H_5\\C_2H_5\end{matrix}\xrightarrow{[H_2O]}H_2N-\underset{\text{对氨基苯甲酸}}{\boxed{}}-COOH+HOCH_2CH_2N\underset{\text{二乙氨基乙醇}}{\begin{matrix}C_2H_5\\C_2H_5\end{matrix}}$$

药物经第一步转化后大部分药物药理作用减弱或消失，称灭活；但也有部分药物经第一步转化后的产物才具有活性（如百浪多息），或者作用加强，这种现象称为活化。另外，还有少数药物经第一步转化后，能生成有高度反应性的中间体，使毒性增强，甚至产生"三致"和细胞坏死等作用，称为生物毒性作用。

第二步是原形药物或其代谢物与体内某些物质（如葡萄糖醛酸、硫酸、乙酸、甲基等）结合，形成极性增大、水溶性增加、药理活性减弱或消失、易于排泄的代谢产物。各种药物转化的方式不同：有的只需经第一步或第二步，但多数药物要经两步反应。

（4）结合反应实例 苯酚与葡糖醛酸结合，生成苯酚葡糖醛酸，水溶性提高，药理活性减弱，便于排出体外。

$$\underset{\text{苯酚}}{\boxed{}}-OH+\underset{\text{葡糖醛酸}}{CHOH(CHOH)_3CHCOOH}\longrightarrow\underset{\text{苯酚葡糖醛酸}}{\boxed{}}-OCHOH(CHOH)_3CHCOOH+H_2O$$

药物转化的主要场所在肝，此外，血浆、肾、肺、脑、皮肤、胃肠黏膜等也能进行部分药物的生物转化。肝中存在许多与药物代谢有关的微粒体酶系，简称药酶。肝的机能状态会影响药物的转化速度，肝功能不全时，药酶的活性降低，而使药物在体内转化速度减慢而产生毒性反应。有些药物（如苯巴比妥、水合氯醛等）可增强肝药酶活性或加速其合成，使其他一些药物的转化加快，这些药物称为药酶诱导剂。相反，有些药物（如阿司匹林、异烟肼等）能降低药酶的活性或减少其合成，而使其他一些药物的转化减慢，称为药酶抑制剂。药酶诱导剂和抑制剂均可影响药物代谢的速率，使药物的效应减弱或增强，因此，在临床同时使用两种以上的药物时，应该注意药物对药酶的影响。

（四）药物的排泄

药物的原型或其代谢产物被排出体外的过程称为排泄。除内服不易吸收的药物多经肠道排泄外，其他被吸收的药物主要经肾排泄，只有少数药物经呼吸道、胆汁、乳腺、汗腺等排出体外。

1. 肾排泄 肾排泄是原型药和代谢产物的主要排泄途径，是通过肾小球滤过、肾小管重吸收及肾小管分泌来完成的（图1-4）。一般肾小球滤过率降低或药物的血浆蛋白结合程度高可使滤过药量减少，经肾小球滤过后，有的可被肾小管重吸收，剩余部分则随尿液排出。重吸收的多少与药物的脂溶性和肾小管液的 pH 有关，一般

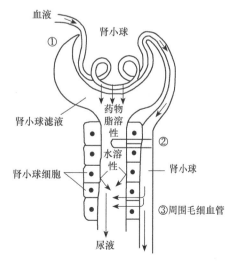

图1-4 药物的肾排泄示意图
（引自刘占民和李丽，2012）
①滤过；②重吸收；③分泌

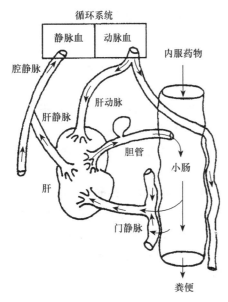

图 1-5 药物肝肠循环示意图
（引自操继跃和卢笑丛，2005）

脂溶性大的药物易被肾小管重吸收，排泄慢；水溶性药物重吸收少，排泄快；弱酸性药物在碱性尿液中解离多、重吸收少、排泄快，相反，弱碱性药物在酸性尿液中排泄加快。

肾小管也能主动分泌（转运）药物。如果同时给予两种利用同一载体转运的药物时，则出现竞争性抑制，亲和力较强的药物就会抑制另一药物的排泄。例如，青霉素和丙磺舒合用时，丙磺舒可抑制青霉素的排泄，使其半衰期延长约 1 倍。

2. 胆汁排泄 某些药物可经肝实质细胞主动分泌而进入胆汁，先储存于胆囊中，然后释放进入十二指肠。不同种属动物从胆汁排泄药物的能力存在差异：较强的是犬、鸡；中等的是猫、绵羊；较差的是兔和恒河猴。药物进入肠腔后，某些具有脂溶性的药物可被重吸收再次进入肝，形成肝肠循环，使药物作用时间延长（图 1-5）。

3. 乳腺排泄 大部分药物均可从乳汁排泄，一般为被动扩散机制。由于乳汁的 pH（6.5～6.8）较血浆低，故碱性药物在乳汁中的浓度高于血浆，酸性药物则相反。对犬和羊的研究发现，静注碱性药物易从乳汁排泄，如红霉素、TMP 的乳汁浓度高于血浆浓度；酸性药物如青霉素、磺胺二甲嘧啶（SM_2）等则较难从乳汁排泄，乳汁中的浓度均低于血浆。

三、药动学的基本概念

药动学是研究药物在体内的浓度随时间发生变化的规律的一门学科。血药浓度一般指血浆中的药物浓度，是体内药物浓度的重要指标，虽然它不等于作用部位的浓度，但作用部位的浓度与血药浓度及药理效应一般呈正相关。血药浓度随时间发生的变化，不仅能反映作用部位的浓度变化，而且能反映药物在体内过程总的变化规律。测定体内药物浓度主要是借助血、尿等易得的样品进行分析。常用的血药浓度是在用药后不同时间采血测定获得的，常以时间作横坐标，以血药浓度作纵坐标，绘出曲线称药 - 时曲线，再借助特定的房室模型及数学表达式，计算出一系列动力学参数，从速度与量两个方面进行描述、概括并推论药物在体内的动态过程规律，从而为制定给药方案提供合适的剂量和间隔时间，以达到预期的治疗效果。下面介绍几个药动学的基本参数及其意义。

1. 消除半衰期 是指体内药物浓度或药量下降一半所需的时间，又称生物半衰期，简称半衰期，常用 $t_{1/2\beta}$ 或 $t_{1/2ke}$ 表示。多数药物在体内的消除遵循一级速率过程（指体内药物的消除速率与体内药物浓度成正比消除，即体内药物浓度高，消除速率也相应加快），半衰期与剂量无关，当药物从胃肠道或注射部位迅速吸收时，也与给药途径无关。少数药物在剂量过大时可能以零级速率过程消除（指体内药物的消除速率与原来的药物浓度无关，而是在一定时间内药物的浓度按恒定的数量降低），此时剂量越大，半衰期越长。同一药物对不同动物种类、不同品种、不同个体，其半衰期都有差异。例如，磺胺间甲氧嘧啶在黄牛、水牛和奶山羊体内的半衰期分别为1.49h、1.43h及1.45h，而马为4.45h，猪为8.75h（约是上述反刍动物的6倍）。为保持血中的有效浓度，半衰期是制定给药间隔时间的重要依据，也是预测连续多次给药时体内药物达到稳态浓度和停药后从体内消除时间的主要参数。如按半衰期间隔给药4或5次即可达稳态浓度；停药后经5个半衰期的时间，则体内药物消除约达95%。

2. 药-时曲线下面积（AUC） 给药后，以血药浓度为纵坐标，时间为横坐标，绘出的曲线为血药浓度-时间曲线（简称药-时线）。坐标轴和药-时曲线之间所围成的面积称为药-时曲线下面积（简称曲线下面积），其反映了到达全身循环的药物总量，曲线下面积大，则利用程度高，常用作计算生物利用度。

3. 表观分布容积（V_d） 药物进入机体后，设想是均匀地分布于各种组织与体液，且其浓度与血液中相同，在这种假设条件下药物分布所需的容积称为表观分布容积。V_d是反映体内药物总量与血浆药物浓度相互关系的一个比例常数，即

$$表观分布容积 /L = \frac{体内药物总量 /mg}{血浆药物浓度 / (mg/L)}$$

表观分布容积并不代表药物在体内真正的生理容积，V_d可能比实际容积大或小，但一般其值越大，表示药物进入组织越多，分布越广泛，血中药物浓度越低；反之，则血中浓度越高。

4. 体清除率（CLB） 又称消除率，是指在单位时间内机体通过各种消除过程消除药物的血浆容积。消除率是体内各种消除率的总和，包括肾消除率、肝消除率、肺消除率和乳汁消除率等。

5. 峰浓度（C_{max}）与峰时间（T_{max}） 峰浓度指给药后达到的最高血药浓度，峰浓度高提示药物吸收比较完全。峰时间指达到峰浓度的时间，简称峰时，峰时短提示药物吸收较快。峰浓度、峰时与药-时线下面积是决定生物利用度和生物等效性的重要参数。

6. 生物利用度（F） 指药物以一定的剂型从给药部位吸收进入全身血液循环的程度和速度。在非静脉途径给药时，是反映药物被利用程度的重要参数。一般用吸收百分率（%）表示，即

$$F = \frac{实际吸收量}{给药量} \times 100\%$$

在药物动力学研究中，也可通过比较静脉给药（AUC_{iv}）与内服给药（AUC_{po}）的AUC来测定，即

$$F = \frac{AUC_{po}}{AUC_{iv}} \times 100\%$$

影响生物利用度的因素很多，同一种药物，因不同的剂型、原料的不同晶形、赋形剂、批号等不同，都可能使生物利用度有很大差别。内服剂型的生物利用度存在相当大的种属差异，尤其是单胃动物与反刍动物之间。

第四节 影响药物作用的因素及合理用药

药物的作用是药物与机体相互作用过程的综合表现，许多因素都可能干扰或影响这个过程，使药物的效应发生变化。这些因素包括药物方面、动物方面和环境生态方面的因素。

一、药物因素

1. 药物的理化性质与化学结构 药物的脂溶性、pH、溶解度、旋光性及化学结构均能影响药物作用。

2. 剂量 在一定剂量范围内，药物的作用随着剂量的增加而增强。但也有少数药物，随着剂量或浓度的增加，会发生作用性质的变化，如人工盐小剂量有健胃作用，大剂量则表现泻下作用。

3. 剂型 药物的剂型对药物作用的影响主要表现为吸收的速度和程度不同，从而影响药物的生物利用度。例如，注射剂的水溶液比油剂和混悬剂吸收快，见效快，但疗效维持时间较短；片剂在胃肠液中有一个崩解过程，内服片剂比溶液剂吸收的速率慢。

4. 给药方案 给药方案包括给药剂量、途径、时间间隔和疗程。不同的给药途径可影响药效出现的快慢和强度，有的甚至产生质的差异，如硫酸镁内服时可致泻，肌内注射或静注时则产生中枢抑制作用。各种给药途径产生药物作用由快至慢依次为：静注、肌注、皮下注射、直肠给药、内服。选择给药途径时，除根据疾病治疗需要外，还应考虑药物的性质，如肾上腺素内服无效，必须注射给药；氨基糖苷类抗生素内服很难吸收，作全身治疗时必须注射给药。有的药物内服时有很强的首过效应，生物利用度很低，全身用药时应选择肠外给药。

多数药物治疗疾病时必须按一定的剂量和时间间隔重复给药，才能达到治疗效果，称为疗程。重复用药必须达到一定的疗程方可停药，但重复用药时间过长，可使机体产生耐受性和蓄积中毒，也可使病原体产生耐药性而使疗效减弱。重复给药的时间间隔主要依据药物的半衰期和最低有效浓度，一般情况下，在下次给药前要维持血中的最低有效浓度，尤其抗菌药物要求血中浓度高于最小抑菌浓度（MIC）。近年来，对抗菌药后效应的研究认为不一定要维持 MIC 以上的浓度，当使用大剂量时，峰浓度比 MIC 高得多，可产生较长时间的抗菌后效应，给药间隔可大大延长。例如，庆大霉素 1d 给药一次的疗效优于同剂量分 3 次给药。

5. 联合用药 同时使用两种或两种以上的药物治疗疾病，称为联合用药。其目的是提高疗效，消除或减轻不良反应，适当联合应用抗菌药还可减少耐药性的产生。

联合用药时，药物间常互相影响，产生相互作用。两药合用的效应大于单药效应的代数和，称为协同作用，如磺胺药与增效剂合用；两药合用的效应等于它们分别作用的代数和，称为相加作用；两药合用的效应小于它们分别作用的总和，称为拮抗作用。在同时使用多种药物时，治疗作用可出现上述三种情况，不良反应也可能出现这些情况，例如，头孢菌素的肾毒性可由于合用庆大霉素而增强，一般来说用药种类越多，不良反应的发生率也越高。在体外，两种或两种以上的药物互相混合时，如出现分离、潮解、沉淀、变色等物理性、化学性或药物性质的变化而不宜使用时，称为配伍禁忌。例如，葡萄糖注射液与磺胺嘧啶钠注射液混合静注时，几分钟后可见微细的磺胺嘧啶（SD）结晶析出。另外，药物制成某种制剂时也可发生配伍禁忌，曾发现生产四环素片时，若将其赋形剂乳糖改用为碳酸钙时，可使四环素片的实际含量减少而失效。

二、动物因素

1. 种属差异 不同种类的动物，其解剖结构、生理机能和生化反应不同，对药物的敏感性存在差异。例如，牛支气管腺发达，应用水合氯醛易引起过多的腺体分泌。

2. 生理差异 同种动物、体重不同的个体，对同一药物的敏感性可能表现出量的差异。相对而言，雌性动物对药物的敏感性高于雄性动物，且雌性动物妊娠后对药物的敏感性仍会增高。幼龄和老龄的动物，对药物的敏感性比成年动物高，故用量应适当减少。

3. 病理因素 各种病理因素都能改变药物在健康机体的正常转运与转化，影响血药浓度，从而影响药效。

4. 个体差异 在年龄、性别、体重、营养、生活条件等条件相同的情况下，同种动物中不同个体仍可出现对药物反应的量与质的差异，这种差异称为个体差异。

（1）量的差异 同种动物不同个体对同一药物的敏感性也往往存在差别。有的个体对药物敏感性特别高，称为高敏性；有的则对药物敏感性特别低，称为耐受性。用药过程中如发现这种情况，须适当减少或增加剂量，或者改用其他药物。

（2）质的差异 特异体质的动物对某些药物有着特别的敏感性，如某些动物在服用磺胺时，可引起急性溶血性贫血；某些动物在使用青霉素时，会出现荨麻疹、关节肿痛等过敏反应等。

三、饲养管理与环境因素

动物疾病的恢复不能单纯依靠药物，良好的饲养管理和环境条件可以提高机体的抵抗力，促使药物的作用充分发挥。

1. 饲养管理 由于机体的机能状态对药物的效应可产生直接或间接的影响，因此，患病畜禽在用药治疗时，应配合良好的饲养管理，加强病畜的护理，提高机体的抵抗力，使药物的作用得到更好的发挥。例如，用水合氯醛麻醉后的病畜，苏醒期长、体温下降，应注意保温，给予易消化的饲料，使患畜尽快恢复健康。

2. 环境因素 环境生态条件对药物作用也能产生直接或间接的影响，如动物饲养密度、通风情况、厩舍的温度和湿度、光照等均可导致环境应激反应，影响药物的效应。

四、合理用药原则

兽医药理学为临床合理用药提供了理论基础，但要做到合理用药却不是一件容易的事情，必须理论联系实际，不断总结临床用药的实际经验，在充分考虑上述各种因素的基础上，正确选择药物，制定对动物和病情都合适的给药方案，这里仅讨论几个应该考虑的原则。

1. 正确诊断 药物合理应用的先决条件是正确的诊断，没有对动物发病过程的认识，药物治疗便是无的放矢，不但没有好处，反而可能延误诊断，耽误疾病的治疗。

2. 用药要有明确的指征 要针对患畜的具体病情，选用药效可靠、安全、方便、价廉易得的药物制剂。反对滥用药物，尤其不能滥用抗菌药物。

3. 了解所用药物在靶动物的药动学知识 根据药物的作用和在动物的药动学特

点，制定科学的给药方案。药物治疗的错误包括用错药物，但更多的是剂量的错误。

4. 预期药物的疗效和不良反应　　根据疾病的病理生理学过程和药物的药理作用特点，以及它们之间的相互关系，药物的效应是可以预期的。几乎所有的药物不仅有治疗作用，也存在不良反应，临床用药必须针对疾病的复杂性和治疗的复杂性，对治疗过程做好详细的用药计划，认真观察药效和毒副作用，随时调整用药方案。

5. 合理的联合用药　　在确定诊断以后，兽医师的任务就是选择最有效、安全的药物进行治疗，一般情况下应避免同时使用多种药物（尤其是抗菌药物），因为多种药物治疗极大地增加了药物相互作用的概率，也给患畜增加了危险。除了具有确实的协同作用的联合用药外，要慎重使用固定剂量的联合用药（如某些复方制剂），因为这会使兽医师失去根据动物病情调整药物剂量的机会。

6. 正确处理对因治疗与对症治疗的关系　　对因治疗与对症治疗的关系前已述及，一般用药首先要考虑对因治疗，但也要重视对症治疗，两者巧妙结合将能取得更好的疗效。我国传统中医理论对此有精辟论述："治病必求其本""急则治其标，缓则治其本"。

第五节　药理学的基本技能

一、药物剂量计算

不同动物用药量换算表如表1-1～表1-4所示。

表 1-1　各种畜禽与人用药剂量比例简表（均按成年）

人及畜禽	人	牛	羊	猪	马	鸡	猫	犬
比例	1	5～10	2	2	5～10	1/6	1/4	1/4～1

表 1-2　不同畜禽用药剂量比例简表

畜禽	马 （400kg）	牛 （300kg）	驴 （200kg）	猪 （50kg）	羊 （50kg）	鸡 （1岁以上）	犬 （1岁以上）	猫 （1岁以上）
比例	1	1～1.5	1/3～1/2	1/8～1/5	1/6～1/5	1/40～1/20	1/16～1/10	1/32～1/16

表 1-3　家畜年龄与用药比例

畜别	年龄	比例	畜别	年龄	比例	畜别	年龄	比例
猪	一岁半以上	1	马	2岁	1/4	牛	3～8岁	1
	9～18个月	1/2		1岁	1/12		9～15岁	3/4
	4～9个月	1/4		2～6个月	1/24		15～20岁	1/2
	2～4个月	1/8	羊	2岁以上	1		2～3岁	1/4
	1～2个月	1/16		1～2岁	1/2		4～8岁	1/8
马	3～14岁	1		6～12个月	1/4		1～4岁	1/16
	15～20岁	3/4		3～6个月	1/8	犬	6个月以上	1
	20～35岁	1/2		1～3个月	1/16		3～6个月	1/2

畜别	年龄	比例	畜别	年龄	比例	畜别	年龄	比例
犬	1～3个月	1/4	犬	1个月以下	1/16～1/8			

表1-4　给药途径与剂量比例关系表

途径	内服	直肠给药	皮下注射	肌内注射	静脉注射	气管注射
比例	1	1.5～2	1/3～1/2	1/3～1/2	1/4～1/3	1/4～1/3

二、动物诊疗处方

为加强兽医处方管理，规范兽医执业行为，根据《中华人民共和国动物防疫法》《执业兽医管理办法》《动物诊疗机构管理办法》《兽用处方药和非处方药管理办法》等，农业农村部制定了《兽医处方格式及应用规范》，自2017年1月1日全部启用。

（一）处方笺格式

兽医处方笺规格和样式由农业农村部规定，从事动物诊疗活动的单位应当按照规定的规格和样式印制兽医处方笺或者设计电子处方笺。兽医处方笺规格如下。

1）兽医处方笺一式三联，可以使用同一种颜色纸张，也可以使用三种不同颜色纸张。

2）兽医处方笺分为两种规格：小规格，长210mm、宽148mm；大规格，长296mm、宽210mm。

（二）处方笺内容

兽医处方笺内容包括前记、正文、后记三部分，要符合以下标准。

1）前记：对个体动物进行诊疗的，至少包括动物主人姓名或者动物饲养单位名称、档案号、开具日期和动物的种类、性别、体重、年（日）龄。

对群体动物进行诊疗的，至少包括饲养单位名称、档案号、开具日期和动物的种类、数量、年（日）龄。

2）正文：包括初步诊断情况和Rp（拉丁文"Recipe"的缩写，表示"请取"）。Rp应当分列兽药名称、规格、数量、用法、用量等内容；对于食品动物还应当注明休药期。

3）后记：至少包括执业兽医师签名或盖章和注册号、发药人签名或盖章。

（三）处方书写要求

兽医处方书写应当符合下列要求。

1）动物基本信息、临床诊断情况应当填写清晰、完整．并与病历记载一致。

2）字迹清楚，原则上不得涂改；如需修改，应当在修改处签名或盖章，并注明修改日期。

3）兽药名称应当以兽药国家标准载明的名称为准。兽药名称简写或者缩写应当符合国内通用写法，不得自行编制兽药缩写名或者使用代号。

4）书写兽药规格、数量、用法、用量及休药期要准确规范。

5）兽医处方中包含兽用化学药品、生物制品、中成药的，每种兽药应当另起一行。

6）兽药剂量与数量用阿拉伯数字书写。剂量应当使用法定计量单位：质量以千克（kg）、克（g）、毫克（mg）、微克（μg）、纳克（ng）为单位；体积以升（L）、毫升（mL）为单位；有效量单位以国际单位（IU）、单位（U）为单位。

7）片剂、丸剂、胶囊剂及单剂量包装的散剂、颗粒剂分别以片、丸、粒、袋为单位；多剂量包装的散剂、颗粒剂以 g 或 kg 为单位；单剂量包装的溶液剂以支、瓶为单位，多剂量包装的溶液剂以 mL 或 L 为单位；软膏及乳膏剂以支、盒为单位；单剂量包装的注射剂以支、瓶为单位，多剂量包装的注射剂以 mL 或 L，g 或 kg 为单位，应当注明含量；兽用中药自拟方应当以剂为单位。

8）开具处方后的空白处应当画一斜线，以示处方完毕。

9）执业兽医师注册号可采用印刷或盖章方式填写。

（四）处方举例

处方举例：一乳牛，体重 450kg，生产后患阴道外翻，胎衣不下。兽医诊治后开具处方如下。

Rp	1）10% 明矾水	5.0L	用法	洗涤患部
	2）麦角新碱注射液	5mg/10mL×3	用法	给牛一次 im（肌内注射）
	3）盐酸土霉素	5.0～10.0g		
	4）5% 葡萄糖注射液	500.0mL	用法	给牛一次 iv（静脉注射）

兽医师（签名）：

____年__月__日

实训一　药物制剂的配制

一、实验目的和任务

1）掌握溶液型液体制剂的制备方法。

2）掌握液体制剂制备过程中的各项基本操作。

3）掌握乳剂的一般制备方法及乳剂类型的鉴别方法。

二、实验仪器设备及材料

1）仪器设备：烧杯、磨口玻璃塞试剂瓶、量筒、乳钵、普通天平等。

2）材料：碘、碘化钾、液状石蜡、阿拉伯胶、羟苯乙酯、植物油、氢氧化钙、蒸馏水等。

三、实验原理

溶液型液体制剂是指药物以分子或离子状态溶解于适当溶剂中制成的澄明的液体制

剂。溶液型液体药剂的制法有溶解法、稀释法和化学反应法。

乳剂是指一种（或一种以上）液体以小液滴的形式分散在另一种与之不相混溶的液体连续相中所形成的非均相分散体系。乳剂因内、外相不同，可分为水包油（O/W）和油包水（W/O）等类型。在制备乳剂时，小量制备可在研钵或瓶中振摇制得，如以阿拉伯胶作乳化剂，常采用干胶法和湿胶法；大量制备时可用机械法，即使用搅拌器、乳匀机、胶体磨或超声波乳化器等器械。

四、实验步骤

1. 复方碘溶液的制备

（1）处方

碘	2.5g
碘化钾	5g
蒸馏水	加至 50mL

（2）制法　取碘化钾置容器内，加蒸馏水 5mL，搅拌使溶解，再将碘加入溶解，加蒸馏水至全量，混匀，即得。

（3）用途　本品可调节甲状腺机能，用于缺碘引起的疾病，如甲状腺肿、甲亢等的辅助治疗。

2. 液状石蜡乳的制备

（1）处方

液状石蜡	12mL
阿拉伯胶	4g
羟苯乙酯醇溶液（50g/L）	0.1mL
蒸馏水	加至 30mL

（2）制法

1）干胶法：将阿拉伯胶分次加入液状石蜡中，研匀，加蒸馏水 8mL，研磨至发出噼啪声，即成初乳。再加蒸馏水适量研磨后，加入羟苯乙酯醇溶液，补加蒸馏水至全量，研匀即得。

2）湿胶法：取 8mL 蒸馏水置烧杯中，加 4g 阿拉伯胶粉配成胶浆，置乳钵中，作为水相，再将 12mL 液状石蜡分次加入水相中，边加边研磨，成初乳，将羟苯乙酯醇溶液加入，最后加蒸馏水至 30mL，研磨均匀即成初乳。

（3）用途　本品为轻泻剂，用于治疗便秘，可以减轻排便的痛苦。

3. 石灰搽剂的制备

（1）处方

植物油	10mL
氢氧化钙溶液	10mL

（2）制法　量取植物油及氢氧化钙溶液各 10mL，置于磨口玻璃塞试剂瓶中，用力振摇至乳剂生成。

（3）用途　本品用于轻度烫伤，具有收敛、止痛、润滑、保护等作用。

五、实验注意事项

1）碘具有腐蚀性，称量时可用玻璃器皿或蜡纸，不宜用纸，不得接触皮肤与黏膜。

2）碘溶液具氧化性，应贮存于密闭磨口玻璃塞试剂瓶内，不得直接与木塞、橡胶塞及金属塞接触。为避免被腐蚀，可加一层玻璃纸衬垫。

3）制备初乳时，干法应选用干燥乳钵，油相与胶粉（乳化剂）充分研匀后，按油：胶：水＝3：1：2的比例一次加水，迅速沿同一方向旋转研磨，否则不易形成 O/W 型乳剂，或形成后也不稳定。

4）在制备初乳时添加水量过多，则外相水液的黏度较低，不利于油分散成油滴，制得的乳剂也不稳定，易破裂。

5）湿法所用的胶浆（胶：水＝1：2）应提前制好，备用。

六、注释

1）处方中碘化钾起助溶剂和稳定剂作用，因碘有挥发性又难溶于水（1：2950），碘化钾（或碘化钠）可与碘生成易溶性配合物而溶解，同时此配合物可减少刺激性。结合形式如下。

$$I_2 + KI \longrightarrow KI_3$$

2）干胶法简称干法，适用于乳化剂为细粉者。

3）湿胶法简称湿法，适用的乳化剂可以不是细粉，但预先应能制胶浆（胶：水＝1：2）。

4）石灰搽剂是由氢氧化钙与植物油中所含的少量游离脂肪酸进行皂化反应形成钙皂（新生皂）作乳化剂，再乳化植物油而制成 W/O 型乳剂。植物油可为菜油、麻油、花生油、棉籽油。

七、思考题

1）碘化钾在复方碘溶液处方中有何作用？

2）石灰搽剂制备的原理是什么？

实训二　药物的配伍禁忌

一、实验目的

了解两种或两种以上的药物配合在一起时，可能产生的配伍禁忌。

二、实验方法和实验现象

（1）物理性配伍禁忌

1）樟脑醑 0.5mL＋水 0.5mL→浑浊，析出樟脑。

2）液状石蜡 0.5mL＋水 0.5mL→分层。

3）水合氯醛 0.5g＋樟脑 0.5g→液化。

（2）化学性配伍禁忌

1）5% 磺胺间甲氧嘧啶钠 0.5mL＋维生素 0.5mL→浑浊。

2）5% 氯化钙 0.3mL＋3%NaOH 0.5mL→有白色沉淀生成。

3）4% 硫酸镁 0.5mL＋3%NaOH 0.5mL→浑浊。

（3）药理性配伍禁忌　　取一只小鼠，肌内注射 4% 硫酸镁 0.1mL/10g，待出现肌肉松弛后，立即腹腔注射 5% 氯化钙 0.08mL/10g，观察小鼠反应→小鼠肌肉恢复正常。

三、结果分析

（1）配伍禁忌　　两种或两种以上的药物配合使用后，如发生物理性、化学性、药理性或生物性的变化，使药物的药理作用减弱、抵消或毒性加强，影响治疗效果甚至患畜的安全，这些药物就不能配合在一起应用，称为药物的配伍禁忌。

（2）常见配伍禁忌现象

1）物理性配伍禁忌：①分离；②沉淀，指两液体药物混合后，因溶解度变化而发生混浊的现象；③液化和潮解。

2）化学性配伍禁忌：①变色，高铁盐可使鞣酸变成蓝色；②产气，如碳酸氢钠与稀盐酸配伍，就会发生中和反应产生二氧化碳气体；③沉淀，如生物碱类的水溶液遇碱性药物、鞣酸类、重金属、溴化物，产生沉淀；④水解，青霉素在水中易水解为青霉二酸，失去作用；⑤燃烧或爆炸，强氧化剂和强还原剂配伍易引发。

3）药理性配伍禁忌：两种药理作用相反的药物配合使用时，由于相互拮抗，出现药效下降或相互抵消的现象。

四、思考题

配伍禁忌的临床意义？

知识拓展

兽药药政管理

一、兽药管理

1. 兽药管理组织机构　　按照我国《兽药管理条例》的规定，农业农村部畜牧兽医局负责全国的兽药管理工作，中国兽医药品监察所（简称中国兽药监察所）负责全国的兽药质量监督、检验工作。各省、自治区、直辖市设立相应的兽药药政部门和兽药监察所，分别从事辖区内的兽药管理工作和兽药质量监督、检验工作。

2. 兽药标准　　为使我国兽药生产、经营、销售、使用和新兽药研究，以及兽药的检验、监督和管理规范化，应共同遵循法定的技术依据，即《中华人民共和国兽药典》（简称《中国兽药典》）和《中华人民共和国兽药规范》（简称《中国兽药规范》）。

《中华人民共和国兽药规范》是我国的兽药国家标准，是兽药生产、经营、使用和监督等部门检验兽药质量的法定依据。《中国兽药规范》（1965 年版）是我国最早的兽药国家标准，于 1965 年颁布实施。1978 年颁布实施的《中国兽药规范》（1978 年版）收载了农业部颁布的一些新兽药的质量标准；1992 年中国兽药典委员会组织修订并审议通过，将没有收入到《中国兽药典》（1990年版）的，各地仍有生产和使用的一些品种及农业部（现农业农村部）陆续颁布的一些新兽药的质量标准载入《中国兽药规范》（1992年版）。该规范分两部：一部收载化学药品；二部收载中药材和中兽药成方。采用的凡例和附录均按照《中国兽药典》（1990年版）一部或二部的规定。为加强兽药国家标准管理，农业部对2010年12月31日前发布的，未列入《中国兽药典》（2015年版）的兽药质量标准进行了修订，编纂为《兽药质量标准》（2017年版），并制定了配套的说明书范本，自2017年11月1日起施行。《兽药质量标准》（2017年版）包括化学药品卷、中药卷和生物制品卷三个部分。

1991年正式颁布的我国第一部兽药典《中华人民共和国兽药典》（1990年版），现已颁布发行到2005年版。《中国兽药典》（1990年版）分一部和二部：一部收载化学药品、抗生素、生化制品和各类制剂；二部收载中药材和成方制剂。根据我国兽药业发展状况，国家兽药典委员会对《中国兽药典》（1990年版）进行了相应的修订和增补，于2000年11月颁布《中国兽药典》（2000年版）；2006年4月颁布了《中国兽药典》（2005年版）。2016年8月23日，农业部发布《中华人民共和国兽药典（2015年版）》实施公告，共收录1634个品种，其中化学药品752个，中兽药751个，兽用生物制品131个，包括凡例、正文及附录，分一部、二部、三部，自2016年11月15日起施行。

3. 兽药管理法规　为加强兽药的监督管理，保证兽药质量，有效防治畜禽等动物疾病，促进畜牧业的发展和维护人类健康，我国的兽药管理主要法规是国务院发布的《中华人民共和国兽药管理条例》（下文简称《条例》）。《条例》要求凡从事兽药生产、经营和使用者，应当遵守本条例的规定，保证兽药生产、经营和使用的质量，并确保安全有效。农业农村部根据《条例》的规定，制定和发布了《兽药管理条例实施细则》，并根据各章中的规定制定并发布了相应的管理办法，如《新兽药及兽药新制剂管理办法》《核发兽药生产许可证、兽药经营许可证、兽药制剂许可证管理办法》《兽药药政、药检管理办法》《兽药生产质量管理规范（试行）》《兽药生产质量管理规范实施细则（试行）》《动物性食品中兽药最高残留限量》和《饲料药物添加剂使用规范》等。

4. 加强兽药管理的措施　为防止兽药可能对动物引起的直接危害，防止兽药及其代谢物在动物体内的残留，通过食品对人体产生有害影响和对环境造成污染，必须从严管理兽药。今后兽药管理应加强以下几方面工作。

（1）加强法制建设　兽药管理的重点是立法。随着我国经济体制的变革和社会主义市场经济体制逐步完善，兽药管理也应适应市场经济发展的需要，应通过立法进一步加强对兽药行业和兽药制品的严格管理。国务院1987年5月27日发布《中华人民共和国兽药管理条例》，并于1988年1月1日实施。同时，废除了国务院1980年8月26日批转的《中华人民共和国兽药工作暂行条例》。2001年11月29日，国务院发布《国务院关于修改〈中华人民共和国兽药管理条例〉的决定》，根据这一决定对《中华人民共和国兽药管理条例》进行了修改，并于2004年11月1日实施。为了进一步加大对兽药管理的立法力度，应进一步对原有条例进行修改和调整，并尽快使之上升为《动物药品法》。2014 年 7 月 29 日《国务院关于修改部分行政法规的决定》对原有条例进行第一次修订；2016 年 2 月 6 日《国务院关于修改部分行政法规的决定》对原有条例进行第二次修订。2020 年 3 月 27 日国务院发布中华人民共和国国务院令第 726 号公布《国务院关于修改和废止部分行政法规的决定》，在国务院决定修改的行政法规中，第 5 条提出修订《兽药管理条例》。有关《兽药管理条例》方面共计修订了 5 项内容，主要围绕取消行政许可事项方面。一是将提出申请修改为"备案"即可。二是取消已取得进口兽药注册证书的兽用生物制品的进口审批。三是增加了对开展新兽药临床试验应当备案而未备案的处罚，第五十九条增加一款，作为第三款："违反本条例规定，开展新兽药临床试验应当备案而未备案的，责令其立即改正，给予警告，并处 5 万元以上 10 万元以下罚款；给他人造成损失的，依法承担赔偿责任。"四是增加了备案部门的职责，第七十条第一款修改为："本条例规定的行政处罚由县级以上人民政府兽医行政管理部门决定；其中吊销兽药生产许可证、兽药经营许可证，撤销兽药批准证明文件或者责令停止兽药研究试验的，由发证、批准、备案部门决定。"五是删去兽药审批文件中"允许进口兽用生物制品证明文件"一项。

（2）加快新兽药的研发 加大新兽药的研究开发力度，增加投入，加快研究开发的速度。重视兽药新剂型的研究开发。新兽药研制的重点是动物专用抗菌药的研究，安全高效抗寄生虫药物的研究，基因工程疫苗和药物的研究，以及宠物用药的研究等。

（3）完善兽药监督体系 加强各省兽药监察所建设，提高监督人员的素质，使其完全有能力承担常规的监督工作，进一步加强对兽药产品的质量监督。

（4）兽药生产实行科学化、规范化管理 为从根本上保证产品质量，兽药生产企业的生产全过程均应符合《兽药质量标准》（2017 年 11 月 1 日起施行），杜绝低水平、重复建设兽药制剂生产厂。

二、兽药质量监督

兽药质量监督是加强兽药管理的核心问题，必须认真做好。我国各级兽药监察所是兽药质量保证体系的重要组成部分，是国家对兽药质量实施技术监督、检验、鉴定的法定专业技术机构。中国兽药监察所是全国兽药监察业务技术指导中心，全国兽药检验的最高技术仲裁单位。其主要职责是负责全国兽药质量的监督、抽检兽药产品和兽药质量检验、鉴定的最终技术仲裁；承担或参与国家兽药标准的制定和修订；负责第一、第二、第三类新兽药、新生物制品和进口兽药的质量复核，并制定和修订质量标准，提交其编制说明和复核报告；开展有关兽药质量标准、检验新技术和新方法等研究；掌握全国兽药质量情况，承担兽药产品质量的监督抽查，参与对假冒伪劣兽药的查处；指导下属所的工作；培训兽药检验技术人员等。省、自治区、直辖市兽药监察所主要负责本辖区的兽药检验及质量监督工作，掌握兽药质量情况；承担兽药地方标准制定、修订，参与部分国家兽药标准的起草、修订；负责兽药新制剂的质量复核试验；调查、监督本辖区的兽药生产、经营和使用情况；参与对假劣兽药的查处；开展有关研究和兽药检验技术培训；参与兽药厂考核验收、技术把关。地（市）、县兽药监察所，主要配合省所做好流通领域中的兽药质量监督、检验；协助省所对兽药生产、经营企业进行质量监督。

三、新兽药的研制和审批

1. 新兽药的概念与分类　　新兽药是指未曾在中国境内上市销售的兽用药品。按管理要求，新兽药分为五类：第一类为我国研制的国外没有或未批准生产、仅有文献报道的原料药品及其制剂；第二类为我国研制的国外已批准生产，但未列入国家药典、兽药典或国家法定药品标准的原料药品及其制剂；第三类为我国研制的国外已批准生产，并已列入国家药典、兽药典或国家法定药品标准的原料药品及其制剂、有化学药物复方制剂、中西兽药复方制剂；第四类为改变剂型或改变给药途径的药品；第五类为增加适应证的兽药制剂。

2. 新兽药的研制和审批　　新兽药的研制和审批均应按《兽药管理条例》及其《实施细则》，以及《新兽药及兽药新制剂管理办法》等有关规定进行。新兽药的研究内容应包括：理化性质、药理、毒理、临床、处方、剂量、剂型、稳定性、生产工艺等，并提出质量标准草案。

申报新兽药应提交以下20项申报资料：①新兽药名称及命名依据；②选题目的、依据及国内外概况综述；③新兽药化学结构或组分的试验数据、理化常数、图谱及其解析；④生产工艺，对新制剂还需提交处方及其依据；⑤原料药及其制剂、复方制剂稳定性试验数据；⑥药理研究结果；⑦一般毒性试验结果；⑧特殊毒性试验结果；⑨食品动物主要组织中兽药残留的消除规律、最高残留限量和休药期的研究资料；⑩饲料药物添加剂或激素的动物喂养致畸和繁殖毒性试验报告，环境毒性试验资料；⑪环境毒性试验资料；⑫临床研究结果；⑬中试生产总结报告；⑭连续3~5批中试生产的样品及其检验报告；⑮三废处理试验报告；⑯质量标准草案及起草说明；⑰新兽药及其制剂的包装、标签和使用说明书；⑱生产成本计算；⑲主要参考文献；⑳申报申请书。

第一、第二、第三类新兽药的申报资料由农业农村部初审，符合规定的交中国兽药监察所进行复核试验和新兽药质量标准草案的起草。复核试验合格的，由新兽药审评委员会进行技术审评。凡符合规定的，经审核批准后发布其质量标准，并发给研制单位《新兽药证书》。兽药新制剂的复核试验、技术审评、审核批准、质量标准的发布均由省属相应机构受理。第一和第二类新兽药在批准试生产后，应继续考察新兽药的稳定性、疗效和安全性，并在广泛的推广应用中，重点了解长期使用后出现的不良反应和远期疗效。

复习思考题

一、名词解释

副作用；毒性作用；过敏反应；安全范围；药物代谢动力学；被动转运；首过效应；肝肠循环；半衰期；协同作用；拮抗作用；配伍禁忌；耐受性

二、简答题

1）药物的制剂分为哪几类？哪些剂型适合群体给药？

2）怎样正确开写处方？应注意哪些事项？

3）药物的作用方式有哪些方面？请举例说明。

4）怎样认识药物作用的两重性？如何才能更好地发挥药物的作用，避免不良反应？

5）什么是药物的半衰期？分析药物半衰期的实际意义。

6）剂量对药物作用有何影响？在临床用药中，是否剂量越大，疗效越好？

7）了解药物的体内过程，有何实用价值？

（呼秀智）

第二章 抗微生物药

【学习目标】

1) 了解抗微生物药物的基本知识。

2) 了解各类抗生素的作用机制、理化性质，掌握常用抗生素的抗菌谱、临床应用和注意事项。

3) 了解各类化学合成抗菌药的作用机制、理化性质，掌握常用抗菌药的抗菌谱、临床应用和注意事项。

4) 了解抗真菌药物的作用机制、理化性质，掌握常用抗真菌药的抗菌谱、临床应用和注意事项。

【概　　述】

抗微生物药物是指能够抑制或杀灭细菌、支原体、真菌、病毒、衣原体、螺旋体、立克次体等微生物的一类药物，主要用于防治由微生物导致的感染性疾病，它是目前兽医临床使用最广泛、最重要的一类药物。由于这些感染性疾病给养殖业造成了巨大损失，而且抗微生物药在动物应用过程中产生的耐药性可能向人扩散和传播，从而直接或间接地危害人们的健康和公共卫生安全。因此，抗微生物药物的合理应用便成了发展现代畜牧业和公共卫生的一个重要课题。本章主要介绍抗生素、合成抗菌药、抗真菌药和抗病毒药。

第一节　抗微生物药基本知识

一、基本概念

（一）抗菌谱

抗菌谱指药物抑制或杀灭病原菌的种类范围。抗菌药物按抗菌谱可分为窄谱抗菌药和广谱抗菌药两类。窄谱抗菌药仅对单一菌种或单一菌属有抗菌作用，如青霉素主要对革兰氏阳性菌有作用，吡哌酸主要作用于革兰氏阴性菌；广谱抗菌药对多种不同种类的细菌具有抑制或杀灭作用，如四环素类药物与氟喹诺酮类药物等对革兰氏阴性菌和革兰氏阳性菌均有抑制和杀灭作用。现在半合成的抗生素和化学合成的抗菌药多数具有广谱抗菌作用。抗菌药的抗菌谱是临床选药的基础。

（二）抗菌活性

抗菌活性是指药物抑制或杀灭病原微生物的能力。可用体外抑菌试验和体内治疗试验方法测定。体外抑菌试验对临床用药具有重要参考价值。在体外抑菌试验中常用最低抑菌浓度与最低杀菌浓度两个指标进行评价：能够抑制培养基中细菌生长的最低浓度称为最低抑菌浓度（MIC）；而能够杀灭培养基中细菌生长的最低浓度称为最低杀菌浓度（MBC）。

（三）抑菌作用与杀菌作用

抑菌作用是指抗菌药物抑制病原微生物生长繁殖的作用；杀菌作用是指抗菌药物杀灭病原微生物生长繁殖的作用。抗菌药的抑菌作用和杀菌作用是相对的，有些抗菌药在低浓度时呈抑菌作用，而高浓度时呈杀菌作用。临床上所指的抑菌药是指仅能抑制病原菌的生长繁殖，而无杀灭作用的药物，如磺胺类、四环素类、酰胺醇类等。杀菌药是指具有杀灭病原菌作用的药物，如青霉素类、氨基糖苷类、氟喹诺酮类等。

（四）抗生素效价

效价是评价抗生素效能的标准，也是衡量抗生素活性成分含量的尺度。一般以游离态碱的质量或国际单位（IU）来计算。多数抗生素以其有效成分的一定的质量作为一个单位，如链霉素、土霉素以游离态碱 1μg 作为一个效价单位，即 1g 为 100 万 IU。少数抗生素以特定盐 1μg 或一定质量作为 1IU，如金霉素和四环素均以其盐酸盐的 1μg 为 1IU，青霉素 G 钠盐 0.6μg 的抗菌效力为 1IU，所以 1mg 青霉素 G 钠盐等于 1667 IU。也有的抗生素不采用重量单位，只以特定的单位表示效价，如制霉菌素。

（五）抗菌药后效应

抗菌药在停药后血药浓度虽已降至其最低抑菌浓度以下，但在一定时间内细菌仍受到持久抑制的效应。例如，大环内酯类抗生素和氟喹诺酮类抗菌药物等均有该作用。

（六）耐药性

耐药性又名抗药性，分为天然耐药性和获得耐药性两种：前者是由细菌染色体基因决定而代代相传的耐药性，如肠道杆菌对青霉素的耐药性，它属于细菌的遗传特征，不可改变；后者是指病原菌与抗菌药多次接触后对药物的敏感性逐渐降低甚至消失，致使抗菌药对耐药病原菌的作用降低或无效。临床上所说的耐药性一般是指后者。

（七）交叉耐药性

某种病原菌对一种药物产生耐药性后，往往对同一类的其他药物也具有耐药性，这种现象称为交叉耐药性。交叉耐药性包括完全交叉耐药性及部分交叉耐药性；完全交叉耐药性是双向的，如多杀性巴斯德菌对磺胺嘧啶产生耐药后，对其他磺胺类药均产生耐药；部分交叉耐药性是单向的，如对链霉素耐药的细菌，对庆大霉素、卡那霉素、新霉素仍然敏感，而对庆大霉素、卡那霉素、新霉素耐药的细菌，对链霉素也耐药。

二、抗菌药物作用机制

抗菌药物多通过干扰细菌的生化代谢过程来杀菌或抑菌。主要有以下几种方式（表 2-1）。

1）干扰细菌细胞壁的合成，使细菌不能繁殖。因其主要影响正在繁殖的细菌细胞，所以又称作繁殖期杀菌剂。

2）损伤细菌细胞膜，破坏其屏障作用。

3）影响菌体蛋白的合成，使细菌丧失生长繁殖的基础。

4）影响核酸的代谢，阻碍遗传信息的传递。

5）干扰细菌 DNA 的复制。

6）抑制叶酸合成等。

表 2-1　常用抗菌药物的作用机理

作用机理	影响细胞壁合成	影响细胞膜通透性	抑制菌体蛋白质合成	干扰叶酸合成	干扰 DNA 复制
常用药物	青霉素类 头孢菌素类 杆菌肽	多黏菌素 B 多黏菌素 E 两性霉素 B 制霉菌素	酰胺醇类 四环素类 大环内酯类 林可胺类 氨基糖苷类	磺胺类 抗菌增效剂	喹诺酮类 灰黄霉素 利福平 抗肿瘤的抗生素

三、细菌产生耐药性的机制

随着抗菌药物在兽医临床的广泛应用，细菌耐药性的问题日益突出。细菌产生耐药性的机理有以下几种方式。

1. 产生酶使药物失活　一是细菌产生以 β- 内酰胺酶为代表的水解酶类，可将青霉素和头孢菌素类药物分子结构的 β- 内酰胺环的酰胺键断裂而失去抗菌活性。二是某些阴性杆菌、葡萄球菌和肠球菌产生的乙酰转移酶（AAC）、磷酸转移酶（APH）、核苷转移酶（AAD）等氨基糖苷类钝化酶（合成酶），通过乙酰化、磷酸化、核苷化作用，可与氨基糖苷类药物分子上的羟基、氨基等基团结合而使药物灭活，如庆大霉素可被庆大霉素乙酰转移酶Ⅰ、乙酰转移酶Ⅱ和核苷转移酶酰化而失去活性。

2. 改变膜的通透性　一些革兰氏阴性菌对四环素类及氨基糖苷类产生耐药性，耐药菌所带的质粒诱导产生蛋白质，阻塞了外膜亲水性通道，药物不能进入而形成耐药性。革兰氏阴性菌及绿脓杆菌细胞外膜亲水通道功能的改变，也会使细胞对某些广谱青霉素和第三代头孢菌素产生耐药性。

3. 作用靶位结构的改变　耐药菌药物作用点的结构或位置发生变化，使药物与细菌不能结合而丧失抗菌效能。

4. 改变代谢途径　磺胺药与对氨基苯甲酸（PABA）竞争二氢叶酸合成酶而产生抑菌作用。例如，金黄色葡萄球菌多次接触磺胺药后，其自身的 PABA 产量增加，可高达原敏感菌产量的 20～100 倍。后者与磺胺药竞争二氢叶酸合成酶，使磺胺药药效下降甚至消失。

此外，对四环素类耐药的细菌细胞膜可产生"四环素泵"，把菌体内的药物泵出细胞外；对喹诺酮类耐药的细菌细胞膜上也存在外排系统，能将药物从菌体内排出。

为了避免细菌对抗菌药物产生耐药性，临床用药要注意抗菌药物的合理应用（详见本章第五节），给予足够的剂量与疗程，必要的联合用药和有计划的交替用药。此外，还应努力开发新的抗菌药物，改造化学结构，使其具有耐酶特性或易进入菌体。

四、抗菌药物分类

目前，兽医临床上常用的抗菌药物包括抗生素和化学合成抗菌药两大类。

（一）根据抗生素的化学结构分类

1）β-内酰胺类：包括青霉素类、头孢菌素类。青霉素类抗生素有青霉素、氨苄西林、阿莫西林、苯唑西林等；头孢菌素类有头孢唑啉、头孢氨苄、头孢拉啶、头孢噻呋、头孢喹诺等。此外，还有非典型β-内酰胺类，如碳青霉烯类（亚胺培南）、单环β-内酰胺类（氨曲南）、β-内酰胺酶抑制剂（舒巴坦、克拉维酸等）及氧头孢烯类等。

2）氨基糖苷类：链霉素、卡那霉素、庆大霉素、丁胺卡那霉素、新霉素、大观霉素、安普霉素、潮霉素、越霉素A等。

3）四环素类：土霉素、四环素、金霉素、多西环素、米诺环素和美他环素等。

4）酰胺醇类：甲砜霉素、氟苯尼考等。

5）大环内酯类：红霉素、泰乐菌素、替米考星、吉他霉素、螺旋霉素等。

6）林可胺类：林可霉素、克林霉素等。

7）多肽类：杆菌肽、黏菌素、维吉尼霉素、硫肽菌素等。

8）截短侧耳素类：泰妙菌素、沃尼妙林等。

9）含磷多糖类：黄霉素、大碳霉素、喹北霉素等，本类抗生素主要用作饲料添加剂。

（二）根据化学合成抗菌药的化学结构分类

1）磺胺类及其抗菌增效剂：磺胺类抗菌药有磺胺嘧啶、磺胺二甲嘧啶、磺胺间甲氧嘧啶、磺胺对甲氧嘧啶、磺胺甲噁唑等。抗菌增效剂有甲氧苄啶（TMP）、二甲氧苄啶（DVD）等。

2）喹诺酮类：环丙沙星、恩诺沙星、达氟沙星、二氟沙星和沙拉沙星等。

3）喹噁啉类：乙酰甲喹、喹乙醇等。

4）硝基咪唑类：甲硝唑、地美硝唑等。

第二节 抗 生 素

目前，兽医临床上常用的抗生素主要包括以下几类。

一、β-内酰胺类抗生素

β-内酰胺类抗生素是指化学结构中含有β-内酰胺环的一类抗生素的总称，兽医临床上常用药物主要包括青霉素类和头孢菌素类。β-内酰胺类抗生素具有抗菌活性强、毒性低、品种多、适应证广泛等特点，兽医临床上应用广泛。其作用机理均为抑制细菌细胞壁的合成。

（一）青霉素类

青霉素类抗生素属于繁殖期杀菌药，根据来源可分为天然青霉素和半合成青霉素。其中天然青霉素以青霉素G（又称苄青霉素）为代表，具有杀菌力强、毒性低、使用方便、价格低廉等优点，但不耐酸和青霉素酶，抗菌谱较窄，易过敏。而半合成青霉素以氨苄西林、阿莫西林、苯唑西林和普鲁卡因青霉素等为主，具有广谱、耐酸、长效的特点。

1. 天然青霉素 从青霉菌的培养液中提取获得，有青霉素 F、G、X、K 和双氢 F 5 种，基本化学结构由母核 6-氨基青霉烷酸（6-APA）和侧链组成。其中青霉素 G 作用最强，性质较稳定，产量最高。

青霉素 G

【理化性质】本品是从青霉素培养液中提取的一种有机酸，难溶于水。临床上常用的是钠盐和钾盐，为白色结晶粉末，无臭或微有特异性臭味，极易溶于水，有吸湿性，性质较稳定，耐热性也强。但其水溶液不稳定，耐热性也降低，在室温下其抗菌活性易于消失，且易形成青霉烯酸（此与青霉素引起的过敏反应有一定关系）。例如，20 万 IU/mL 青霉素溶液于 30℃ 放置 24h，效价下降 56%，青霉烯酸含量增加 200 倍，故临床应用时要现用现配。青霉素类在近中性（pH 6～7）溶液中较为稳定，酸性或碱性溶液均可加速分解，宜用注射用水或等渗氯化钠注射液溶解，溶于葡萄糖液中可有一定程度的分解。氧化剂、还原剂、醇类、重金属等均能破坏其活性。

【药动学】内服易被胃酸和消化酶破坏，仅少量吸收，空腹时的生物利用度仅为 15%～30%，饱食后吸收更少。但新生仔猪和鸡大剂量（8 万～10 万 IU/kg）内服可达到有效浓度。肌内或皮下注射后吸收较快，一般 15～30min 达到血药浓度，并迅速下降。常用剂量维持有效血药浓度仅 3～8h。吸收后在体内分布广泛，能分布到全身各组织，以肾、肝、肺、肌肉、小肠和脾等的浓度较高；骨骼、唾液和乳中含量较低。当中枢神经系统或其他组织有炎症时，青霉素较易透入，可达到有效浓度。青霉素在体内的消除半衰期较短，种属间的差异较小。青霉素吸收进入血液循环后在体内不易破坏，主要以原型随尿排出。在尿中约 80% 的青霉素由肾小管排出，20% 左右通过肾小球滤过。青霉素也可在乳中排泄，因此，给药后奶牛的乳汁应禁止给人食用，以免在易感人中引起过敏反应。

【药理作用】属窄谱杀菌性抗生素。对大多数革兰氏阳性菌、革兰氏阴性菌、放线菌和螺旋体等高度敏感，常作为首选药。对青霉素敏感的病原菌主要有链球菌、葡萄球菌、肺炎球菌、脑膜炎球菌、丹毒杆菌、化脓棒状杆菌、炭疽杆菌、破伤风梭菌、李斯特菌、产气荚膜杆菌、牛放线杆菌和钩端螺旋体等。大多数革兰氏阴性菌对青霉素不敏感，对结核杆菌、立克次体则无效。

【临床应用】主要用于对青霉素敏感的病原菌所引起的各种感染。例如，猪链球菌病、马腺疫、坏死杆菌病、炭疽、破伤风、恶性水肿、气肿疽、猪丹毒、各种呼吸道感染、尿路感染、皮肤、软组织感染，乳腺炎、子宫炎、放线菌病、钩端螺旋体病等，也可用于家禽链球菌病、葡萄球病、螺旋体病、禽霍乱等病。

【耐药性】一般细菌对青霉素不易产生耐药性，但由于青霉素在兽医临床上长期、广泛应用，病原菌对青霉素的耐药现象已比较普遍，尤其是金黄色葡萄球菌，耐药细菌能产生青霉素酶，使青霉素水解而失去抗菌作用。现已发现多种青霉素酶抑制剂，如克拉维酸、舒巴坦等，与青霉素合用（或制成复方制剂）可用于对青霉素耐药的细菌感染，也可采用苯唑西林、头孢菌素类、红霉素及氟喹诺酮类药物等进行治疗。

【药物相互作用】

＋ 链霉素：有相加作用，但溶液配伍可发生化学反应，应分别注射。

－ 磺胺类药物：药理性配伍禁忌，两者合用，药效明显降低（但磺胺嘧啶与青霉素在治疗脑膜炎时有协同作用，需分别给药）。

－ 酰胺醇类、四环素类、大环内酯类、林可胺类：药理性配伍禁忌，使药效降低。

＋ 环丙沙星：治疗绿脓杆菌有协同作用。

＋ 头孢菌素类：用于金黄色葡萄球菌引起的感染，有协同作用，但应分别应用。

± 多肽类（如多黏菌素）：有协同作用，但不宜混合在同一容器中，青霉素类易干扰后者抗菌活性。

＋ 安乃近：可使青霉素类药物的抗菌作用增强，但不宜混合注射，原因尚无定论。

＋ 丙磺舒：半衰期延长（增加药效）。肾毒性增强。如需联用可减少青霉素类药物的用量。

＋ 水杨酸类（如阿司匹林等）：提高血药浓度，延长半衰期。后者使青霉素类药物的抗菌作用增强，但肾毒性增强。联用时应减少剂量。

＋ 利多卡因：促进青霉素类药物的吸收，可做溶媒。

＋ 棒酸钾、舒巴坦钠：联用有增效作用。后者可使青霉素类药物的最低抑菌浓度明显下降，药效可增强几倍或几十倍，并可使产酶菌株对药物恢复敏感性。

－ 维生素 B_1、维生素 B_2、维生素 C：对青霉素类药物有灭活作用。

【不良反应】青霉素的毒性很小。过敏反应是青霉素最主要的不良反应，可产生各类过敏反应，如荨麻疹、发热、关节肿痛、蜂窝织炎、血管神经性水肿等，严重的可出现过敏性休克。在用药过程中应注意观察，如果出现过敏反应，应立即停止用药，进行对症治疗。反应严重的，应立即注射肾上腺素、肾上腺糖皮质激素进行抢救。局部刺激较大也是不良反应之一。

【制剂、用法与用量】注射用青霉素钠（钾）：40 万 IU、80 万 IU、160 万 IU。肌内注射，一次量，每 1kg 体重，马、牛 1 万～2 万 IU，羊、猪、驹、犊 2 万～3 万 IU，犬、猫 3 万～4 万 IU，禽 5 万 IU，2 或 3 次 /d，连用 2～3d。乳管内注射，一次量，每一乳室，奶牛 10 万 IU，1 或 2 次 /d。内服（混于饲料或饮水中）：雏鸡 2000 单位 /（只·次），1～2h 内服完。

休药期：禽、畜 0d。弃奶期：3d。

2. 半合成青霉素　以青霉素结构中的母核 6- 氨基青霉烷酸（6-APA）为原料，连接不同结构的侧链进行分子改造，从而合成一系列衍生物。半合成青霉素具有耐酸或耐酶（β- 内酰胺酶）、广谱、抗铜绿假单胞菌等特点。

苯唑西林

【理化性质】又名苯唑青霉素。为白色粉末或结晶性粉末。无臭或微臭。在水中易溶，在丙酮或丁醇中极微溶解。水溶液不稳定。

【作用与应用】本品为半合成的耐酸、耐酶青霉素。可口服，但易受饲料影响，应空腹投药。对耐青霉素的金黄色葡萄球菌有效，但对于对青霉素敏感菌株的杀菌作用不如青霉素。主要应用于对青霉素耐药的金黄色葡萄球菌感染，如败血症、肺炎、乳腺炎、烧伤创面感染等。

【制剂、用法与用量】注射用苯唑西林钠：0.5g、1g。肌内注射，一次量，每 1kg 体重，马、牛、猪、羊 10～15mg，犬、猫 15～20mg，2 或 3 次 /d，连用 2～3d。

休药期：牛、羊 14d，猪 5d。弃奶期：3d。

氨苄西林

【理化性质】又名氨苄青霉素，味微苦，无臭或微臭，本品游离酸为白色结晶性粉末，微溶于水，不溶于乙醇，供口服用；其钠盐为白色或近白色粉末或结晶，有吸湿性，易溶于水，供注射用。

【药动学】本品耐酸、不耐酶，内服或肌注均易吸收。单胃动物吸收的生物利用度为30%～50%，反刍动物吸收差，绵羊内服吸收的利用度仅为 2.1%，食物可降低其吸收速率和数量，肌注吸收接近完全（＞80%）。吸收后分布到各个组织，其中以胆汁、肾、子宫等浓度较高。其血清蛋白结合率较青霉素低，与马血清蛋白结合的能力约为青霉素的1/10。主要由尿和胆汁排出。其消除半衰期较短：肌内注射，马、水牛、黄牛、猪、奶山羊体内的半衰期分别为 1.21～2.23h、1.26h、0.98h、0.57～1.06h、0.92h；静注，马、牛、羊、犬的半衰期分别为 0.62h、1.20h、1.58h、1.25h。

【药理作用】本品抗菌谱广。对大多数革兰氏阳性菌的效力不及青霉素或相近，对革兰氏阴性菌如大肠杆菌、变形杆菌、沙门菌、嗜血杆菌和巴斯德菌等均有较强的作用，与四环素相似或略强，但不如卡那霉素、庆大霉素和多黏菌素。本品对耐药金黄色葡萄球菌、绿脓杆菌无效。

【临床应用】主要用于敏感菌所引起的呼吸道、消化道、泌尿道感染，如禽白痢、霍乱、支气管炎、输卵管炎、畜禽大肠杆菌病、仔猪白痢、猪胸膜肺炎、犊牛白痢等病症。局部应用也治疗奶牛乳腺炎。

【药物相互作用】

－ 青霉素：不宜联用。因两者竞争同一结合位点而产生拮抗，甚至导致耐药菌株的产生。

± 硫酸多黏菌素 B：治疗肺炎克雷伯菌有协同作用，但不宜混合注射。氨苄西林易干扰多黏菌素的抗菌活性。

＋ 苯唑西林钠：联合用药可相互增强对肠球菌的抗菌活性。

＋ 甲硝唑：联用治疗厌氧菌感染有协同作用，但不宜直接与氨苄西林钠溶液配伍（浑浊、变黄）。

其他参见青霉素 G。

【不良反应】同青霉素 G，且与青霉素 G 有交叉过敏反应现象。

【制剂、用法与用量】注射用氨苄西林钠：0.5g、1g、2g。肌注、静注，一次量，每1kg 体重，家畜、禽 10～20mg，2 或 3 次 /d，连续 2～3d。乳管内注入，一次量，每一乳室，奶牛 200mg，1 次 /d。

氨苄西林胶囊：0.25g。内服，一次量，每 1kg 体重，家畜、禽 20～40mg，2 或 3次 /d。

氨苄西林可溶性粉：混饮，每升水，家禽 60mg。

休药期：鸡 7d，蛋鸡产蛋期禁用；牛 6d，弃奶期 2d；猪 15d。

阿莫西林

【理化性质】又名羟氨苄青霉素，为白色或类白色结晶性粉末，味微苦。在水中微溶，乙醇中几乎不溶解。耐酸性较氨苄西林强，在碱性溶液中很快被破坏。

【药动学】本品在胃酸中较稳定，单胃动物内服后有 74%～92% 被吸收，食物会影响吸收率，但不影响吸收量。内服相同剂量后，阿莫西林的血清浓度一般比氨苄西林高 1.5～3 倍。在马、驹、山羊、绵羊、犬，本品的半衰期分别为 0.66h、0.74h、1.12h、0.77h、1.25h。可进入脑脊液，脑膜炎的浓度为血清浓度的 10%～60%。犬的血浆蛋白结合率为 13%，乳中的药物浓度很低。主要经肾在尿中排泄，部分在肝内代谢水解成无活性青霉噻唑酸而排入尿中。消除半衰期为：马 0.66h、牛 1.5h、驹 0.74h、山羊 1.12h、绵羊 0.77h、犬 1.25h。

【作用与应用】作用、应用与氨苄西林基本相似，但对肠球菌和沙门菌的作用较氨苄西林强 2 倍，对全身感染的疗效较氨苄西林好。

【药物相互作用】可参见氨苄西林。

【不良反应】同青霉素 G。

【制剂、用法与用量】

以阿莫西林计：混饮，每升水，鸡 50～100mg，连用 3～5d。

注射用阿莫西林钠：0.5g、1g。肌内注射，每 1kg 体重，家畜 4～7mg，2 次 /d。乳管内注入，一次量，每一乳室，奶牛 200mg，1 次 /d。

休药期：鸡 7d，产蛋期禁用；牛、猪 14d。弃奶期：2.5d。

（二）头孢菌素类

头孢菌素类又名先锋霉素类，是以冠头孢菌的培养液中提取获得的头孢菌素 C 为原料，在其母核 7- 氨基头孢烷酸上引入不同的基团，形成一系列的广谱半合成抗生素。与青霉素类相比，头孢菌素类具有抗菌谱广、杀菌力强、过敏反应少，对胃酸和 β- 内酰胺酶较稳定等优点。根据其应用的年代和抗菌活性大小，可分为四代头孢菌素。

1）第一代头孢菌素系 20 世纪 60 年代及 70 年代初开发，主要有头孢噻吩钠（Ⅰ）、头孢氨苄（Ⅳ）、头孢羟氨苄、头孢拉定（Ⅵ）和头孢唑林（Ⅴ）等，其中除头孢噻吩钠和头孢唑林只能供注射外，其他的均可用于内服，也称内服头孢。第一代头孢菌素的特点是：①对革兰氏阳性菌的作用强大，优于第二代和第三代头孢菌素，对革兰氏阴性菌的作用较二、三、四代差；②对肾具有一定毒性，与氨基糖苷类抗生素或强效利尿剂合用时会加剧其毒性。

2）第二代头孢菌素系 20 世纪 70 年代中期开发，主要有头孢西丁、头孢孟多、头孢呋辛等，其特点是：①抗菌谱较第一代广，对革兰氏阳性菌的抗菌作用与第一代相近或略差，对多数革兰氏阴性菌的作用较第一代增强；②肾毒性小；③对绿脓杆菌、粪链球菌无效。

3）第三代头孢菌素系 20 世纪 70 年代中期至 80 年代初开发，品种有头孢噻呋（动物专用）、头孢噻肟、头孢曲松、头孢哌酮等，其特点是：①革兰氏阳性菌的抗菌活性不及第一、二代头孢菌素；②对革兰氏阴性菌的抗菌作用较第二代强，对绿脓杆菌、肠杆菌及厌氧菌也有较强抗菌作用；③耐酶性能强，对第一、二代头孢菌素耐药的某些革兰氏阴性菌也有效；④有一定量能渗入脑炎症脑脊液中；⑤对肾基本无毒性；⑥对粪链球菌、梭状芽孢杆菌无效。

4）第四代头孢菌素系 20 世纪 80 年代中期后开发。主要有头孢吡肟、头孢匹罗、头孢唑喃等，其特点是：①较第三代抗菌谱更广，抗菌活性更强，对绝大多数革兰氏阳性球菌及革兰氏阴性杆菌均有很强的杀菌作用，包括产 β- 内酰胺酶的耐药菌株及绿脓杆菌；②对多种 β- 内酰胺酶较第三代更稳定，对细菌细胞膜的穿透性更强；③对多种耐药菌株的活性超过第三代头孢菌素及氨基糖苷类抗生素；④无肾毒性；⑤半衰期更长。

下文介绍兽医临床常用的或有应用前途的部分药物。

头孢氨苄

【理化性质】为白色或微黄色结晶性粉末，微臭。在水中微溶，在乙醇、三氯甲烷或乙醚中不溶。

【药动学】本品内服吸收迅速而完全，犬、猫的生物利用度为 75%～90%，以原型从尿中排出。在犊牛、奶牛、绵羊的半衰期为 2h、0.58h、1.20h，犬、猫为 1～2h。肌内注射能很快吸收，约 0.5h 血药浓度达峰值，犊牛的生物利用度为 74%。

【药理作用】具有广谱抗菌作用。对革兰氏阳性菌的抗菌活性较强（肠球菌除外）。对部分大肠杆菌、奇异变形杆菌、克雷伯菌、沙门菌、志贺菌有抗菌作用，但对铜绿假单胞菌耐药。

【临床应用】主要用于耐药金黄色葡萄球菌及某些革兰氏阴性菌如大肠杆菌、沙门菌、克雷伯菌等敏感菌引起的消化道、呼吸道、泌尿生殖道感染，以及牛乳腺炎等。

【不良反应】

1）过敏反应：犬肌内注射有时出现严重的过敏反应，甚至引起死亡。

2）胃肠道反应：表现为厌食、呕吐或腹泻，犬、猫较为多见。

3）潜在的肾毒性：由于本品主要经过肾排泄，因此对肾功能不良的动物用药剂量应注意调整。

【制剂、用法与用量】内服：一次量，每 1kg 体重，马 22mg，犬、猫 10～30mg。3 或 4 次 /d，连用 2～3d。乳管注入：奶牛每乳室 200mg。2 次 /d，连用 2d。头孢氨苄片，头孢氨苄胶囊，头孢氨苄乳剂。弃奶期：48h。

头孢噻呋

【理化性质】本品为类白色或淡黄色粉末。为动物专用抗生素，不溶于水，其钠盐易溶于水。

【药动学】本品肌内或皮下注射后吸收迅速，血中和组织中药物浓度高，有效血药浓度维持时间长。给牛、猪肌内注射本品后，15min 内迅速被吸收，0.5～3h 血药浓度达峰值，在血浆内生成一级代谢物脱呋喃甲酰头孢噻呋（DFC），由于 β- 内酰胺环未受破坏，其抗菌活性与头孢噻呋基本相同，头孢噻呋在组织内可进一步形成无活性的头孢噻呋半胱氨酸二硫化物。猪、绵羊、牛肌内注射后在肾中浓度最高，其次为肺、肝、脂肪和肌肉，一般高于最低抑菌浓度，但不能透过血脑屏障。头孢噻呋排泄较缓慢，半衰期有明显的种属差异，马、牛、绵羊、猪、犬、鸡、火鸡消除半衰期分别为 3.5h、7.2h、2.83h、14.5h、4.12h、6.77h、7.45h。大部分可在肌内注射后 24h 内由尿和粪中排出。

【作用与应用】本品具有广谱杀菌作用，对革兰氏阳性菌、革兰氏阴性菌包括产 β-内酰胺酶菌株均有效。本品对多杀性巴斯德菌、溶血性巴斯德菌、胸膜肺炎放线杆菌、沙门菌、大肠杆菌、链球菌和葡萄球菌等敏感，尤其对于链球菌的作用强于氟喹诺酮类药物；对绿脓杆菌、肠球菌不敏感。常用于动物的革兰氏阳性菌和革兰氏阴性菌的感染，如猪放线杆菌性胸膜肺炎、牛的急性呼吸系统感染、牛乳腺炎、雏鸡的大肠杆菌感染（可与马立克疫苗混合用于 1 日龄雏鸡，不影响免疫效力）等。

【药物相互作用】

＋ 青霉素类：有协同抗菌作用，如需联用，剂量需小，不能在同一注射器中混用。

± 氨基糖苷类抗生素：治疗某些菌株所致感染有协同作用，但肾毒性增加，应分别注射。

＋ 棒酸钾、舒巴坦：后者可使头孢菌素类药物的最低抑菌浓度明显下降，药物可增效几倍或几十倍，并可使产酶菌株对药物恢复敏感性。

－ 大环内酯类、四环素类、酰胺醇类：其快速抑菌作用，可使头孢菌素类药物的快速杀菌效能受到明显抑制。

＋ 喹诺酮类等：联用有协同抗菌作用。

－ 磺胺类：影响头孢菌素类药物排出，增加肾毒性。

－ 强利尿药（如速尿）：肾毒性增加，引起急性肾功能衰竭。

＋ 丙磺舒：丙磺舒能降低头孢菌素类药物的肾清除率，使血浆浓度升高，半衰期延长，联用时应减少头孢菌素类药物的用量，以减轻肾毒性。

＋ TMP 等抗菌增效剂：增强疗效，并延缓细菌抗药性的产生。

－ 维生素 B_1、维生素 B_2、维生素 C：可降低头孢菌素类药物的作用，不能混合注射。

－ 碱性药物（如碳酸氢钠、氨茶碱等）：发生水解而降低效价。

－ 钙、镁离子（如硫酸镁、葡萄糖酸钙、氯化钙等）：产生沉淀。

【不良反应】头孢噻呋的毒性较小。过敏反应的发生率较低。与青霉素 G 偶尔有交叉过敏反应。偶见二重感染现象。

【制剂、用法与用量】注射用头孢噻呋钠：1g、4g。肌内注射，一次量，每 1kg 体重，牛 1.1mg，猪 3～5mg，犬 2.2mg，1 次 /d，连用 3d。皮下注射，1 日龄雏鸡，每羽 0.1～0.2mg。

休药期：牛 3d，猪 2d。

头孢喹肟

【理化性质】又称为头孢喹诺。硫酸头孢喹肟为一类白色或淡黄色结晶性粉末。不溶于水，略溶于乙醇，在氯仿中几乎不溶。

【药动学】头孢喹肟在牛、马、猪、羊、犬等动物体内的药动学研究资料表明，肌内注射、皮下注射及乳房灌注时吸收迅速，生物利用度较高。各种动物在肌内注射、皮下注射 1mg/kg 的头孢喹肟后，达峰时间为 0.5～2h；头孢喹肟在不同动物体内，其生物利用度（C_{max}）有所差异，但均高于 93%。头孢喹肟为有机酸，其脂溶性较低，故在动物体内分布并不广泛，表观分布容积（V_d）0.2L/kg 左右。在马、牛、山羊、猪、犬体内消除半衰期为 0.5～2h。头孢喹肟与血浆蛋白的结合率也比较低，为 5%～15%。有资料表明，在奶牛泌乳期乳房灌注给药后，头孢喹肟可以快速分布于整个乳房组织，并维持较高的组织浓度。头孢喹肟在动物体内代谢以后主要经肾随尿排出，约有 5%～7% 的药物通过肝分泌到胆汁中随胆汁排入肠道内。此外，乳房灌注给药时，药物主要随乳汁外排。

【药理作用】头孢喹肟为第四代头孢类抗生素。具有抗菌谱广，抗菌活性强的特点。其头孢母核的 7 位为甲氧亚氨基 -5- 氨基噻唑取代基，为抗菌活性的必需基团，和第三代头孢菌素不同的是其母核的 3 位有一个季铵盐基团，即头孢喹肟是一个两性离子，头孢核带负电核，四价季铵离子基团带正电核。两性离子这一结构更有助于头孢喹肟快速穿透细胞膜；两性离子的结构决定了它对 β- 内酰胺酶的亲和力降低，且二者所形成的复合物的稳定性降低，所以头孢喹肟对 β- 内酰胺酶高度稳定。头孢喹肟与青霉素结合蛋白亲和力高，其内在抗菌活性强于第三代头孢菌素。

头孢喹肟对常见畜禽病原菌的抗菌活性较强，几种常见畜禽病原菌的体外最低抑菌浓度范围如下：金黄色葡萄球菌为 1～2μg/mL，大肠杆菌为 0.031～0.25μg/mL，链球菌（包括无乳链球菌和停乳链球菌）为 0.031～0.125μg/mL，多杀性巴斯德菌为 0.031～0.5μg/mL，胸膜肺炎放线杆菌小于 0.031μg/mL。

【临床应用】兽医临床主要应用于：①巴斯德菌、副嗜血杆菌、链球菌引起的猪、牛呼吸系统感染；②奶牛乳腺炎；③母猪的乳腺炎 - 子宫炎 - 无乳综合征（MMA）；④败血症；⑤皮肤和软组织感染。

【制剂、用法与用量】以头孢喹肟计：10mL：0.25g、50mL：1.25g、10mL：0.1g。肌内注射，一次量，每 1kg 体重，猪 2mg，1 次 /d，连用 3d。

休药期：猪 3d。

（三）β- 内酰胺酶抑制剂

青霉素类和头孢菌素类抗生素因其分子中含有 β- 内酰胺环，病原菌对它们产生耐药性的主要方式是产生 β- 内酰胺酶，使青霉素类与头孢菌素类药物分子中的 β- 内酰胺环破坏。为此，人们不断研制 β- 内酰胺酶抑制剂，但是，β- 内酰胺酶抑制剂直接抗菌的活性较差，不宜单独应用，通常与 β- 内酰胺类抗生素联合应用，可使后者对产酶耐药菌株的抗菌活性显著提高。目前，已应用于临床的主要有舒巴坦和克拉维酸。

克拉维酸

【理化性质】又名棒酸，其钾盐为无色针状结晶，易溶于水，水溶液极不稳定；易吸湿失效，应密闭低温干燥处保存。

【药动学】本品内服吸收好，也可以肌内注射。可通过血脑屏障和胎盘屏障，尤其当有炎症时可促进本品的扩散，在体内要以原型从肾排出，部分也通过粪及呼吸道排出。

【作用与应用】本品有微弱的抗菌活性，临床上一般不单独使用，常与 β- 内酰胺类抗生素以 1∶2 或 1∶4 比例合用，以扩大不耐酶抗生素的抗菌谱，增强抗菌活性及克服细菌的耐药性。

【药物相互作用】

＋ 青霉素类、头孢菌素类：联合应用使抗菌效力明显增强，并避免细菌产生耐药性。

【不良反应】克拉维酸毒性小，临床应用副反应小，与阿莫西林等 β- 内酰胺类抗生素联合应用时可见以下不良反应：胃肠道反应，偶见皮疹如荨麻疹及红斑疹等。

【注意事项】本品性质极不稳定，易吸湿失效。原料药应在 −20℃ 以下干燥处密闭保存。需特殊工艺制剂，才能保证药效。对青霉素类药物过敏的动物禁用。

【制剂、用法与用量】阿莫西林 - 克拉维酸钾片：0.125g，其中阿莫西林 0.1g，克拉维酸 0.025g。内服，一次量，每 1kg 体重，家畜 10～15mg，2 次 /d。

休药期：犊牛内服 4d；牛注射 14d。弃奶期：1d。

舒巴坦

为不可逆性竞争型 β- 内酰胺酶抑制剂，由合成法制取。

【理化性质】白色或类白色粉末或结晶性粉末；微有特臭；味微苦。在水中易溶，在甲醇中微溶，在乙醇、丙酮或乙酸乙酯中几乎不溶。在水溶液中较稳定。

【药理作用】本品对革兰氏阳性与革兰氏阴性菌（绿脓杆菌除外）所产生的 β- 内酰胺酶有抑制作用，与青霉素类和头孢菌素类抗生素合用能产生协同抗菌作用，使耐药菌（金黄色葡萄球菌、大肠杆菌等）的 MIC 降到敏感范围。本品单用时抗菌作用很弱，对金黄色葡萄球菌、表皮葡萄球菌及肠杆菌科细菌的 MIC ≥ 25μg/mL。肠球菌属和绿脓杆菌对本品耐药。

内服吸收很少，注射后很快分布到各组织中，在血、肾、心、肺、肝中的浓度均较高。主要经肾排泄，尿中浓度很高。

【临床应用】本品与氨苄西林联用可治疗敏感菌所致的呼吸道、泌尿道、皮肤软组织、骨和关节等部位感染，以及败血症等。兽医临床可试用。

【药物相互作用】丙磺舒与舒巴坦、氨苄西林合用可减少后两者的经肾排泄，使血药浓度增高并延长。

【制剂、用法与用量】注射用舒他西林：0.75g（氨苄西林 0.5g 与舒巴坦 0.25g）、1.5g（氨苄西林 1g 与舒巴坦 0.5g）。

以氨苄西林计：内服，一次量，每 1kg 体重，家畜 10～20mg，2 次 /d；肌内注射，一次量，每 1kg 体重，家畜 5～10mg，2 次 /d。

二、氨基糖苷类抗生素

氨基糖苷类药物的化学结构含有氨基糖分子和非糖部分的糖原结合而成的苷，故称为氨基糖苷类抗生素。临床上常用链霉素、卡那霉素、庆大霉素、新霉素、丁胺卡那霉素、小诺霉素、大观霉素、安普霉素等。它们具有以下的共同特征：①均为有机碱，能与酸形成盐。常用制剂为硫酸盐，易溶于水，性质比较稳定，在碱性环境中作用增强。②内服吸收很少，可作为肠道感染用药。全身感染时常注射给药，大部分以原型从尿中排出，用于泌尿道感染，肾功能下降时，消除半衰期明显延长。③抗菌谱较广，主要对需氧革兰氏阴性菌和结核杆菌作用较强，某些品种对绿脓杆菌、金黄色葡萄球菌也有作用，对革兰氏阳性菌的作用较弱。④主要不良反应主要表现在损害第八对脑神经和肾，以及对神经肌肉的阻断作用。⑤细菌对本类药物易产生耐药性，且各药间有部分或完全交叉耐药性。⑥具有明显的抗生素后效应。

链霉素

【理化性质】从灰链霉菌培养液中提取，其硫酸盐为白色或类白色粉末，有吸湿性，易溶于水。

【药动学】本品内服难吸收，大部分以原型由粪便排出。肌注吸收迅速而完全，约 1h 达到血药峰浓度，有效药物浓度可维持 6～12h。主要分布于细胞外液，易透入胸腔、腹腔中，有炎症时渗入增多。也可透过胎盘进入胎血循环，胎儿血药浓度约为母畜血药浓度的一半，因此，孕畜慎用链霉素，应警惕对胎儿的毒性。不易进入脑脊液。链霉素大部分以原型通过肾小球过滤而排出，故在尿中浓度较高，可用于治疗泌尿感染。

【作用与应用】主要作用于革兰氏阴性菌及部分革兰氏阳性菌，对结核杆菌有特效。例如，对大肠杆菌、沙门菌、布鲁氏菌、变形杆菌、痢疾杆菌、鼻疽杆菌和巴斯德菌等有较强的抗菌作用，但对绿脓杆菌作用弱。对金黄色葡萄球菌、钩端螺旋体、放线菌、败血支原体也有效。对梭菌、真菌、立克次体无效。主要用于敏感菌所致的急性感染，例如，大肠杆菌所引起的各种腹泻、乳腺炎、子宫炎、败血症、膀胱炎等；巴斯德菌所引起的牛出血性败血症、犊牛肺炎、猪肺疫、禽霍乱等；鸡传染性鼻炎；马棒状杆菌引起的幼驹肺炎等。

【耐药性】反复使用链霉素，细菌极易产生耐药性，并远比青霉素快，且一旦产生，停药后不易恢复。因此，临床上常采用联合用药，以减少或延缓耐药性的产生。与卡那霉素、庆大霉素之间存在部分交叉耐药性。

【药物相互作用】

± 头孢菌素类药物：联用对某些病原菌起增效作用，但肾毒性也增强。

＋ 青霉素类：联用有协同作用，但若混合在一起，使活性降低，宜分别注射。

－ 其他氨基糖苷类：毒性增加，不宜联用。

－ 磺胺嘧啶钠：水溶液配伍易发生浑浊、沉淀，应避免混用。

＋ 土霉素：治疗阴性菌感染，有协同作用。

± 喹诺酮类：有协同抗菌作用（恩诺沙星除外），但毒性增加，需减少剂量或间隔给药。

－ 红霉素：链霉素与红霉素联用，耳毒性增强。

－ 葡萄糖注射液：配伍则效价降低。

＋ TMP、DVD 等抗菌增效剂：联用可增强链霉素的抗菌作用。

－ 维生素 B_1、维生素 B_2：使链霉素的作用降低，均不宜混合注射。

－ 维生素 C：可抑制链霉素的抗菌活性。

【不良反应】家畜对链霉素的不良反应不多见，但一旦发生，死亡率较高。过敏反应可出现皮疹、发热、血管神经性水肿、嗜酸性粒细胞增多等。在乳房、阴唇等部位水肿。长时间应用可损害第八对脑神经，出现步态不稳、共济失调和耳聋等症状。用量过大可阻滞神经肌肉接头部位冲动的传导，出现呼吸抑制、肢体瘫痪和骨骼肌松弛等症状。应立即停药，肌注新斯的明或静注 10% 葡萄糖酸钙等抢救。

【注意事项】在弱碱性条件下，抗菌活性增强，如在 pH 8 时的抗菌作用比在 pH 5.8 时强 20～80 倍。

【制剂、用法与用量】注射用硫酸链霉素：0.75g、1g、2g、5g。肌内注射，每 1kg 体重，家畜 10～15mg，家禽 20～30mg。2 次 /d，连用 2～3d。

休药期：牛、羊、猪 18d。弃奶期：3d。

卡那霉素

【理化性质】从卡那链霉菌的培养液中提取，有 A、B、C 三种成分。临床应用以卡那霉素 A 为主。常用硫酸盐，为白色或类白色结晶性粉末，易溶于水，水溶液稳定，100℃灭菌 30min 效价无明显损失。

【药动学】内服吸收差。肌注吸收迅速，有效血药浓度可维持 12h。主要分布于各组织和体液中，以胸、腹腔中的药物浓度较高，胆汁、唾液、支气管分泌物及脑脊液中含量很低。有 40%～80% 以原型从尿中排出。尿中浓度很高，可用于治疗尿道感染。

【作用与应用】抗菌谱与链霉素相似，但抗菌活性稍强。对多数革兰氏阴性菌如大肠杆菌、变形杆菌、沙门菌和巴斯德菌等有效，但对绿脓杆菌无效；对结核杆菌和耐青霉素的金黄色葡萄球菌有效。主要用于多数革兰氏阴性菌和部分耐青霉素的金黄色葡萄球菌所引起的感染，如呼吸道、肠道和泌尿道感染，以及乳腺炎、鸡霍乱和雏鸡白痢等。此外，也可治疗猪喘气病、猪萎缩性鼻炎和鸡慢性呼吸道病。

【耐药性】细菌耐药比链霉素慢，与新霉素完全交叉耐药，与链霉素部分交叉耐药。

【药物相互作用】参见链霉素。

【不良反应】本品耳毒性比链霉素和庆大霉素强，比新霉素小，与强效利尿剂合用可加强毒性。肾毒性大于链霉素，与多黏菌素合用可加强毒性。较常发生神经肌肉阻滞作用。

【制剂、用法与用量】注射用硫酸卡那霉素：0.5g、1g、2g。肌内注射，一次量，每 1kg 体重，家畜 10～15mg，2 次 /d，连用 2～3d。

休药期：28d。弃奶期：7d。

庆大霉素

【理化性质】从放线菌科小单孢子属的培养液中提取，是包括 C_1、C_{1a} 和 C_2 三种成分的复合物。三种成分的抗菌活性和毒性基本一致。其硫酸盐为白色或类白色结晶性粉末，无臭，有吸湿性，在水中易溶，乙醇中不溶。

【药动学】本品内服难吸收，肠内浓度较高。肌注后吸收快而完全，主要分布于细胞外液，可渗入胸腹腔、心包、胆汁及滑膜液中，也可进入淋巴结及肌肉组织。其 70%～80% 以原型通过肾小球滤过从尿中排出。肾功能不全时，以及新生幼畜，其排泄速度显著减慢，故给药方案要进行调整。

【作用与应用】本品在氨基糖苷类中抗菌谱较广，抗菌活性最强。对革兰氏阴性菌和革兰氏阳性菌都有效。特别对绿脓杆菌、大肠杆菌、变形杆菌及耐药金黄色葡萄球菌等作用最强。此外，对支原体、结核杆菌也有作用。临床主要用于耐药金黄色葡萄球菌、绿脓杆菌、变形杆菌和大肠杆菌等引起的各种呼吸道、肠道、泌尿道感染和败血症等；

内服还可以用于治疗肠炎和细菌性腹泻。

【耐药性】由于本品广泛用于兽医临床，耐药菌株逐年增多，但细菌耐药性缓慢、耐药发生后，停药一段时间又可恢复敏感性。

【药物相互作用】

－ 林可胺类：联用抗链球菌有协同作用，但可增加庆大霉素的肾毒性，易引起急性肾功能衰竭。

－ 多黏菌素等多肽类抗生素：与庆大霉素交替使用或联用，对绿脓杆菌感染可产生协同作用，但肾毒性增加并产生神经肌肉阻滞作用，一般不联用。

＋ 维生素 E：拮抗庆大霉素的肾毒性，联用时可减轻肾损害。

－ 西咪替丁：与庆大霉素联用易引起呼吸抑制。

－ 维生素 K：降低维生素 K 的作用。

＋ 甲氧苄啶：与庆大霉素合用，对大肠杆菌及肺炎克雷伯菌有协同作用。

其他可参见链霉素。

【不良反应】毒性反应，尤其对肾有较严重的损害作用，临床应用要严格掌握剂量与疗程。

【注意事项】由于本品对神经肌肉接头有阻滞作用，所以不宜作静脉推注或大剂量快速静注，以防呼吸抑制发生。本品日量宜分 2 或 3 次给药，以维持有效血药浓度，并减轻毒性反应，不宜将 1 日量集中 1 次给予。临床用药时，剂量要充足，疗程不宜过长，一般疗程不宜超过 2 周，肾功能不全，老、幼动物应减少剂量。

【制剂、用法与用量】硫酸庆大霉素注射液：2mL∶0.08g、5mL∶0.2g、10mL∶0.2g、10mL∶0.4g。肌内注射，一次量，每 1kg 体重，家畜 2～4mg，犬、猫 3～5mg，家禽 5～7.5mg，2 次/d，连用 2～3d。静脉滴注用量同肌注。

硫酸庆大霉素片：20mg。内服，一次量，每 1kg 体重，驹、犊、羔羊、仔猪 5～10mg，2 次/d。

休药期：猪 40d。

新霉素

【理化性质】从链丝菌培养液中提取获得。白色或类白色粉末；有吸湿性，无臭，极易溶于水。

【药动学】内服给药很少吸收，在肠内呈抗菌作用。内服后只有总量的 3% 从尿液排出，大部分不经变化从粪便排出。肠黏膜发炎有溃疡时可吸收相当量。肌内注射后吸收良好，但由于本品毒性大，一般不建议注射给药。

【作用与应用】本品的抗菌谱和卡那霉素相近。临床上可用于内服治疗各种幼畜的大肠杆菌病（幼畜白痢），子宫或乳腺内注入治疗子宫炎或乳腺炎，外用 0.5% 水溶液或软膏治疗皮肤创伤，眼、耳等各种感染。此外，也可以气雾吸入，用于防治呼吸道感染。内服后很少吸收，在肠道内呈现抗菌作用。

【药物相互作用】

＋ 大环内酯类：治疗革兰氏阳性菌所致的乳腺炎有协同作用。

＋ 甲溴东莨菪碱：治疗革兰氏阴性菌引起的仔猪腹泻有协同作用。

其他可参见链霉素。

【制剂、用法与用量】硫酸新霉素片：0.1g、0.25g。内服，一次量，每1kg体重，犬、猫10～20mg。2次/d，连用3～5d。

硫酸新霉素可溶性粉：100g：3.25g、100g：6.5g。混饮，禽50～75mg每升水（以新霉素计），连用3～5d。

硫酸新霉素预混剂：混饲，每1000kg饲料，禽77～154g（以新霉素计），连用3～5d。

新霉素用气雾法给药可防治鸡呼吸道感染，剂量为每立方米鸡舍空间用新霉素1g。室内停留时间为1.5h。

休药期：猪0d，鸡5d，火鸡14d，产蛋鸡禁用。

安普霉素

【理化性质】其硫酸盐为微黄色或黄褐色粉末；有引湿性。易溶于水。

【药动学】本品内服可部分被吸收（＜10%，新生动物尤易吸收，吸收量与用量有关，可随动物年龄增长而减少）。肌注后吸收迅速，约1～2h达血药峰浓度，生物利用度为50%～100%。本品只能分布于细胞外液。在犊牛、绵羊、兔、鸡的半衰期分别为4.4h、1.5h、0.8h、1.7h。本品主要以原型通过肾排泄，4d内约排泄95%。

【作用与应用】抗菌谱广，对多数革兰氏阴性菌如大肠杆菌、沙门菌、巴斯德菌、变形杆菌、克雷伯菌等，部分革兰氏阳性菌，以及密螺旋体、支原体等有较强的抗菌活性。能促进5周龄前的肉鸡生长。本品用于治疗畜禽革兰氏阴性菌引起的肠道感染，如猪大肠杆菌、犊牛肠杆菌和沙门菌引起的腹泻，鸡大肠杆菌、沙门菌、支原体引起的感染。

【不良反应】长期或大剂量应用可引起肾毒性，其他可参见硫酸链霉素。

【注意事项】本品遇铁锈易失效，饮水器具应注意防锈。饮水给药宜现用现兑。本品应密封贮存于阴凉干燥处，注意防潮。按干燥品计算，每1mg的效价不得少于550单位。

【制剂、用法与用量】硫酸安普霉素注射液：肌内注射，一次量，每1kg体重，家畜20mg，2次/d，连用3d。

硫酸安普霉素可溶性粉：混饮，每1L水，禽250～500mg（效价）。连用5d。内服，一次量，每1kg体重，家畜20～40mg，1次/d，连用5d。

硫酸安普霉素预混剂：混饲，每1000kg饲料，猪80～100g（效价），用于促生长。

休药期：猪21d，鸡7d。蛋鸡产蛋期禁用；泌乳牛禁用。

大观霉素

【理化性质】又称为壮观霉素。其盐酸盐或硫酸盐为白色或类白色结晶性粉末；在水中易溶，在乙醇、三氯甲烷或乙醚中几乎不溶。

【药理作用】对革兰氏阴性菌（如大肠杆菌、沙门菌、巴斯德菌、布鲁菌、变形杆菌等）有较强作用，对革兰氏阳性菌（链球菌、葡萄球菌）作用较弱，对支原体也有一定作用。

【应用】在兽医临床上，本品多用于防治大肠杆菌病、禽霍乱、禽沙门菌病。本品常与林可霉素联合用于防治仔猪腹泻、猪支原体性肺炎、败血支原体引起的鸡慢性呼吸道病和火鸡支原体感染。

【用法与用量】混饮：每 1L 水，禽 0.5～1.0g（效价），连用 3～5d。内服：一次量，每 1kg 体重，猪 20～40mg，2 次 /d，连用 3～5d。

【制剂】盐酸大观霉素可溶性粉；盐酸大观霉素、盐酸林可霉素可溶性粉。

三、四环素类抗生素

四环素类抗生素为广谱抗生素，属速效抑菌剂，可分为天然品和半合成品两类。前者由不同链霉菌的培养液中提取获得，有四环素、土霉素、金霉素和去甲金霉素；后者为半合成衍生物，有多西环素、甲烯土霉素等。兽医临床常用的有四环素、土霉素、金霉素和多西环素。

土霉素

【理化性质】从土壤链霉菌中获得。为淡黄色的结晶性或无定型粉末。无臭。在日光下颜色变暗，在碱性溶液中易被破坏失效。在水中极微溶解，易溶于稀酸、稀碱。常用其盐酸盐，易溶于水。

【药动学】内服吸收不规则、不完全，主要在小肠的上段被吸收。胃肠道内的镁、钙、铝、铁、锌、锰等多价金属离子，能与本品形成难溶的螯合物，而使药物吸收减少。因此，不宜与含多价金属离子的药物或饲料、乳制品同用。内服 2～4h 血药浓度达峰值。反刍动物因吸收差，且抑制瘤胃内微生物活性，不宜内服给药。吸收后在体内分布广泛，易渗入胸、腹腔和乳汁，也能通过胎盘屏障进入胎儿循环，脑脊液中浓度低。体内储存于胆、脾，尤其易沉积于骨骼和牙齿；有相当一部分可由胆汁排入肠道，再被吸收利用，形成肝肠循环，从而延长药物在体内的持续时间。主要由肾排泄，在胆汁和尿中浓度高，有利于胆道及泌尿道感染的治疗。但肾功能障碍时，减慢排泄，延长消除半衰期，增强对肝的毒性。

【作用与应用】为广谱抗生素。除对革兰氏阳性菌和革兰氏阴性菌有作用外，对立克次体、衣原体、支原体、螺旋体、放线菌和某些原虫也有抑制作用。但对革兰氏阳性菌的作用不如青霉素类和头孢菌素类；对革兰氏阴性菌的作用不如氨基糖苷类和酰胺醇类。主要用于治疗敏感菌所致的各种感染。例如，大肠杆菌和沙门菌引起的下痢，如犊牛白痢、羔羊痢疾、仔猪黄痢和白痢；多杀性巴斯德菌引起的猪肺疫、禽霍乱、牛出血性败血症等。此外对防治畜禽支原体病、放线菌病、布鲁氏菌病、钩端螺旋体病等也有一定疗效。还有促进幼龄动物生长的作用。

【耐药性】由于四环素类药物的广泛应用，近年来，细菌对其耐药状况较严重，一些常见的病原菌耐药率很高，因此，限制了本类药物的应用。天然四环素之间有完全交叉耐药性，与半合成四环素存在部分交叉耐药性。

【药物相互作用】

－ 喹诺酮类：不宜配伍联用，药效降低，副作用增加。

－ 头孢菌素类、青霉素类：土霉素能降低头孢菌素类药物的抗菌作用。

＋ 泰乐菌素等大环内酯类药物：与土霉素合用呈协同作用。

＋ 多黏菌素：与土霉素合用，由于增强细菌对本类药物的吸收而呈协同作用。

＋ TMP：配伍联用有显著增效作用。

－ 维生素 C：使土霉素的作用降低；土霉素又使维生素 C 在尿中的排泄变快，故不宜配伍。

－ 复合维生素 B：配伍应用可使土霉素的作用降低。

－ 磺胺类、红霉素：肝、肾毒性增强。另外，磺胺类、红霉素类属于碱性药，可使四环素类药物发生解离而造成溶解度下降，吸收减少，药效降低。故应避免联用。

－ 肝毒性药物（如红霉素、竹桃霉素、对氨基水杨酸钠、安定、噻嗪类利尿剂、保泰松等）：四环素类药物可干扰这些药物的肝肠循环，影响药物疗效，增加肝毒性反应。

【不良反应】 ①局部刺激：其盐酸盐水溶液属强酸性，刺激性大，不宜肌注，静注时药液漏出血管外可导致静脉炎；②二重感染：成年草食动物内服后，易引起肠道菌群紊乱，消化机能失调，造成肠炎和腹泻，故成年草食动物不宜内服；③肝毒性：长期应用可导致肝脂肪变性，甚至坏死，应注意肝功能检查。

【注意事项】 ①土霉素的盐酸盐水溶液的局部刺激性强，注射剂一般用于静脉注射，但浓度为 20% 的长效土霉素注射液则可分点深部肌内注射；②在肝、肾功能不全的患病动物或使用呋塞米强效利尿药时，忌用本品；③食物可降低疗效，宜空腹给药。

【制剂、用法与用量】 土霉素片：0.05g、0.125g、0.25g。内服，一次量，每 1kg 体重，猪、驹、犊、羔 10～25mg，犬 15～50mg，禽 25～50mg。2 或 3 次 /d。连用 3～5d。

注射用盐酸土霉素：0.2g、1g。肌内静注，一次量，每 1kg 体重，家畜 5～10mg。2 次 /d，连用 2～3d。

盐酸土霉素可溶性粉：混饮，每 1L 水，猪 100～200mg，禽 150～250mg。

休药期：土霉素内服，牛、羊、猪 7d，禽 5d，弃蛋期 2d，弃奶期 3d；土霉素注射液肌内注射，牛、羊、猪 28d，弃奶期 7d；注射用盐酸土霉素静脉注射，牛、羊、猪 8d，弃奶期 2d。

多西环素

【理化性质】 又名强力霉素，其盐酸盐为淡黄色或黄色结晶性粉末，无臭，味苦，易溶于水。

【药动学】 本品内服后吸收迅速，受食物影响小，生物利用度高。维持有效血液浓度时间长，对组织渗透力强，分布广泛，易进入细胞体内。原型药物大部分经胆汁排入肠道后再吸收，形成显著的肝肠循环，有效血药浓度维持时间长，半衰期长。本品在肝内大部分以结合或络合方式灭活，再经胆汁分泌入肠道，随粪便排出，因而对肠道菌群及动物的消化机能无明显影响。经肾排出时，由于本品具有较强的脂溶性，易被肾小管重吸收，因而有效药物浓度维持时间较长。

【作用与应用】 抗菌谱与其他四环素类相似，体内、体外抗菌活性较土霉素、四环素强。临床上用于治疗畜禽的支原体病、大肠杆菌病、沙门菌病、巴斯德菌病和鹦鹉热等。本品在四环素类中毒性最小，但已有多起报道给马属动物静脉注射致死。

【药物相互作用】

＋ TMP 等抗菌增效剂：与强力霉素配伍联用，对小部分菌株有协同和累加抗菌作用，对大部分菌株无增强作用。

— 维生素 C：对强力霉素有灭活作用，强力霉素又可使维生素 C 在尿中排泄变快，故不宜配伍。

其他可参见土霉素。

【制剂、用法与用量】

盐酸多西环素片：0.1g。内服，一次量，每 1kg 体重，猪、驹、犊、羔 3～5mg，犬、猫 5～10mg，禽 15～25mg，1 次 /d，连用 3～5d。混饲，每 1000kg 饲料，猪 150～250g，禽 100～200mg。

盐酸多西环素可溶性粉：混饮，每 1L 水，猪 100～150mg，禽 50～100mg。

休药期：28d。产蛋鸡与泌乳牛禁用。

四、酰胺醇类抗生素

酰胺醇类又称酰胺醇类抗生素，包括氯霉素、甲砜霉素、氟苯尼考等，属广谱速效抑菌剂。氯霉素因不良反应较多，特别是抑制动物骨髓造血系统，引起粒细胞及血小板生成减少，导致不可逆性再生障碍性贫血，2002 年 5 月农业部规定禁用于食品动物。

甲砜霉素

【理化性质】又名甲砜氯霉素、硫霉素。为白色结晶性粉末。无臭。微溶于水，溶于甲醇，几乎不溶于乙醚或氯仿。

【药动学】内服后吸收迅速而完全，猪肌内注射吸收快，约 1h 可达血药峰浓度，生物利用度为 76%，半衰期为 4.2h；静注给药的半衰期为 1h。内服后体内组织分布广泛，肾、肺、肝内含量高，比同剂量的氯霉素约高 3～4 倍，因此体内抗菌活性较强。甲砜霉素与氯霉素不同，甲砜霉素不在肝内代谢灭活，也不与葡萄糖醛酸结合，血中游离型药物浓度较高，故有较强的体内抗菌作用，且肝功能不全时血药浓度不受影响。由于存在肝肠循环，胆汁中药物浓度高，可为血药浓度的几十倍。血浆蛋白结合率为 10%～20%。本品主要通过肾排出，且大多数药物以原型从尿中排出，故可用于治疗泌尿道的感染。

【作用与应用】属广谱抗生素，对大多数革兰氏阴性菌和革兰氏阳性菌均有抑制作用，但对革兰氏阴性菌的作用比革兰氏阳性菌强。其敏感的革兰氏阴性菌有大肠杆菌、沙门菌、伤寒杆菌、副伤寒杆菌、产气荚膜杆菌、克雷伯菌、巴斯德菌、布鲁氏菌及痢疾杆菌等，尤其对大肠杆菌、巴斯德菌及沙门菌高度敏感。敏感的革兰氏阳性菌有炭疽杆菌、葡萄球菌、棒状杆菌、肺炎球菌、链球菌、肠球菌等，但对革兰氏阳性菌的作用不及青霉素和四环素。绿脓杆菌对本品多有耐药性。此外，本品对放线菌、钩端螺旋体、某些支原体、部分衣原体和立克次体也有作用。主要用于幼畜副伤寒、白痢、肺炎及家畜的肠道感染，如禽大肠杆菌病、沙门菌病、呼吸道细菌性感染等。也用于防治鱼类等多种细菌性疾病。治疗伤寒和副伤寒效果尤其显著。

【耐药性】细菌在体内外对本品均可缓慢产生耐药性，耐药菌以大肠杆菌居多。同类药物间完全交叉耐药。

【药物相互作用】

— 大环内酯类（如红霉素）：拮抗，由于两者合用时竞争结合位置。

— 利福平：由于利福平对肝酶有诱导作用，可使酰胺醇类药物的血药浓度减低，应用时须调整剂量。

— 氨基糖苷类（如链霉素、卡那霉素）：呈拮抗效应且增加耳、肾毒性。

— 林可胺类：与酰胺醇类药物的作用机制相同，均是与细菌核糖体 50S 亚基结合，合用时可产生拮抗作用。

— β- 内酰胺类（如青霉素类、头孢菌素类）：与酰胺醇类药物合用有拮抗作用。原因是酰胺醇类药物能促进细胞壁黏肽对氨基酸的获得而促进细胞壁的合成，而青霉素类、头孢菌素类药物会阻碍细胞壁的合成。所以不宜同时应用，必须应用时将 β- 内酰胺类先于氯霉素数小时应用。

— 磺胺类：易引起低血糖，不宜联用。

— 氟喹诺酮类：酰胺醇类药物是蛋白质合成抑制剂，作用位点在氟喹诺酮类药物作用位点的后部，二者联用，药效降低甚至可增加副作用。

【不良反应】本品有较强的免疫抑制作用，约比氯霉素强 6 倍，可抑制抗体的生成，禁用于疫苗接种期的动物和免疫功能严重缺损的动物。毒性较氯霉素低，通常不引起再生障碍性贫血，但能可逆性地抑制红细胞生成。

【制剂、用法与用量】甲砜霉素片：25mg、100mg、125mg、250mg。内服，一次量，每 1kg 体重，家畜 10～20mg，家禽 20～30mg。2 次 /d。

散剂：混饲，每 1000kg 饲料，禽 200～300g，猪 200g。

休药期：片剂，28d，弃奶期 7d；散剂，28d，弃奶期 7d。

氟苯尼考

【理化性质】又名氟甲砜霉素，是甲砜霉素的单氟衍生物。为白色或类白色结晶性粉末。无臭。在二甲基酰胺中极易溶解，甲醇中溶解，冰醋酸中略溶，水或氯仿中极溶解。

【药动学】本品内服和肌内注射吸收迅速，分布广泛，半衰期长，血药浓度高，能较长时间地维持血药浓度。由于胆汁中浓度高，且有较高内服生物利用度（猪 109%、犊牛 88%、肉雏鸡 55%），预示存在肝肠循环。牛静注及肌注的半衰期分别为 2.6h 和 18.3h；猪静注及肌注的半衰期分别为 6.7h 和 17.2h。本品主要经肾排泄，大多数药物以原型（50%～65%）从尿中排出。

【作用与应用】属动物专用的抗生素。抗菌谱与氯霉素相似，对多数革兰氏阳性菌和革兰氏阴性菌及支原体等均有较强的抗菌作用，但抗菌活性优于氯霉素和甲砜霉素。对猪胸膜肺炎放线杆菌的最小抑菌浓度为 0.2～1.56μg/mL。对耐氯霉素和甲砜霉素的大肠杆菌、沙门菌、克雷伯菌也有效。主要用于鱼类、牛、猪、鸡的细菌性疾病，例如，牛呼吸道疾病、乳腺炎；猪的胸膜肺炎、黄痢、白痢；禽大肠杆菌病、沙门菌病、呼吸道细菌性感染等。本品是沙门菌、伤寒杆菌、副伤寒杆菌引起感染疾病的首选药物，对牛呼吸系统疾病、猪放线菌性胸膜肺炎和禽大肠杆菌病疗效也显著。

【药物相互作用】参见甲砜霉素。

【不良反应】不引起骨髓抑制或再生障碍性贫血，但对胚胎有一定毒性，故妊娠动物禁用。

【制剂、用法与用量】氟苯尼考注射液：2mL：0.6g。肌内注射，一次量，每 1kg 体重，猪、鸡 20mg，1 次 /2d，连用 2d；鱼 0.5～1g，1 次 /d。

可溶性粉：饮水，一次量，每 1kg 体重，猪、鸡 20～30mg，2 次 /d，连用 3～5d。

休药期：氟苯尼注射液，猪 14d、鸡 28d；氟苯尼可溶性粉，猪 20d、鸡 5d，产蛋鸡禁用。

五、大环内酯类抗生素

大环内酯类是一类弱碱性的速效抑菌剂，主要对多数革兰氏阳性菌、部分革兰氏阴性菌、厌氧菌、支原体、衣原体等有抑制作用，尤其对支原体作用强，对肠道阴性杆菌属如大肠杆菌、沙门菌等不敏感。在碱性条件下，活性可明显增强。毒性低，无严重不良反应。本类抗生素之间有不完全的交叉耐药性，与林可胺类抗生素有交叉耐药性。兽医临床常用的有红霉素、泰乐菌素、替米考星、吉他霉素、螺旋霉素等，主要用于畜禽支原体的防治。

红霉素

【理化性质】从红链霉菌的培养液中提取。为白色或类白色结晶或粉末，无臭，味苦，难溶于水。其乳糖酸盐易溶于水，供注射用；硫氰酸盐属动物专用药，微溶于水。

【药动学】本品内服易被胃酸破坏，常采用耐酸制剂如红霉素肠溶片或琥珀酸乙酯。内服吸收良好，1～2h 达血药峰浓度，维持有效浓度时间约 8h。肌注后吸收迅速，分布广泛，肝、胆中含量最高，可通过胎盘屏障及进入关节腔。脑膜炎时脑脊液中可达较高浓度。本品大部分在肝内代谢灭活，主要经胆汁排泄，部分可经过肠重新吸收，仅有 5% 由肾排出。

【作用与应用】抗菌谱与青霉素相似，对革兰氏阳性菌如链球菌、猪丹毒杆菌、梭状芽孢杆菌、炭疽杆菌、棒状杆菌等有较强的抗菌作用；对某些革兰氏阴性菌如巴斯德菌、布鲁氏菌的作用较弱，对大肠杆菌、克雷伯菌、沙门菌等无作用。此外，对某些支原体、立克次体和螺旋体也有效；对青霉素耐药的金黄色葡萄球菌也敏感。对禽的慢性呼吸道病、猪支原体性肺炎有较好的疗效。也可用于对青霉素耐药的金黄色葡萄球菌所致的轻、中度感染和对青霉素过敏的病例，如肺炎、败血症、子宫内膜炎、乳腺炎和猪丹毒等。

【耐药性】细菌极易产生耐药性，与其他大环内酯类及林可霉素有交叉耐药性。

【药物相互作用】

－ 四环素：与红霉素注射液配伍，效价降低并有浑浊、沉淀，并可加剧肝毒性。

－ 林可霉素、克林霉素：两者均作用于细菌核苷酸 50S 亚基，合用时两者因竞争结合靶位而产生拮抗使药效降低。

－ 头孢菌素类、青霉素类、酰胺醇类：与红霉素有拮抗作用。

－ 喹诺酮类：联用时药效降低。

－ 维生素 C：可使红霉素的效力下降 20%～40%。

＋ 碱性药物：可减少红霉素在胃酸中的破坏，并增强抗菌效力。

－ 茶碱：红霉素可抑制肝对茶碱的清除率，与茶碱同用时可提高茶碱的血药浓度、易造成茶碱中毒，必须同用时，应降低茶碱的用量。

－ 莫能菌素、盐霉素等：不宜合用，配伍禁忌。

－ 泰妙菌素：与红霉素配伍联用可因竞争作用部位而减效。

【不良反应】毒性低，但刺激性强。肌注可发生局部炎症，宜采用深部注射。静注速度要缓慢，同时避免漏出血管外。犬、猫内服可引起呕吐、腹痛、腹泻等胃肠道症状。

【注意事项】食物可降低红霉素的吸收速率，宜空腹或间隔用药。本品在碱性溶液中稳定且抗菌作用强，在酸性溶液中易失活，pH 低于 4 时抗菌作用几乎消失。

【制剂、用法与用量】注射用乳糖酸红霉素：0.25g、0.3g。肌内、静注，一次量，每1kg 体重，牛、马、猪、羊 3～5mg，犬、猫 5～10mg。2 次 /d，连用 3d。临用前，先用灭菌注射用水溶解，然后用 5% 葡萄糖注射液稀释，浓度不超过 0.1%。

红霉素肠溶片：0.1g、0.25g。内服，一次量，每 1kg 体重，仔猪、犬、猫 10～20mg。2 次 /d，连用 3～5d。

硫氰酸红霉素可溶性粉：混饮，每 1L 水，禽 2.5g，连用 3～5d。蛋鸡产蛋期禁用。

休药期：乳糖酸红霉素，牛 14d，羊 3d，猪 7d，弃奶期 3d；硫氰酸红霉素，鸡 3d，蛋鸡产蛋期禁用。

泰乐菌素

【理化性质】从弗氏链霉菌的培养液中提取的动物专用的抗生素，为白色至浅黄色粉末，微溶于水，其酒石酸盐、磷酸盐溶于水。若水中含铁、铜、铝等金属时，则可与本品形成络合物而失效。

【药动学】内服泰乐菌素以酒石酸盐吸收为好，磷酸盐吸收为差，酒石酸盐内服后易从胃肠道（主要是肠道）吸收。给猪内服后 1h 即达血药峰浓度，给予等量泰乐菌素，肌内注射或皮下注射的血药浓度比内服高 2～3 倍。泰乐菌素吸收在体内广泛分布，但不易进入脑脊液，在乳汁中的浓度比血清高 4～5 倍。主要以原型在尿和胆汁中排出，故在尿和胆汁中浓度极高。

【作用与应用】对革兰氏阳性菌、支原体、螺旋体等均有抑制作用；对大多数革兰氏阴性菌作用较差。对革兰氏阳性菌的作用较红霉素弱，而对支原体的作用较强。主要用于防治鸡、火鸡和其他动物的支原体感染（对猪的支原体仅有预防作用而无治疗效果），猪的密螺旋体性痢疾、弧菌性痢疾，山羊传染性胸膜肺炎等。此外，也可作为畜禽饲料添加剂，以促进增重和提高饲料转化率。

【耐药性】易产生耐药性，与其他大环内酯类及林可霉素有交叉耐药性。

【药物相互作用】

－ 泰妙菌素：与泰乐菌素配伍联用，会因竞争作用部位而减效。

－ 多（聚）醚类抗球虫药物（如莫能菌素、盐霉素、拉沙洛菌素、海南霉素和马杜霉素）：泰乐菌素可使多（聚）醚类抗球虫药物的毒性增强。

＋ 土霉素等四环素类：合用呈协同作用。

其他可参见红霉素。

【不良反应】本品毒性小，几乎无残留，但不能与聚醚类抗生素合用，否则导致后者的毒性增强。

【制剂、用法与用量】酒石酸泰乐菌素可溶性粉：5g：5g、10g：10g、20g：20g。混饮，每 1L 水，禽 500mg，猪 200～500mg，连用 3～5d。内服，一次量，每 1kg 体重，猪 7～10mg，3 次 /d，连用 5～7d。

酒石酸泰乐菌素注射液：1mL：50mg、1mL：100mL、1mL：200mL。肌内注射，一次量，每 1kg 体重，牛 10～20mg，猪 5～13mg，猫 10mg，1 或 2 次 /d，连用 5～7d。

磷酸泰乐菌素预混剂：混饲，每 1000kg 饲料，猪 10～100g，鸡 4～50g。用于促生长，宰前 5d 停止给药。

休药期：酒石酸泰乐菌素注射液，牛 28d，猪 2d，弃奶期 96h；酒石酸泰乐菌素可溶性粉，鸡 1d，产蛋鸡禁用；磷酸泰乐菌素预混剂，鸡、猪 5d。

替米考星

【理化性质】本品是由泰乐菌素的一种水解产物半合成的畜禽专用抗生素，白色粉末，其磷酸盐在水中溶解。

【药动学】本品内服和皮下注射吸收快，但不完全，肺组织中的药物浓度高。具有良好的组织穿透力，能迅速而完全地从血液进入乳房，乳中浓度高，维持时间长，乳中的半衰期达 1～2d。本品特殊的药动学特点尤其适合家畜肺炎和乳腺炎等感染性疾病的治疗。

【作用与应用】本品有广谱抗菌作用，对革兰氏阳性菌、某些革兰氏阴性菌、支原体、螺旋体等均有抑制作用，对胸膜肺炎放线杆菌、巴斯德菌及畜禽支原体具有比泰乐菌素更强的抗菌活性。主要用于防治敏感菌引起的家畜肺炎、禽支原体病及泌乳动物的乳腺炎。

【药物相互作用】

一 肾上腺素：与替米考星合用可增加猪的死亡率。

其他可参见红霉素。

吉他霉素

【理化性质】又名北里霉素、柱晶白霉素。为白色或类白色粉末；无臭，味苦。本品极微溶于水，其酒石酸盐易溶于水。

【药动学】本品内服较红霉素易吸收，内服 2h 后血药浓度达峰值。药物在体内分布良好，能广泛分布于各脏器中，在肺、肌肉、肾等组织中的药物浓度高于血药浓度。药物主要经胆汁排泄，在胆汁中浓度较高，尿中排出量较少。

【作用与应用】抗菌谱与红霉素相似，其特点是对支原体作用强，对革兰氏阳性菌的作用较红霉素弱；对耐药金黄色葡萄球菌的效力强于红霉素，对某些革兰氏阴性菌、衣原体、立克次体也有抗菌作用。主要用于革兰氏阳性菌所致的感染、支原体病及猪的弧菌性痢疾，也可用于猪、鸡的饲料添加剂，促进生长，提高饲料报酬。

【耐药性】对葡萄球菌产生耐药性的速度比红霉素慢，且对耐青霉素、红霉素的金黄色葡萄球菌仍然有效。

【药物相互作用】可参见红霉素。

【制剂、用法与用量】吉他霉素片：5mg、50mg、100mg。内服，一次量，每 1kg 体重，猪 20～30mg，禽 20～50mg，2 次 /d，连用 3～5d。

酒石酸吉他霉素可溶性粉：10g：5g。混饮，每 1L 水，鸡 250～500mg。

吉他霉素预混剂：100g：10g、100g：50g。混饲，每1000kg饲料，猪5.5～50g，鸡5.5～11g。

休药期：猪、鸡7d。蛋鸡产蛋期禁用。

六、林可胺类抗生素

林可胺类包括林可霉素和氯林可霉素。林可霉素是由链霉菌产生的一种碱性抗生素；氯林可霉素又称克林霉素，为林可霉素半合成衍生物，活性比林可霉素强，不良反应少。目前，兽医临床主要使用林可霉素，克林霉素已禁止使用于食品动物。

林可霉素

【理化性质】又名洁霉素，其盐酸盐为白色结晶粉末，味苦。在水或甲醇中易溶，乙醇中微溶。

【药动学】内服吸收迅速但不完全，且受食物和饲料影响，猪内服的生物利用度为20%～50%，约1h血药浓度达峰值，犬内服2～4h达血药峰。肌注吸收良好，0.5～2h可达血药峰浓度。广泛分布于各种体液和组织中，包括骨骼，可扩散进胎盘。肝、肾中药物浓度最高，但脑脊液即使在炎症时也达不到有效浓度。肝、肾功能缺损时能延长半衰期。林可霉素主要在肝内代谢，经胆汁和粪便排泄，少量从尿排泄。犬内服后经粪便排泄的药物占77%，经尿排泄占14%。

【作用与应用】抗菌谱与大环内酯类相似。对革兰氏阳性菌如葡萄球菌、溶血性链球菌和肺炎球菌等有较强的抗菌作用，对破伤风梭菌、产气荚膜杆菌、支原体也有抑制作用；对革兰氏阴性菌作用较差。主要用于治疗革兰氏阳性菌特别是耐青霉素、红霉素的革兰氏阳性菌所引起的各种感染，支原体引起的家禽慢性呼吸道病、猪气喘病、厌氧菌感染如鸡的坏死性肠炎等，也用于治疗猪密螺旋体痢疾。

【耐药性】细菌对林可霉素、头孢菌素及四环素之间无交叉耐药性，对红霉素耐药的葡萄球菌对本品常显示交叉耐药性。

【药物相互作用】

－ 大环内酯类：拮抗，合用时两者因竞争结合靶位产生拮抗使药效降低，并增强胃肠道副作用。

－ 酰胺醇类：两者合用时因竞争结合位置而拮抗。

－ 磺胺类：产生沉淀，不可配伍合用。

－ 青霉素类：混合配伍，可产生沉淀或降效。

－ 泰妙菌素：与林可胺类药物联用因竞争作用部位而减效。

－ 维生素C：使林可胺类药物发生氧化还原反应，生成新的复合物而失去抗菌活性。

＋ TMP等抗菌增效剂：增强抗菌效力，提高疗效，减少药物不良反应。

－ 头孢菌素类：有拮抗作用，不宜联用。但与头孢噻吩钠可联用治疗厌氧菌及需氧或兼性菌混合感染。与头孢西丁联用治疗肠穿孔所致的腹腔感染有协同作用。

＋ 喹诺酮类：联用能产生协同作用，并可减少耐药菌株的产生，但不可混合应用。

－ 氨基糖苷类、多肽类：与林可胺类药物配伍联用可能加剧对神经肌肉接头的阻滞作用。

＋ 大观霉素：与林可霉素配伍联用有协同作用。

－ 氨苄西林钠、青霉素钠（钾）：可产生沉淀或降低药效。

＋ 头孢噻吩钠、头孢西丁：可联用治疗厌氧及需氧或兼性菌混合感染。

【不良反应】大剂量内服有胃肠道反应。肌内注射有疼痛刺激，或吸收不良。本品对家兔敏感，易引起严重反应及死亡，不宜使用。

【制剂、用法与用量】盐酸林可霉素片：0.25g、0.5g。内服，一次量，每1kg体重，猪10～15mg，犬、猫15～25mg，1或2次/d，连用3～5d。混饲，每1000kg饲料，猪44～77g，禽22～44g，用于促生长，连用1～3周。

盐酸林可霉素可溶性粉：混饮，每1L水，猪100～200mg，鸡200～300mg。连用3～5d。

盐酸林可霉素注射液：2mL∶0.6g、10mL∶3g。肌内注射，一次量，每1kg体重，猪10mg，1次/d；猫、犬10mg，2次/d。连用3～5d。

休药期：猪6d，禽5d，产蛋鸡禁用。

七、多肽类

多肽类抗生素均具有多肽的复杂结构，作用机制也不相同，如多黏菌素类可改变细胞膜的功能，杆菌肽主要作用于细胞壁。本类抗生素抗菌谱窄，抗菌作用强，属杀菌剂。但毒性都较突出，其肾毒性显著，对神经也有一定毒性。临床常用于敏感菌引起的严重感染，一般不作首选药。细菌对本类抗生素不易产生耐药性。兽医临床中常用的有杆菌肽、多黏菌素等。多黏菌素主要对革兰氏阴性菌有作用，其他则均对革兰氏阳性菌有作用。

多黏菌素

【理化性质】多黏菌素是从多黏芽孢杆菌的培养液中提取的，包括多黏菌素A、B、C、D、E等成分，兽医临床常用多黏菌素B、多黏菌素E两种，均为窄谱、慢效杀菌剂。白色或淡黄色粉末；无臭，易溶于水。

【药动学】本品内服不易吸收，吸收后主要以原型经肾缓慢排泄。肌注后2～3h达血药峰浓度，有效血液浓度可维持8～12h。吸收后分布于全身组织，肝、肾中含量较高。

【作用与应用】本品为窄谱杀菌剂，对革兰氏阴性菌的抗菌活性强。主要敏感菌有大肠杆菌、沙门菌、巴斯德菌、布鲁氏菌、弧菌、痢疾杆菌、绿脓杆菌等。尤其对绿脓杆菌具有强大的杀菌作用。临床主要用于革兰氏阴性菌的感染，特别是绿脓杆菌、大肠杆菌所致的严重感染。内服难吸收，可用于治疗犊牛、仔猪的肠炎、下痢等。局部应用可治疗创面，眼、耳、鼻的感染等。可作为饲料药物添加剂，有促生长作用。

【耐药性】细菌对本品不易产生耐药性，但多黏菌素B与多黏菌素E之间存在完全交叉耐药性。

【药物相互作用】

＋ 磺胺药、利福平：会增强多黏菌素对大肠杆菌、肠杆菌、肺炎杆菌、绿脓杆菌的抗菌作用，对原来耐本品的革兰氏阴性菌呈协同抗菌作用，但不可混合应用。

－ 肾毒性药物（如庆大霉素、新霉素、杆菌肽）：与多黏菌素交替或联用治疗绿脓杆菌、大肠杆菌等引起的感染有协同作用，但肾毒性增加并产生神经肌肉阻滞作用，故一般不联用。

－ 对神经系统有一定毒性的药物（如链霉素、卡那霉素）：联用有导致肌无力和呼吸暂停的危险，因后者干扰神经肌肉接头的神经传递。

－ 头孢菌素类：联用时可增强多黏菌素对肾的毒性。

± 青霉素、氨苄西林、氯唑西林钠：治疗肺炎杆菌有协同作用，但不宜混合注射。

－ 红霉素、万古霉素：毒性增强。

－ 维生素 B_{12}：多黏菌素阻碍维生素 B_{12} 的胃肠道吸收。

－ 金属离子（如镁、铁、钴、锌等）：失去抗菌活性。

－ 维生素 B 注射液：对多黏菌素有灭活作用，故不可混合注射。

＋ TMP 等抗菌增效剂：对多黏菌素增效 2～32 倍，且对绿脓杆菌有协同作用。

＋ 金霉素、土霉素、四环素：与多黏菌素联用，由于增强细菌对前者的吸收而呈协同作用。

－ 聚醚类药物：毒性增强，禁止联用。

－ 维生素 C：降低多黏菌素的作用，不宜配伍联用。

【制剂、用法与应量】硫酸多黏菌素 B 片：35 万 IU（6.5 万 IU＝10mg）。内服，一次量，每 1kg 体重，犊牛 0.5 万～1 万 IU，2 次 /d；仔猪 0.2 万～0.4 万 IU，2 或 3 次 /d。

硫酸黏菌素片：35 万 IU（6.5 万 IU＝10mg）。内服，一次量，每 1kg 体重，犊牛、仔猪 1.5～5mg，家禽 3～8mg。1 或 2 次 /d。

硫酸黏菌素可溶性粉：混饮，每 1L 水，猪 40～100mg，鸡 20～60mg。连用 5d。

硫酸黏菌素预混剂：混饲（促生长），每 1000kg 饲料，牛（哺乳期）5～40g，猪（哺乳期）2～40g，仔猪、鸡 2～20g。

注射用硫酸黏菌素：乳管内注入，每一乳室，奶牛 5～10mg；子宫内注入，牛 10mg，1 或 2 次 / d。

休药期：猪、鸡 7d。蛋鸡产蛋期禁用。

杆菌肽

【理化性质】来自枯草杆菌培养液中的多肽类抗生素。为白色或淡黄色粉末。易溶于水和乙醇。本品的锌盐为灰色粉末，不溶于水，性质较稳定。

【药动学】杆菌肽内服不易吸收，肌内注射易吸收，但毒性大。主要经肾排泄，易导致严重肾损害。

【作用与应用】本品抗菌谱与青霉素相似，对革兰氏阳性菌有杀菌作用，包括耐药的金黄色葡萄球菌、肠球菌、非溶血性链球菌；对少数革兰氏阴性菌、螺旋体、放线菌也有效。本品不适合全身性治疗，可内服用于治疗各种动物的细菌性下痢，其锌盐常作为饲料添加剂。此外，局部用于革兰氏阳性菌所致的皮肤、伤口感染，眼部感染和乳腺炎。

【耐药性】细菌对本品不易产生耐药性，与其他抗生素无交叉耐药性。

【药物相互作用】

＋ 青霉素、链霉素、新霉素、多黏菌素 B：治疗各种动物的菌痢或细菌引起的肠道疾病有协同作用，但不可混合应用。

＋ 多黏菌素 E：合用治疗牛的乳腺炎有协同作用。

— 四环素类、大环内酯类、喹乙醇、维吉尼霉素等：有拮抗作用。

— 维生素 B_{12}：杆菌肽可阻碍维生素 B_{12} 的胃肠道吸收。

其他可参见多黏菌素类抗生素。

【制剂、用法与用量】杆菌肽锌预混剂：1g：100mg、1g：150mg。混饲，每 1000kg 饲料，3 月龄以下犊牛 10～100g，3～6 月龄犊牛 4～40g，6 月龄以下仔猪 4～40g，16 周龄以下禽 4～40g。

休药期：0d。产蛋期禁用。

八、截短侧耳素类和含磷多糖类

泰妙菌素

【理化性质】为白色或淡黄色结晶性粉末；无臭；无味。本品是半合成的动物专用抗生素，溶于水。

【药动学】单胃动物内服易吸收，2～4h 出现血药峰浓度，生物利用度达 85% 以上。反刍动物内服可被胃肠道菌群灭活。体内分布广泛，肺中浓度最高。泰妙菌素在体内被代谢成 20 种代谢物，有的具有抗菌活性。本品主要由胆汁排泄，约有 30% 的代谢物在尿中排出，其余经粪排泄。

【作用与应用】本品抗菌谱与大环内酯类抗生素相似，主要抗革兰氏阳性菌，对革兰氏阴性菌尤其是肠道菌作用较弱。对金黄色葡萄球菌、链球菌、支原体、猪胸膜肺炎放线杆菌、猪痢疾密螺旋体等均有较强的抑制作用，对支原体的作用强于大环内酯类。本品用于防治鸡慢性呼吸道病、猪支原体肺炎和放线菌性胸膜肺炎，也可用于猪密螺旋体性痢疾。低剂量可促进动物生长和提高饲料利用率。

【药物相互作用】

— 聚醚类抗生素（如莫能菌素、盐霉素等）：禁止配伍，因能引起药物中毒，使鸡生长迟缓，运动失调，麻痹瘫痪，直至死亡。猪反应较轻，但也不宜并用。

— 林可霉素、克林霉素、红霉素、泰乐菌素：竞争作用部位而减效。

＋ 金霉素：与泰妙菌素 4：1 配伍混饲，可治疗猪细菌性肠炎、细菌性肺炎、密螺旋体性猪痢疾。对支原体性肺炎，支气管败血巴斯德菌和多杀性巴斯德菌混合感染所引起的肺炎疗效显著。

【制剂、用法与用量】以泰妙菌素计：混饮，每升水，猪 45～60mg，连用 5d；鸡 125～250mg，连用 3d。混饲，每 1000kg 饲料，猪 40～100g，连用 5～10d。

休药期：猪、鸡 5d。

沃尼妙林

【理化性质】沃尼妙林是一种由二萜烯类抗生素半合成的畜禽专用抗生素，属截短侧耳素（pleuromutilin）衍生物。常用其盐酸盐，是动物专用抗生素。白色结晶粉末；极微溶于水，溶于甲醇、乙醇、丙酮、氯仿，其盐酸盐溶于水。

【药动学】猪口服本品吸收迅速，生物利用度大于 90%，给药后 1～4h 达到血药峰浓度，血浆半衰期 1.3～2.7h。重复给药可发生轻微蓄积，但 5h 内平稳。本品有明显的首过效应，主要分布在肺和肝中。本品在猪体内进行广泛代谢，代谢物主要经胆汁和粪便迅速排泄。

【药理作用】作用机制同泰妙菌素，在核糖体水平上抑制细菌蛋白质的合成，高浓度时也抑制 RNA 的合成。主要是抑菌，高浓度时也杀菌。抗菌谱广，对革兰阳性菌和革兰氏阴性菌均有效，对霉形体和螺旋体有高效，对肠杆菌科细菌如大肠杆菌、沙门菌的抗菌效力较低。

【临床应用】主要用于治疗与预防猪痢疾、猪地方性肺炎、猪结肠螺旋体病（结肠炎），以及牛、羊和家禽的支原体病。

【药物相互作用】参见延胡索酸泰妙菌素。

【制剂、用法与用量】盐酸沃尼妙林预混剂：100g∶10g。混饲，每 1000kg 饲料，治疗猪痢疾 75g（以沃尼妙林计），至少连用 10d 至症状消失；预防和治疗猪由肺炎支原体引起的支原体肺炎 200g（以沃尼妙林计），连用 21d。

休药期：猪 2d。

第三节 合成抗菌药

一、磺胺类及其增效剂

自从 1935 年发现第一种磺胺类药物——百浪多息以来，该类药物先后合成成千上万种，而临床上常用的只有二三十种。虽然 20 世纪 40 年代以后，各类抗生素不断发现和发展，在临床上取代了多数磺胺类药物，但由于磺胺类药对动物某些疾病疗效良好，如鸡传染性鼻炎、猪弓形体、禽球虫等，同时又具有性质稳定、使用方便、价格低廉等优点，且与甲氧苄啶和二甲氧苄啶等抗菌增效剂合用时抗菌活性增强，故在抗微生物药物中仍占一席之地。磺胺类药物为白色或淡黄色结晶粉末，难溶于水，具有酸碱两性，其钠盐制剂易溶于水。

（一）磺胺类药物的分类

根据磺胺类药物在临床上的应用，可将其分为四类。

1. 用于全身感染　磺胺嘧啶（SD）、磺胺二甲嘧啶（SM₂）、磺胺异噁唑（SIZ）、磺胺甲噁唑（SMZ）、磺胺间甲氧嘧啶（SMM）、磺胺对甲氧嘧啶（SMD）、磺胺地托辛（SDM）等。这类磺胺药肠道易吸收，故适用于全身感染。

2. 用于消化道感染　磺胺脒（SG）、琥磺噻唑（SST）、酞磺胺噻唑（PST）。这类磺胺药肠道难吸收，故适用于肠道感染。

3. 用于球虫感染　磺胺喹噁啉（SQ）、磺胺氯吡嗪，此外部分用于全身感染的磺胺药物也兼有这方面作用，如磺胺二甲嘧啶、磺胺间甲氧嘧啶等。

4. 外用局部感染　磺胺醋酰钠（SA-Na）、磺胺嘧啶银（SD-Ag）等外用磺胺药。

（二）体内过程

1. 吸收　内服易吸收的磺胺，其生物利用度大小因药物和动物种类而有差异，从大到小依次为：SM₂＞SDM'（磺胺多辛）＞SN（胺苯磺胺）＞SD；禽＞犬＞猪＞马＞

羊＞牛。一般而言，肉食动物内服后 3～4h，草食动物 4～6h，反刍动物 12～24h 达血药峰浓度。尚无反刍机能的犊牛和羔羊，其生物利用度与肉食、杂食动物相似。此外，胃肠内容物充盈度及胃肠蠕动情况，均能影响磺胺药的吸收。磺胺的钠盐可经肌注等途径，迅速吸收。

2. 分布　　吸收后分布于全身各组织和体液中。以血液、肝、肾含量较高，神经、肌肉及脂肪中的含量较低，可进入乳腺、胎盘、胸膜、腹膜及滑膜腔。吸收后，一部分与血浆蛋白结合，但结合疏松，可逐渐释放出游离型药物。磺胺类中以 SD 与血浆蛋白的结合率较低，因而进入脑脊液的浓度较高（为血药浓度的 50%～80%），故可作脑部细菌感染的首选药。磺胺类的蛋白质结合率因药物和动物种类的不同而有很大差异，通常以牛为最高，羊、猪、马等次之。一般来说，血浆蛋白结合率高的磺胺类排泄较缓慢，血中有效药物浓度维持时间也较长。

3. 代谢　　主要在肝代谢，最常见的方式是对位氨基的乙酰化。磺胺乙酰化后失去了抗菌活性，但仍保持原有的毒性。除 SD 外，其他乙酰化磺胺的溶解度普遍下降，增加了对肾的毒副作用。肉食及杂食动物，由于尿中酸度比草食动物高，较易引起磺胺及乙酰化磺胺的沉淀，导致结晶尿的产生，损害肾功能。若同时内服碳酸氢钠，碱化尿液，则可提高其溶解度，促进从尿中排出。

4. 排泄　　内服难吸收的磺胺药主要随粪便排出，肠道易吸收的磺胺药主要通过肾排出，少量由乳汁、消化液及其他分泌液排出。经肾排出的药物，以原型药、乙酰化代谢产物、葡萄糖醛酸结合物三种形式排泄。排泄的快慢主要决定于通过肾小管时被重吸收的程度。重吸收多者，排泄快，消除半衰期短，有效血药浓度维持时间短；重吸收少者，排泄慢，消除半衰期长，有效血药浓度维持时间长。当肾功能损害时，药物的消除半衰期明显延长，毒性可能增加，临床应用时应注意。治疗尿路感染时，应选用乙酰化低、原型排出多的磺胺药，如 SMD、SMZ。

（三）抗菌谱与作用

磺胺类药物为广谱抑菌药。对大多数革兰氏阳性菌和部分革兰氏阴性菌有效，甚至对衣原体和某些原虫也有效。对磺胺类药物较敏感的病原菌有：链球菌、肺炎球菌、沙门菌、化脓棒状杆菌、大肠杆菌等；一般敏感菌有：葡萄球菌、变形杆菌、巴斯德菌、产气荚膜杆菌、肺炎杆菌、炭疽杆菌、绿脓杆菌等。某些磺胺药还对球虫、卡氏住白细胞原虫、弓形虫等有效，但对螺旋体、立克次体、结核杆菌等无效。

不同磺胺类药物对病原菌的抑制作用也有差异。一般来说，其抗菌作用强度的从高到低依次为：SMM＞SMZ＞SD＞SDM＞SMD＞SM$_2$＞SDM'＞SN。

（四）作用机理

磺胺类药物主要通过干扰敏感菌的叶酸代谢而抑制其生长繁殖。对磺胺类药物敏感的细菌生长繁殖过程中，不能直接从生长环境中利用外源叶酸，而是利用对氨基苯甲酸（PABA）、蝶啶及谷氨酸，在二氢叶酸合成酶的催化下合成二氢叶酸，再经二氢叶酸还原为四氢叶酸，四氢叶酸是一碳基团转移酶的辅酶，参与嘌呤、嘧啶、氨基酸的合成。磺胺类的化学结构与 PABA 的结构极为相似，能与 PABA 竞争二氢叶酸，抑制二氢叶酸的合成，进而影响了核酸合成，结果细菌生长繁殖被抑制。

根据上述作用机理，应用时须注意：①首次量应加倍，使血药浓度迅速达到有效抑菌浓度；②在脓液和坏死组织中，含有大量的 PABA，可减弱磺胺类的作用，故局部应用时要清创排脓；③局部应用普鲁卡因时，因其在体内水解产生大量 PABA，可减弱磺胺类的治疗。

（五）耐药性

细菌对磺胺类药物易产生耐药性，尤以葡萄球菌最易产生，大肠杆菌、链球菌等次之。各磺胺药之间可产生程度不同的交叉耐药性，但与其他抗菌药之间无交叉耐药现象。

（六）药物相互作用

＋ 链霉素：联用治疗布鲁氏菌病，有协同作用。

－ 氨基糖苷类药物：将产生浑浊或沉淀，应避免联用。

－ 喹诺酮类：肾毒性增加，应避免联用。

－ 四环素类：联用可增加肝、肾毒性。另外，磺胺类药物属于碱性药，可使四环素类药物发生解离而造成溶解度下降，吸收减少，药效降低，故应避免联用。

－ 头孢菌素类：磺胺类药物降低头孢菌素类药物的抗菌作用并使其肾毒性增强。

－ 青霉素类：磺胺类药物使青霉素类药物作用减弱，但联用治疗放线菌有协同作用，需间隔用药；青霉素与 SD 治疗脑膜炎时有协同作用，但需分别给药。

＋ 多黏菌素 E：用于耐药性绿脓杆菌感染有协同作用但不可置于同一容器内。

＋ 制霉菌素：可产生协同作用。

－ 丙磺舒：可使磺胺类药物肾排泄减慢。

－ 维生素 C：可使磺胺类药物总排泄量减少，易造成磺胺类药物在肾中形成结晶（小剂量维生素 C 无影响），对药物半衰期没有影响。

－ 莫能霉素、盐霉素：联用可引起中毒。

－ 两性霉素 B：配伍联用，肾毒性增加。

＋ 抗菌增效剂：药效增加。

（七）常用药物的作用与应用

1. 磺胺嘧啶（sulfadiazine，SD） 与血浆蛋白结合率低，易渗入组织和脑脊液，为脑部感染的首选药。对球菌和大肠杆菌等效力强，如溶血性链球菌、肺炎双球菌、脑膜炎双球菌、沙门菌、大肠杆菌等。对衣原体和某些原虫也有效，但对金黄色葡萄球菌作用较差。临床用于治疗敏感菌引起的脑部、呼吸道及消化道感染，如犬脑膜炎、马腺疫、猪萎缩性鼻炎、兔葡萄球菌病、禽霍乱、伤寒、副伤寒和球虫感染等，也常用于治疗弓形虫病。

2. 磺胺二甲嘧啶（sulfadimerazine，SM₂） 抗菌作用及疗效同磺胺嘧啶，但作用较弱，乙酰化率低，不良反应少。主要用于溶血性链球菌、葡萄球菌、肺炎球菌、巴斯德菌、大肠杆菌、李斯特菌所致疾病及乳腺炎、子宫炎，也可用于防治兔、禽球虫病和猪弓形虫病等。

3. 磺胺间甲氧嘧啶（sulfamonomethoxine，SMM） 又名磺胺 -6- 甲氧嘧啶。本品是体内外抗菌作用最强的磺胺药，除对大多数革兰氏阳性菌和革兰氏阴性菌有较强抑制作用外，对球虫、住白细胞原虫、弓形虫等也有较强的作用。细菌对此药产生耐药性较慢。主要用于防治鸡传染性鼻炎、住白细胞原虫病，鸡、兔球虫病，猪弓形虫病、萎缩性鼻炎，牛乳腺炎、子宫炎，以及敏感菌所引起的呼吸道、泌尿道和消化道感染。

4. 磺胺甲噁唑（sulfamethoxazole，SMZ） 又名新诺明，抗菌谱与磺胺嘧啶相似，但抗菌活性与磺胺-6-甲氧嘧啶相似或略弱，强于其他磺胺药，与 TMP 联合应用，可明显增强其抗菌作用。特点为蛋白质结合率高，排泄较慢，乙酰化率高。主要用于敏感菌引起的呼吸道、泌尿道和消化道感染。

5. 磺胺对甲氧嘧啶（sulfa-5-methoxypyrimidine，SMD） 又名磺胺-5-甲氧嘧啶。抗菌作用较弱，对球虫也有抑制作用。对泌尿系统感染疗效较好。主要用于防治球虫病，敏感菌引起的尿道、呼吸道、消化道、皮肤感染及败血症等。

6. 磺胺脒（sulfaguanidine，SG） 内服大部分不吸收，肠内浓度高。适用于肠道感染，如肠炎、白痢和球虫病。

7. 胺苯磺胺（sulfanilamide，SN） 水溶性较高，蛋白质结合率低，透入脑脊液、羊水、乳汁、房水中浓度较高。但由于抗菌力低，毒性大，常外用治疗感染创伤。配成 10% 软膏，外用。

8. 磺胺嘧啶银（sulfadiazine silver，SD-Ag） 对绿脓杆菌和大肠杆菌作用强，且有收敛创面和促进愈合的作用。主要用于烧伤感染。撒布于烧伤创面或配成 2% 混悬液湿敷。

（八）不良反应及预防措施

1. 不良反应

1）神经系统：神经兴奋、共济失调，痉挛性麻痹。多见于静脉注射磺胺钠盐注射剂，因剂量过大或注射速度过快而引起，内服过大剂量时也可发生，动物中以山羊最敏感，可见到视觉障碍、散瞳。

2）消化系统：恶心、呕吐、腹泻、厌食等。

3）泌尿系统：结晶尿、血尿、蛋白尿。

4）血液系统：粒细胞减少、溶血性贫血、再生障碍性贫血、毛细血管性渗血等。

5）免疫系统：免疫器官如鸡的法氏囊、胸腺等出血及萎缩，幼畜或幼禽免疫系统抑制。

6）过敏反应：皮疹、荨麻疹、渗出性变形红斑、血管性水肿、敏感性皮炎等。

7）家禽表现增重减慢，蛋鸡产蛋率下降，蛋破损率和软蛋率增加。

2. 预防措施

1）磺胺类药物连续使用时间不要超过 5d，同时尽量选用含有增效剂的磺胺类药物，以降低其用量和毒性。

2）在治疗肠道疾病时，应选用肠道难吸收的磺胺药。使肠内浓度高而增进疗效，同时血液中浓度低，毒性较小。

3）用药期间必须供给充足的饮水，增加排尿。

4）使用磺胺类药物首次用加倍量。

5）除专供外用的磺胺药外，尽量避免局部应用磺胺药，以免发生过敏反应和产生耐药菌株。

6）幼畜、肉食兽、杂食兽使用磺胺类药物时，宜与碳酸氢钠同服，以碱化尿液，加速排泄，减少对泌尿系统的损伤。

7）尽量选用活性强、溶解度大、乙酰化率低的磺胺类药物。

8）动物免疫期间、蛋鸡产蛋期间禁用磺胺类药物。

9）肾功能不全、酸中毒、少尿的动物慎用或不用磺胺类药物。

（九）抗菌增效剂

抗菌增效剂是一类新型广谱抗菌药物。由于它能增强磺胺药和多种抗生素的疗效，故称为抗菌增效剂。国内常用甲氧苄啶（TMP）和二甲氧苄啶（DVD）两种。作用机制为：主要是抑制细菌的二氢叶酸还原酶，使二氢叶酸不能还原为四氢叶酸，从而阻碍细菌蛋白质和核酸的生物合成。当其与磺胺药合用时，可使细菌的叶酸代谢遭到双重阻断，抗菌作用增强数倍至数十倍，甚至出现强大的杀菌作用，还可减少耐药菌株的产生。

甲氧苄啶

【理化性质】为白色或类白色晶粉；味苦。不溶于水，在氯仿中略溶，在乙醇或丙酮中微溶，在冰醋酸中易溶。

【药动学】本品内服或注射后吸收迅速而完全，1～2h 血药浓度达高峰。本品脂溶性较高，可广泛分布于各种组织和体液中，在肾、肝、肺、皮肤中的浓度高，其消除半衰期存在较大的种属差异：马4.2h，水牛3.4h，黄牛1.4h，奶山羊0.9h，猪1.4h，鸡、鸭约2h。本品主要从尿中排出，3d内约排出剂量的80%，其中6%～15%以原型排出，尚有少量从胆汁、乳汁和粪便中排出。

【作用与应用】本品抗菌谱与磺胺药基本相似，但抗菌作用较弱，对多数革兰氏阳性菌和革兰氏阴性菌均有抑制作用。与磺胺药合用，可使磺胺药的作用增强数倍至数十倍，还可减少耐药菌株的产生。本品还能增强抗菌药物如土霉素、青霉素、头孢菌素、红霉素、庆大霉素、黏菌素等的抗菌作用，但单独应用时易产生耐药性。常与磺胺类药物或某些抗生素按一定比例（甲氧苄啶∶磺胺为1∶5，甲氧苄啶∶抗生素为1∶4）配伍用于呼吸道、消化道、泌尿生殖道感染，以及败血症、蜂窝织炎等。也常与某些磺胺类药物如 SG、SMM、SMD、SMZ、SD 等配伍，用于禽球虫病、卡氏住白细胞原虫病、传染性鼻炎、禽霍乱、大肠杆菌病等的治疗。

【耐药性】单独使用细菌易产生耐药性，故一般不单独使用。

【药物相互作用】

＋ 磺胺类药物：二者配伍联用可增强疗效且不易产生耐药性。

＋ 头孢菌素类：增强疗效、并延缓细菌抗药性的产生。

＋ 氨基糖苷类、磷霉素：增效作用。

＋ 大环内酯类（如红霉素、麦迪霉素等）：体外试验有增效作用。

＋ 青霉素类：联用有显著增效的作用。

－ 四环素：联用体外试验无增效作用。

＋ 土霉素：联用有显著增效作用。

＋ 林可霉素：有协同作用，增强抗菌效力，提高疗效，减少药物不良反应。

＋ 强力霉素：对小部分菌株有协同和累加抗菌作用，对大部分菌株无增效作用。

＋ 黏菌素类：增效作用达 2～32 倍，且对绿脓杆菌有协同作用。

＋ 喹诺酮类：增效作用显著，药物副作用低于单独用药。

－ 对乙酰氨基酚（扑热息痛）：大剂量或长期联用，可引起贫血、血小板降低或白细胞减少。

二甲氧苄啶

【理化性质】 又名敌菌净。为白色或类白色结晶粉末；几乎无臭，无味。在氯仿中极微溶解，在水、乙醇或乙醚中不溶，在盐酸中溶解，在稀盐酸中微溶。

【药动学】 DVD 内服吸收很少，其最高血药浓度约为 TMP 的 1/5，但在胃肠道内的浓度较高，故用作肠道抗菌增效剂较 TMP 好。主要从粪中排出，且排泄速度较 TMP 慢。

【作用与应用】 本品抗菌作用和抗菌范围与 TMP 相似或较弱，为畜禽专用药，对磺胺药和抗生素有明显的增效作用。与抗球虫的磺胺药合用对球虫的抑制作用比 TMP 强。临床常与磺胺类药物按 1∶5 配伍用于防治肠道细菌感染和禽、兔球虫病。

【耐药性】 参见 TMP。

【药物相互作用】 参见 TMP。

【制剂、用法与用量】 磺胺嘧啶片：0.5g。内服，一次量，每 1kg 体重，家畜首次量 0.14～0.2g，维持量 0.07～0.1g。2 次 /d，连用 3～5d。休药期：片剂，牛 28d。

磺胺嘧啶钠注射液：5mL∶1g、10mL∶1g、50mL∶5g。静注，一次量，每 1kg 体重，家畜 0.05～0.1mg。1 或 2 次 /d，连用 2～3d。休药期：牛 10d，羊 18d，猪 10d。弃奶期：3d。

复方磺胺嘧啶钠注射液：10mL∶SD1g 与 TMP 0.2g。肌内注射，一次量，每 1kg 体重，家畜 20～30mg，1 或 2 次 /d，连用 2～3d。休药期：牛、羊 12d，猪 20d。弃奶期：2d。

磺胺二甲嘧啶片：0.5g。内服，一次量，每 1kg 体重，家畜首次量 0.14～0.2g，维持量 0.07～0.1g。1 或 2 次 /d，连用 3～5d。休药期：片剂，牛 10d，猪 15d，禽 10d。

磺胺二甲嘧啶钠注射液：5mL∶0.5g、10mL∶1g、100mL∶10g。静注，一次量，每 1kg 体重，家畜 50～100mg。1 或 2 次 /d，连用 2～3d。休药期：28d。

磺胺间甲氧嘧啶片：0.5g。内服，一次量，每 1kg 体重，家畜首次量 50～100mg，维持量 25～50mg。1 或 2 次 /d，连用 2～3d。休药期：28d。

磺胺甲噁唑片：0.5g。内服，一次量，每 1kg 体重，家畜首次量 50～100mg，维持量 25～50mg。2 次 /d，连用 3～5d。休药期：28d。弃奶期：7d。

复方磺胺甲噁唑片：每片含 TMP 0.08g、SMD 0.4g。内服，一次量，每 1kg 体重，家畜 20～25mg。2 次 /d，连用 3～5d。休药期：28d。弃奶期：7d。

复方磺胺对甲氧嘧啶钠注射液：10mL∶SMD 2g 与 TMP 0.4g。肌内注射，一次量，每 1kg 体重，家畜 15～20mg。1 或 2 次 /d，连用 2～3d。休药期：28d。弃奶期：7d。

磺胺脒片：0.5g。内服，一次量，每 1kg 体重，家畜首次量 0.14～0.2g，维持量 0.07～0.1g。2 或 3 次 /d，连用 3～5d。

二、喹诺酮类

喹诺酮类药物是一类化学合成杀菌性抗菌药，对细菌 DNA 螺旋酶具有选择性抑制作用。第一代药物为 1962 年合成的萘啶酸，目前已趋淘汰。第二代的主要品种有吡哌酸和动物专用的氟甲喹，前者于 1974 年制成，在临床上主要用于消化道感染（犬敏感，禁用），后者常用作鱼、虾的抗菌药。现在广泛应用的是以 1979 年合成的以诺氟沙星为代表的第三代喹诺酮类，由于它们都具有 6- 氟 -7- 哌嗪 -4 喹诺酮环，故又称为氟喹诺酮类，兽医临床曾广泛应用的有氧氟沙星、环丙沙星、培氟沙星、洛美沙星、沙拉沙星、恩诺沙星、二氟沙星、达氟沙星等，后 4 种为动物专用药物，其中氧氟沙星、诺氟沙星、培氟沙星和洛美沙星自 2016 年 1 月 1 日起禁止应用。这类药物具有抗菌谱广、杀菌力强、吸收快、体内分布广泛、抗菌作用独特、与其他抗菌药无交叉耐药性、使用方便、不良反应少等特点。氟喹诺酮类在应用中也存在如下不足：大剂量或长期用药，可导致结晶尿，也可损伤肝和出现胃肠道反应；作用于中枢神经系统引起不安、惊厥等反应；对幼龄动物关节软骨有一定损害；可引起过敏反应等。

（一）抗菌谱

氟喹诺酮类为广谱杀菌性抗菌药。对革兰氏阳性菌、革兰氏阴性菌、支原体、某些厌氧菌均有效。如对大肠杆菌、沙门菌、巴斯德菌、克雷伯菌、变形杆菌、绿脓杆菌、嗜血杆菌、支气管败血波氏杆菌、丹毒杆菌、链球菌、化脓棒状杆菌等均敏感。包括耐青霉素的金黄色葡萄球菌、耐庆大霉素的绿脓杆菌、耐泰乐菌素的支原体仍敏感。

（二）耐药性

随着氟喹诺酮类药物的广泛应用，细菌对该类药物的耐药性也迅速增长（尤其大肠杆菌），且在各品种间呈交叉耐药。

（三）药物相互作用

－ 强酸性药液或强碱性药液：析出沉淀。
＋ 青霉素类、头孢菌素类：联用能产生协同作用，并可减少耐药菌株的出现。
－ 铝、钙、镁等盐类：影响喹诺酮类吸收及降低血药浓度达 50%～90%，避免联用。
± 氨基糖苷类药物：联用能产生协同作用，并可减少耐药菌株的出现，但肾毒性增加，必须联用时需调整剂量或间隔给药。恩诺沙星不宜与氨基糖苷类药物配伍。
－ 林可胺类、红霉素、替米考星、四环素：是蛋白质合成抑制剂，作用位点在氟喹诺酮类药物作用位点后部，两者联用，药效降低，甚至可增加副作用，故不宜合用。
－ 丙磺舒：降低肾清除率，使喹诺酮类药物血药浓度升高。
＋ TMP 等抗菌增效剂：配伍联用时可使喹诺酮类药物抗菌活性增强，且减少耐药性。
－ 对肾有损害的药物（如磺胺类）：肾毒性增强，不宜联用。

（四）常用药物及应用

环丙沙星

【理化性质】又名环丙氟哌酸，其盐酸盐和乳酸盐，为淡黄色结晶性粉末，味苦，易溶于水。

【药动学】内服、肌注吸收迅速，生物利用度种属间差异较大。内服的生物利用度：

鸡 70%，猪 37.3%～51.6%，犊牛 53.0%，马 6.8%。肌注的生物利用度：猪 78%，绵羊 49%，马 98%。血药浓度的达峰时间为 1～3h。在动物体内分布广泛。内服的消除半衰期：犊牛 8.0h，猪 3.32h，犬 4.65h。主要通过肾排泄，猪和犊牛从尿中排出的原型药物分别为给药剂量的 47.3% 和 45.6%。血浆蛋白结合率猪为 23.6%，牛为 70.0%。

【作用与应用】对革兰氏阴性菌的抗菌活性是目前应用的氟喹诺酮类中较强的一种；对革兰氏阳性菌的作用也较强。此外，对厌氧菌、绿脓杆菌也有较强的抗菌作用。临床应用于全身各系统的感染，如对消化道、呼吸道、泌尿道、皮肤软组织感染及支原体感染等均有效果。

【制剂、用法与用量】盐酸环丙沙星注射液：10mg∶0.2g。肌内注射，一次量，每 1kg 体重，家畜 2.5mg，家禽 5mg。2 次/d。

盐酸环丙沙星可溶性粉：50g∶1g。混饮，每 1L 水，家禽 1g。

休药期：盐酸环丙沙星注射液，牛 14d，猪 10d，禽 28d，弃奶期 84h；盐酸环丙沙星注射液，畜、禽 28d；乳酸环丙沙星可溶性粉，禽 8d，产蛋鸡禁用。

恩诺沙星

【理化性质】为类白色结晶性粉末。无臭，味苦。在水或乙醇中极微溶解，在醋酸、盐酸或氢氧化钠溶液中溶解。其盐酸盐、乳酸盐易溶于水。

【药动学】内服、肌注吸收迅速，且较完全。内服的生物利用度：鸽子 92%，鸡 62.2%～84%，火鸡 58%，兔 61%，犬、猪 100%。肌注的生物利用度：鸽子 87%，兔 92%，猪 91.9%，奶牛 82%。血清蛋白结合率为 20%～40%。在动物体内分布广泛。肌注的消除半衰期：猪 4.06h，奶牛 5.9h，马 9.9h。内服的消除半衰期：鸡 9.14～14.2h，畜禽应用恩诺沙星后，除了中枢神经外，几乎所有组织的药物浓度都高于血浆，这有利于全身感染和深部组织感染的治疗。通过肾和非肾代谢方式进行消除，15%～50% 的药物以原型通过尿液排出，在动物体内代谢时脱去乙基而成为环丙沙星。

【作用与应用】本品为动物专用的广谱杀菌药，对支原体具有特效，其抗支原体的效力比泰乐菌素和泰妙菌素强。对耐泰乐菌素、泰妙菌素的支原体，本品也有效。本品广泛用于猪、禽类、犊牛、羔羊、犬、猫敏感细菌、支原体引起的消化、呼吸、泌尿、生殖系统和皮肤软组织的感染性疾病。

【制剂、用法与用量】恩诺沙星注射液：10mL∶50mg、10mL∶250mg。肌内注射，一次量，每 1kg 体重，牛、羊、猪 2.5mg，犬、猫 2.5～5mg。1 或 2 次/d，连用 2～3d。

恩诺沙星溶液：100mL∶2.5g、100mL∶5g、100mL∶10g。混饮，每 1L 水，禽 50～75mg。

休药期：牛、羊、兔 14d，猪 10d，鸡 8d，产蛋鸡禁用。

达氟沙星

【理化性质】达氟沙星又称为单诺沙星。用其甲磺酸盐，为白色至淡黄色结晶性粉末；无臭，味苦。在水中易溶，在甲醇中微溶。

【药动学】本品的特点是在肺组织的药物浓度可达血浆的 5～7 倍。内服、肌内注射和皮下注射的吸收较迅速和完全。猪、鸡内服的生物利用度分别是 89%、100%，血药浓度的达峰时间约 3h；猪及犊牛肌内注射的生物利用度分别是 78%～101% 及 76%，血药浓度的达峰时间约 1h。本品主要通过肾排泄，猪及犊牛肌内注射后尿中排泄的原型药物分别为剂量的 43%～51% 及 38%～43%。半衰期：静脉注射，犊牛 2.9h，猪 8.0h；肌内注射，犊牛 4.3h，猪 6.8h；内服，猪 9.8h，鸡 6～7h。

【作用与应用】 本品为动物专用的广谱杀菌药，抗菌谱与恩诺沙星相似，尤其对畜禽的呼吸道致病菌有很好的抗菌活性。敏感菌包括：牛，溶血性巴斯德菌、多杀性巴斯德菌、支原体；猪，胸膜肺炎放线杆菌、猪肺炎支原体；鸡，大肠杆菌、多杀性巴斯德菌、败血支原体等。主要用于牛巴斯德菌病、肺炎；猪传染性胸膜肺炎、支原体性肺炎；禽大肠杆菌病、禽霍乱、慢性呼吸道病等。

【制剂、用法与用量】 内服：一次量，每 1kg 体重，鸡 2.5～5.0mg，1 次/d，连用 3d。混饮：每 1L 水，鸡 25～50mg，1 次/d，连用 3d。肌内注射：一次量，每 1kg 体重，牛、猪 1.25～2.5mg，1 次/d，连用 3d。

休药期：甲磺酸达氟沙星可溶性粉，鸡 5d，蛋鸡产蛋期禁用；甲磺酸达氟沙星溶液，鸡 5d，蛋鸡产蛋期禁用；甲磺酸达氟沙星注射液，猪 25d。

二氟沙星

【理化性质】 用其盐酸盐，为类白色或淡黄色结晶性粉末；无臭，味微苦；遇光色渐变深；有引湿性。在水中微溶，在乙醇中极微溶，在冰醋酸中微溶。

【药动学】 本品内服及肌内注射吸收均较迅速。1～3h 达血药峰浓度，吸收良好。内服给药的生物利用度：鸡 54.2%，猪 100%。肌内注射的生物利用度：鸡 77%，猪 95.3%。血浆蛋白结合率 16%～52%，在动物体内分布广泛。经肾排泄，尿中浓度高。半衰期较长，猪静脉注射、肌内注射、内服给药的半衰期分别是 17.1h、25.8h、16.7h；鸡、犬内服的半衰期分别是 8.2h、9h，有效血药浓度维持时间较长。

【作用与应用】 本品为动物专用的广谱杀菌药，抗菌谱与恩诺沙星相似，但抗菌活性略低。对畜禽呼吸道致病菌有良好的抗菌活性，尤其对葡萄球菌有较强的作用。用于敏感菌引起的畜禽消化系统、呼吸系统、泌尿道感染和支原体病等的治疗，如猪传染性胸膜肺炎、猪肺疫、猪气喘病、犬脓皮病、鸡慢性呼吸道病等。

【制剂、用法与用量】 内服：一次量，每 1kg 体重，猪、犬、鸡 5～10mg。2 次/d，连用 3～5d。肌内注射：一次量，每 1kg 体重，猪 5mg。1 次/d，连用 3d。

休药期：盐酸二氟沙星片，鸡 1d，蛋鸡产蛋期禁用；盐酸二氟沙星粉，鸡 1d，蛋鸡产蛋期禁用；盐酸二氟沙星溶液，鸡 1d，蛋鸡产蛋期禁用；盐酸二氟沙星注射液，猪 45d。

沙拉沙星

【理化性质】 用其盐酸盐，为类白色至淡黄色结晶性粉末；无臭，味微苦；有引湿性；遇光、热色渐变深。在水或乙醇中几乎不溶，在氢氧化钠溶液中溶解。

【药动学】 畜禽内服及肌内注射吸收均较迅速，1～3h 达血药峰浓度。内服给药的生物利用度：鸡 61%，猪 52%。肌内注射的生物利用度：鸡 71.7%，猪 87%。在动物体内分布广泛。经肾排泄，尿中浓度高。大马哈鱼内服后，吸收缓慢，血药浓度达峰时间为

12～14h，生物利用度仅为 3%～7%。猪静脉注射、肌内注射、内服给药的半衰期分别是 3.1h、3.5h、6.7h，鸡肌内注射、内服的半衰期分别是 5.2h、3.3h。

【作用与应用】本品为动物专用的广谱杀菌药，抗菌谱与二氟沙星相似，对支原体的效果略差于二氟沙星。对鱼的杀蛙产气单胞菌、杀蛙弧菌、鳗弧菌等也有效。

用于敏感菌引起的畜禽各种感染性疾病的治疗，如猪、鸡的大肠杆菌病、沙门菌病、支原体病和葡萄球菌感染等，也用于鱼敏感菌感染性疾病。

【制剂、用法与用量】内服：一次量，每 1kg 体重，猪、鸡 5～10mg，1 或 2 次 /d，连用 3～5d。混饮：每 1L 水，鸡 50～100mg，连用 3～5d。肌内注射：一次量，每 1kg 体重，猪、鸡 2.5～5mg，2 次 /d，连用 3～5d。

休药期：盐酸沙拉沙星片，鸡 0d，蛋鸡产蛋期禁用；盐酸沙拉沙星可溶性粉，鸡 0d，蛋鸡产蛋期禁用；盐酸沙拉沙星溶液，鸡 0d，蛋鸡产蛋期禁用；盐酸沙拉沙星注射液，猪、鸡 0d，蛋鸡产蛋期禁用。

三、喹噁啉类

喹噁啉类药物为合成抗菌药，均属喹噁啉 -N-1,4- 二氧化物的衍生物，现在应用于畜禽的主要有乙酰甲喹。

乙酰甲喹

【理化性质】又名痢菌净，是动物专用的抗菌药，属于我国一类兽药，为鲜黄色结晶或黄色粉末，无臭，味微苦，在水、甲醇中微溶。

【药动学】内服和肌注均易吸收，猪肌注后约 10min 即可分布于全身各组织，体内消除快，消除半衰期 2h，给药后 8h 血液中已测不到药物。在体内破坏少，约 75% 以原型从尿中排出，故尿中浓度高。

【作用与应用】广谱抗菌药物，对多种细菌具有较强的抑制作用，对革兰氏阴性菌的作用强于革兰氏阳性菌，对猪痢疾密螺旋体作用显著。本品对猪痢疾、犊牛腹泻、禽霍乱，以及犬、禽细菌肠炎等均有良好的疗效，对犊牛副伤寒、仔猪黄、白痢，雏鸡白痢有高效，尤其对密螺旋体所致的猪血痢有独特疗效，且复发率低。不能用作促生长剂。

【注意事项】正常治疗量对鸡、猪无不良影响，但当使用剂量高于临床治疗量的 3～5 倍或长时间应用时会引起死亡，家禽尤其敏感。

【制剂、用法与用量】痢菌净片：0.1g、0.5g。内服，一次量，每 1kg 体重，牛、猪、鸡 5～10mg。2 次 /d，连用 3d。

痢菌净注射液：10mL∶50mg。肌内或静注，一次量，每 1kg 体重，牛、猪 2.5～5mg，2 次 /d，连用 3d。

休药期：牛、猪 35d。

四、硝基咪唑类

硝基咪唑类是指一组具有抗原虫和抗菌活性的药物，尤其具有很强的抗厌氧菌作用。

兽医临床常用的有甲硝唑、地美硝唑等。

甲硝唑

【理化性质】又名灭滴灵，为白色或微黄色的结晶或结晶性粉末。在乙醇中略溶。在水中微溶。

【药动学】本品内服易被胃肠道吸收，且吸收迅速而完全。体内分布广泛，且能透过血脑屏障、胎盘，在乳汁、羊水及唾液中均能达到或超过有效治疗浓度，其有效血药浓度可维持10h。低于20%的药物与血浆蛋白结合。进入体内的药物部分在肝内代谢，大部分（约70%）药物由尿以原型排出。

【作用与应用】对大多数专性厌氧菌具有较强的作用，包括拟杆菌属、梭状芽孢杆菌属、厌氧链球菌等；此外，还有抗滴虫和阿米巴原虫的作用。但对需氧菌或兼性厌氧菌则无效。主要用于治疗阿米巴痢疾、牛毛滴虫病等原虫感染；此外，也用于外科手术中厌氧菌感染或与其他抗菌药物配伍，用于治疗肠炎、中耳炎、牙周脓肿、肺炎或肺脓肿。本品易进入中枢神经系统，故为预防及治疗脑部厌氧菌感染的首选药物。

【药物相互作用】

－ 土霉素：土霉素能干扰甲硝唑清除生殖道滴虫的作用。

＋ 红霉素和甲氧苄氨嘧啶：与甲硝唑联用对动物牙周炎有较好疗效。

－ 庆大霉素、氨苄西林钠：不宜直接与甲硝唑注射液配伍（浑浊、变黄），降效。

＋ 青霉素：在用甲硝唑治疗牛滴虫前2d加用青霉素，可提高治疗效果，因为青霉素不仅能抑菌而且可减慢硝基咪唑类药物代谢。

－ 马杜霉素：甲硝唑可使马杜霉素毒性增强。

【注意事项】剂量过大，可出现震颤、抽搐、共济失调、惊厥等神经系统紊乱症状。不宜用于孕畜。本品禁用于所有食品动物促生长。

【制剂、用法与用量】甲硝唑片：0.2g。内服，一次量，每1kg体重，牛60mg，犬25mg。1或2次/d。外用，5%甲硝唑软膏，涂敷；1%溶液冲洗尿道。

休药期：28d。

地美硝唑

【理化性质】又名二甲硝咪唑，为类白色或微黄色粉末。在乙醇中溶解，在水中微溶。

【作用与应用】本品具有广谱抗菌和抗原虫作用。主要用于禽组织滴虫病；猪密螺旋体痢疾（猪血痢）；肠道和全身的厌氧菌感染。禽对本品较为敏感，较大剂量可引起平衡失调和肝、肾功能损害。

【注意事项】家禽连续应用不得超过10d。水禽对本品较敏感，应用时应严格掌握剂量，每1kg体重不能超过10mg。本品禁用于所有食品动物促生长。

【制剂、用法与用量】地美硝唑预混剂：500g∶100g。混饲，每1000kg饲料，猪1000～2500g，禽400～2500g。蛋鸡产蛋期禁用，连续用药鸡不得超过10d。宰前3d停止给药。

休药期：猪、禽28d，产蛋期禁用。

第四节　抗真菌药和抗病毒药

一、抗真菌药

真菌的种类虽然很多，但只有少数是病原性真菌，感染人和动物引起某些疾病。真菌感染根据感染部位不同分两类：①浅表感染，如侵害禽的皮肤、羽毛、趾甲、冠、肉髯等，引起多种癣病；②深部真菌感染，主要侵害机体的深部组织及内脏器官，如念珠菌病、犊牛真菌性胃肠炎、牛真菌性子宫炎和雏鸡曲霉菌性肺炎等。兽医临床常用的抗真菌药的抗生素有两性霉素B、灰黄霉素、制霉菌素，此外，还有一些化学合成的抗真菌药物，如酮康唑、克霉唑等。这类药物普遍毒性大，这也限制了它们的应用。

两性霉素 B

【理化性质】从链霉菌的培养液中分离获得。为微黄色粉末，不溶于水，溶于醇。

【药动学】内服及肌注均不易吸收，肌注刺激性大，治疗深部真菌感染的主要给药途径是静脉注射。注射后的有效血药浓度可维持18～24h，大部分（90%～95%）与血浆蛋白结合。在体内分布较广，主要经肾缓慢排出，胆汁排泄20%～30%。停药后7周，仍能在尿中检测到两性霉素B。

【作用与应用】为抗深部真菌药。是治疗深部真菌感染的首选药。主要用于犬组织胞浆菌病、芽生菌病、球孢子菌病，也可预防白色念珠菌感染及各种真菌的局部炎症，如趾甲或爪的真菌感染、雏鸡嗉囊真菌感染等。本品内服不吸收，是消化系统真菌感染的有效药物。

【药物相互作用】本品与多种药物有配伍禁忌，最好单独使用，不要与其他药物随意配伍合用。

【不良反应】本品毒性较大，不良反应多。静脉注射过程中，可以出现寒战、高热和呕吐等；治疗过程中可引起肝、肾损害，贫血和白细胞减少等。

【制剂、用法与用量】注射用两性霉素B：50mg。静注：一次量，每1kg体重，家畜0.1～0.5mg，隔日1次或1周3次，总量4～11mg。每1kg体重，马起始用0.38mg，1次/d，连用4～10d，以后可增加到1mg，再用4～8d。用注射用水溶解，再用5%葡萄糖注射液稀释成0.1%的注射液，缓缓静注。外用：0.5%溶液，涂敷或注入局部皮下，或用其3%软膏。气雾：每立方米，鸡25mg，吸入30～40min。

制霉菌素

【理化性质】从链霉菌或放线菌的培养液中提取获得。为淡黄色粉末，有引湿性，有谷物香味。不溶于水，性质不稳定，可被热、光、氧等迅速破坏。多聚醛制霉菌素钠盐可溶于水。

【药动学】本品内服不易吸收，几乎全部保留在胃肠道内由粪便排出。而静脉注射、肌内注射毒性大，故一般不用于全身真菌感染的治疗。

【作用与应用】临床主要用其内服治疗胃肠道真菌感染，如犊牛真菌性胃炎、禽曲霉菌病、禽念珠菌病，对烟曲霉引起的雏鸡肺炎，喷雾吸入也有效；局部应用治疗皮肤、黏膜的真菌感染，如念珠菌病和曲霉菌所致的乳腺炎、子宫炎等。本品也用于长期服用广谱抗生素所致的真菌性二重感染。

【药物相互作用】

＋ 磺胺类药物：可产生协同作用。

＋ 硫酸铜：可产生协同作用。

其他尽量不要联用。

【制剂、用法与用量】制霉菌素片：10万IU、25万IU、50万IU。内服，一次量，牛、马250万～500万IU，猪、羊50万～100万IU，犬5万～15万IU，2或3次/d。家禽鹅口疮（白色念珠菌病），每1kg饲料，50万～100万IU，混饲连喂1～3周；雏鸡曲霉菌病，每100羽50万IU，2次/d，连用2～4d。

制霉菌素混悬液：乳管内注入，每一乳室，牛10万IU；子宫内灌注，马、牛150万～2000万IU；气雾用药：每立方米，鸡50万IU，吸入30～40min。

灰黄霉素

【理化性质】白色或类白色的微细粉末；无臭，味微苦。极微溶于水，微溶于乙醇。

【药动学】本品内服易吸收，其生物利用度与颗粒大小有关，直径2.7μm的灰黄霉素微细颗粒的生物利用度为直径10μm的两倍。单胃动物内服后4～6h血药达峰浓度。吸收后广泛分布于全身各组织，以皮肤、毛发、爪、甲、肝、脂肪和肌肉中含量较高。进入体内后在肝内被代谢，经肾排出。少数原型药物直接经尿和乳汁排出，未被吸收的灰黄霉素随粪便排出。

【作用与应用】灰黄霉素内服对各种皮肤真菌（小孢子菌、表皮癣菌和毛发癣菌）有较强的抑菌作用，对其他真菌无效。主要用于小孢子菌、毛癣菌及表皮癣菌引起的各种皮肤真菌病，如犊牛、马属动物、犬和家禽的毛癣。本品不易透过表皮角质层，外用无效。

【不良反应】有致癌和致畸作用，禁用于怀孕动物，尤其是母马及母猫。有些国家已将其淘汰。

【制剂、用法与用量】灰黄霉素片：内服，一次量，每1kg体重，马、牛10mg，猪20mg，犬、猫40～50mg。1次/d，连用4～8周。

酮康唑

【理化性质】类白色结晶性粉末；无臭，无味。在水中几乎不溶，微溶于乙醇，在甲醇中溶解。

【药动学】内服易吸收，但个体间差异很大，犬内服的生物利用度为4%～89%，达峰时间为1～4h，这种大范围的变化给临床应用增加了复杂性。吸收后分布于胆汁、唾液、尿、滑液囊和脑脊液，在脑脊液中的浓度少于血液的10%，血浆蛋白结合率为84%～99%，犬的半衰期平均为2.7h（1～6h）。胆汁排泄超过80%；有约20%的代谢物从尿中排出。只有2%～4%的药物以原型从尿中排泄。

【作用与应用】本品为广谱抗真菌药，对全身及浅表真菌均有抗菌活性。一般浓度对真菌有抑制作用，高浓度时对敏感真菌有杀灭作用。对芽生菌、球孢子菌、隐球菌、念珠菌、组织胞浆菌、小孢子菌和毛癣菌等真菌有抑制作用；对曲霉菌、孢子丝菌作用弱，白色念珠菌对本品耐药。

用于治疗犬、猫等动物的球孢子菌病、组织胞浆菌病、隐球菌病、芽生菌病，也可防治皮肤真菌病等。

【制剂、用法与用量】酮康唑片，酮康唑胶囊。内服：一次量，每 1kg 体重，马 3～6mg，犬、猫 5～10mg。1 次 /d，用 1～6 个月。

克霉唑

【作用与应用】对浅表真菌的作用与灰黄霉素相似，对深部真菌作用较两性霉素 B 差。主要用于体表真菌病，如耳真菌感染和毛癣。

【制剂、用法与用量】克霉唑片，克霉唑软膏。内服：一次量，马、牛 5～10g，驹、犊、猪、羊 1～1.5g。2 次 /d。混饲：每 100 只雏鸡 1g。外用：1% 或 3% 软膏。

二、抗病毒药

病毒是最小的病原微生物，其核心是核酸（核糖核酸 RNA 或脱氧核糖核酸 DNA），外壳是蛋白质，不具有细胞结构，缺乏赖以生存代谢的酶系统，必须依靠宿主的酶系统才能使其本身繁殖（复制）。动物病毒的增殖大致可分为 5 个阶段：①病毒吸附在易感细胞上；②病毒穿入或经胞饮作用而进入细胞内，脱去衣壳；③病毒繁殖和合成新病毒成分；④新病毒的装配组合和成熟；⑤新病毒从细胞释放出来。抗病毒药可通过干扰病毒吸附于宿主细胞、阻止病毒进入宿主细胞、抑制病毒核酸复制、抑制病毒蛋白质合成、诱导宿主细胞产生抗病毒蛋白等多途径发挥效应。金刚烷胺、吗啉胍、利巴韦林等防治病毒病缺少安全有效的实验数据，缺乏安全规范，故农业部于 2006 年 10 月明文规定禁止使用。许多中草药如穿心莲、板蓝根、大青叶、黄芪等也可用于某些病毒感染性疾病的防治。

第五节 抗微生物药物的合理应用

抗微生物药物是目前兽医临床使用最广泛和最重要的药物。但目前不合理使用尤其是滥用药的现象较为严重，不仅造成药品的浪费，而且导致畜禽不良反应增多、细菌耐药性的产生和兽药残留等，给兽医工作、公共卫生及人类健康带来了不良的后果。因此，未来需充分发挥抗菌药的疗效，降低药物对畜禽的毒副反应，减少耐药性的产生，必须切实合理使用抗菌药物。一般有以下原则。

一、严格按照抗菌谱和适应证选药

通过症状、病理剖检、细菌分离鉴定等方法，明确致病菌类型后，严格根据抗菌药物的抗菌谱和适应证，有针对性地选用抗菌药物。例如，革兰氏阳性菌引起的猪丹毒、破伤风、炭疽、马腺疫、气肿疽、牛放线菌病、葡萄球菌性和链球菌性炎症、败血症等疾病，可选用青霉素类、大环内酯类或第一代头孢菌素、林可霉素等；革兰氏阴性菌感染引起的巴斯德菌病、大肠杆菌病、沙门菌病、肠炎、泌尿道炎症，则应选择氨基糖苷类、氟喹诺酮类等；对于耐青霉素 G 的金色葡萄球菌所致的呼吸道感染、败血症等，可选用苯唑西林、氯唑西林、大环内酯类和头孢菌素类抗生素；对于绿脓杆菌引起的创面感染、尿路感染、败血症、肺炎等，可选用庆大霉素、多黏菌素等；对于支原体引起的猪气喘病和慢性呼吸道病，则应首选恩诺沙星、红霉素、泰乐菌素、泰妙菌素等；对于支原体和大肠杆菌等混合感染疾病，则可选用广谱抗菌药或联合使用抗菌药，可选用四环素类、氟喹诺酮类或联合使用林可霉素与大观霉素等。临床抗菌药物的选用可参考表 2-2。

表 2-2 抗菌药物的临床选用

	病原微生物及其所致疾病		选药顺序
革兰氏阳性菌	革兰氏阳性球菌	化脓创、乳腺炎、各器官系统炎症、马腺疫、败血症	青霉素、头孢菌素、红霉素、四环素
	耐青霉素 G$^+$ 球菌	化脓创、乳腺炎、各器官系统炎症、马腺疫、败血症	耐酶青霉素、头孢菌素、庆大霉素、增效磺胺
	炭疽杆菌	炭疽病	青霉素、四环素类、红霉素、庆大霉素
	破伤风梭菌	破伤风	青霉素、甲硝唑、头孢菌素
	李斯特菌	李斯特菌病	四环素、红霉素、青霉素、增效磺胺
	猪丹毒杆菌	猪丹毒、关节炎	青霉素、红霉素、四环素、磺胺药
	气肿疽梭菌	气肿疽	青霉素、四环素、红霉素
	产气荚膜杆菌	气性坏疽	青霉素、四环素、红霉素
	结核杆菌	结核病	链霉素、卡那霉素
螺旋体	猪痢疾密螺旋体	猪痢疾	痢菌净、利高霉素、螺旋霉素、泰乐菌素
	钩端螺旋体	钩端螺旋体病	青霉素、链霉素、四环素类、吉他霉素
	疏螺旋体	禽螺旋体病	青霉素
	兔密螺旋体	兔密螺旋体病	青霉
支原体	猪肺炎支原体	猪喘气病	恩诺沙星、卡那霉素、泰乐菌素、土霉素
	鸡败血支原体	禽呼吸道炎症	强力霉素、泰乐菌素、恩诺沙星、吉他霉素
	鸡滑液囊支原体	禽滑液囊炎	四环素类、链霉素、泰乐菌素
	牛肺疫丝状支原体	牛肺疫	四环素类、链霉素、泰乐菌素
	山羊传染性胸膜肺炎支原体	山羊传染性胸膜肺炎	泰乐菌素、四环素类
	山羊无乳支原体	无乳症	泰乐菌素、卡那霉素、酰胺醇类
革兰氏阴性菌	大肠杆菌	各器官系统炎症、败血症	环丙沙星、庆大霉素、增效磺胺
	沙门菌	肠炎、白痢、猪霍乱、副伤寒、鸡伤寒、流产、败血症	酰胺醇类或环丙沙星、诺氟沙星、增效磺胺
	绿脓杆菌	烧伤感染、脓肿、乳腺炎、各系统感染、败血症	庆大霉素、羧苄西林、多黏菌素
	坏死杆菌	坏死杆菌病	增效磺胺、磺胺药、四环素类
	巴斯德菌	出血性败血症、肺炎	链霉素、诺氟沙星、增效磺胺、头孢菌素
	嗜血杆菌	肺炎、支气管炎	磺胺药、诺氟沙星、四环素类、链霉素
	布鲁氏菌	布鲁氏菌病	四环素类、链霉素、头孢菌素、增效磺胺
	鼻疽杆菌	鼻疽病	土霉素、增效磺胺、链霉素、磺胺药

续表

病原微生物及其所致疾病			选药顺序
放	放线菌	放线菌病	青霉素、链霉素
线	烟曲霉菌	雏鸡烟曲霉菌性肺炎	制霉菌素、克霉唑、两性霉素
菌	白色念珠菌	念珠菌病、鹅口疮	制霉菌素、两性霉素、克霉唑
及	囊球菌	马流行性淋巴管炎	制霉菌素、四环素类、克霉唑
真	毛癣菌	毛癣	克霉唑
菌	小孢子菌	毛癣	克霉唑

二、充分考虑药动学的特征，制定合理的给药方案

抗菌药在机体内要发挥杀灭或抑制病原菌的作用，必须在靶组织或器官内达到有效的浓度，并能维持一定的时间。兽医临床药理学中通常是以有效血药浓度作为衡量剂量是否适宜的指标，其浓度应至少大于最小抑菌浓度（MIC）。根据临床试验表明，一般对轻、中度感染，其最大稳态血药浓度宜超过 MIC 的 4～8 倍，而重度感染则应在 8 倍以上。同时，血中有效浓度维持时间受药物在体内的吸收、分布、代谢和排泄的影响。因此，应在考虑各药的药物动力学、药效学特征的基础上，结合畜禽的病情、体况，制定合理的给药方案，包括药物品种、给药途径、剂量、间隔时间及疗程等。例如，对动物的细菌性或支原体性肺炎的治疗，除选择对致病菌敏感的药物外，还应考虑选择能在肺组织中达到有效浓度的药物，如恩诺沙星、达氟沙星等氟喹诺酮类及四环素类、大环内酯类药物；细菌性的脑部感染首选磺胺嘧啶，是因为该药在脑脊液中的浓度高。合适的给药途径是药物取得疗效的保证。一般来说，危重病例应以肌内注射或静脉注射给药为主，消化道感染以内服为主，严重消化道感染与并发败血症、菌血症，在内服的同时，可配合注射给药。疗程应充足，一般的感染性疾病可连续用药 2～3d，症状消失后，再加强巩固 1～2d，以防复发；支原体病的治疗要求疗程较长，一般需 5～7d；磺胺类药物的疗程要增加 2d。对急性感染，如临床效果欠佳，应在用药后 5d 内进行给药方案的调整，如改换药物或适当加大剂量。此外，兽医临床药理学提倡按药物动力学参数制定给药方案，特别是对毒性较大、用药时间较长的药物，最好能通过血药浓度监测作为用药的参考，以保证药物的疗效，减少不良反应的发生。

三、避免或延缓耐药性的产生

随着抗菌药物在兽医临床和畜牧养殖业中的广泛应用，细菌耐药率逐年升高，细菌耐药性的问题变得日益严重，其中以金黄色葡萄球菌、大肠杆菌、铜绿假单胞菌、痢疾杆菌及分枝杆菌最易产生耐药性。为了防止耐药菌株的产生，应注意以下几点：①严格掌握适应证，不滥用抗菌药物。不一定要用的尽量不用，禁止将兽医临床治疗用的或人畜共用的抗菌药用作动物促生长剂，用单一抗菌药物有效的就不采用联合用药；②严格掌握用药指征，剂量要够，疗程要恰当；③尽可能避免局部用药，并杜绝不必要的预防应用；④病因不明者，不要轻易使用抗菌药；⑤发现耐药菌株感染，应改用对病原菌敏感的药物或采取联合用药；⑥尽量减少长期用药，局部地区不要长期固定使用某一类或某几种药物，要有计划地分期、分批交替使用不同类或不同作用机理的抗菌药。

四、正确地联合用药

联合应用抗菌药的目的主要包括：①扩大抗菌谱；②增强疗效、减少用量；③降低或避免毒副作用；④减少或延缓耐药菌株的产生。多数细菌性感染只需用一种抗菌药物进行治疗，即使细菌的合并感染，目前也有多种广谱抗菌药可供选择。联合用药仅适用于少数情况，一般两种药物联合即可，三、四种药物联合并无必要。

联合应用抗菌药必须有明确的指征：①用一种药物不能控制的严重感染或/和混合感染，如败血症、慢性尿道感染、腹膜炎、创伤感染、鸡支原体-大肠杆菌混合感染、牛支原体-巴斯德菌混合感染；②病因未明的严重感染，先进行联合用药，待确诊后，再调整用药；③长期用药治疗容易出现耐药性的细菌感染，如慢性乳腺炎、结核病；④联合用药使毒性较大的抗菌药减少剂量，如两性霉素B或多黏菌素与四环素合用时可减少前者的用量，并减轻了毒性反应。

在兽医临床联合应用取得成功的实例不少，如磺胺药与抗菌增效剂TMP或DVD合用，抗菌作用增强，抗菌范围也有扩大；青霉素与链霉素合用，使抗菌作用增强，同时扩大抗菌谱；阿莫西林与克拉维酸合用，能有效地治疗由产生β-内酰胺酶的致病菌引起的感染；林可霉素与大观霉素合用；泰妙菌素与金霉素合用等。

为了获得联合用药的协同作用，必须根据抗菌药的作用特性和机理进行选择，防止盲目组合。目前，一般将抗菌药按其作用性质分为4大类：Ⅰ类为繁殖期或速效杀菌药，如青霉素类、头孢菌素类；Ⅱ类为静止期或慢效杀菌药，如氨基糖苷类、氟喹诺酮类、多黏菌素类；Ⅲ类为速效抑菌药，如四环素类、酰胺醇类、大环内酯类；Ⅳ类为慢效抑菌药，如磺胺类等。

Ⅰ类与Ⅱ类合用一般可获得增强作用，如青霉素和链霉素合用，前者破坏细菌细胞壁的完整性，有利于后者进入菌体内作用于其靶位。

Ⅰ类与Ⅲ类合用出现拮抗作用，如青霉素与四环素合用，在四环素的作用下，细菌蛋白质合成迅速抑制，细菌停止生长繁殖，使青霉素的作用减弱。

Ⅰ类与Ⅳ类合用，可出现相加或无关，因Ⅳ类对Ⅰ类的抗菌活性无重要影响，如在治疗脑膜炎时，青霉素与SD合用可获得相加作用而提高疗效。

其他类合用多出现相加或无关作用。还应注意，作用机理相同的同一类药物合用的疗效并不增强，反而可能相互增加毒性，如氨基糖苷类合用能增加对第八对脑神经的毒性。氯霉素、大环内酯类、林可胺类，因作用机理相似，均竞争细菌同一靶位，有可能出现拮抗作用。此外，联合用药时应注意药物之间的理化性质、药物动力学和药效学之间的相互作用与配伍禁忌，不同菌种和菌株、药物的剂量和给药顺序等因素均可影响联合用药的结果。

为了合理而有效地联合用药，最好在临床治疗选药前，进行实验室的联合药敏试验，采用棋盘法，以部分抑菌浓度指数（fractional inhibitory concentration index，FIC）作为试验结果的判定依据，并以此作为临床选用抗菌药物联合治疗的参考。

五、防止药物的不良反应

应用抗菌药治疗畜禽疾病的过程中，除要密切注意药效外，同时要注意可能出现的不良反应，一经发现应及时停药、更换药物和采取相应解救措施。对肝功能或肾功能不全的病例，易引起由肝代谢（如红霉素、氟苯尼考等）或肾清除（如β-内酰胺类、氨基糖苷类、四环素类、磺胺类、氟喹诺酮类等）的药物蓄积，产生不良反应。对于这样的病畜，应调整给药剂量或延长给药间隔时间，以尽量避免药物的蓄积性中毒。动物机体的机能状态不同，对药物的反应也有差异。营养不良、体质衰弱或孕畜对药物的敏感性较高，容易产生不良反应。新生仔畜或幼龄动物，由于肝酶系发育不全、血浆蛋白结合率和肾小球滤过率较低、血脑屏障机能尚未完全形成，对药物的敏感性较高，与成年动物相比，药动学参数有较大的差异。体清除率随日龄增长而增大，表观分布容积随日龄增长而减少，故不少药物对幼龄动物可能出现明显的不良反应。此外，随着畜牧业的高度集约化，人们不可避免地大量使用抗菌药物防治疾病，随之而来的是动物性食品（肉、蛋、奶）中抗菌药物的残留问题日益严重；各种饲养场大量粪、尿等排泄物向周围环境排放，抗菌药又成为环境的污染物，给生态环境带来许多不良影响。

六、采取综合治疗措施

机体的免疫力是协同抗菌的重要因素，外因通过内因而起作用，在治疗中过分强调抗菌药的功效而忽视机体内在的因素，往往是导致治疗失败的重要原因之一。因此，在使用抗菌药物的同时，应根据病畜的种属、年龄、生理、病理状况，采取综合治疗措施，增强抗病能力，如纠正机体酸碱平衡失调、补充能量、扩充血容量等辅助治疗，促进疾病康复。

实训三　抗菌药物综合应用能力训练

姓名		班级		学号		实训时间	2学时
技能目标		结合兽医临床的典型案例，培养学生应用本章所学知识，认真观察、分析、解决问题，提高综合应用抗微生物药物的能力					
任务描述		某规模化肉鸡饲养场饲养白羽肉鸡10万羽，20日龄时全群精神萎靡、食欲减退。主诉：大群精神萎靡、食欲减退、饮欲未见明显变化，表现呼吸困难，喘气，呼吸啰音，张口伸颈等呼吸道症状。各栋鸡舍均出现不同程度死亡。病鸡现场剖检可见，心包膜炎，气囊炎，肝周炎，严重者渗出的纤维蛋白与胸壁、心脏、胃肠道粘连；脾肿大，呈紫红色。肠黏膜弥漫性充血、出血、整个肠管呈紫色。取病鸡肝直接涂片，进行革兰染色，镜检见到单在的革兰氏阴性小杆菌。在麦康凯培养基上进行划线培养，见到粉红色光滑菌落。 　　经流行病学调查和临床表现，结合实验室分离鉴定，确诊为鸡败血性大肠杆菌感染。 　　针对上述病例，拟定一个合理的防治方案					
关键要点		①根据所学知识，合理选择对大肠杆菌有效的抗菌药或联合用药组合；②根据该病例发病程度，制定科学合理的给药方案（包括给药途径、剂量、间隔时间、疗程等）；③写出处方；④写出详细的给药途径、剂量和注意事项；⑤说明规模化养鸡场应如何加强饲养管理防控该病的发生					
用药方案							

评价指标	考核依据	得分
	能熟练应用所学知识列举有效药物或药物组合（20分）	
	制定药物处方依据充分，药物选择正确（20分）	
	给药方法、剂量和疗程合理（20分）	
	临床注意事项明确（20分）	
	防控措施科学合理（20分）	
教师签名		总分

知识拓展

一、世界上第一种抗生素——青霉素的发现与应用

青霉素能杀灭各种病菌，却对人体几乎没有毒性，因此是迄今为止在临床上应用最为广泛的抗生素。历史上，它的发现及应用与三位科学家密不可分，他们分别是亚历山大·弗莱明（Alexander Fleming）、霍华德·弗洛里（Howard Florey）、恩斯特·钱恩（Ernst Chain）。

弗莱明是英国细菌学家，1881年8月6日生于苏格兰艾尔郡。1908年毕业于英国伦敦大学圣玛丽医学院，获得医学学士和理学学士学位。翌年，通过考试成为皇家外科学会的正式会员。弗莱明作为军医，在第一次世界大战中研究了重伤员的感染问题，他发现许多抗感染药物对人体细胞的损伤甚至比对细菌的损伤还要大，而要解决这一问题，必须找到一些既能杀菌又对人体细胞无害的物质。1918年，战争结束后，弗莱明回到圣玛丽医院。1928年，47岁的弗莱明在英国圣玛丽医院担任细菌学讲师，同时开展了对葡萄球菌的研究工作，他在几十个细菌培养皿中培养葡萄球菌，观察各种药物对葡萄球菌的杀灭作用，从中寻找杀灭葡萄球菌最理想的药物。时间一天天过去了，一次又一次地培养、试验，却未得到满意的结果。秋天的一个早晨，弗莱明像平常一样准时来到实验室，他发现有一只细菌培养皿中的培养基长出一团青绿色的霉花。细心的弗莱明将这只培养皿放在显微镜下观察，奇迹出现了——在霉花的四周葡萄球菌全部没有了。他把这个霉团接种到无菌的琼脂培养基和肉汤培养基上，结果发现在肉汤里，这种霉菌生长很快，形成一个又一个青绿色的霉团。弗莱明于1929年将观察所得的结果发表在英国的《实验病理学》期刊上，并将这种青绿色的霉菌可能含有的抗菌物质命名为penicillin（盘尼西林，即青霉素）。此后，弗莱明将其做成粗培养液进行实验，结果发现这些培养液即使被加入几百倍水稀释，仍能明显地杀死试管中的细菌，但喂食被细菌感染的兔子和老鼠却无抑菌效果。由于弗莱明的专长是细菌学，加上当时的纯化技术无法有效地提取足够质量的抗菌物质来进行相关试验，因此青霉素在发现后将近10年内没有得到发展。

进一步推动青霉素发展的是在牛津大学工作的德国生化学家钱恩和澳大利亚病理学家弗洛里。1938年，他们从期刊资料中找到了弗莱明报道的有关青霉素的文献。1939年，在英美相关组织和基金会的支持下，经过一年多的努力，他们重新研究了

青霉素的性质和分离方法。实验中，弗洛里和钱恩先将致死剂量的细菌注入 8 只老鼠体内，其中 4 只追加注射可能含有抗菌药液的物质（包括弗莱明的霉菌粗培养液）。结果发现，只有注射霉菌粗培养液的老鼠能够存活。很快他们就对这种霉菌粗培养液中的活性物质——青霉素进行了提取和纯化，到 1940 年已经制备了纯度可满足人体肌内注射的制品。很快，青霉素进入临床试验阶段，第一个试用此药的患者是一位警察，他的头、脸、肺受到严重的细菌感染，接受治疗仅仅 5d，病情就大为好转，康复之快令人惊异。不幸的是，由于没有足够的青霉素继续维持治疗，1 个月后其仍然死亡。临床观察证明，青霉素具有较好的杀菌作用，所以 1943 年迅速完成了青霉素的商业化生产，并且进入正式临床治疗阶段。最初，青霉素的生产能力有限，仅够战争中的伤员使用。1944 年，随着生产规模的扩大，青霉素开始被用来治疗英国和美国普通百姓的疾患。到 1945 年战争结束时，青霉素的使用已遍及全世界，而弗莱明、弗洛里和钱恩三人因为发现青霉素及其在临床中对抗感染性疾病的研究成就，于当年获得诺贝尔生理学或医学奖。

20 世纪 80 年代以后，青霉素类的抗生素已有数十种之多，它们在临床实践中得到了广泛应用，挽救了成千上万人的生命，今后将会有更多的青霉素衍生物被合成，并将继续发挥它们为人类服务的功能。

二、正确认识"超级细菌"

1. "超级细菌"的出现 2010 年 8 月 11 日，《柳叶刀》刊登了一篇关于印度、巴基斯坦、英国等地出现的新型抗生素抗药性机制的分子学、生物学、流行病学的研究报告。报告中提出含有新发现的新德里金属 β- 内酰胺酶（NDM-1）基因的细菌，即"超级细菌"，对包括治疗重症感染的碳青酶烯类抗生素在内的多种 β- 内酰胺类抗生素耐药，文章发表后立即引起了全球各界的密切关注。由于其对青霉素、头孢类、亚胺培南、美罗培南等抗生素均具有耐药性，有学者甚至将其称为"末日细菌"。

2. 什么是"超级细菌" "超级细菌"（superbacteria）是指一些毒性很强、对绝大多数高效抗生素都耐药的细菌。从广义上讲，"超级细菌"实质上是多重耐药菌的统称，并不局限于某一细菌或某一基因。目前已经出现的耐甲氧西林金黄色葡萄球菌（MRSA）、耐万古霉素肠球菌（VRE）、耐万古霉素葡萄球菌（VRSA）、耐碳青霉烯类肠杆菌科细菌（包括 NDM-1）、多重耐药铜绿假单胞菌（MDR-PA）、泛耐药不动杆菌（PDR-AB）、产 ESBL 肠杆菌科细菌、多重耐药结核杆菌（XTB）等，都属于超级耐药菌。当人或动物被这种所谓"超级细菌"感染后，医疗上往往束手无策。"超级细菌"容易在医疗卫生机构中传播，其后果常导致患者死亡，因而引发了人们对"超级细菌"的恐慌和不安。近来有关"超级细菌"的报道铺天盖地，在各类媒体上也是出现频率最高的词汇之一。其实这种"超级细菌"并不像描述的那么可怕，人们更不必恐怖和不安，随着科学的发展与医学的进步，对"超级细菌"发生机制的深入了解，对"超级细菌"的预防和治疗方法的不断涌现，以及新抗生素的研发问世，只要注意合理应用抗生素，相信在不久的将来会战胜所谓"超级细菌"。

3. 关注与反思"超级细菌"形成的原因 回顾抗生素的发展史，我们不难发现自 1942 年青霉素开始用于临床治疗，其为抗菌治疗带来了前所未有的希望与变化，然而随着后来的广泛使用，1945 年就有学者发现院内感染的 20% 金黄色葡萄球菌对其产生耐药性；同样，1947 年链霉菌素上市，同年该药耐药菌出现；1952 年四环菌素上市，1956 年其耐药菌出现；1959 年甲氧西林上市，1961 年其耐药菌出现；1964 年头孢噻吩上市，1966 年其耐药菌出现；1967 年庆大霉素上市，1970 年其耐药菌出现；1981 年头孢噻肟上市，1983 年其耐药菌出现；1987 年，发现万古霉素耐药性肠球菌属，同年发现肺炎克雷伯菌对三代头孢的耐药性；1996 年发现耐万古霉素葡萄球菌；1999 年发现耐甲氧西林金黄色葡萄球菌；2000 年利奈唑胺上市，2002 年其耐药菌出现。由此说明随着人们研制抗生素水平的提高、抗生素的抗菌能力增强，耐药菌株也不断地升级。新的抗生素的使用与耐药菌株的出现总是相伴而生。《科学》和《自然》杂志近年来连续发表文章试图解释这一生命现象，学者们认为，在广大的自然界中本身就存在着广泛的耐药基因。如产生抗生素的真菌、放线菌，其抗生素合成基因簇中本身就含有"耐药基因"。此外，致病菌在与抗生素的相互作用中，为了自身的生存也会进化出"耐药基因"。所以，耐药菌株、耐药基因的出现同样符合自然界发展的基本规律——优胜劣汰，适者生存。此外，人们对抗生素的滥用，对"超级细菌"及其他耐药菌株的出现形成了筛选压力，助长了耐药菌株的产生。抗生素滥用主要存在于两个方面：一是在人类疾病治疗过程中滥用抗生素，医生和患者都存在不同程度的抗生素依赖心理；另一个是动物饲料添加抗生素的问题。有统计数据表明，世界上抗生素总产量的一半左右用于人类临床治疗，另一半则用在了畜牧养殖业。我国是抗生素滥用最严重的国家之一，每年约有 8 万人因滥用抗生素死亡。世界卫生组织相关资料显示，中国国内住院患者的抗生素使用率高达 80%，其中使用广谱抗生素和联合使用的占 58%，远远高于 30% 的国际水平。这样的误区必然加速了耐药菌株的发生率。耐药菌株的出现与升级、"超级细菌"的出现其实是必然的结果，已敲响了滥用抗生素的警钟。

复习思考题

1）细菌对抗菌药物产生耐药性的机理有哪些？

2）根据化学结构，抗菌药物可以分为哪些？列举每类中兽医临床常用药物。

3）简述抗菌药物的作用机制。

4）β-内酰胺类抗生素主要包括哪两类药物？简述其抗菌谱和临床应用。

5）简述青霉素的不良反应及其防治措施。

6）简述头孢菌素类抗生素的常用药物、抗菌谱及临床应用。

7）简述氨基糖苷类抗生素有哪些共同特点？兽医临床常用药物有哪些？

8）简述四环素类抗生素的抗菌谱及兽医临床常用药物。

9）简述多西环素的作用特点和临床应用。

10）简述酰胺醇类抗生素的抗菌谱和常用药物。

11）简述氟苯尼考的作用特点、临床应用和不良反应。

12）简述大环内酯类抗生素的抗菌谱和作用机制。

13）简述红霉素的主要应用与不良反应。

14）简述泰乐菌素、替米考星的作用特点及临床应用。

15）简述林可霉素的主要作用与应用。

16）简述杆菌肽、多黏菌素的主要作用与应用。

17）简述磺胺类药物的药动学特征、主要作用与应用。

18）简述磺胺类药物的不良反应和预防措施。

19）分析磺胺类药物和甲氧苄啶/二甲氧苄啶联用的药理依据。

20）简述氟喹诺酮类药物的抗菌谱和临床应用。

21）试述氟喹诺酮类药物的不良反应和应用注意事项。

22）简述恩诺沙星、达氟沙星的药动学特征、主要作用和应用。

23）简述乙酰甲喹的主要作用、应用和不良反应。

24）简述甲硝唑、地美硝唑的主要作用、应用和不良反应。

25）常用的抗真菌药物有哪些？

26）简述两性霉素B、制霉菌素的主要作用、应用和不良反应。

27）简述抗微生物药物的合理使用。

（王成森　王加才）

第三章 防腐消毒药

【学习目标】
1）了解防腐消毒药物的基本知识。
2）了解常用消毒药物的作用机制、理化性质，掌握常用消毒药物的作用范围、临床应用和注意事项。
3）熟悉影响防腐消毒药物作用效果的因素，会根据生产需要合理选择消毒药物，正确实施消毒工作。

【概　　述】
防腐消毒药是指能够杀灭病原微生物或抑制其生长繁殖的一类药物。与抗生素和其他抗菌药物不同，这类药物没有明显的抗菌谱和选择性。在临床应用达到有效浓度时，往往也对机体组织产生损伤作用。因此，一般不作为全身用药。

消毒药和防腐药是根据用途和特性分类的，两者之间并无严格的界限，低浓度的消毒药仅能抑菌，而高浓度的防腐药也能杀菌。但由于有些防腐药用于非生物体表面时不起作用，有些消毒药会损伤活体组织，所以两者不应替换使用。

第一节　防腐消毒药的基本知识

一、概念

消毒药是指能杀灭病原微生物的药物，如复合酚、火碱、漂白粉等。主要用于环境、厩舍、动物的排泄物、用具和器械等非生物体表面的消毒。

防腐药是指能抑制病原微生物生长繁殖的药物，如山梨酸、丁酸等。主要用于抑制生物体表局部皮肤、黏膜和创伤的微生物感染；也用于食品、生物制品等的防腐。

二、作用机理

1. 使菌体蛋白质凝固、变性　　大部分的防腐消毒药都是通过使菌体蛋白质凝固、变性发挥作用的。蛋白质的凝固作用不具选择性，可凝固一切生活物质，使之变性而失去活性，所以称为"原浆毒"。这类药物不但能杀灭病原微生物，而且也能破坏动物组织，所以只能用于环境消毒。如酚类、醇类、酸类、重金属盐类等。

2. 改变菌体细胞膜的通透性　　表面活性剂等的杀菌作用是通过降低菌体细胞膜的表面张力、增加菌体细胞膜的通透性。使得本来不能转到细胞膜外的酶类和营养物质露出膜外；膜外的水超出限量地进入菌体细胞内，使菌体爆裂、溶解和破坏。如新洁尔灭、洗必泰等。

3. 干扰或破坏病原体的酶系统　　通过氧化、还原反应使菌体酶的活性基团遭到损坏；或药物的化学结构与细菌体内的代谢产物类似，可竞争性或非竞争性地与菌体内的酶结合，从而抑制酶的活性，导致菌体的抑制或死亡。如氧化剂、重金属盐等。

4. **综合作用** 有的消毒药不只通过一条途径发挥消毒作用，而具有多种作用机制。如苯酚在高浓度时可使蛋白质变性，而在低于凝固蛋白质的浓度时，可通过抑制酶或损害细胞膜起到杀菌作用。

三、影响因素

1. **消毒药物溶液的浓度和作用时间** 其他条件一致的情况下，消毒药物的杀菌效力一般随其溶液浓度的增加而增强，随着药物作用的时间延长，消毒效果也增加。浓度越高，时间越长，消毒效果越好，但对机体组织的刺激和损害也越大。达不到有效的作用浓度或作用时间，就不能达到理想的消毒效果。另外，药物浓度与杀菌速度间存在一定关系，一般情况下，增加药物浓度可提高消毒杀菌的速度，缩短效力达到相同杀菌效果所需的时间。浓度越高，时间越短。但有部分药物例外，如乙醇。

2. **温度** 在一定的温度变化范围内，消毒药的抗菌效果与环境的温度及消毒药液的温度成正比，温度越高，杀菌力越强。一般温度每升高 10℃，抗菌效力增强 1 倍。对热稳定的防腐消毒药可使用热溶液，以提高药效。对防腐消毒药物的抗菌效力的检测鉴定，通常是在 15~20℃气温下进行。对热敏感、不稳定的药物不要加热。如过氧乙酸、乙醇等。

3. **有机物** 消毒环境中的粪、尿及创伤上的脓血、体液等有机物存在时，可在微生物的表面形成一层保护层，妨碍消毒剂与深层病原微生物的接触从而影响消毒效果；有机物与防腐消毒药发生中和、吸附或化学反应形成不溶性的结合物，也会导致杀菌效果降低。有机物越多，对防腐消毒药的抗菌效力影响越大。这是消毒前必须彻底清扫消毒场所、清理创伤的原因。有机物对各类消毒剂的影响程度不尽相同。有机物存在时，含氯消毒剂的杀菌作用显著降低；季铵盐类、过氧化物类消毒剂受有机物影响也较大。但环氧乙烷、戊二醛等受有机物影响较小。

4. **病原微生物的类型特点** 不同类型的微生物及处于不同状态的微生物，对同一种消毒药的敏感程度不同。例如，革兰氏阳性菌一般比革兰氏阴性菌对消毒药物更敏感；病毒对碱类消毒药物敏感，而对酚类消毒药物抵抗力较强；生长繁殖阶段的细菌对消毒药物敏感，具有芽孢的细菌对消毒药物抵抗力很强。

5. **湿度** 湿度可直接影响微生物的含水量，对许多气体消毒剂的作用有显著影响。用环氧乙烷消毒时，若细菌含水量太高，则需要延长消毒时间。细菌含水量太低时，消毒效果也明显降低，完全脱水的细菌用环氧乙烷无法将其杀灭。另外，每种气体消毒剂都有其适宜的相对湿度（RH）范围：用过氧乙酸熏蒸消毒时，要求 RH 不低于 40%，60%~80% 的效果最好；甲醛熏蒸消毒的最适 RH 以 60% 为宜。

6. **pH** 环境或组织的 pH 对有些消毒药的作用影响较大，因为 pH 可以改变其溶解度、解离程度和分子结构。例如，戊二醛在酸性环境中较稳定，但杀菌效力较弱，当加入 0.3% 碳酸氢钠，使其溶液 pH 达 7.5~8.5 时，杀菌活性显著增强，不仅能杀死多种繁殖型细菌，还能杀死芽孢。含氯消毒剂作用的最佳 pH 为 5~6。

7. **药物之间的相互拮抗（配伍禁忌）** 两种以上药物合用，或消毒药与清洁剂、除臭剂合用，药物之间会发生物理、化学等方面的变化，使消毒药效降低或失效。例如，高锰酸钾、过氧乙酸等氧化剂与碘酊等还原剂之间会发生氧化还原反应，不但减弱消毒药效，还会增强对皮肤的刺激性，甚至产生毒害。阴离子表面活性剂与阳离子表面活性剂合用，发生置换反应，使药效消失。

8. 其他因素 消毒物的表面形态、结构、化学活性、剂型、消毒液的表面张力、在溶液中的解离度等也会影响防腐消毒药的作用。

第二节 常用的防腐消毒药

一、用于环境、器具的防腐消毒药

（一）酚类

酚类是一种表面活性物质，可损害菌体细胞膜，浓度较高时使蛋白质变性，具有杀菌作用。也通过抑制细菌脱氢酶和氧化酶的活性，产生抑菌作用。

酚类作用特点：①大多数对不产生芽孢的繁殖型细菌和真菌有较强的杀灭作用，但对芽孢和病毒作用不强；②酚类抗菌活性不受环境中有机物和细菌数的影响，可消毒排泄物等；③化学性质稳定，贮藏或遇热等一般不会影响药效。

甲酚

【理化性质】 又名煤酚。为无色或淡黄色澄清透明液体，是对、邻、间位三种甲基酚异构体的混合物，有类似苯酚的臭味。放置较久或在日光下颜色逐渐变深。难溶于水。

【药理作用】 能杀灭细菌的繁殖体，对结核杆菌、真菌有一定的作用，可杀灭亲脂性病毒，但对亲水性病毒无效，对芽孢的灭活作用也较差。

【临床应用】 抗菌作用较苯酚强3～5倍，并且消毒使用浓度比苯酚低，所以较苯酚更安全。

【注意事项】 有臭味，不宜在食品加工厂使用。

【制剂、用法与用量】 使用植物油、氢氧化钾、煤酚制成的含50%煤酚的肥皂溶液为煤酚皂溶液（甲酚皂溶液），即来苏儿。3%～5%的煤酚皂溶液可用于厩舍、场地、排泄物等的消毒。1%～2%溶液用于皮肤、手臂的消毒。0.5%～1%的溶液用于口腔和直肠黏膜的消毒。

苯酚

【理化性质】 又名石炭酸。无色或微红色针状结晶或结晶状块。有特臭，吸湿，溶于水和有机溶剂。水溶液呈酸性。遇光或暴露空气颜色渐深。碱性环境、脂类、皂类等能减弱其杀菌作用。

【药理作用】 苯酚可凝固蛋白质，具有较强的杀菌作用。

【临床应用】 5%的溶液可在48h内杀死炭疽芽孢；2%～5%的溶液可用于厩舍、器具、排泄物的消毒处理。

【注意事项】 浓度大于0.5%时有局部麻醉作用；5%溶液对组织产生强烈刺激和腐蚀作用。可能有致癌作用。

【制剂、用法与用量】 临床常用的是复合酚（含苯酚41%～49%，醋酸22%～26%），深红褐色黏稠液体。对细菌、真菌、病毒、寄生虫卵等都具有较强的杀灭作用。100～200倍稀释液可喷雾消毒。因特臭，环境污染严重，农业农村部将其列为"倒计时药"。

（二）醛类

醛类消毒药的化学活性很强。在常温下易挥发。可使菌体蛋白质变性、酶和核酸功能发生改变，具有强大的杀菌作用。常用的有甲醛、聚甲醛和戊二醛等。

甲醛

【理化性质】室温条件为无色气体，有特殊刺激气味，易溶于水和乙醇，在水中以水合物的形式存在。

【药理作用】既可以杀死细菌的繁殖型，也能杀死芽孢，还能杀死抵抗力强的结核杆菌、病毒、真菌等。

【临床应用】主要用于厩舍、器具、衣物等的消毒。由于甲醛具有挥发性，多采取熏蒸消毒的方式。2%的溶液可用于器械消毒；10%的福尔马林溶液可以用来固定标本；厩舍空间熏蒸消毒，每立方米空间使用15～20mL甲醛溶液，加等量的水，加热蒸发即可。

【注意事项】福尔马林在冷处久贮可生成聚甲醛发生浑浊和沉淀。存放甲醛溶液温度不要太低，加入10%～15%的甲醇可防止聚合。甲醛对皮肤黏膜有很强的刺激性，使用时应注意。

【制剂】40%的甲醛溶液即福尔马林，无色液体。

聚甲醛

【理化性质】为甲醛的聚合物，含甲醛91%～98%，白色疏松粉末，具有甲醛的臭味，在冷水中溶解缓慢，在热水中很快溶解，溶于稀碱和稀酸溶液。

【药理作用】聚甲醛本身无消毒作用，在常温下可缓慢解聚，释放出甲醛。加热至100℃很快释放出大量甲醛气体而具有杀菌作用。

【临床应用】主要用于环境熏蒸消毒，每立方米3～5g。

戊二醛

【理化性质】无色油状液体，味苦，有微弱的甲醛臭，但挥发性较低，可与水或醇作任何比例的混合，溶液呈弱酸性，在pH高于9时可迅速聚合。

【药理作用】其碱性水溶液具有较好的杀菌作用。pH在7.5～8.5时，作用最强，可杀灭细菌的繁殖型和芽孢、真菌、病毒，其作用强度是甲醛的2～10倍。

【临床应用】喷洒、浸泡消毒：配成2%碱性溶液，消毒15～20min或放置自然晾干。密闭空间表面熏蒸消毒：配成10%溶液，每立方米1.06mL，密闭过夜。

【注意事项】对组织刺激性弱，碱性溶液可腐蚀铝制品，不能用铝制品盛装。

【制剂】浓戊二醛溶液、稀戊二醛溶液。

（三）碱类

碱类杀菌作用的强度取决于其解离的离子浓度，解离度越大，杀菌作用越强。碱对细菌和病毒的杀灭作用都较强，高浓度溶液可杀死芽孢。遇有机物，碱类消毒药的杀菌力稍微降低。碱类无臭无味，可作厩舍场地的消毒，也可作食品加工厂舍的消毒。碱溶液可损坏铝制品、油漆面、纤维织物等。

氢氧化钠

【理化性质】又名苛性钠、火碱、烧碱。白色不透明固体，吸湿性强，易潮解；暴露在空气中时，吸收空气中的 CO_2，逐渐变成碳酸钠。

【药理作用】能杀死细菌的繁殖型、芽孢和病毒，还能皂化脂肪、清洁皮肤。

【临床应用】1%～2% 的溶液可用于消毒厩舍场地、车辆等，也可消毒食槽、水槽等。但消毒后的食槽、水槽应充分清洗，以免对口腔及食道黏膜造成损伤。5% 溶液用于消毒炭疽芽孢污染的场地。

【注意事项】应密闭保存。对机体组织有腐蚀性，使用时应注意防护。

氧化钙

【理化性质】又名生石灰。白色干块，容易吸收空气中的水分，与水结合而成氢氧化钙。

【药理作用】生石灰本身并无消毒作用，与水混合后变成熟石灰（氢氧化钙），熟石灰才具有消毒杀菌作用。

【临床应用】常用 10%～20% 的石灰水混悬液涂刷墙壁、地面、护栏等，也可用作排泄物的消毒，还可将生石灰直接加入被消毒的液体、排泄物，以及阴湿的地面、粪池、水沟等处。

【注意事项】生石灰不具消毒作用，只有与水反应，变成熟石灰才有消毒作用，所以在饲养场门口铺撒生石灰粉的做法是不科学的，消毒作用不大。但铺撒的生石灰在潮湿地方可以吸潮后发挥作用，或铺撒生石灰粉后及时泼水。熟石灰可以吸收空气中的二氧化碳，变成碳酸钙而失去杀菌作用。所以，用生石灰消毒时应现将生石灰与水混合，并及时使用，混合后存放时间越长，其消毒效果越低。

（四）过氧化物类

过氧化物又称氧化剂，过氧化物类消毒药多依靠其强大的氧化能力来杀灭微生物，杀菌能力强，但这类药物不稳定，易分解，具有漂白和腐蚀作用。

过氧乙酸

【理化性质】又名过醋酸。无色透明液体，弱酸性，有刺激性酸味，易挥发，易溶于水、乙醇和醋酸。性质不稳定，遇热或有机物、重金属离子、强碱等易分解。低温下分解缓慢，所以应低温（3～4℃）保存。浓度高于 45% 的溶液容易爆炸，浓度低于 20% 的溶液无此危险。

【药理作用】过氧乙酸具有酸和氧化剂的双重作用，其挥发的气体也具有较强的杀菌作用，较一般的酸或氧化剂作用强。是高效、速效、广谱的杀菌剂。对细菌芽孢、病毒、真菌等都具有杀灭作用。低温时也具有杀菌和抗芽孢作用。

【临床应用】用于厩舍、场地、用具的消毒。

【注意事项】腐蚀性强,有漂白作用,溶液及挥发气体对呼吸道和眼结膜等有刺激性;浓度较高的溶液对皮肤有刺激性。有机物可降低其杀菌力。

【制剂】市售的过氧乙酸为 20% 的过氧乙酸溶液。

(五)卤素类

卤素(氟、氯、溴、碘)和易释放出卤素的化合物,具有强大的杀菌作用。氯和含氯化合物均可以改变细胞的通透性,或发生氧化作用杀灭细菌。其中氯的杀菌能力最强,碘较弱,碘主要用于皮肤消毒。

含氯石灰

【理化性质】又名漂白粉,含有效氯 25% 以上。灰白色粉末,有氯臭,在水中部分可溶解,在空气中吸收水分和二氧化碳缓慢分解而失效。

【药理作用】漂白粉放入水中,生成次氯酸,次氯酸再释放出活性氯和新生态氧而具有杀菌作用。能杀灭细菌芽孢、真菌和病毒。

【临床应用】5%~20% 的混悬液用于消毒已发生传染病的厩舍场地、墙壁、排泄物等。饮水消毒为每 1L 水中加入本品 0.02g。

【注意事项】不可与易燃易爆物品放在一起,现用现配。

二氯异氰尿酸钠

【理化性质】又名优氯净,含有效氯 60%~64.5%。为氯胺类化合物,在水溶液中水解为次氯酸。白色或微黄色晶粉,有浓厚的氯臭味。性质稳定,在高温、潮湿处存放,有效氯含量下降也很少;易溶于水,溶液呈弱酸性,水溶液稳定性较差,应现用现配。

【药理作用】抗菌谱广,杀菌力强,对细菌繁殖型、芽孢,病毒、真菌等都有较强的杀灭作用。溶液 pH 越低,杀菌作用越强,加热可增强杀菌效力。有机物对其杀菌作用影响较小。0.5%~1% 水溶液用于杀灭细菌和病毒,5%~10% 水溶液用于杀灭芽孢,临用前现配。可采用喷洒、浸泡或擦拭等消毒方法,也可将其干粉直接撒于排泄物或其他被污染物体表面。

【临床应用】主要用于厩舍、场地、排泄物、用具等的消毒。厩舍等消毒:每 $1m^2$ 常温下 10~20mg,气温低于 0℃时 50mg。饮水消毒:每 1L 水 4mg。

【注意事项】具有腐蚀和漂白作用。

溴氯海因

【理化性质】为白色或微黄色结晶或结晶粉末,有次氯酸的刺激性气味;有引湿性。在水中微溶,在二氯甲烷或三氯甲烷中溶解。

【药理作用】本品为有机溴氯复合型消毒剂。有广谱杀菌作用,药效持久。对细菌繁殖体、细菌芽孢、真菌和病毒,也有杀灭作用。其杀菌机理是:①在水中释放次氯酸或次溴酸的氧化作用;②次氯酸和次溴酸分解形成新生态氧的作用;③释放出的活化氯和活化溴与含氮的物质发生反应形成氯化铵和溴化铵,干扰细菌细胞代谢的作用。

溴氯海因的杀菌作用受温度、pH 和有机物等因素的影响。通常情况下，含氯消毒剂在偏酸性环境中的杀菌作用较强，含氯的甲基海因衍生物在偏酸性的环境中更容易释放出次氯酸（pH 最佳范围为 5.8～7.0），若 pH 大于 9 时，这类消毒剂会迅速分解失去杀菌作用。

溴氯海因属于低毒类消毒剂，腐蚀性小，性质稳定。在释放出溴、氯以后，生成的 5,5-二甲基海因在自然条件下被光、氧、微生物在较短时间内分解为氨和二氧化碳，不会残留而污染环境。

【临床应用】可用于厩舍、场地和水体等多方面的广谱杀菌消毒剂。

癸甲溴铵溶液

【理化性质】本品化学名为二癸二甲基溴化铵（didecyl dimethyl ammonium），为无色或微黄色黏稠性液体；振摇时产生泡沫。

【药理作用】癸甲溴铵是双链季铵盐消毒剂，对多数细菌、真菌和藻类有杀灭作用，对亲脂性病毒也有一定作用。在溶液状态时，可解离出季铵盐阳离子，起杀菌作用；溴离子使分子的亲水性和亲脂性增强，能迅速渗透到细胞膜脂质层及蛋白质层，改变膜的通透性，达到杀菌作用。癸甲溴铵残留药效强，对光和热稳定，对金属、塑料、橡胶和其他物质均无腐蚀性。

【注意事项】①使用时小心操作，原液对皮肤和眼睛有轻微刺激，避免与眼睛、皮肤和衣服直接接触，如溅及眼部或皮肤立即用大量清水冲洗；②内服有毒性，误服立即用大量清水或牛奶洗胃。

【制剂、用法与用量】厩舍、器具消毒：0.015%～0.05% 溶液。饮水消毒：0.002 5%～0.005% 溶液（以癸甲溴铵计）。

二、用于皮肤黏膜的防腐消毒药

用于皮肤黏膜的防腐消毒药主要用于局部皮肤、黏膜、创伤表面的感染预防和治疗，如外科的清创及手臂皮肤的消毒。在选择皮肤黏膜防腐消毒药时，应注意药物无刺激性和毒性，不损伤组织，不妨碍肉芽生长，也不引起过敏反应。

乙醇

【理化性质】水溶液俗称酒精。无色澄明的液体，易挥发，易燃烧，与水能作任何比例的配合。

【药理作用】乙醇含量在 70% 以下时，含量越高，作用越强，在 70% 时达到最强，超过 75% 以后，随着浓度的增加，杀菌效力减弱。70% 的乙醇溶液凝固蛋白质的速度较慢，在表层蛋白质完全凝固之前，通过细菌细胞膜的乙醇量足以使细菌死亡，所以，临床使用的乙醇溶液含量为 70%。

【临床应用】可杀灭繁殖型细菌，但对芽孢无效。主要用于皮肤局部、手术部位、手臂、体温计、注射部位、注射针头、医疗器械等的消毒。

【注意事项】凡未标明浓度的均为 95% 乙醇溶液；易挥发，应密封保存。

碘

【理化性质】 碘属卤素类，碘与碘化物的水溶液或醇溶液均可用于皮肤消毒或创面消毒。碘呈灰黑色或蓝黑色，是有金属光泽的片状结晶或块状物，有特殊臭味，具有挥发性。

【作用与应用】 具有强大的杀菌作用，可杀灭细菌芽孢、真菌、病毒及原虫。

【制剂】 2%碘酊、5%碘酊、碘溶液、碘甘油。

硼酸

【理化性质】 为白色或微带光泽鳞片的粉末，能溶于冷水，更溶于沸水、醇和甘油。

【药理作用】 有比较弱的抑菌作用，但没有杀菌作用。

【临床应用】 由于硼酸刺激性小，多用来处理对刺激敏感的黏膜、创面，清洗眼睛、鼻腔等。常用浓度为2%～4%。硼酸也可以与甘油或磺胺粉配合使用。

苯扎溴铵

【理化性质】 又名新洁尔灭，属于季铵盐类阳离子表面活性剂。为无色或黄色透明液体，易溶于水，水溶液呈碱性，性质稳定，无刺激性，耐热，无腐蚀性。

【药理作用】 具有杀菌和去污的作用，对病毒作用较差。

【临床应用】 常用于创面、皮肤、手术器械等的消毒和清洗。术前手臂的消毒可用0.05%～0.1%溶液清洗并浸泡5min；0.1%溶液可用于皮肤消毒和手术部位的清洗，也可用于手术器械、敷料的清洗和消毒（浸泡30min左右）。

【注意事项】 禁与肥皂、其他阴离子活性剂、盐类消毒药、碘化物、氧化物等配伍使用。禁用于合成材料消毒，不用聚乙烯材料容器盛装。

高锰酸钾

【理化性质】 黑紫色、细长的棱形结晶或颗粒，带金属光泽，无臭。易溶于水，水溶液呈深紫色。

【药理作用】 强氧化剂，遇有机物、加热、加酸、加碱等即可释放出新生态氧（非离子态氧，不产生气泡），而呈现杀菌、除臭、解毒作用。

【临床应用】 低浓度对组织有收敛作用，高浓度对组织有刺激和腐蚀作用。其抗菌作用较过氧化氢强，但极易被有机物分解而失去作用。所以在清洗皮肤创伤时，如果污物过多，应不断更换新药液，以保持药效。0.05%～0.2%的溶液可用于消毒创伤、溃疡、黏膜等，尤其适用于深部化脓创的脓液清洗。多种药物误食中毒都可用高锰酸钾洗胃解毒。

【注意事项】 与某些有机物或易氧化的化合物研磨或混合时，易引起爆炸或燃烧。溶液放置后作用降低或失效，应现用现配。遇有机物失效。手臂消毒后会着色，并发干涩。

过氧化氢

【理化性质】 又名双氧水。含过氧化氢3%的水溶液，无色澄明液体，无臭或有类似臭氧的臭气。

【**药理作用**】有较强的氧化性，与有机物接触时，迅速分解，释放出新生态氧而具有抗菌作用。由于作用时间短，有机物可大大减弱其作用，杀菌力很弱。

【**临床应用**】在与创面接触时，由于分解迅速，会产生大量气泡，机械地松动脓块或脓液、血块、坏死组织等，有利于清创。对深部创伤还可防治破伤风杆菌等厌氧菌的感染。

【**注意事项**】遇光、遇热、长久放置易失效。遮光、密闭、阴凉处保存。处理深部脓物时，如不产生泡沫，可能脓物已清理完毕，或是药物失效。

【**制剂**】3% 过氧化氢溶液、26%～28% 浓过氧化氢溶液。

实训四　规模猪场消毒实施方案的制定

姓名		班级		学号		实训时间	2 学时
技能目标		能根据所学知识，科学选择消毒药物，确定消毒对象；会为规模化养猪场制定科学合理的消毒方案					
任务描述		山东某大型养殖集团的一规模化猪场为自繁自养场，存栏经产母猪 2000 头，后备母猪 1500 头；常见存栏育肥猪为 10 000～20 000 头。请根据该猪场情况，结合所学知识为该规模化猪场制定一份系统的消毒实施方案					
关键要点		①消毒区域或对象的确定；②消毒药物的选择；③消毒药物的配制；④消毒程序的制定；⑤消毒实施；⑥消毒效果监测与评价					
消毒实施方案							
评价指标		考核依据					得分
		确定消毒区域或对象全面、无遗漏（15 分）					
		根据消毒区域或对象，科学选择合适的消毒药物（15 分）					
		消毒药物配制方法正确、操作熟练（20 分）					
		消毒程序制定科学合理（20 分）					
		消毒过程严密、无遗漏（20 分）					
		能对消毒效果进行正确评价（10）					
教师签名						总分	

知识拓展

防腐消毒药的选用

　　严格的消毒是防治和扑灭各种动物传染病的重要措施。化学药物消毒是生产中最常用的消毒方法，常用的消毒方法有浸洗法、喷洒法、熏蒸法、气雾法等，另外，合理选用防腐消毒药在防治畜禽疾病中有着重要的作用。防腐消毒药的选用参见表3-1。

表 3-1　防腐消毒药选用参考表

消毒种类	选用药物
畜禽舍空气消毒	过氧乙酸、乳酸、乙酸、甲醛、高锰酸钾、聚甲醛
畜禽舍消毒	苯酚、甲酚、氢氧化钠、氧化钙、戊二醛、漂白粉、二氯异氰尿酸钠、二氧化氯、新洁尔灭、辛氨乙甘酸、癸甲溴铵
用具、器械消毒	苯酚、甲酚、氢氧化钠、戊二醛、碘附、二氯异氰尿酸钠、二氧化氯、新洁尔灭、辛氨乙甘酸、癸甲溴铵
排泄物消毒	甲酚、漂白粉、石灰乳等
创伤、黏膜消毒	甲酚、硼酸、过氧化氢、高锰酸钾、甲紫、依沙吖啶、新洁尔灭等
畜禽（体）消毒	过氧乙酸、癸甲溴铵、新洁尔灭、次氯酸钠等
饮水消毒	过氧乙酸、碘附、漂白粉、氯胺-T、二氯异氰尿酸钠、二氧化氯、癸甲溴铵等
鱼池消毒	氧化钙、甲醛、高锰酸钾、漂白粉、二氯异氰尿酸钠、二氧化氯、溴氯海因等
蚕室蜂箱	甲醛、高锰酸钾、新洁尔灭等
皮肤消毒	乙醇、碘酊、碘附、高锰酸钾、来苏水、过氧化氢等
防腐止酵	甲醛、鱼石脂、松馏油等
橡胶、塑料消毒	戊二醛、过氧乙酸等
种蛋消毒	碘附、二氧化氯、辛氨乙甘酸、癸甲溴铵、甲醛+高锰酸钾等
鱼虾体表消毒	漂白粉、二氯异氰尿酸钠、三氯异氰尿酸钠、癸甲溴铵等
食品厂消毒	度米芬、二氧化氯、二氯异氰尿酸钠、癸甲溴铵等

复习思考题

1）如何合理使用防腐消毒药？

2）对病毒和芽孢有高效的消毒药有哪些？如何合理使用？

3）防腐消毒药配伍使用时应注意哪些事项？

4）季铵盐类消毒药有什么特点？如何合理使用？

5）卤素类消毒药有什么特点？如何合理使用？

（王成森　王加才）

第四章

抗寄生虫药

【学习目标】
1）了解抗寄生虫常用药物。
2）掌握抗寄生虫药物作用特点与应用、注意事项。

【概　述】
畜禽寄生虫分为体内寄生虫和体外寄生虫：前者主要包括线虫、吸虫、绦虫、棘头虫（四者统称蠕虫）及原虫；后者主要包括蜘蛛、昆虫等。寄生虫病在很多农牧区、养殖场（站）、养殖户普遍存在。鸡、兔的球虫病常导致全群死亡。寄生虫感染猪、牛、羊后，大量夺取营养，导致家畜消瘦，生长缓慢，体重下降，抵抗力降低。日本血吸虫病、球虫病、锥虫病、肝片吸虫病、猪囊虫病、牛羊包虫病、血液原虫病、牛羊消化道线虫病和外寄生虫等重大畜禽寄生虫病至今仍在我国严重流行，有的疾病近几年还有回升、蔓延之势，成为发展集约化养殖业、提高农民收入、丰富城镇居民菜篮子、改善人民食品结构的重要障碍。

近年来随科学技术的迅速发展，抗寄生虫药研究也取得了很大进展。在选用抗寄生虫药时，要对目前国内外应用的抗寄生虫药有一个全面概括的了解，对每种药物有具体深入的认识；合理地应用抗寄生虫药，规范地治疗各种寄生虫病，在取得最佳疗效的同时，最大限度地避免不良反应的发生。

第一节　抗寄生虫药基本知识

一、基本概念

抗寄生虫药是指能杀灭或驱除动物体内外寄生虫的药物。根据药物作用的特点，又可分为抗蠕虫药、抗原虫药和杀虫药三大类。

二、理想抗寄生虫药应具备的条件

理想的抗寄生虫药通常应具备如下条件：①安全。对虫体毒性大，对动物本身毒性小或无毒性。治疗指数要宽，至少要治疗指数>3，最好要治疗指数>5。或者安全范围更广。因而对动物很少产生不良反应。目前上市的多数新型抗寄生虫药通常均符合上述最低要求。②高效。即对虫体的杀虫率或驱净率高，通常其有效率应超过95%才能达到高效驱虫药的要求，最理想的高效驱虫药物应对成虫、幼虫甚至虫卵都有抑杀作用。迄今为止还没有完全符合上述要求的药物上市，但是已有的如三氯苯达唑对片形吸虫成虫及幼虫均有高效的药物作用。③广谱。由于畜禽的寄生虫病多数属于混合感染，有些甚至是不同种属的寄生虫（如吸虫、绦虫、线虫、节肢动物外寄生虫等）混合感染，因而对单一虫种高效的抗寄生虫药物不能满足生产实践需要，当然目前虽然没有对所有寄生虫均有杀灭作用的广谱抗寄生虫药，但已有一大批对数种虫种均有高效的药物，如吡喹酮（吸虫、血吸虫、多种绦虫）、伊维菌素（线虫、节肢动物）、阿苯达唑（线虫、吸虫、多种绦虫）、左旋咪唑（几乎所有线虫）已有市售品。④无残留。药物不残留在肉、蛋、奶及其制品中，或通过休药期等措施，控制药物在动物性食品中的残留。当然，理想的抗寄生虫药物还应具有价廉、给药方便及适口性良好等优点。

选用药物仅是综合防治寄生虫病的重要措施之一，在选择药物时不仅要了解寄生虫种类、寄生部位、严重程度、流行病学资料，更应了解畜种、性别、年龄、体质、病理过程、饲养管理条件、对药物作用反应的差异，才有可能结合本地区（本牧场）的具体情况，选用最理想的抗寄生虫药，以获得最佳防治效果。

三、抗寄生虫药的作用机理

（一）抑制虫体内的某些酶

不少抗寄生虫药通过抑制虫体内酶的活性，而使虫体的代谢过程发生障碍。例如，左旋咪唑、硫双二氯酚、硝硫氰胺、硝氯酚能抑制虫体内的琥珀酸脱氢酶的活性，阻碍延胡索酸还原为琥珀酸，阻断了 ATP 的产生；有机磷酸酯类能与胆碱酯酶结合，使酶丧失水解乙酰胆碱的能力，引起虫体兴奋、痉挛，最后麻痹死亡。

（二）干扰虫体的代谢

某些抗寄生虫药能直接干扰虫体的物质代谢过程，例如，苯并咪唑类能抑制虫体微管蛋白的合成，影响酶的分泌，抑制虫体对葡萄糖的利用；三氮脒能抑制机体 DNA 的合成，而抑制原虫的生长繁殖。

（三）作用于虫体的神经肌肉系统

有些抗寄生虫药可直接作用于虫体的神经肌肉系统，影响其运动功能或导致虫体麻痹死亡。例如，哌嗪使虫体肌细胞膜超极化，引起弛缓性麻痹；阿维菌素能促进 γ- 氨基丁酸的释放，使神经肌肉传递受阻，导致虫体产生弛缓性麻痹；噻嘧啶能与虫体的胆碱受体结合，产生与乙酰胆碱相似的作用，引起虫体肌肉强烈收缩，导致痉挛性麻痹；大环内酯类能与靶虫细胞上的特异性高亲和力的结合位点结合，影响了细胞膜对氯离子的通透性，继而引起线虫的神经细胞及节肢动物的肌细胞抑制性神经递质 γ- 氨基丁酸（GABA）的释放增加，GABA 作用于突触前神经末梢，减少兴奋性递质的释放，使突触后膜产生兴奋性突触后电位减弱，突触后神经元因膜电位的去极化程度达不到阈值而不能进入兴奋状态，从而引起抑制而导致虫体麻痹、死亡。并且能导致线虫体壁肌肉的弛缓性麻痹，通过阻断其咽部的蠕动来阻止寄生虫的采食。

第二节　抗蠕虫药

抗蠕药虫，也称驱虫药。根据临床应用可分为驱线虫药、驱绦虫药、驱吸虫药。

一、驱线虫药

根据主要作用对象线虫种类不同，驱线虫药分为驱胃肠道线虫药、驱肺线虫药及抗丝虫药。由于化学制药工业的飞速发展，已有一大批广谱抗蠕虫药上市，因此，目前多以化学结构分类，我国已批准上市的驱虫药主要有以下几大类：苯并咪唑类、咪唑并噻唑类、四氢嘧啶类、有机磷等。

（一）苯并咪唑类

自20世纪60年代早期，美国合成噻苯达唑以来，已有数百种苯并咪唑类驱虫药上市。噻苯达唑曾广泛用于世界各地，用以驱除各种动物（如牛、绵羊、山羊、猪、马、禽等）胃肠道寄生虫。用于治疗时，可一次内服给药，也可以低浓度置于饲料中长期使用作预防用。由于噻苯达唑驱虫作用不强，用药剂量较大，且驱虫谱不广，目前，已逐渐被其他苯并咪唑类驱虫药如阿苯达唑、奥芬达唑、芬苯达唑、甲苯达唑、氟苯达唑等所取代。本类药物的特点是驱虫谱广、驱虫效果好、毒性低，甚至还有一定的杀灭幼虫和虫卵作用。

阿苯达唑

【理化性质】阿苯达唑又称丙硫苯咪唑、丙硫咪唑，为白色或类白色粉末；无臭，无味。在丙酮或氯仿中微溶，在乙醇中几乎不溶，在水中不溶；在冰醋酸中溶解。

【作用与应用】阿苯达唑属吸收最佳的苯并咪唑类驱虫药，吸收后药物在2～4h内可达血药峰值，并且持续15～24h；作用机理主要是与线虫的微管蛋白结合发挥作用。阿苯达唑主要经尿排泄，在24h内排泄量占给药量的28%，在9d内排泄量占47%；阿苯达唑在动物体内的主要代谢产物为阿苯达唑亚砜和阿苯达唑砜，几乎全部经尿排泄。

阿苯达唑对牛大多数胃肠道寄生虫成虫及幼虫均有良好驱除效果，对辐射食道口线虫、细颈线虫、网尾线虫、莫尼茨绦虫、肝片形吸虫、大片形吸虫成虫也有极好效果；低剂量对猪蛔虫、有齿食道口线虫、六翼泡首线虫具极佳驱除效果，应用高剂量对猪毛首线虫、刚棘颚口线虫有效；对鸡蛔虫成虫驱虫率在90%左右。

【注意事项】①阿苯达唑是苯并咪唑类驱虫药中毒性较大的一种，应用治疗量虽不会引起中毒反应，但连续超剂量给药，有时会引起严重反应；②连续长期使用，能使蠕虫产生耐药性，并且有可能产生交叉耐药性；③休药期：牛28d，羊10d，产奶期禁用。

【用法与用量】内服：一次量，每1kg体重，马5～10mg，牛、羊10～15mg，猪5～10mg，犬25～50mg，禽10～20mg。

【制剂与规格】阿苯达唑片：25mg、50mg、200mg、500mg。

芬苯达唑

【理化性质】本品为白色或类白色粉末，无臭，无味。在二甲基亚砜中溶解，在甲醇中微溶，在水中不溶，在冰醋酸中溶解。

【作用与应用】本品的作用机理与阿苯达唑相同，抗虫谱不如阿苯达唑广，作用略强。芬苯达唑内服给药后，只有少量被吸收。反刍动物吸收较慢，单胃动物稍快。犬内服后血药达峰时间为24h，绵羊为2～3d。吸收后的芬苯达唑代谢成为亚砜和砜。在牛、绵羊和猪，44%～50%的芬苯达唑以原型的形式从粪便中排出，不到1%从尿中排出。犬和猫一次给药无效，必须连续治疗3d。

本品对牛羊血矛线虫、奥斯特线虫、毛圆线虫、古柏线虫、细颈线虫、仰口线虫、夏伯特线虫、食道口线虫、毛首线虫及网尾线虫的成虫与幼虫均有极佳驱虫效果。对马副蛔虫、马尖尾线虫（成虫及幼虫）、胎生普氏线虫、普通圆形线虫、无齿圆形线虫、马圆形线虫、小型圆形线虫有高效。对红色猪圆线虫、蛔虫、食道口线虫成虫及幼虫有效。对犬、猫的钩虫、蛔虫、毛首线虫有高效。对家禽胃肠道和呼吸道线虫有良效。

【注意事项】①长期应用，可引起耐药虫株；②本品瘤胃内给药时（包括内服法）比真胃给药法驱虫效果好，甚至还能增强对耐药虫种的驱除效果，可能是因为瘤胃的吸收率低，延长了药物在宿主体内的有效驱虫浓度。③休药期：牛 8d，弃奶期 3d，羊 6d，产奶期禁用，猪 5d。

【用法与用量】内服：一次量，每 1kg 体重，马、牛、羊、猪 5～7.5mg，犬、猫 25～50mg，禽 10～50mg。

【制剂与规格】芬苯达唑片：0.1g。芬苯达唑粉：100g∶5g。

氧苯达唑

【理化性质】本品为白色或类白色结晶性粉末；无臭，无味。在甲醇、乙醇、二氧六环、氯仿中极微溶解，在水中不溶，在冰醋酸中溶解。

【作用与应用】氧苯达唑为高效低毒苯并咪唑类驱虫药；氧苯达唑吸收极少，一次给牛内服，12h 血药浓度呈峰值，144h 后，经尿排泄占 32%。在猪体内的主要代谢产物为 5-羟丙基咪唑，主要经肾排泄。

氧苯哒唑对马大多数胃肠线虫及幼虫均有高效。例如，对大型圆形线虫、小型圆形线虫、马副蛔虫、韦氏类圆线虫成虫具极佳驱虫效果；对牛血矛线虫、奥斯特线虫、毛圆线虫、类圆线虫、细颈线虫、古柏线虫、仰口线虫、毛细线虫、毛首线虫成虫及幼虫，以及食道口线虫成虫均有高效；一次用药对猪蛔虫有极佳驱除效果，并能使食道口线虫患猪粪便中虫卵全部转阴；一次内服 40mg/kg，对鸡蛔虫成虫、幼虫，以及鸡异刺线虫有效率接近 100%；对卷棘口吸虫也有良效。

【注意事项】①对噻苯达唑耐药的蠕虫，也可能对本品存在交叉耐药性；②休药期，牛 4d，弃奶期 72h，羊 4d，猪 14d。

【用法与用量】内服：一次量，每 1kg 体重，马、牛 10～15mg，羊、猪 10m，禽 30～40mg。

【制剂与规格】氧苯达唑片：25mg、50mg、100mg。

甲苯达唑

【理化性质】本品为白色、类白色或微黄色结晶性粉末。在甲酸中易溶，在冰醋酸中略溶，在丙酮或氯仿中极微溶解，在水中不溶。

【作用与应用】甲苯达唑不仅对动物多种胃肠线虫有高效，而且对某些绦虫也有良效，并且是为数不多治疗旋毛虫的良药之一。对虫体的作用，通常认为能抑制虫体对葡萄糖的摄取；甲苯达唑因溶解度小而吸收极少，而且很少代谢，给动物内服后，在 24～48h 内经粪便排泄的原型药物约占 80%，经尿排泄的约为 5%～10%。

甲苯达唑对马尖尾线虫、马副蛔虫、马圆形线虫、无齿圆形线虫、普通圆形线虫、多种小型圆形线虫、胎生普氏线虫有良好驱除效果。治疗量对普通奥斯特线虫、蛇形毛圆线虫、微管食道口线虫、乳突类圆线虫有极强驱除效果。以 60mg/kg 药料连用 7d，对气管比翼线虫、鸡蛔虫、异刺线虫、毛细线虫成虫及幼虫均有高效。较大剂量（25～50mg/kg）对棘盘赖利绦虫、有轮赖利绦虫驱除率 100%。甲苯达唑可抑制粪便中十二指肠钩口线虫、美洲板口线虫和犬钩口线虫虫卵发育，以 140mg/kg 药料连喂 14d，能 100% 杀灭在动物黏膜组织中包囊期旋毛虫幼虫。

【注意事项】①长期应用本品能引起蠕虫产生耐药性，而且存在交叉耐药现象；②本品毒性虽然很小，但治疗量即引起个别犬厌食、呕吐、精神萎靡及出血性下痢等现象；③甲苯达唑对实验动物具致畸作用，理应禁用于妊娠母畜；④本品能影响产蛋率和受精率，蛋鸡以不用为宜，此外鸽子、鹦鹉因对本品敏感而应禁用；⑤休药期：羊 7d，弃奶期 24h，家禽 14d。

【用法与用量】内服：一次量，每 1kg 体重，马 8.8mg，羊 15～30mg，犬、猫体重不足 2kg 的 50mg，体重 2kg 以上的 100mg，体重超过 30kg 的 200mg。2 次/d，连用 5d。混饲：每 1000kg 饲料，禽 60～120g，连用 14d。

氟苯达唑

【理化性质】本品为白色或类白色粉末；无臭。在甲醇或氯仿中不溶；在稀盐酸中略溶。

【作用与应用】本品为甲苯咪唑对位氟取代同系物，抗虫谱与抗虫作用与甲苯咪唑相似。主要用于治疗猪、鸡、火鸡和野禽蠕虫病。

本品从肠胃道吸收很少，大部分以原型药从粪便中排出。吸收部分很快被代谢，血和尿中的原型药浓度很低。氟苯达唑在猪和鸡体内的代谢途径主要为氨基甲酸酯水解和酮基还原。

【注意事项】①对苯并咪唑驱虫药产生耐药性的虫株，对本品也可能存在耐药性；②连续混饲给药，驱虫效果优于一次投药；③休药期：猪 14d。

【用法与用量】内服：一次量，每 1kg 体重，猪 5mg，羊 10mg。混饲：每 1000kg 饲料，猪 30g，连用 5～10d，禽 30g，连用 4～7d。

【制剂与规格】氟苯达唑预混剂：100g∶5g、100g∶50g。

非班太尔

【理化性质】本品为无色粉末；在丙酮、氯仿、四氢呋喃和二氯甲烷中溶解，在水和乙醇中不溶。

【作用与应用】非班太尔属苯并咪唑类前体驱虫剂，在胃肠道内转变成芬苯达唑（及其亚砜）和奥芬达唑而发挥有效的驱虫效应。据对牛和绵羊的代谢研究表明：内服治疗量（7.5mg/kg）多数药物迅速代谢，在血浆仅出现低浓度原型药物。

非班太尔对马圆形线虫、无齿圆形线虫、普通圆形线虫和小型圆形线虫成虫、马副蛔虫、马尖尾线虫成虫及幼虫均有良好驱除效果；国外对犬、猫多并用对绦虫有特效的复方制剂。

【注意事项】①对苯并咪唑类驱虫药耐药的蠕虫，对本品也可能存在交叉耐药性；

②高剂量对妊娠早期母羊胎儿有致畸作用，因此妊娠动物以不用本品为宜；③休药期：牛、羊 8d，弃奶期 48h，猪 10d。

【用法与用量】内服：一次量，每 1kg 体重，马 6mg，牛、羊 10mg，猪 20mg，犬、猫 6 月龄以上 10mg，连用 3d，6 月龄以下 15mg，连用 3d，3 周龄或体重 1kg 以上，一次量，35.8mg。

硫苯尿酯

【理化性质】本品为微黄棕色结晶性粉末；在水、甲醇、乙酸乙酯和丙酮中微溶，在环己酮中易溶。

【作用与应用】硫苯尿酯属苯并咪唑类前体药物，即在动物体内转变成苯并咪唑氨基甲酸甲酯而发挥驱虫作用。本品为广谱驱虫药，对大多数动物的胃肠线虫成虫及幼虫均有良好效果；硫苯尿酯迅速吸收后分布于全身组织，用药 24h 后，几乎能从所有组织器官中（特别是肝、肾）测出药物。用药后 8h 血药达峰值；在 72h 内，多数药物经粪、尿排出体外。

本品对毛圆线虫、古柏线虫、血矛线虫、夏伯特线虫、食道口线虫、细颈线虫、奥斯特线虫、仰口线虫，几乎能全部驱净；对牛驱虫谱与羊相似，治疗量对毛圆线虫、奥斯特线虫、血矛线虫、古柏线虫均有 100% 驱虫效果；对猪红色猪圆线虫、食道口线虫、猪毛首线虫有极佳效果。

【注意事项】①对苯并咪唑类耐药虫株，对本品有存在交叉耐药可能性；②休药期：牛、羊、猪均为 7d，牛、羊弃奶期 72h。

【用法与用量】内服：一次量，每 1kg 体重，牛、羊、猪 50～100mg。

（二）咪唑并噻唑类

咪唑并噻唑类是一类较新的驱线虫药，原先以噻咪唑（tetramisole）为代表，对大多数动物具有广泛的驱虫活性，即对胃肠线虫及肺线虫均有高效，并可通过多种给药途径给药。但后来发现噻咪唑的驱虫活性仅限于左旋体，因此作为消旋体的噻咪唑其驱虫活性仅为左旋咪唑的一半，而毒性要大好几倍。鉴于上述原因，包括我国在内的世界多数国家均已停止噻咪唑的应用。

左旋咪唑

【理化性质】左旋咪唑为噻咪唑的左旋异构体。常用其盐酸盐或磷酸盐。

盐酸左旋咪唑为白色或类白色针状结晶或结晶性粉末；无臭，味苦。本品在水中极易溶解，在乙醇中易溶，在氯仿中微溶，在丙酮中极微溶解。

磷酸左旋咪唑为白色或类白色针状结晶或结晶性粉末，无臭，味苦。本品在水中极易溶解，在乙醇中微溶。

【作用与应用】左旋咪唑为广谱、高效、低毒的驱线虫药，对多种动物的胃肠道线虫和肺线虫成虫及幼虫均有高效，左旋咪唑对多种虫体（猪蛔虫、鸡蛔虫、猫弓首蛔虫、胎生网尾线虫、捻转血矛线虫等）的延胡索酸还原酶有抑制作用；本品的组织残留不多，用药后 12～24h，组织中残留仅占给药量的 0.9%，而且主要存在于肝、肾等排泄和降解器官内。据对大鼠及其他动物的试验证实，给药7d后，肌肉、肝、肾、脂肪、血液及尿液中已无药物残留。

左旋咪唑对反刍动物寄生线虫成虫高效的有：皱胃寄生虫、小肠寄生虫、大肠寄生虫和肺寄生虫。一次内服或注射，对上述虫体成虫驱除率均超过96%；治疗量（8mg/kg）对猪蛔虫、兰氏类圆线虫、后圆线虫驱除率接近99%。对食道口线虫（72%～99%），猪肾虫（有齿冠尾线虫）颇为有效。按36mg/kg或48mg/kg体重日量，给雏鸡饮水给药，对鸡蛔虫、鸡异刺线虫、封闭毛细线虫成虫驱除率在95%以上，对未成熟虫体及幼虫的驱除率佳。左旋咪唑按10mg/kg日量连服两天，或一次皮下注射10mg/kg，对犬蛔虫、钩虫驱除率超过95%。左旋咪唑对马寄生虫的驱除效果和其他动物一样，对马副蛔虫和蛲虫成虫特别有效，如按7.5～15mg/kg量（灌服或混饲）或皮下注射5～10mg/kg能驱净马副蛔虫；对马肺丝虫需按5mg/kg剂量，间隔3～4周，两次肌内注射，驱除率达94%。

【注意事项】①左旋咪唑对动物的安全范围不广，特别是注射给药，时有发生中毒甚至死亡事故，因此单胃动物除肺线虫宜选用注射法外，通常宜内服给药；②马对左旋咪唑较敏感，骆驼更敏感，用时务必精确计算，以防不测；③盐酸左旋咪唑注射时，对局部组织刺激性较强，反应严重，而磷酸左旋咪唑刺激性稍弱，故国外多用磷酸盐专用制剂，供皮下、肌内注射，但仍出现短暂时间的轻微局部反应；④动物不宜采用注射给药法；⑤左旋咪唑片剂内服休药期：牛3d，羊2d，产奶期禁用，猪3d；⑥左旋咪唑注射剂休药期：牛14d，羊28d，产奶期禁用，猪28d。

【用法与用量】盐酸左旋咪唑片：内服，一次量，每1kg体重，牛、羊、猪7.5mg，犬、猫10mg，禽25mg。盐酸左旋咪唑注射液：皮下、肌内注射，一次量，每1kg体重，牛、羊、猪7.5mg，犬、猫10mg，禽25mg。磷酸左旋咪唑注射液注射剂量同盐酸左旋咪唑注射液。

【制剂与规格】盐酸左旋咪唑片：25mg、50mg。盐酸左旋咪唑注射液：2mL∶0.1g、5mL∶0.25g、10mL∶0.5g。磷酸左旋咪唑注射液：5mL∶0.25g、10mL∶0.5g、20mL∶1g。

（三）四氢嘧啶类

噻嘧啶和甲噻嘧啶，均属广谱驱虫药。国外已广泛用于马、猪、羊、牛、犬等动物的胃肠线虫驱除。本类药物均内服给药，很安全。

噻嘧啶可制成盐酸盐、酒石酸盐和双羟萘酸盐。美国FDA已批准有用于马、犬的专用双羟萘酸噻嘧啶剂型。其余动物可试用酒石酸噻嘧啶。我国批准的兽用产品仅为双羟萘酸噻嘧啶。甲噻嘧啶可制成酒石酸盐和双羟萘酸盐供用。

噻嘧啶

【理化性质】噻嘧啶多制成双羟萘酸盐和酒石酸盐。双羟萘酸噻嘧啶为淡黄色粉末，无臭，无味，在二甲基甲酰胺中略溶，在乙醇中极微溶解，在水中几乎不溶。而酒石酸噻嘧啶则易溶于水。

【作用与应用】噻嘧啶为广谱、高效、低毒的胃肠线虫驱除药。噻嘧啶对寄生线虫和脊椎动物宿主都是一种去极化神经肌肉阻断剂。药物所引起的虫体麻痹是由于虫体肌肉收缩所致，它与乙酰胆碱促使肌肉收缩的作用相似。猪、犬、大鼠内服酒石酸噻嘧啶吸收良好，但反刍动物吸收较少。放射性标记的药物犬、猪内服后 2～3h 血浆达峰值，而反刍动物差异较大。药物在体内迅速代谢，排出时几乎已无原型药物。其主要代谢产物为含四氢嘧啶环的 N- 甲基 -1,3- 丙烷二胺。

马用噻嘧啶双羟萘酸盐或酒石酸盐的各种专用剂型均对下列虫体有高效：马副蛔虫（成虫 88%～100%，未成熟虫体 100%），普通圆形线虫（92%～100%），马圆形线虫（100%），胎生普氏线虫（93%～100%）。酒石酸噻嘧啶对猪蛔虫和食道口线虫很有效。按 22mg/kg 剂量喂服不仅对猪蛔虫成虫有效，而且对趋组织期及消化道内由虫卵孵化出的幼虫和在穿透肠壁前的幼虫（均属感染性蛔虫幼虫）均有效。噻嘧啶对牛的驱虫谱大致与羊相似，治疗量（25mg/kg）酒石酸噻嘧啶对奥斯特线虫、捻转血矛线虫、毛圆线虫、细颈线虫、古柏线虫均有高效，对未成熟虫体驱除效果较羊稍差。

【注意事项】①由于噻嘧啶具有拟胆碱样作用，妊娠及虚弱动物禁用本品（特别是酒石酸噻嘧啶）；②由于国外有各种动物的专用制剂已解决酒石酸噻嘧啶的适口性较差问题，因此，用国产品饲喂时必须注意动物摄食量，以免因减少摄入量而影响药效；③由于噻嘧啶（包括各种盐）遇光易变质失效，双羟萘酸盐配制混悬药液后应及时用完，而酒石酸盐国外不容许配制药液，多作预混剂，混于饲料中给药；④禁用于食用马；⑤美国 FDA 规定猪的休药期为 1d，肉牛为 14d。

【用法与用量】双羟萘酸噻嘧啶：内服，一次量，每 1kg 体重，马 6.6mg，犬、猫 510mg（均指盐基量）。酒石酸噻嘧啶：内服，一次量，马 12.5mg，牛、羊 25mg，猪 22mg（每头不得超过 2g）。

【制剂与规格】双羟萘酸噻嘧啶片：0.3g（相当于盐基 0.104g）。

（四）有机磷

有机磷化合物原为农业杀虫剂，后来发现可作为动物驱虫药，这类药物在各国广泛用于兽药临床已近 40 年，有 5 种药物至今广为应用：敌百虫、敌敌畏、好乐松、蝇毒磷和萘肽磷。前两种用于马、犬和猪，后三种可驱除反刍动物寄生虫。

有机磷的驱虫范围：通常对马、猪和犬的主要线虫有效，而对反刍动物寄生虫作用有限，只对皱胃线虫（特别是血矛线虫）、小肠线虫有效，对食道口线虫、夏伯特线虫等肠道寄生虫效果不佳。因此，对后两种虫体在用好乐松、萘肽磷等有机磷驱虫药无效时，应改用其他广谱抗线虫药。

有机磷的驱虫作用机理：抑制线虫的胆碱酯酶，使乙酰胆碱大量蓄积，干扰神经肌肉的正常传导过程，最终使虫体中毒死亡。当然宿主与不同寄生虫的胆碱酯酶对有机磷药物的敏感性并不相同。例如，好乐松可以与捻转血矛线虫的胆碱酯酶形成不可逆的络合物，而与蛔虫胆碱酯酶只能进行可逆性地疏松结合，因此，如果用量不足，蛔虫甚至能"复苏"。

有机磷化合物高剂量对宿主胆碱酯酶也有一定抑制作用，因此治疗安全范围较窄，在用药过程中常发生中毒反应。此外，凡具有胆碱酯酶抑制效应的药物——如毒扁豆碱、新斯的明、肌松剂、有机磷农药等，均不宜在两周内共用，以防增强毒性反应。

在欧美广为应用的敌敌畏，是将药物置入可塑性（聚氯乙烯）赋形剂中供兽医专用的缓释剂型，其缓慢释放，不仅保证了对不同动物的驱虫药效，而且大大降低毒性反应

（安全范围增大 15～30 倍）。由于我国无此类商品上市，故下文仅对敌百虫和蝇毒磷进行介绍。

敌百虫

【理化性质】本品为白色结晶或结晶性粉末，在空气中易吸湿，结块或潮解；稀水溶液易水解，遇碱迅速变质。在水、乙醇、醚、酮及苯中溶解；在煤油、汽油中微溶。

【作用与应用】敌百虫的抗虫机理是能与虫体的胆碱酯酶相结合，使乙酰胆碱大量蓄积，从而使虫体神经肌肉功能失常，先兴奋，后麻痹，直至死亡。此外，由于本品对宿主胆碱酯酶的活性也有抑制效应，使胃肠蠕动增强，加速排出体外。内服或注射均能迅速吸收。吸收后药物主要分布于肝、肾、脑和脾。肺、肌肉及脂肪含量较少。

本品对畜禽外寄生虫、卫生害虫具杀灭作用。其杀虫谱较广，对羊鼻蝇第一期蚴虫、牛皮蝇第三期蚴虫，马胃蝇蚴，疥螨、痒螨、体虱等均有良好杀灭作用。蝇、蚊、蚤、蜱、蟑螂等也较敏感，接触药物后迅速死亡。临床主要用于防治畜禽外寄生虫病，杀灭周围环境害虫及防治鱼类寄生虫病。

【注意事项】①敌百虫安全范围较窄，且有明显种属差异，如对马、猪、犬较安全；反刍动物较敏感，常出现明显中毒反应，应慎用；家禽，特别是鸡、鹅、鸭最敏感，以不用为宜。②敌百虫肌内注射时，中毒反应更为严重，加之我国无正式批准的注射剂上市，理应废止此种用药方法。③畜禽敌百虫中毒症状主要为腹痛、流涎、缩瞳、呼吸困难、大小便失禁、肌痉挛、昏迷直至死亡，轻度中毒，通常动物能在数小时内自行耐过；中度中毒应用大剂量阿托品解毒；严重中毒病例，应反复应用阿托品（0.5～1mg/kg）和解磷定（15mg/kg）解救。④极度衰弱及妊娠动物应禁用敌百虫，用药期间应加强动物护理。⑤休药期：猪 7d。

【用法与用量】内服：一次量，每 1kg 体重，马 30～50mg（极量 20g），牛 20～40mg（极量 15g），绵羊 80～100mg，山羊 50～70mg，猪 80～100mg。

【制剂与规格】精制敌百虫片：0.5g。

蝇毒磷

【理化性质】本品为微棕色粉末，在水中不溶；在乙醇、玉米油中略溶；在丙酮、氯仿、二甲苯中易溶。

【作用与应用】蝇毒磷是常用的杀虫药和驱虫药，是为数不多能用于泌乳动物的驱虫药。蝇毒磷内服易从肠道吸收，外用也可通过皮肤吸收。牛吸收后，较多分布于脂肪中，其他组织及体液（包括乳汁）一般均不超过 0.1mg/kg，主经尿、粪便排泄。本品可杀灭畜禽体表的蜱、螨、虱、蝇、牛皮蝇蛆和创口蛆等。

【注意事项】①蝇毒磷安全范围较窄，特别是水剂灌服时毒性更大，通常二倍治疗量即引起牛、羊中毒，甚至死亡，因此，反刍动物多推荐低剂量连续喂饲法；②灌服蝇毒磷溶液时，牛必须先灌服 10% 碳酸氢钠 60mL，羊灌服 10% 硫酸铜 10mL，使食道沟关闭，药液直接进入皱胃，否则影响药效；③有色品种产蛋鸡群，对蝇毒磷的毒性反应较白色品种鸡更为严重，以不用为宜；④畜禽发生严重蝇毒磷中毒症状时，必须联合和反复使用解磷定和阿托品，因为单用一种药物，解毒效果不佳。

【用法与用量】内服：一次量，每 1kg 体重，牛 15mg，羊 8mg，配成溶液灌服。混饲：一日量，每 1kg 体重，牛 2mg，连用 6d，禽 30～40g，连喂 10～14d。

（五）抗生素类

抗生素类驱虫药主要有两类：一类是属于氨基苷抗生素的越霉素 A 和潮霉素 B，由于这两种药物驱虫谱较窄，而且要连续长期应用，因而使用范围不广；目前具有广阔应用前景的是第二类——以阿维菌素（avermectin）为代表的新型大环内酯类抗寄生虫药，自 20 世纪 80 年代上市后，广为农牧业应用，目前在世界范围内应用最广泛的这类药物主要有三种，即伊维菌素（ivermectin）、阿维菌素（avermectin）和多拉菌素（doramectin）。美国最近还批准美贝霉素（milbemycin）和莫西菌素（moxidectin, nemadectin）上市。

阿维菌素

【理化性质】阿维链霉菌（*Streptomyces avermitilis*）的天然发酵产物。本品为白色或淡黄色粉末，无味。在醋酸乙酯、丙酮、氯仿中易溶，在甲醇、乙醇中略溶，在正己烷、石油醚中微溶，在水中几乎不溶。

【作用与应用】阿维菌素的驱虫机理、驱虫谱及药动学情况与伊维菌素相同，其驱虫活性与伊维菌素大致相似，但本品性质较不稳定，特别对光线敏感，贮存不当时易灭活减效。

阿维菌素对动物的驱虫谱与伊维菌素相似，以牛为例，用推荐剂量（200μg/mL）给牛皮下注射，几乎能驱净的虫体有：奥氏奥斯特线虫（成虫、第 4 期幼虫、蛰伏期幼虫）、柏氏血矛线虫（成虫、第 4 期幼虫）、艾氏毛圆线虫（成虫）、古柏线虫（成虫、第 4 期幼虫）、绵羊夏伯特线虫（成虫）、辐射食道口线虫（成虫、第 4 期幼虫）、胎生网尾线虫（成虫、第 4 期幼虫）。阿维菌素至少在用药 7d 内能预防奥斯特线虫、柏氏血矛线虫、古柏线虫、辐射食道口线虫的重复感染，对胎生网尾线虫甚至能保持药效 14d。对牛腭虱的驱除至少能保持药效 56d 以上。阿维菌素对微小牛蜱吸血雌蜱的驱除效应至少维持 21d，而且能使残存雌蜱产卵减少。阿维菌素对某些在厩粪中繁殖的双翅类幼虫也极有效，如给牛一次皮下注射 200pg/kg，据粪便检查，至少在 21d 内能阻止水牛蝇（东方血蝇）的发育。

【注意事项】阿维菌素的毒性较伊维菌素稍强。其性质不太稳定，特别对光线敏感，可被迅速氧化灭活，因此，阿维菌素的各种剂型，更应注意贮存使用条件。

【用法与用量】阿维菌素片：内服，一次量，每 1kg 体重，羊、猪 0.3mg。阿维菌素注射液：皮下注射，一次量，每 1kg 体重，牛、羊 0.2mg，猪 0.3mg。阿维菌素浇泼剂：背部浇泼，一次量，每 1kg 体重，牛、猪 0.5mg（按有效成分计）；耳根部涂敷，一次量，每 1kg 体重，犬、兔 0.5mg（按有效成分计）。

【制剂与规格】阿维菌素片：2mg、5mg。阿维菌素胶囊：2.5mg。阿维菌素粉：50g：0.5g、50g：1g。阿维菌素注射液：5mL：0.05g、25mL：0.25g、50mL：0.5g、100mL：1g。

伊维菌素

【理化性质】本品的主要成分为 22,23-二氢阿维菌素 B_{1a}。为白色结晶性粉末。无臭、无味。在水中几乎不溶，在甲醇、乙醇、丙醇、丙酮、乙酸乙酯中易溶。

【作用与应用】具有广谱、高效、用量小和安全等优点的新型大环内酯类抗寄生虫药，对线虫、昆虫和螨均具有高效驱杀作用。

伊维菌素对马、牛、羊、猪的消化道和呼吸道线虫，马盘尾丝虫的微丝蚴及猪肾虫等均有良好驱虫效果。对马胃蝇和羊鼻蝇的各期幼虫，牛和羊的疥螨、痒螨、毛虱、血虱、颚虱，猪疥螨、猪血虱等外寄生虫有极好的杀灭作用。

伊维菌素对犬、猫钩口线虫成虫及幼虫、犬恶丝虫的微丝蚴、狐狸鞭虫、犬弓首蛔虫成虫和幼虫、狮弓蛔虫、猫弓首蛔虫，以及犬、猫耳痒螨和疥螨均有良好的驱杀作用。

伊维菌素对兔疥螨、痒螨，家禽羽虱有高效杀灭作用。此外，对传播疾病的节肢动物如蜱、蚊、库蠓等均有杀灭效果并干扰其产卵或蜕化。

伊维菌素可用于预防犬恶丝虫病，具体方法如下：蚊子出现季节，以小剂量（每1kg体重50μg）给犬内服或皮下注射伊维菌素，每月一次，以杀死血液中的微丝蚴。但是伊维菌素不能用于治疗，因杀虫效果很快，会导致被杀死的成虫阻塞心脏血管，从而引起犬突然死亡。

【注意事项】①伊维菌素的安全范围较大，应用过程很少出现不良反应，但是超剂量可引起中毒，无特效解毒药；②肌内注射后会产生严重的局部反应（马尤为显著，应慎用），一般采用皮下注射方法给药或内服；③驱虫作用较缓慢，对有些内寄生虫需数日至数周才能彻底杀灭；④泌乳动物及母牛临产前1个月禁用；⑤Collies品系牧羊犬对本药异常敏感，不宜使用；⑥休药期：牛35d，羊21d，猪28d。

【用法与用量】皮下注射：一次量，每1kg体重，牛、羊0.2mg，猪0.3mg，牛、羊泌乳期禁用。内服：混饲，每1kg体重，猪0.1mg/d，连用7d。

【制剂】伊维菌素注射液，伊维菌素口服溶液（含0.6%伊维菌素）。

美贝霉素肟

【理化性质】美贝霉素肟是由一种吸湿链霉菌发酵产生的大环内酯抗寄生虫药，含A_4美贝霉素肟不得低于80%，A_3美贝霉素肟不得超过20%。本品在有机溶剂中易溶，在水中不溶。

【作用与应用】美贝霉素肟对某些节肢动物和线虫具有高度活性，是专用于犬的抗寄生虫药。美贝菌素肟的抗虫机理可参考伊维菌素。内服给药后约有90%～95%原型药物通过胃肠道排泄，5%～10%药物吸收后经胆汁排泄。因此，几乎有接近全量的药物经粪便排出。

美贝霉素肟对内寄生虫（线虫）和外寄生虫（犬蠕形螨）均有高效。以较低剂量（0.5mg/kg或更低）对线虫即有驱除效应。对犬恶丝虫发育中幼虫极敏感。在犬恶丝虫第3期幼虫感染后30d或45d，一次内服0.5mg/kg美贝菌素肟可完全防止感染的发展，但在感染后60d或90d时用药无效。如果在感染后60d用药，再按月用药一次（或数次），则完全可排除犬恶丝虫感染。对实验感染犬恶丝虫的猫，按月内服0.5～0.9mg/kg量也能完全排除感染。

美贝霉素肟是强有效的杀犬微丝蚴药物。一次内服0.25mg/kg，几天内可使微丝蚴数减少 98% 以上。由于美贝霉素肟有很强的杀微丝蚴和阻止虫胚的发育作用，对感染犬恶丝虫的犬，每月一次应用预防剂量（0.5～1mg/kg），6～9 个月可使微丝蚴感染情况转为阴性，再用 4～6 个月，可使绝大多数动物继续保持无微丝蚴状态。

【注意事项】①美贝霉素肟虽对犬毒性不大，安全范围较广，但长毛牧羊犬对本品仍与伊维菌素同样敏感。本品治疗微丝蚴时，患犬常出现中枢神经抑制、流涎、咳嗽、呼吸急促和呕吐。必要时可用 1mg/kg 氢化泼尼松预防。②不足四周龄及体重低于 2 磅①的幼犬，禁用本品。

【用法与用量】内服：一次量，每 1kg 体重，犬 0.5～1mg，每月一次。

【制剂与规格】美贝霉素肟片：2.3mg、5.75mg、11.5mg、23mg。

二、驱绦虫药

绦虫通常依靠头节攀附于动物消化道黏膜上，或依靠虫体的波动作用保持在消化道寄生部位。目前常用的抗绦虫药指在原寄生部位能杀灭绦虫的药物（即杀绦虫药），而传统的抗绦虫药，通常仅能使虫体暂时性麻痹（即驱绦虫药）再借泻药作用将其排除。若在排出前，虫体复苏、重新攀附，常使治疗失败。目前在临床上广为使用的多为人工合成杀绦虫药。

理想的抗绦虫药应是完全驱除虫体，如果抗绦虫药仅使虫体节片脱落，则完整的头节不到三周又能生长出另外的体节，因此，在首次用药 3～4 周后，应再次检查粪便中是否有绦虫节片。为防止驱除成虫后宿主再次感染绦虫病，还必须控制虫体的中间宿主，如控制犬、猫复孔绦虫的媒介昆虫——蚤和虱。为控制带绦虫感染，应禁止犬、猫捕食兔及啮齿动物等。

对畜禽危害性较大的绦虫主要有马裸头绦虫；牛、羊莫尼茨绦虫，曲子宫绦虫，无卵黄腺绦虫；犬、猫复孔绦虫，棘球绦虫，带绦虫；鸡赖利绦虫、戴文绦虫，以及水禽的剑带绦虫、膜壳绦虫等。

传统的抗绦虫药有两大类：一类为天然植物类，如南瓜子、绵马、卡马拉、仙鹤草芽、槟榔等，因为作用有限，已废止不用；另一类为无机化合物，如砷酸化合物（锡、铅、钙）、硫酸铜等，因毒性极大、效果有限而无须介绍。

下文介绍的除氢溴酸槟榔碱外均为人工合成的有机化合物，如丁萘脒、氯硝柳胺、硫双二氯酚、吡喹酮等。

氢溴酸槟榔碱

【理化性质】本品为白色或淡黄色结晶性粉末；无臭；味苦。在水和乙醇中易溶，在氯仿和乙醚中微溶。

【作用与应用】氢溴酸槟榔碱是传统使用的犬细粒棘球绦虫和带绦虫的驱除药，也可用于禽绦虫。氢溴酸槟榔碱的抗绦虫作用，在于对绦虫肌肉有较强的麻痹作用，使虫体失去攀附于肠壁的能力，加之药物对宿主的毒蕈碱样作用，使肠蠕动加强，消化腺体分

---

① 1磅≈0.454kg

泌增加，更有利于麻痹虫体的迅速排除。氢溴酸槟榔碱给犬灌服时，能迅速由口腔黏膜吸收。肠溶衣片内服，约 15min 产生排便效应，并持续 30～40min。由消化道吸收的药物，在肝中迅速灭活。

一次内服治疗量，对犬细粒棘球绦虫、豆状带绦虫、泡状带绦虫，绵羊带绦虫和多头绦虫均有 99% 以上疗效，对鸡赖利绦虫（3mg/kg），鸭、鹅剑带绦虫（1～2mg/kg）具有较好驱除效果。

【注意事项】①应用治疗量时，有时即使个别犬产生呕吐及腹泻症状，也多数能自行耐过，若遇有严重中毒病例（昏迷、惊厥），可用阿托品解救；②溶液剂投服时，必须用带导管的注射器，直接注药液于舌根处，以保证迅速吞咽，否则，由于广泛地接触口腔黏膜，吸收加速，而使毒性反应大为增强；③用药前，犬应禁食 12h，用药后 2h 若仍不排便，应用盐水灌服，以加速麻痹虫体排除；④鸡对本品耐受性强，鸭、鹅次之，马较敏感，猫最敏感，以不用为宜。

【用法与用量】内服：一次量，每 1kg 体重，犬 2mg。

【制剂与规格】氢溴酸槟榔碱片：5mg、10mg。

氯硝柳胺

【理化性质】本品为浅黄色结晶性粉末；无臭，无味。在水中不溶，在乙醇、氯仿、乙醚中微溶。

【作用与应用】氯硝柳胺的抗绦虫作用机理是抑制绦虫对葡萄糖的摄取，同时对绦虫线粒体的氧化磷酸化过程发生解偶联作用，从而阻断三羧酸循环，导致乳酸蓄积而杀灭绦虫。氯硝柳胺的驱虫作用也可能与其过度刺激线粒体内的 ATP 酶的活性有关。绦虫受损程度与药物作用时间相关。

氯硝柳胺主用于牛、羊的莫尼茨绦虫和无卵黄腺绦虫感染。较大剂量对牛、羊、鹿的缝体绦虫也极有效。氯硝柳胺对绦虫头节和体节具有同样的驱排效果。对马大裸头绦虫、叶状裸头绦虫和侏儒副裸头绦虫有良好驱除效果。

【注意事项】①本品安全范围较广，多数动物使用安全，但犬、猫较敏感，两倍治疗量时出现暂时性下痢，但能耐过，对鱼类毒性较强；②动物在给药前，应禁食一晚。

【用法与用量】内服：一次量，每 1kg 体重，牛 40～60mg，羊 60～70mg，禽 50～60mg，犬、猫 80～100mg。

【制剂与规格】氯硝柳胺片：0.5g。

硫双二氯酚

【理化性质】本品为白色或类白色粉末；无臭或微带酚臭。在乙醇、丙酮或乙醚中易溶，在氯仿中溶解，在水中不溶，在稀碱溶液中溶解。

【作用与应用】本品对吸虫成虫有明显杀灭作用，可能是影响虫体三磷酸腺苷的合成，从而使其能量代谢发生障碍所致；能使绦虫头节破坏溶解，但对华支睾吸虫病疗效差。对宿主的肠道具有拟胆碱样效应，因此有泻下作用。主要用于牛、绵羊、山羊的绦虫和瘤胃吸虫感染，犬、猫、禽的绦虫和肺吸虫感染。

本品内服仅少量从消化道吸收，并由胆汁排出，胆汁中药物浓度在用药后 2h 达峰值，血中浓度明显低于胆汁。

【注意事项】 ①多数动物对硫双二氯酚耐受良好，但治疗量常使犬呕吐，牛、马暂时性腹泻，虽多能耐过，但衰弱，下痢动物仍以不用为宜；②为减轻不良反应，可减少剂量，连用 2 或 3 次。

【用法与用量】 内服：一次量，每 1kg 体重，马 10～20mg，牛 40～60mg，羊、猪 75～100mg，犬、猫 200mg，鸡 100～200mg。

【制剂与规格】 硫双二氯酚片：0.25g；0.5g。

吡喹酮

【理化性质】 本品为白色或类白色结晶性粉末；味苦。在氯仿中易溶，在乙醇中溶解，在水或乙醚中不溶。

【作用与应用】 吡喹酮是较理想的新型广谱抗绦虫和抗血吸虫药，目前广泛用于世界各国。吡喹酮能使宿主体内血吸虫（包括日本分体血吸虫、曼氏分体血吸虫、埃及分体血吸虫）向肝移动，并在肝组织中死亡。加之对动物毒性极小，是较理想的抗寄生虫药物。多种动物应用吡喹酮的研究表明：内服后几乎全部迅速由消化道吸收。吡喹酮在动物组织器官内的广泛分布，奠定了对寄生于宿主各器官内（肌肉、脑、腹膜腔、胆管和小肠）的绦虫幼虫和成虫的有效杀灭作用的基础。

吡喹酮对牛细颈囊尾蚴有高效。2.5～5mg/kg 量内服或皮下注射，对犬豆状带绦虫、犬复孔绦虫、猫肥颈带绦虫、乔伊绦虫几乎 100% 有效；对细粒棘球绦虫、多房棘球绦虫需用 5～10mg/kg 剂量，才能驱净虫体。吡喹酮对猪细颈囊尾蚴有较好效果；以 10～20mg/kg 量一次内服，对鸡有轮赖利绦虫、漏斗带绦虫和节片戴文绦虫驱虫率接近 100%。

【注意事项】 ①本品毒性虽极低，但高剂量偶可使动物血清谷丙转氨酶轻度升高，治疗血吸虫病时，个别牛会出现体温升高、肌震颤和瘤胃臌胀等现象；②大剂量皮下注射时，有时会出现局部刺激反应。犬、猫出现的全身反应（发生率为 10%）为疼痛、呕吐、下痢、流涎、无力、昏睡等现象，但多能耐过。

【用法与用量】 吡喹酮片内服：一次量，每 1kg 体重，牛、羊、猪 10～35mg，犬、猫 2.5～5mg，禽 10～20mg。吡喹酮注射液：皮下、肌内注射，一次量，每 1kg 体重，犬、猫 0.1mL（5.68mg）。

【制剂与规格】 吡喹酮片：0.2g；0.5g。

硝氯酚

【理化性质】 本品为黄色结晶性粉末；无臭。在丙酮、氯仿、二甲基甲酰胺中溶解，在乙醚中略溶，在乙醇中微溶，在水中不溶，在氢氧化钠溶液中溶解，在冰醋酸中略溶。

【作用与应用】 硝氯酚是我国传统而广泛使用的牛、羊抗肝片形吸虫药。硝氯酚能抑制虫体琥珀酸脱氢酶，从而影响片形吸虫的能量代谢而发挥抗吸虫作用。硝氯酚内服后，由肠道吸收，但在瘤胃内能逐渐降解失效。牛内服后，通常 24～48h 血药浓度达峰值，但随即下降，在用药后 5～8d，经乳汁排泄药物，仍达 0.1mg/kg（容许残留量为 0.01mg/kg），因此，这些乳汁不能供人食用。硝氯酚从动物体内排泄缓慢，用药 9d 后，尿中始无残留药物。

硝氯酚是比较理想的驱肝片形吸虫药，硝氯酚对牛肝片形吸虫的驱除作用与羊肝片形吸虫相似。3mg/kg量对成年黄牛肝片形吸虫成虫灭虫率为98.74%，对犊牛成虫灭虫率仅为76%～80%。水牛内服1～3mg/kg也有极佳疗效，但3mg/kg量对牦牛无效，10～12mg/kg量驱虫率达100%。3～6mg/kg量内服，对肝片形吸虫成虫驱除率几近100%，而且动物耐受良好。

【注意事项】①治疗量对动物比较安全，过量会引起中毒（如发热、呼吸困难、窒息），可根据症状，选用安钠咖、毒毛旋花子苷、维生素等治疗；②硝氯酚注射液给牛、羊注射时，虽然用药更方便，用量更少，但由于治疗安全指数仅为2.5～3，用时必须根据体重精确计量，以防中毒。

【用法与用量】内服：一次量，每1kg体重，黄牛3～7mg，水牛1～3mg，羊3～4mg。皮下、肌内注射：一次量，每1kg体重，牛、羊0.6～1mg。

【制剂与规格】硝氯酚片：0.1g。硝氯酚注射液：2mL∶80mg、10mL∶400mg。

碘醚柳胺

【理化性质】本品为灰白色至棕色粉末。在丙酮中溶解，在醋酸乙酯或氯仿中略溶，在甲醇中微溶，在水中不溶。

【作用与应用】本品主要对肝片吸虫和大片形吸虫的成虫具有杀灭作用，对未成熟虫体也有很高的活性。此外，对牛血矛线虫、仰口线虫成虫，对羊的线虫成虫和未成熟虫体的各期寄生幼虫均有很高的有效率。碘醚柳胺内服后迅速由小肠吸收而进入血流，24～48h达血药峰值。在牛、羊体内不被代谢，而广泛地（>99%）与血浆蛋白结合，具有很长的半衰期（16.6d），用药28d后可食用组织测不到残留药物。

给羊一次内服7.5mg/kg量，对不同周龄肝片形吸虫效果良好。碘醚柳胺对羊大片形吸虫成虫和8周、10周龄未成熟虫体均有99%以上疗效，但对6周龄虫体有效率仅为50%左右。此外，本品还适用于治疗血矛线虫病和羊鼻蝇蛆。对牛、羊血矛线虫和仰口线虫的成虫和未成熟虫体有效率超过96%。对羊鼻蝇蛆的各期寄生幼虫有效率高达98%。

【注意事项】为彻底消除未成熟虫体，用药3周后，最好再重复用药一次。

【用法与用量】内服：一次量，每1kg体重，牛、羊7～12mg。

【制剂与规格】碘醚柳胺混悬液：20mL∶0.4g。

溴酚磷

【理化性质】本品为白色或类白色结晶性粉末。在甲醇、丙酮中易溶，在水、氯仿、乙醚、苯中几乎不溶，在冰醋酸、氢氧化钠溶液中溶解。

【作用与应用】溴酚磷属有机磷酸酯类抗肝片形吸虫药。溴酚磷内服吸收迅速，吸收后药物能迅速由乳汁排出，在用药120h后乳汁中仅微量残留。

溴酚磷用以驱除牛、羊肝片形吸虫，不仅对成虫有效（85%～100%），而且对肝实质内移行期幼虫也有良效。通常在一次内服治疗量后，虫卵转阴率为100%。溴酚磷的治疗安全指数是3。溴酚磷对动物园饲养的反刍动物（如鹿、麋、牛羚、驼等），按12～16mg/kg量一次内服，肝片形吸虫虫卵转阴率均为100%，但对于寄生于瘤胃的前后盘吸虫无效。

【注意事项】①治疗量时少数动物会出现食欲减退、粪便变稀甚至下痢等症状，但通常能自行耐过，本品可减少牛奶产量长达 11d；②过量所致的严重中毒症状，可用阿托品解救；③休药期：牛、羊均为 21d，弃奶期 5d。

【用法与用量】内服：一次量，每 1kg 体重，牛 12mg，羊 12～16mg。

【制剂与规格】溴酚磷粉：1g∶0.24g、10g∶2.4g。溴酚磷片：0.24g。

三、驱吸虫药

对人和动物危害严重的吸虫有日本分体吸虫、曼氏分体吸虫和埃及分体吸虫。我国曾广泛流行的为日本分体吸虫。血吸病是人畜共患病，由于疫区内水源污染，故耕牛患病率也颇高，病牛虽无严重临床症状，但血吸虫能在牛体内发育产卵，随粪便排出而污染环境，对人体形成很大威胁，故防治耕牛血吸虫病是彻底消灭人血吸虫病的重要举措之一，当然还必须采取综合防治措施，如加强粪便管理、灭螺、安全放牧及药物治疗等才能获得满意的效果。医学临床上传统使用的抗血吸虫药——酒石酸锑钾，20 世纪 70 年代曾试用于耕牛，由于静脉注射毒性太大，所以无推广意义。

下文着重介绍硝硫氰酯、六氯对二甲苯及次没食子酸锑钠，至于吡喹酮的抗血吸虫作用，可参考抗绦虫有关章节。

硝硫氰酯

【理化性质】本品为浅黄色结晶或结晶性粉末；微臭。在丙酮、二甲基亚砜中溶解，在乙醇中极微溶解，在水中不溶。

【作用与应用】硝硫氰酯为硝硫氰胺的衍生物，具有广谱抗吸虫作用。国外广泛用于犬、猫驱虫，而我国主要用于耕牛血吸虫和肝片形吸虫病的治疗。

本品对耕牛血吸虫病和肝片形吸虫病均有较好疗效，但由于内服时杀虫效果较差，故临床多选用第三胃注入法。犬、猫一次内服推荐量，对狮弓蛔虫、弓首蛔虫、带绦虫、犬复孔绦虫、钩口线虫均有高效，对细粒棘球绦虫未成熟虫体也有良好驱除效果。硝硫氰酯对猪姜片吸虫也有较好效果。

【注意事项】①因对胃肠道有刺激性，犬、猫反应较严重，因此，国外有专用的糖衣丸剂；猪偶可呕吐；个别牛表现厌食，瘤胃臌气或反刍停止，但均能耐过。②本品颗粒越细，作用越强。③给耕牛第三胃注入时，应配成 3% 油性溶液。

【用法与用量】内服：一次量，每 1kg 体重，牛 30～40mg，猪 15～20mg，犬、猫 50mg。第三胃注入：一次量，每 1kg 体重，牛 15～20mg。

六氯对二甲苯

【理化性质】本品为白色或微黄色结晶性粉末；微臭、无味。本品能在有机溶剂、脂肪油中溶解；在水中不溶。

【作用与应用】六氯对二甲苯在我国曾广泛用于耕牛血吸虫防治，国外至今仍用以驱除反刍动物片形吸虫。耕牛血吸虫：水牛按 90mg/kg 日量内服，连用 10d，一月后剖杀，对耕牛血吸虫灭虫率 75.4%，减雌率为 87.4%。片形吸虫：六氯对二甲苯对羊的肝片形吸虫、大片形吸虫成虫效果极好，150mg/kg 量灭虫率达 98%～100%，但对童虫效果稍差。对牛肝片形吸虫与羊相似，160mg/kg 量可使患牛粪便虫卵全部转阴，但 8 周后剖检，肝中仍出现虫体，进一步研究证实，这是由于六氯对二甲苯对肝片形吸虫童虫无效所致。

【注意事项】①本品一次用药安全范围广，但连续用药（治耕牛血吸虫病）时，对肝有明显毒性（眼结膜黄染、食欲废绝、腹泻等），并常并发血尿、兴奋等严重反应，甚至导致死亡，因此，在用药期间，应加强管理，绝对禁止使役；②国外有资料证实，饲料中含甜菜、芜菁、芜菁叶等成分时，能增加不良反应发生率；③由于乳汁中药物浓度极高，加之能透过胎盘进入胎儿组织，因此，妊娠、泌乳母畜以不用为宜。

【用法与用量】治疗血吸虫病：内服，一次量，每 1kg 体重，黄牛 120mg，水牛 90mg。1 次 /d（每日极量：黄牛 28g，水牛 36g），连用 10d。治疗肝片形吸虫：内服，一次量，每 1kg 体重，牛 200mg，羊 200～250mg。

【制剂与规格】血防片：0.25g。血防乳干粉：100g : 21g。

次没食子酸锑钠

【理化性质】本品为类白色或乳黄色粉末；略有金属味。在水中易溶，在乙醇中难溶，在乙醚中不溶。

【作用与应用】次没食子酸锑钠是我国独创的抗血吸虫锑制剂，曾广泛用于医学和兽医临床。主要用以治疗耕牛血吸虫病。

【注意事项】①本品毒性虽较低，但有蓄积趋向，连续应用时，会出现停食、高热、心缩加强、心内膜出血及肝损害现象，因此，在用药期间，应加强管理，必要时应施行对症措施；②黄牛限量 300g，超过体重部分，不得增加剂量（即不能超过 270g）。

【用法与用量】次没食子酸锑钠中速片：内服，全效量，每 1kg 体重，黄牛 0.9g，均分 5 份，1 次 /d。

【制剂与规格】次没食子酸锑钠中速片：0.2g。

第三节 抗原虫药

目前发现的原生动物约有 65 000 种，大部分属独立自由生活的种类，属于寄生性原虫的只是极少数。能引起家畜发病的原虫有球虫、贾第鞭毛虫、隐孢子虫、滴虫、梨形虫、弓形虫、锥虫、利什曼原虫和阿米巴原虫等。还有极少数属于人、畜共患原虫，如刚地弓形虫、小隐孢子虫、利什曼原虫和克氏锥虫（非洲锥虫）等。本节着重讨论抗球虫药、抗锥虫药、抗梨形虫药和抗滴虫药。

一、抗球虫药

自从 1939 年有人首次提出在生产中使用氨苯磺胺控制球虫病以来，用于预防鸡球虫病的药物已达 50 余种。其中一些药物（如早期应用的呋喃类、四环素类和大多数磺胺药）由于疗效不佳、毒性太大已逐渐被淘汰。目前在不同国家中，应用于生产的只有 20 余种，一般为广谱抗球虫药，大致分为聚醚类离子载体抗生素与化学合成的抗球虫药。此外，常以各种化学合成药作为防治球虫轮换或穿梭用药方案中的替换药物，其中使用较多的是地克珠利、氨丙啉和尼卡巴嗪。本节着重介绍以下药物。

1）聚醚类离子载体抗生素：莫能菌素、盐霉素、甲基盐霉素、拉沙洛菌素、马杜霉素、赛杜霉素、海南霉素。

2）三嗪类：托曲珠利、地克珠利。

3）二硝基类：二硝托胺、尼卡巴嗪。

4）磺胺类：磺胺喹噁啉、磺胺氯吡嗪。

5）其他：氯羟吡啶、氨丙啉、乙氧酰胺苯甲酯、氯苯胍、常山酮及喹诺啉类抗球虫药癸氧喹酯。

（一）聚醚类离子载体抗生素

聚醚类离子载体抗生素在我国简称离子载体抗生素，这类药物在化学结构上含有许多醚基和一个一元有机酸基。在溶液中由于氢链连接形成特殊构型，其中心由于并列的氧原子而带负电，起一种能捕获阳离子的"磁阱"作用；外部主要由烃类组成，具中性和疏水性。上述构型的分子能与生理上重要的阳离子 Na^+、K^+ 等相互作用，并使其成为脂溶性，但此种相互作用形成结合物的键并不牢固，离子仍能在不同浓度梯度下被捕获或释放，因此，结合后离子就容易透过细胞膜。简而言之，药物能与 Na^+、K^+ 等不同离子形成不牢固的脂溶性络合物，透过虫体细胞生物膜，妨碍离子的正常运转，故称离子载体抗生素。由于离子载体抗生素对球虫发育的多阶段均有作用，耐药性产生理应较慢，但由于广泛而不合理的应用，目前在国外耐药虫株已很普遍，甚至发生交叉耐药现象，但这通常发生在同类抗生素间，即单价聚醚离子载体类抗球虫药间能发生交叉耐药性，但改用单价糖苷、双价离子载体抗球虫药仍然有效。

本类药物除莫能菌素外，对家禽的毒性都比较大，必须精确计量，以防不测。

莫能菌素

【理化性质】本品为抗球虫药，为白色或类白色结晶性粉末；稍有特殊臭味。在甲醇、乙醇等有机溶剂中易溶，在丙酮或石油醚中微溶，在水中几乎不溶。

【作用与应用】莫能菌素属单价聚醚离子载体抗生素，是聚醚类抗生素的代表性药物；主要用于预防家禽球虫病，其抗虫谱较广，对鸡堆型艾美耳球虫、布氏艾美耳球虫、毒害艾美耳球虫、柔嫩艾美耳球虫、巨型艾美耳球虫、和缓艾美耳球虫均有高效。此外，也用于火鸡腺艾美耳球虫和火鸡艾美耳球虫感染。莫能菌素对羔羊雅氏、阿撒地艾美耳球虫很有效，能迅速控制症状和减少死亡率。

【注意事项】①产蛋鸡禁用，鸡休药期3d；②马属动物禁用；③禁止与泰妙菌素、竹桃霉素及其他抗球虫药配伍使用；④搅拌配料时，防止与使用者的皮肤、眼睛接触。

【用法与用量】混饲：每1000kg饲料，禽90～110g，兔20～40g。

盐霉素

【理化性质】本品为抗球虫药，为白色或淡黄色结晶性粉末；稍有特臭。在甲醇、乙醇等有机溶剂中易溶，在正己烷中微溶，在水中几乎不溶。

【作用与应用】盐霉素属单价聚醚离子载体抗生素。其抗球虫效应大致与莫能菌素相似。主要用于预防鸡球虫病。其抗虫谱较广，对鸡柔嫩艾美耳球虫、毒害艾美耳球虫、堆型艾美耳球虫、巨型艾美耳球虫、布氏艾美耳球虫、和缓艾美耳球虫均有良效。据病变、死亡率、增重率及饲料报酬判定的防治效果，大致与莫能菌素和常山酮相等。由于盐霉素对革兰氏阳性厌氧菌有明显抑制作用，因而对动物（猪）有一定的促生长效应。

【注意事项】①本品毒性比莫能菌素强，80mg/kg饲料浓度，雏鸡即摄食减少，而影响增重，加之本品预混剂规格众多，用药时必须根据有效成分，精确计量以防不测；②马及马属动物对盐霉素极敏感，应避免接触，成年火鸡及鸭也较敏感而不宜应用；③高剂量（80mg/kg）盐霉素，对于宿主对球虫产生的免疫力有一定抑制作用；④产蛋鸡禁用；⑤休药期：禽5d。

【用法与用量】混饲：每1000kg饲料，禽60g，牛10～30g，猪25～75g。

拉沙洛菌素

【理化性质】本品为抗球虫药，为白色或类白色粉末；有特臭。在三氯甲烷、四氢呋喃、甲醇或者乙酸乙酯中溶解，在水中极微溶解。

【作用与应用】拉沙洛菌素属双价聚醚离子载体抗生素，为广谱高效抗球虫药，除对堆型艾美耳球虫作用稍差外，对鸡柔嫩艾美耳球虫、毒害艾美耳球虫、巨型艾美耳球虫、和缓艾美耳球虫的抗球虫效应甚至超过了莫能菌素和盐霉素。拉沙洛菌素是美国FDA准许用于绵羊球虫病的两种药物之一（另一种药物为磺胺喹沙啉），此外拉沙洛菌素对水禽、火鸡、犊牛球虫病也有明显效果。拉沙洛菌素还有一个优点是可以与包括泰牧菌素在内的其他促生长剂并用，而且其增重效应优于单独用药。

【注意事项】①马属动物禁用，蛋鸡产蛋期禁用；②应根据球虫感染严重程度和疗效而及时调整用药浓度；③75mg/kg药料浓度即能使宿主对球虫的免疫力产生严重抑制，贸然停药常暴发更严重的球虫病；④高剂量对潮湿鸡舍雏鸡能增加热应激反应，而使死亡率增高；⑤拌料时应注意防护，避免本品与眼、皮肤接触。

【用法与用量】混饲：每1000kg饲料，禽75～125g，肉牛10～30g（肉牛每头每日100～300mg，草原放牧牛每头每日60～300mg）。

马杜霉素

【理化性质】本品为抗球虫药，为白色或类白色结晶性粉末；有特臭。在甲醇、乙醇或三氯甲烷中易溶，在水中不溶。

【作用与应用】马杜霉素属单价糖苷聚醚离子载体抗生素，是目前抗球虫作用最强、用药浓度最低的聚醚类抗球虫药。对鸡巨型艾美耳球虫、毒害艾美耳球虫、柔嫩艾美耳球虫、堆型艾美耳球虫和布氏艾美耳球虫均有良好抑杀效果，其抗球虫效果优于莫能菌素、盐霉素、甲基盐霉素等抗球虫药。马杜霉素能干扰球虫生活史的早期阶段，即球虫发育的子孢子期和第一代裂殖体，不仅能抑制球虫生长，且能杀灭球虫，主要用于预防鸡球虫病。

【注意事项】①本品毒性较大，除肉鸡外，禁用于其他动物；②本品对肉鸡的安全范围较窄，超过6mg/kg饲料浓度，即能明显抑制肉鸡生长率，8mg/kg饲料浓度喂鸡，能使部分鸡群脱羽，两倍治疗浓度（10mg/kg）则引起雏鸡中毒死亡，因此，用药时必须精确计量，并使药料充分拌匀；③喂马杜霉素的鸡排出的鸡粪，切勿再加工用作动物饲料，否则会引起动物中毒死亡。

【用法与用量】 混饲：每1000kg饲料，肉鸡5g。

赛杜霉素

【理化性质】 赛杜霉素是由变种的玫瑰红马杜拉放线菌（*Actinomadura roseorufa*）培养液中提取后，再进行结构改造的半合成抗生素。

【作用与应用】 赛杜霉素属单价糖苷聚醚离子载体半合成抗生素，是最新型的聚醚类抗生素。用于肉鸡球虫病。对鸡堆型艾美耳球虫、巨型艾美耳球虫、布氏艾美耳球虫、柔嫩艾美耳球虫、和缓艾美耳球虫均有良好的抑杀效果。

【注意事项】 ①本品主要用于肉鸡，产蛋鸡及其他动物禁用本品；②休药期：肉鸡5d。

【用法与用量】 混饲：每1000kg饲料，肉鸡25g。

海南霉素

【理化性质】 本品为抗球虫药，为白色或类白色粉末；无臭。在甲醇、乙醇或三氯甲烷中极易溶解，在丙酮、乙酸乙酯或苯中易溶，在石油醚中极微溶解，在水中不溶。

【作用与应用】 海南霉素属单价糖苷聚醚离子载体抗生素。具有广谱抗球虫作用，对鸡柔嫩艾美耳球虫、毒害艾美耳球虫、巨型艾美耳球虫、堆型艾美耳球虫、和缓艾美耳球虫等有高效。此外，海南霉素也能促进鸡的生长，增加体重和提高饲料利用率，主要用于预防鸡的球虫病。

【注意事项】 ①本品是聚醚类离子载体抗生素中毒性最大的一种抗球虫药，治疗浓度即明显影响增重，估计对人及其他动物的毒性更大（小鼠LD_{50} 1.8mg/kg），用时需密切注重防护，喂药鸡粪切勿加工成饲料，更不能污染水源；②限用于肉鸡，产蛋鸡及其他动物禁用；③禁与其他抗球虫药物合用。

【用法与用量】 混饲：每1000kg饲料，肉鸡5～7.5g。

（二）三嗪类

托曲珠利

【理化性质】 本品为抗球虫药，为白色或类白色结晶性粉末；无臭。在乙酸乙酯或二氯甲烷中溶解，在甲醇中略溶，在水中不溶。

【作用与应用】 托曲珠利属三嗪酮化合物，具有广谱抗球虫活性。广泛用于鸡球虫病。本品对鸡堆型艾美耳球虫、布氏艾美耳球虫、巨型艾美耳球虫、柔嫩艾美耳球虫、毒害艾美耳球虫、和缓艾美耳球虫，火鸡腺艾美耳球虫、火鸡艾美耳球虫，以及鹅的鹅艾美耳球虫、截形艾美耳球虫均有良好的抑杀效应。本品安全范围大，禽可耐受10倍以上的推荐剂量。

【注意事项】 ①连续应用易使球虫产生耐药性，甚至存在交叉耐药性（地克珠利），因此，连续应用不得超过6个月；②稀释后的药液放置超过48h后不宜给鸡饮用。

【用法与用量】 混饮：每1L饮水，禽25mg，连用2d。

地克珠利

【理化性质】 本品为抗球虫药，为类白色或淡黄色粉末；几乎无臭。在二甲基甲酰胺中略溶，在四氢呋喃中微溶，在水或乙醇中几乎不溶。

【作用与应用】 地克珠利属三嗪类广谱抗球虫药，具有杀球虫效应，对球虫发育的各个阶段均有作用。作用峰值在子孢子和第一代裂殖体的早期阶段。地克珠利对鸡柔嫩艾美耳球虫、堆型艾美耳球虫、毒害艾美耳球虫、布氏艾美耳球虫、巨型艾美耳球虫作用极佳，用药后除能有效地控制盲肠球虫的发生和死亡外，还能使病鸡球虫卵囊全部消失，是理想的杀球虫药。地克珠利对和缓艾美耳球虫也有高效。地克珠利对家兔肝球虫和肠球虫具高效。

【注意事项】 ①由于本品较易引起球虫的耐药性，甚至交叉耐药性（妥曲珠利），因此，连用易引起球虫的耐药性，甚至交叉耐药性；②本品作用时间短暂，停药 2d 后，作用基本消失，因此，肉鸡必须连续用药以防再度暴发；③由于用药浓度极低，药料容许变动值为 0.8～1.2mg/kg，否则影响疗效，因此，药料必须充分拌匀；④地克珠利溶液的饮水液，我国规定的稳定期仅为 4h，因此，必须现用现配，否则影响疗效；⑤休药期：肉鸡 5d。

【用法与用量】 混饲：每 1000kg 饲料，禽、兔 1g。混饮：每 1L 饮水，0.5～1mg。

（三）二硝基类

二硝托胺

【理化性质】 本品为抗球虫药，为淡黄色或淡黄褐色粉末；无臭。在丙酮中溶解，在乙醇中微溶，在三氯甲烷或乙醚中极微溶解，在水中几乎不溶。

【作用与应用】 二硝托胺为硝基苯酰胺化合物，曾广泛用于我国兽医临床，是一种既可预防又有治疗效果的抗球虫药。二硝托胺对鸡毒害艾美耳球虫、柔嫩艾美耳球虫、布氏艾美耳球虫、巨型艾美耳球虫均有良好防治效果，特别是对具有最强小肠致病性的毒害艾美耳球虫作用最佳，但本品对堆型艾美耳球虫作用稍差。

【注意事项】 ①据国内研究，二硝托胺粉末颗粒的大小是影响抗球虫作用的主要因素，药用品应为极微细粉末；②本品停用 5～6d，常致球虫病复发，因此肉鸡必须连续应用；③休药期：鸡 3d，产蛋鸡禁用。

【用法与用量】 混饲：每 1000kg 饲料，肉鸡 125g。

尼卡巴嗪

【理化性质】 本品为抗球虫药，为黄色或黄绿色粉末；无臭，稍具异味。在二甲基甲酰胺中微溶，在水、乙醇、乙酸乙酯、三氯甲烷或乙醚中不溶；在稀硫酸中不溶。

【作用与应用】 尼卡巴嗪为二硝基均二苯脲和羟基二甲基嘧啶复合物。曾广泛用于肉鸡、火鸡球虫病的预防。尼卡巴嗪主要用以预防鸡盲肠球虫（柔嫩艾美耳球虫）和堆型艾美耳球虫、巨型艾美耳球虫、毒害艾美耳球虫、布氏艾美耳球虫（小肠球虫）。临床主要用于防治鸡、火鸡球虫病。球虫对本品不易产生耐药性，对其他抗球虫药耐药的球虫，使用尼卡巴嗪多数仍然有效。尼卡巴嗪对蛋的质量和孵化率有一定影响。

【注意事项】①在尼卡巴嗪预防用药过程中，若鸡群大量接触感染性卵囊而暴发球虫病时，应迅速改用更有效的药物（如妥曲珠利、磺胺药等）治疗；②由于尼卡巴嗪能使产蛋率、受精率及蛋品质量下降、棕色蛋壳色泽变浅，故产蛋鸡禁用；③由于尼卡巴嗪对雏鸡有潜在的生长抑制效应，不足 5 周龄幼雏以不用为宜；④酷暑期间，如鸡舍通风降温设备不全，室温超过 40℃时，应用尼卡巴嗪会增加雏鸡死亡率；⑤休药期：肉鸡 4d。

【用法与用量】混饲：每 1000kg 饲料，禽 200g。

（四）磺胺类

磺胺喹噁啉

【理化性质】本品为治疗球虫病的专用磺胺类药，为淡黄色或黄色粉末；无臭。在乙醇中极微溶解，在水或乙醚中几乎不溶；在氢氧化钠溶液中易溶。

【作用与应用】磺胺喹噁啉是抗球虫的专用磺胺药。至今仍广泛用于畜禽球虫病。磺胺喹噁啉对鸡巨型艾美耳球虫、布氏艾美耳球虫和堆型艾美耳球虫作用最强，但对柔嫩艾美耳球虫、毒害艾美耳球虫作用较弱，通常需更高浓度才能有效。因此，本品通常与氨丙啉或抗菌增效剂联合应用，以扩大抗虫谱及增强抗球虫效应。磺胺喹噁啉还广泛用于反刍幼畜和小动物的球虫病。

【注意事项】①本品对雏鸡有一定的毒性，高浓度（0.1%）药料连喂 5d 以上，则引起与维生素 K 缺乏有关的出血和组织坏死现象，即使应用推荐药料浓度（125mg/kg）8～10d，也可使鸡红细胞和淋巴细胞减少，因此，连续喂饲不得超过 5d；②由于磺胺类药应用已有数十年，不少细菌和球虫已有耐药性，甚至交叉耐药性，加之磺胺喹噁啉抗虫谱窄，毒性较大，因此，本品宜与其他抗球虫药（如氨丙啉或抗菌增效剂）联合应用；③本品能使产蛋率下降，蛋壳变薄，因此，产蛋鸡禁用；④休药期：肉鸡 7d，火鸡 10d，牛、羊 10d。

【用法与用量】混饲：每 1000kg 饲料，禽 100g。

磺胺氯吡嗪

【理化性质】本品为磺胺类抗球虫药，为白色或淡黄色粉末；无味。在水或甲醇中溶解，在丙酮或乙醇中微溶；在三氯甲烷中不溶。

【作用与应用】磺胺氯吡嗪为磺胺类抗球虫药，多于球虫病暴发时短期应用。磺胺氯吡嗪对家禽球虫的作用特点与磺胺喹噁啉相似，且具更强的抗菌作用，甚至可治疗禽霍乱及鸡伤寒，因此最适合于球虫病暴发时治疗用。主要用于禽、兔和羊的球虫病，本品不影响宿主对球虫产生免疫力。

【注意事项】①本品毒性虽较磺胺喹噁啉低，但长期应用仍会出现磺胺药中毒症状，因此肉鸡只能按推荐浓度连用 3d，最多不得超过 5d；②鉴于我国多数养殖场应用磺胺类药（如 SQ、SM_2 等）已数十年，球虫对磺胺类药可能已产生耐药性，甚至交叉耐药性，因此，遇有疗效不佳现象，应及时更换药物；③产蛋鸡及 16 周龄以上鸡群禁用；④休药期：火鸡 4d，肉鸡 1d。

【用法与用量】混饲：每 1L 水，家禽 0.6g，连用 3d。

（五）其他

氯羟吡啶

【理化性质】本品为抗球虫药，为白色或类白色粉末；无臭。在甲醇或乙醇中极微溶解，在水、丙酮、乙醚或苯中不溶；在氢氧化钠溶液中微溶。

【作用与应用】氯羟吡啶属吡啶类化合物，具有广泛的抗球虫作用，可用于禽、兔球虫病。其抗虫谱较广，对鸡的柔嫩艾美耳球虫、毒害艾美耳球虫、布氏艾美耳球虫、巨型艾美耳球虫、堆型艾美耳球虫、和缓艾美耳球虫和早熟艾美耳球虫均有良效。

【注意事项】①由于本品对球虫仅有抑制发育作用，加之对宿主免疫力有明显抑制效应，因此，肉鸡必须连续应用而不能贸然停用；②由于长期广泛应用，目前，我国多数球虫对氯羟吡啶已明显出现耐药现象，由于本品结构与喹诺啉抗球虫药类似，有可能存在交叉耐药性，因此，养鸡场一旦发现耐药性，除即停止应用外，切勿换用喹诺啉类抗球虫药，如癸氧喹酯等；③产蛋鸡禁用；④休药期：肉鸡、火鸡 5d。

【用法与用量】混饲：每 1000kg 饲料，禽 125g，家兔 200g。

氨丙啉

【理化性质】本品为抗球虫药，为白色或类白色粉末；无臭或几乎无臭。在水中易溶，在乙醇中微溶，在乙醚中几乎不溶或不溶，在三氯甲烷中不溶。

【作用与应用】氨丙啉的化学结构与维生素 B_1 类似，是传统使用的抗球虫药。氨丙啉对鸡柔嫩艾美耳球虫、堆型艾美耳球虫作用最强，但对毒害艾美耳球虫、布氏艾美耳球虫、巨型艾美耳球虫、和缓艾美耳球虫作用稍差。通常治疗浓度并不能全部抑制卵囊产生。因此，多与乙氧酰胺苯甲酯、磺胺喹噁啉等并用，以增强疗效。氨丙啉对犊牛艾美耳球虫、羔羊艾美耳球虫也有良好预防效果。

【注意事项】①本品性质虽稳定，可与多种维生素、矿物质、抗菌药混合，但在仔鸡饲料中仍缓慢分解，在室温下贮藏 60d，平均失效 8%，因此，本品仍应现配现用为宜；②本品多与乙氧酰胺苯甲酯和磺胺喹噁啉并用，以增强疗效；③犊牛、羔羊高剂量连喂 20d 以上，能出现由于维生素 B_1 缺乏引起的脑皮质坏死而出现神经症状；④产蛋鸡禁用；⑤休药期：肉鸡 7d，肉牛 1d。

【用法与用量】混饮：每 1000kg 饲料，家禽 120g。

乙氧酰胺苯甲酯

【理化性质】本品为抗球虫药，为白色或类白色粉末；无味或几乎无味。在甲醇、乙醇或三氯甲烷中溶解，在乙醚中微溶，在水中不溶。

【作用与应用】乙氧酰胺苯甲酯为氨丙啉等抗球虫药的增效剂，多配成复方制剂，广泛用于临床。对鸡巨型艾美耳球虫、布氏艾美耳球虫及其他小肠球虫具有较强的作用，因而弥补了氨丙啉对这些球虫作用不强的缺陷，加之乙氧酰胺苯甲酯对柔嫩艾美耳球虫缺乏活性的缺点，又为氨丙啉的有效活性所补偿，从而奠定了本品不宜单用而多与氨丙啉并用的基础。

【注意事项】本品很少单独应用，多与氨丙啉，磺胺喹噁啉等配成预混剂供用。

【用法与用量】混饲：每1000kg饲料，禽4～8g。

氯苯胍

【理化性质】本品为抗球虫药，为白色或淡黄色结晶性粉末；无臭，味苦。在乙醇中略溶，在三氯甲烷中极微溶解，在水或乙醚中几乎不溶；在冰醋酸中略溶。

【作用与应用】氯苯胍属胍基衍生物。曾广泛用于禽、兔球虫病的防治，也曾广泛用作我国鸡的抗球虫药，60mg/kg饲料浓度对柔嫩艾美耳球虫、毒害艾美耳球虫、布氏艾美耳球虫、巨型艾美耳球虫、堆型艾美耳球虫、和缓艾美耳球虫和早熟艾美耳球虫的单独或混合感染均有良好的防治效果。

【注意事项】①由于氯苯胍长期连续应用已引起严重的球虫耐药性，多数养禽场已停用十多年，建议再度合理应用氯苯胍，可能会有较好的抗球虫效果；②高饲料浓度60mg/kg喂鸡，能使鸡肉、鸡肝甚至鸡蛋出现令人厌恶的气味，但低饲料浓度（90mg/kg）不会发生上述现象，因此对急性暴发性球虫病，宜先用高药料浓度，1～3周后，再用低浓度维持为妥；③某些球虫在应用氯苯胍时，仍能继续存活达14d之久，因此，停药过早常招致球虫病复发；④产蛋鸡禁用；⑤休药期：禽5d，兔7d。

【用法与用量】内服：一次量，每1kg体重，禽、兔10～15mg。

常山酮

【理化性质】常山酮是从植物常山（*Dichroa febrifuga*）中获得的喹唑酮类物质。

【作用与应用】常山酮对多种球虫均有抑杀效应，尤其对鸡柔嫩艾美耳球虫、毒害艾美耳球虫、巨型艾美耳球虫特别敏感，甚至1～2mg/kg饲料浓度即有良效。对堆型艾美耳球虫、布氏艾美耳球虫及火鸡的小艾美耳球虫、腺艾美耳球虫、孔雀艾美耳球虫，必须用3mg/kg推荐药料浓度才能阻止卵囊排泄。主要用于防治鸡球虫病，在国外，常山酮还可用于牛、绵羊和山羊的泰勒虫感染，常山酮内服吸收后，能迅速代谢并由粪便排出体外。

【注意事项】①常山酮安全范围较窄，治疗浓度3mg/kg对鸡、火鸡、兔等均属安全，但能抑制水禽（鹅、鸭）生长率；②6mg/kg饲料浓度即影响适口性，使病鸡采食（药）减少，9mg/kg则多数鸡拒食，因此药料必须充分拌匀，要求均匀度在2.1～3.9mg/kg，否则影响药效；③由于连续应用，国内多数养鸡场已出现严重的球虫耐药现象；④禁与其他抗球虫药并用；⑤12周龄以上火鸡，8周龄以上雏鸡，产蛋鸡及水禽禁用；⑥休药期：肉鸡5d，火鸡7d。

【用法与用量】混饲：每1000kg饲料，禽3g。

癸氧喹酯

【理化性质】本品为抗球虫药，为类白色或微黄色结晶性粉末；无臭。在三氯甲烷中微溶，在水、乙醇或乙醚中不溶。

【作用与应用】癸氧喹酯属喹噁啉类抗球虫药，作用峰期为球虫感染后的第一天。由于能明显抑制宿主机体对球虫产生免疫力，因此在肉鸡整个生长周期应连续使用。主要用于预防鸡的球虫病。

【注意事项】不能用于含皂土的饲料中。

【用法与用量】混饲：每 1000kg 饲料，禽 27g，连用 7～14d。

二、抗锥虫药

我国家畜的主要锥虫病有伊氏锥虫病（危害马、牛、骆驼、猪等）和马媾疫（危害马）。下文主要介绍喹嘧胺、萘磺苯酰脲和氯化氮氨菲啶盐酸盐。至于三氮脒的抗锥虫作用，将在抗梨形虫药中论述。

喹嘧胺

【理化性质】本品为抗锥虫药，为白色或微黄色结晶性粉末。

【作用与应用】喹嘧胺是传统使用的抗锥虫药，其毒性略强于萘磺苯酰脲。喹嘧胺抗锥虫范围较广，对伊氏锥虫、马媾疫锥虫、刚果锥虫、活跃锥虫作用明显，但对布氏锥虫作用较差。临床主要用于防治马、牛、骆驼伊氏锥虫病和马媾疫。甲硫喹嘧胺主要用于治疗锥虫病，而喹嘧氯胺则适用于预防；注射用喹嘧胺多在流行地区作预防性给药，通常用药一次，有效预防期，马为 3 个月，骆驼为 3～5 个月。

【注意事项】①本品应用时，常出现毒性反应，尤以马属动物最敏感，通常注射后15min～2h，动物出现兴奋不安、呼吸急促、肌震颤、心率增加、频排粪尿、腹痛、全身出汗等症状，但通常能自行耐过，严重者可致死，因此，用药后必须注意观察，必要时可注射阿托品及采取其他支持、对症疗法；②本品严禁静脉注射，皮下或肌内注射时，通常出现肿胀，甚至引起硬结，经 3～7d 消退，用量太大时，宜分点注射；③现用现配。

【用法与用量】肌内、皮下注射：一次量，每 1kg 体重，马、牛、骆驼 4～5mg，临用时用灭菌水配成 10% 水悬液。

萘磺苯酰脲

【理化性质】本品为抗锥虫药，为白色、微粉红色或带乳酪色粉末；味涩，微苦。在水中易溶，在甲醇、乙醇中微溶，在氯仿中不溶。

【作用与应用】萘磺苯酰脲是脲的水溶性复合衍生物，是传统使用、毒性较小的抗锥虫药。萘磺苯酰脲主要用以治疗马、牛、骆驼和犬的伊氏锥虫病，但预防性给药时效果稍差。最近有人证明对布氏锥虫及马媾疫的作用也不太理想。此外对乌干达地区的同型活动锥虫、刚果锥虫和猴锥虫完全无效。

【注意事项】①本品对牛、骆驼的毒性反应轻微，用药后仅出现肌震颤、步态异常、精神萎靡等轻微反应，但对严重感染的马属动物，有时出现发热、跛行、水肿、步行困难甚至倒地不起，为防止上述反应，对恶病质马除加强管理外，可将治疗量分两次注射，间隔 24h；②治疗时，应用药两次（间隔 7d），疫区预防时，在发病季节每 2 个月用一次；③现用现配。

【用法与用量】静脉注射：治疗，一次量，每 1kg 体重，马 7～10mg，牛 12mg，骆驼 8～12mg；预防，一次量，马、牛、骆驼 1～2g。

氯化氮氨菲啶盐酸盐

【理化性质】本品为抗锥虫药，又称锥灭定、沙莫林，为深棕色粉末，无臭，在水中易溶。

【作用与应用】本品为长效抗锥虫药，主要用于牛、羊的锥虫病。通常对牛的刚果锥虫作用最强，但对活跃锥虫、布氏锥虫及在我国广为流传的伊氏锥虫也有较好的防治效果。

【注意事项】①用药后，至少有半数牛群出现兴奋不安、流涎、腹痛、呼吸加速，继而出现食欲减退、精神沉郁等全身症状，但通常自行消失，因此，在用药前后，应加强对动物的护理，以减少不良反应发生；②本品对组织的刺激性较强，通常在注射局部形成硬结，需2～3周才消失，严重者还伴发局部水肿，甚至延伸至机体下垂部位，因此，必须深部肌内注射，并防止药液漏入皮下。

【用法与用量】肌内注射：一次量，每1kg体重，牛1mg，临用前加灭菌水配成2%溶液。

三、抗梨形虫药

家畜梨形虫病，主要病原物为巴贝斯虫和泰勒虫，是由蜱通过吸血而传播的一种寄生虫病。巴贝斯虫主要寄生在脊椎动物红细胞内，而泰勒虫则在淋巴细胞和红细胞中进行无性生殖。因此在治疗家畜梨形虫病时，必须进行综合性灭蜱（中间宿主）措施。

家畜梨形虫病的特征为发热、贫血、黄疸、神经症状、血尿，严重者可致死。病情流行时造成极大的经济损失，在我国尤以牛的梨形虫病最为严重。家畜梨形虫病广泛发生于世界各地。最常发生的梨形虫：牛、羊，主要有双芽巴贝斯虫、牛巴贝斯虫、分歧巴贝斯虫、牛泰勒虫、羊泰勒虫和牛无形体；马，主要有驽巴贝斯虫、马巴贝斯虫；犬，主要有犬巴贝斯虫、吉氏巴贝斯虫；猫，主要有猫巴贝斯虫、*Babesia herpailuri*。

传统的抗梨形虫药有台盼蓝、喹啉脲及吖啶黄等，由于毒性太大，除吖啶黄外，目前已基本废止不用。国内外目前比较常用的抗梨形虫药主要为双脒类和均二苯脲类化合物，下文重点介绍三氮脒、硫酸喹啉脲和盐酸吖啶黄。对我国独创的青蒿琥酯也做必要的介绍。必须强调的是四环素类抗生素，特别是土霉素和金霉素，不仅对牛、马巴贝斯虫，牛泰勒虫有效，而且对牛无形体也能彻底消除带虫状态，为较理想的抗梨形虫药。

三氮脒

【理化性质】本品为抗血液原虫药，为黄色或橙色结晶性粉末；无臭；遇光、遇热变为橙红色。在水中溶解，在乙醇中几乎不溶，在三氯甲烷或乙醚中不溶。

【作用与应用】三氮脒属于芳香双脒类，是传统使用的广谱抗血液原虫药，对家畜梨形虫、锥虫和无形体均有治疗作用，但预防效果较差。三氮脒对马驽巴贝斯虫有良效，能完全清除虫体，但对马巴贝斯虫疗效较差，需用6～12mg/kg大剂量才能有效。但加大剂量易出现毒性反应。三氮脒对马媾疫也有良好效果，推荐剂量的三氮脒，对犬巴贝斯虫引起的临床症状有明显消除作用。

【注意事项】①三氮脒毒性较大，安全范围较窄，治疗量有时也会出现不良反应，但通常能自行耐过。注射液对局部组织刺激性较强，而且马的反应较牛更为严重，故大剂量应分点深部肌注。②骆驼对本品敏感，以不用为宜；马较敏感，用大剂量时慎重；水牛比黄牛更敏感，特别是连续应用时，易出现毒性反应。③大剂量能使乳牛产奶量减少。

【用法与用量】肌内注射：一次量，每 1kg 体重，马 3～4mg，牛、羊 3～5mg，临用前配成 5%～7% 灭菌溶液。

硫酸喹啉脲

【理化性质】本品为抗梨形虫药，为淡绿黄色或黄色粉末。在水中易溶，在乙醇、三氯甲烷或苯中不溶。

【作用与应用】本品对家畜的巴贝斯虫有特效。对马巴贝斯虫、马驽巴贝斯虫、牛双芽巴贝斯虫、牛巴贝斯虫、羊巴贝斯虫、猪巴贝斯虫和犬巴贝斯虫等均有良好的效果。本品对牛早期的泰勒虫病有一些效果，对无浆体效果较差。

【注意事项】本品有较强的胆碱能神经兴奋效应，故给药时宜肌内注射阿托品，以防止发生副作用。

【用法与用量】皮下、肌内注射：一次量，每 1kg 体重，马 0.6～1mg，牛 1mg，羊、猪 2mg，犬 0.25mg。

盐酸吖啶黄

【理化性质】本品为抗梨形虫药，为红棕色或橙红色结晶性粉末；无臭、味酸。在水中易溶，在乙醇中溶解，在三氯甲烷、乙醚、液状石蜡或油类中几乎不溶。

【作用与应用】吖啶黄属吖啶染料衍生物，为传统的抗梨形虫药物。目前已逐渐为其他药物取代。盐酸吖啶黄对马巴贝斯虫、马驽巴贝斯虫，牛双芽巴贝斯虫、牛巴贝斯虫，羊巴贝斯虫均有作用，单对泰勒虫和无浆体无效。

【注意事项】①本品必须静脉注射，为防止出现全身反应（速脉，不安，呼吸迫促，肠蠕动增强等），注射速率宜缓慢，体质虚弱的病畜，可将一次用量分两次应用，间隔12h；②注射液对局部组织有强烈刺激性，静脉注射时，切勿漏出血管。

【用法与用量】静脉注射：一次量，每 1kg 体重，马、牛 3～4mg（极量：2g），羊、猪 3mg（极量：0.5g）。

青蒿琥酯

【理化性质】本品为抗梨形虫药，为白色结晶性粉末；无臭、几乎无味。在乙醇、丙酮或三氯甲烷中易溶，在水中略溶。

【作用与应用】本品具有抗牛、羊泰勒虫及双芽巴贝斯虫的作用，并能杀灭红细胞配子体，减少细胞分裂及虫体代谢产物的致热原作用。主要用于牛和羊的泰勒虫病。

【注意事项】本品对实验动物有明显胚胎毒作用，妊畜慎用。

【用法与用量】青蒿琥酯片：内服，每 1kg 体重，牛 5mg，2 次 /d，首次用量加倍，连用 2～4d。

四、抗滴虫药

我国畜牧业生产中，危害性较大的滴虫病主要有毛滴虫病和组织滴虫病。毛滴虫多寄生于牛生殖器官，致使牛流产，生殖力下降甚至不孕；组织滴虫多寄生于禽类盲肠和肝，引起盲肠肝炎（黑头病）。

下文着重介绍硝基咪唑类抗滴虫药——甲硝唑和地美硝唑。这类药物有潜在的致突变和致癌效应。直至 20 世纪末，美国 FDA 仍未批准专用于动物的这类商品制剂上市。具有抗滴虫作用的药物，还有硝基呋喃类和四环素类药物，可参阅本书第二章。

甲硝唑

【理化性质】本品为抗滴虫药，为白色或微黄色结晶或结晶性粉末；有微臭，味苦，略咸。在乙醇中略溶，在水或氯仿中微溶，在乙醚中极微溶解。

【作用与应用】甲硝唑是我国医学和兽医临床广泛应用的抗毛滴虫药。甲硝唑在国内外广泛用于犬、猫、马的贾第鞭毛虫病，牛、犬的生殖道毛滴虫病及家禽的组织滴虫病。

【注意事项】①本品毒性虽较小，但其代谢物常使尿液呈红棕色，如果剂量太大，则出现舌炎、胃炎、恶心、呕吐、白细胞减少甚至神经症状，但通常均能耐过，长期应用时，应监测动物肝、肾功能；②由于本品能透过胎盘屏障及乳腺屏障，因此，授乳及妊娠早期动物以不用为宜；③本品静脉注射时速度应缓慢；④禁止用作食品动物促生长剂；⑤本品对某些实验动物有致癌作用。

【用法与用量】内服：一次量，每 1kg 体重，牛 60mg，犬 25mg。静脉注射：每 1kg 体重，牛 75mg，马 20mg。1 次 /d，连用 3d。

地美硝唑

【理化性质】本品为抗滴虫药，为类白色至微黄色粉末；无臭。遇光色渐变深，遇热升华。在氯仿中易溶，在乙醇中溶解，在水或乙醇中微溶。

【作用与应用】地美硝唑是有效的抗组织滴虫药和抗猪密螺旋体药。

【注意事项】①家禽连续应用，以不超过 10d 为宜；②产蛋家禽禁用；③禁止用作食品动物促生长剂；④休药期：猪、禽 3d。

【用法与用量】内服：一次量，每 1kg 体重，牛 60～100mg。混饲：火鸡，每 1000kg 饲料，预防 100～200g，治疗 500g。

第四节 杀 虫 药

具有杀灭外寄生虫作用的药物称杀虫药。由螨、蜱、虱、蚤、蝇、蚊等节肢动物引起的畜禽外寄生虫病，能直接危害动物机体，夺取营养，损坏皮毛，影响增重，传播疾病，不仅给畜牧业造成极大损失，而且传播许多人畜共患病，严重地危害人体健康。为此，选用高效、安全、经济、方便的杀虫药具有极其重要的意义。

所有杀虫药对动物机体都有一定的毒性，甚至在规定剂量范围内也会出现程度不等的不良反应，因此，在选用杀虫药时，首先应注意其安全性，不可用一般农药作为杀虫药。其次，在产品质量方面，要求较高的纯度和极少的杂质。在具体应用时，除严格掌握剂量、浓度和使用方法外，还需要加强动物的饲养管理，大群动物灭虫前做好预试工作，如遇有中毒现象，应立即采取解救措施。

一、有机磷杀虫药

有机磷杀虫药均为有机磷酸酯类或硫代有机磷酸酯类，早在 1932 年即发现其具有异常的生理活性，20 世纪 60 年代以来继续开发，其品种、产量迅速增加，居当代杀虫药首位，常用的约有 50 种。有机磷杀虫药是丝氨酸蛋白酶的不可逆抑制剂，它们能特异性地与酶活性中心的丝氨酸以共价键结合，从而抑制酶的活性。由于有机磷杀虫剂对胆碱酯酶具有强烈地抑制作用，造成胆碱酯酶失去水解乙酰胆碱的能力，乙酰胆碱是一种神经递质，神经兴奋时，神经末梢释放乙酰胆碱，传导神经冲动，乙酰胆碱随即被胆碱酯酶水解成胆碱和乙酸而失去作用。有机磷杀虫剂抑制胆碱酯酶，乙酰胆碱在体内大量积蓄，使神经兴奋失常，引起害虫肢体震颤、痉挛、麻痹而死亡。

敌敌畏
【理化性质】本品为杀虫药，为淡黄色至淡黄棕色的油状液体。本品在乙醇、丙酮或乙醚中易溶；在水中极微溶解。

【作用与应用】敌敌畏是一种高效、速效和广谱的杀虫剂。对畜禽的多种外寄生虫和马胃蝇、牛皮蝇、羊鼻蝇具有熏蒸、触杀和胃毒三种作用，其杀虫力比敌百虫强 8～10 倍，毒性也高于敌百虫。

【注意事项】①本品加水稀释后易分解，宜现配现用，原液及乳油应避光密闭保存；②喷洒药液时应避免污染饮水、饲料、饲槽、用具及动物体表；③敌敌畏对人畜毒性较大，易从消化道、呼吸道及皮肤等途径吸收而中毒，其毒性较敌百虫大 6～10 倍，家畜中毒的主要表现为瞳孔缩小、流涎、腹痛、频排稀便以至呼吸困难等，可用阿托品和碘解磷定解救；④禽对本品敏感，应慎用。

【用法与用量】喷洒或涂擦：配成 0.2%～0.4% 的溶液。

辛硫磷
【理化性质】本品为杀虫药，为无色或浅黄色油状液体。本品微溶于水，易溶于醇、酮、芳烃。

【作用与应用】本品是近年来合成的有机磷杀虫药，具有高效、低毒、广谱、杀虫残效期长等特点，对害虫有强触杀及胃毒作用，对蚊、蝇、虱、螨的速杀作用仅次于敌敌畏和胺菊酯，强于马拉硫磷、倍硫磷等。临床用于：①治疗家畜体表寄生虫病，如羊螨病、猪疥螨病等；②杀灭周围环境中的蚊、蝇、臭虫、蟑螂等。

【注意事项】本品对光敏感，应避光密封保存，室外使用残效期较短。

【用法与用量】外用：每 1kg 体重，猪 30mg。

巴胺磷
【理化性质】本品为杀虫药，为棕黄色液体；有异臭。本品在丙酮中易溶；在水中极微溶解。

【作用与应用】本品为广谱有机磷杀虫剂，主要通过触杀、胃毒起作用，不仅能杀灭家畜体表寄生虫（如螨、蜱），还能杀灭卫生害虫（蚊、蝇）等。主要驱杀牛、羊、猪等家畜体表的螨、蚊、蝇、虱等害虫。

【注意事项】①对严重感染的羊只，药浴时最好人工辅助擦洗，数日后再药浴一次，效果更好；②对家禽、鱼类具明显毒性；③休药期：羊14d。

【用法与用量】巴胺磷溶液喷淋、药浴：每1L水，羊500mL。

马拉硫磷

【理化性质】本品为杀虫药，为无色或淡黄色油状液体；微溶于水，易溶解于多种有机溶剂。遇碱性或酸性物质均易分解失效。

【作用与应用】马拉硫磷是一种较早应用的有机磷杀虫剂，主要以触杀、胃毒和熏蒸等方式杀灭害虫。具有广谱、低毒、使用安全等特点。用于治疗畜禽体表寄生虫病，如牛皮蝇、牛虻、体虱、羊痒螨、猪疥螨等。此外，对蚊、蝇、虱、蜱、螨、臭虫均有杀灭作用。

【注意事项】①本品对蜜蜂有剧毒，鱼类也较敏感，一月龄以内动物禁用，对眼睛、皮肤有刺激性；②家畜体表用马拉硫磷后应避开日光照射，并风吹数小时，必要时隔2～3周可再处理一次。

【用法与用量】药浴或喷雾：配成0.2%～0.3%水溶液。

二嗪农

【理化性质】本品为杀虫药，为无色油状液体，有淡酯香味。在乙醇、丙酮、二甲苯中易溶，在水中难溶；在水和酸性溶液中迅速水解。

【作用与应用】为新型有机磷杀虫、杀螨剂。本品具有触杀、胃毒、熏蒸和较弱的内吸作用。对各种螨类、蝇、虱、蜱均有良好杀灭效果，喷洒后在皮肤、被毛上的附着力很强，能维持长期的杀虫作用，一次用药的有效期可达6～8周。主要用于驱杀家畜体表寄生的疥螨、痒螨及蜱、虱等。

【注意事项】①二嗪农虽属中等毒性，大鼠内服LD_{50}为285mg/kg，经皮为455mg/kg。但对禽、猫、蜜蜂较敏感，毒性较大，如雏鸡内服LD_{50}仅为48.8mg/kg。②药浴时必须精确计量药液浓度，动物应全身浸泡1min为宜。为提高对猪疥癣病的治疗效果，可用软刷助洗。③休药期：牛、羊、猪为14d，弃奶期3d。

【用法与用量】药浴：每1L水，牛，初液0.6～0.625g，补充液1.5g；绵羊，初液0.25g，补充液0.75g。

甲基吡啶磷

【理化性质】本品为杀虫药，为白色或类白色结晶性粉末，有异臭，在水中微溶，易溶于甲醇、二氯甲烷等有机溶剂。

【作用与应用】本品是高效、低毒的新型有机磷杀虫剂。以胃毒为主，兼有触杀作用，杀灭苍蝇、蟑螂、蚂蚁及部分昆虫的成虫。主要用于杀灭厩舍、鸡舍等处的成蝇。

【注意事项】①本品急性毒性属低毒类，大鼠内服LD_{50}为1180mg/kg，小鼠为1400mg/kg，对眼有轻微刺激性，喷雾时动物虽可留于厩舍，但不能向动物直接喷射，饲料也应转移至其他场所；②本品对鲤鱼有高毒，对其他鱼类也有轻微毒性，使用过程中不要污染河流、池塘及下水道，对蜜蜂也有毒性，禁用于蜂群密集处；③药物加水稀释后应当天用完，混悬液停放 30min 后，宜重新搅拌均匀再用。

【用法与用量】甲基吡啶磷颗粒剂：撒布，于成蝇、蟑螂聚集处，每 1m² 集中投撒 2g。甲基吡啶磷可湿性粉：喷洒，用水配成 10% 混悬液，每 1m² 地面、墙壁、天花板等处喷洒 50mL；涂抹，选用含有甲基吡啶磷（10%）的可湿性粉剂 100g，加水 80mL 制成糊状物，于地面、墙壁、天花板等处，每 2m² 涂一个点（约 13cm×10cm）。

二、拟除虫菊酯类杀虫药

除虫菊酯为菊科植物除虫菊干燥花序的有效成分，具有杀灭各种害虫的作用，特别是击倒力甚强。由于除虫菊人工栽培产量有限，天然除虫菊酯性质不稳定，受到光、热条件易被氧化而失效，杀灭害虫力度不强，虽被击倒但不能彻底杀死。为此，人们在天然除虫菊酯化学结构基础上，人工合成了一系列除虫菊酯的拟似物，即拟除虫菊酯类。

拟除虫菊酯类的杀虫机理是：药物接触昆虫后可迅速渗入虫体，作用于昆虫神经系统，通过特异性受体或溶解于膜内，改变神经突触膜对离子的通透性，选择性地作用于膜上的钠通道，延迟通道活门的关闭，造成 Na^+ 持续内流，引起过度兴奋，痉挛，最后麻痹而死。

拟除虫菊酯种类极多：第一代的代表品种有丙烯菊酯、甲醚菊酯、胺菊酯、苄呋菊酯等，它们对光不稳定；第二代的有溴氰菊酯、氯氰菊酯、氰戊菊酯、氟胺氰菊酯等，它们对光稳定，持效长，杀虫活性高，但对黏膜有刺激性。

溴氰菊酯

【理化性质】本品为杀虫药，为白色或类白色粉末，易溶于有机试剂，在水中不溶。

【作用与应用】本品杀虫范围广，对多种有害昆虫有杀灭作用，具杀虫效力强、速效、低毒、低残留等优点。比有机磷酸酯的脂溶性更大，其杀虫效力比滴滴涕大 366 倍，比二氯苯醚菊酯大 4～5 倍。广泛用于防治牛羊体外寄生虫病。

【注意事项】①本品对人畜毒性虽小，但对皮肤、黏膜、眼睛、呼吸道有较强的刺激性，特别对大面积皮肤病或有组织损伤者，影响更为严重，用时注意防护；②本品急性中毒无特殊解毒药，阿托品能阻止中毒时的流涎症状，主要以对症疗法为主，镇静剂巴比妥能拮抗中枢兴奋性，误服中毒时可用 4% 碳酸氢钠溶液洗胃；③本品对鱼有剧毒，使用时切勿将残液倒入鱼塘，蜜蜂、家禽也较敏感；④休药期：羊 7d，猪 21d。

【用法与用量】药浴：每 1L 水，牛、羊 5～15mg。

氰戊菊酯

【理化性质】本品为杀虫剂，为淡黄色结晶性粉末。在丙酮或乙酸乙酯中易溶，在甲醇中溶解，在石油醚中略溶，在水中几乎不溶。

【作用与应用】本品对畜禽的多种外寄生虫及吸血昆虫有良好的杀灭作用，杀虫力强，效果确切。以触杀为主，兼有胃毒和驱避作用，有害昆虫接触后，药物迅速进入虫体的神经系统，表现为强烈兴奋、抖动，很快进入全身导致麻痹、瘫痪，最后击倒而杀灭。本品对畜禽的多种外寄生虫及吸血昆虫（如螨、虱、蚤、蜱、蚊、蝇、虻等）有良好的杀灭作用，杀虫力强，效果确切。

【注意事项】①配制溶液时，水温以 12℃为宜，如水温超过 25℃将会降低药效，超过 50℃则失效，应避免使用碱性水，并忌与碱性物质合用；②治疗畜禽外寄生虫病时，无论是喷淋、喷洒还是药浴，都应保证畜禽的被毛、羽毛被药液充分浸透；③本品对蜜蜂、鱼虾、家蚕毒性较高，使用时不要污染河流、池塘、桑园、养蜂场所。

【用法与用量】喷雾：加水 1000～2000 倍稀释。

二氯苯醚菊酯

【理化性质】本品为杀虫剂，为淡黄色油状液体，有芳香味，不溶于水，能溶于乙醇、丙酮、二甲苯等有机溶剂。

【作用与应用】本品为高效、速效、无残留、不污染环境的广谱、低毒杀虫药。主要用于驱杀各种畜禽体表寄生虫，防治由螨、蜱、虱、蝇引起的各类外寄生虫病。也广泛用于杀灭周围环境中的卫生昆虫。

【注意事项】①本品对鱼虾、蜜蜂、家蚕有剧毒；②猫可能因使用剂量过大而出现兴奋等感觉过敏症状；③奶牛用药后需间隔 6h 方可挤奶，牛的休药期为 3d。

【用法与用量】喷淋、喷雾：稀释成 0.125%～0.5% 溶液杀灭禽螨；0.1% 溶液杀灭体虱、蚊蝇。药浴：配成 0.02% 乳液杀灭羊螨。

氟胺氰菊酯

【理化性质】本品为杀虫剂，为淡黄色油状液体，微溶于水，溶于醇及芳香烃类溶剂。

【作用与应用】本品是专用于防治蜂螨的杀螨剂。

【注意事项】①本品不可与碱性物质混用，以免分解失效；②因对皮肤、眼睛具有一定的刺激性，使用时应戴手套、口罩注意防护；③本品的树脂带应在临用前，才能打开包装，乳油剂应在临用前稀释；④因对鱼、虾、蚕有毒性，使用时避免污染中毒。

【用法与用量】氟胺氰菊酯树脂带：于蜂箱内悬挂两片，通常悬挂 30d。氟胺氰菊酯乳油：喷雾，加水 2000～5000 倍稀释喷雾于蜂群及蜂箱内外。

三、其他杀虫药

双甲脒

【理化性质】本品为杀虫剂，为白色或浅黄色结晶性粉末。本品在丙酮中易溶，在水中几乎不溶，在乙醇中缓慢分解。

【作用与应用】双甲脒是一种接触性广谱杀虫剂，兼有胃毒和内吸作用，对各种螨、蜱、蝇、虱等均有效。其杀虫作用可能与干扰神经系统功能有关，使虫体兴奋性增高，口器部分失调，导致口器不能完全由动物皮肤拔出，或者拔出而掉落，同时还能影响昆虫产卵功能及虫卵的发育能力。主用于杀螨，也用于杀灭蜱、虱等外寄生虫。

【注意事项】①对严重病畜用药 9d 后可再用一次，以彻底治愈；②双甲脒对皮肤有刺激作用，应防止药液接触皮肤和眼睛；③本品禁用作水生食品动物杀虫剂，马属动物对双甲脒较敏感；④休药期：牛 1d，羊 21d，猪 7d，牛弃奶期 2d。

【用法与用量】药浴、喷洒、涂擦家畜：0.025%～0.05% 溶液（以双甲脒计）。喷雾：浓度为 50mg/L，用于蜜蜂。

升华硫

【理化性质】本品为杀虫剂，为黄色结晶性粉末，有微臭，不溶于水和乙醇。

【作用与应用】本品为硫黄的一种，有灭疥和杀菌（包括真菌）作用。硫黄本身并无此作用，但与皮肤组织有机物接触后，逐渐生成硫化氢、五硫磺酸等，能溶解皮肤角质，使表皮软化并呈现灭螨和杀菌作用。另外，硫黄燃烧时产生二氧化硫，在潮湿情况下，具有还原作用，对真菌孢子有一定破坏能力。用于治疗家畜疥螨、痒螨病，防治蜜蜂小蜂螨等。用作蚕室、蚕具的消毒，防止僵蚕病。

【注意事项】本品应在阴凉处密闭保存。对人皮肤和眼睛具有刺激性，使用时注意防护。

【用法与用量】升华硫软膏：外用涂擦，涂擦患部，1 次 /d，连用 3d。

环丙氨嗪

【理化性质】本品为杀虫剂，为白色结晶性粉末，无臭或几乎无臭；在水或甲醇中略溶，在丙酮中微溶，在甲苯或正己烷中极微溶解。

【作用与应用】本品为昆虫生长调节剂，可抑制双翅目幼虫的蜕皮，特别是幼虫第 1 期蜕皮，使蝇蛆繁殖受阻，而致蝇死亡。主要用于控制动物厩舍内蝇蛆的繁殖生长，杀灭粪池内蝇蛆，以保证环境卫生。

【注意事项】①本品对鸡基本无不良反应，但饲喂浓度过高也可能出现一定影响：药料浓度达 25mg/kg 时，可使饲料消耗量增加；500mg/kg 以上使饲料消耗量减少；1000mg/kg 以上长期喂养可能因摄食过少而饥饿致死。②每公顷土地用饲喂本品的鸡粪 1～2t 为宜，超过 9t 以上可能对植物生长不利。

【用法与用量】环丙氨嗪预混剂：混饲，每 1000kg 饲料，鸡 5g（按有效成分计），连用 4～6 周。环丙氨嗪可溶性粉：浇洒，每 20m² 以 20g 溶于 15L 水中，浇洒于蝇蛆繁殖处。

实训五 抗球虫药在临床上预防和治疗球虫病的应用

姓名		班级		学号		实训时间	2 学时
技能目标		结合鸡球虫病发病的实际案例，培养学生独立应用所学知识，认真观察、分析、解决问题，提高综合应用知识的能力					
任务描述		有一养殖户地面平养了 5000 多羽肉鸡，20 日龄开始陆续死亡，每天死亡十多只，病鸡共济失调，翅膀下垂，两腿发生痉挛性收缩，食欲废绝，渴欲增加，鸡冠和可视黏膜苍白贫血，拉稀带血，病死率可达 85% 左右。经剖检实验室检查和临床表现，确诊为球虫病。 根据上述案例，拟定一个鸡场球虫病的防治措施					
关键要点		①根据上述案例，合理选择抗球虫药；②列出抗球虫药组方的一般原则；③写出详细的给药途径、剂量和注意事项；④列出各类抗球虫药的作用峰期及如何加强饲养管理					
用药方案							

评价指标	考核依据	得分
	能熟练应用所学知识分析问题（20分）	
	制定药物处方依据充分，药物选择正确（20分）	
	给药方法、剂量和疗程合理（20分）	
	各类抗球虫药的作用峰期（20分）	
	如何加强饲养管理避免球虫病的发生（20分）	
教师签名		总分	

知识拓展

抗寄生虫药物新型制剂的研究进展

长期以来，药物的普通剂型（口服用的散剂、片剂，注射剂，洗浴、喷洒用的液体制剂等）仅能一次性杀死正在寄生的虫体，并无预防寄生虫感染作用，在大规模养殖条件下，大量动物用药需耗费大量人力。

药物制剂的水平在很大程度上会影响药物的使用效果。因此要提高药物的疗效、降低药物的毒副作用和减少药源性疾病，节省人力和药物，就必须对药物制剂不断提出更高的要求。制药与寄生虫学科技人员研究出了多种特殊剂型。

一、缓释丸剂

药物学家多年来一直在探求应用缓释技术来获得长效的药物剂型，目前，口服缓释和控释固体剂型已成为医药工业发展的一个重要方向。

1. 微型包囊与微型成球技术　　利用天然或合成的高分子材料作为囊膜，将固体药物或液体药物作为囊心包裹而成药库型微小胶囊（称微囊），也可使药物溶解或分散在高分子材料基质中，形成基质型微小球状实体的固体骨架物（称微球）。微球与微囊没有严格区分，可通称为微粒。

药物微囊化后可以达到以下目的：掩盖药的不良气味；提高药物的稳定性；防止药物在胃内失活或减少对胃的刺激；使液态药物固态化便于应用和贮存；减少复方药物的配伍变化；缓释或控释药物；使药物浓集于靶区。

目前，微囊化制剂的抗寄生虫药物有：氯噻嗪、吡喹酮、伯氨喹、磺胺嘧啶、甲基异戊唑等。

2. 控释塑囊　　一般由外壳、药片、推动装置和固定装置4部分构成。外壳用塑料或不锈钢作材料，制成圆柱形管；一端封闭或有1或2个很小的孔以供空气进入，另一端开口，形似离心机上的离心管。用金属弹簧作为推动装置。药片由驱杀寄生虫的药物和基质均匀混合后凝结而成。基质的主要成分是由在瘤胃液中溶解速度不同的两类物质按一定比例混合而成，两者的比例可影响药物的释放速度。已经商品化的控释丸剂有瘤胃巨丸剂、伊维菌素持续释放巨丸剂、丙硫咪唑控释囊、左旋咪唑控释丸、阿维菌素和芬苯哒唑控释制剂。

二、脉冲式和自调式释药技术

目前已有许多控释制剂在用药后将体内药物浓度维持于治疗范围内，有的还能将药物运送至机体内特定的部位，但体内药物浓度和疗效之间与时间无关的特征在某些临床应用时显示其局限性，由此导致了脉冲式和自调式释药技术的发展。

脉冲式和自调式释药技术可以分为开环式和闭环式。开环式释药技术是通过外部因素如磁性、超声、热、电等的变化产生脉冲式的药物释放；闭环式技术对药物释放的控制是通过体内信息反馈机制来实现，不需要任何外界干扰，其释药速率控制机制目前主要有以下几种：酸碱敏感型、酶底物反应型、酸碱敏感性溶解度、竞争性结合、金属离子浓度等。

三、植入型缓释和控释制剂

早在 20 世纪初，就有人将药物制成小丸植入皮下以达到长期、连续给药的目的。1964 年，Folkman 等偶然发现硅橡胶对药物具有控释特性，利用这种生物相容的聚合物研制成植入给药系统并由此推动了该种药物制剂的广泛研究和应用。

与其他常规的给药方法相比，皮下控释给药有其独特的优点：①不像经皮给药会受到表皮角质层的吸收屏障限制；②不像口服给药，胃肠道和肝的首过效应造成生物利用度方面的差异性大；③不像静脉给药由于作用时间短而需频繁给药。

复习思考题

1）驱虫药可分为哪几类？理想的抗寄生虫药具备的特点？各类抗寄生虫药物有哪些常见品种？

2）试述常用的驱线虫药的作用特点和应用注意事项。

3）试述抗球虫药应用方式、常用药物的作用特点和注意事项。

4）有机磷杀虫剂中毒后如何解救？

5）下列药物对家畜、家禽的蠕虫病感染无效的是（　　　）

A.阿苯达唑　　　B.伊维菌素　　　C.吡喹酮　　　D.常山酮

6）氯硝柳胺临床主要用于（　　　）

A.牛肉绦虫感染　B.滴虫感染　　　C.蛔虫　　　　D.猪肉绦虫

7）7～8 月份，气温较高，下列哪种药物不宜使用（　　　）

A.妥曲珠利　　　B.盐霉素　　　　C.尼卡巴嗪　　　D.常山酮

8）因肠道出血严重，为了进一步增强球虫病的治疗效果，可配合止血药进行对症治疗，可选的药物是（　　　）

A.维生素 A　　　B.维生素 D　　　C.普鲁卡因　　　D.维生素 K

（郝智慧　马增军）

第五章

中枢神经系统药物

【学习目标】

1）了解中枢神经系统药物的种类，并掌握各类药物的作用、应用及其注意事项。

2）了解麻醉药物的作用机制及其使用。

【概　述】

中枢神经系统包括脑和脊髓，由数以亿计的神经元组成，通过收集、整合和处理信息，调节生命活动的全部过程，对机体内外环境的变化做出及时适度的反应，以维持生命活动的内环境稳定。各神经元之间连接部位形成的突触是传递信息及实现条件功能的关键部分，而哺乳动物中突触传递绝大多数是化学传递，神经递质及其受体是实现此种化学传递的物质分子。因此，绝大多数作用于中枢神经系统的药物与作用于传出神经系统的药物相似，通过影响突触化学传递的某一环节而引起相应的功能变化，如影响递质的生成、贮存、释放和灭活过程，激动或阻断受体等。

作用于中枢神经系统的药物分为中枢抑制药和中枢兴奋药。其中中枢抑制药又包括全身麻醉药与化学保定药、镇静药与抗惊厥药和镇痛药等。

第一节　镇静药与抗惊厥药

一、镇静药

镇静药（sedatives）是指能够使中枢神经系统产生轻度的抑制作用，减弱机能活动，从而起到缓和激动，消除躁动、不安，恢复安静的一类药物。主要用于兴奋不安或具有攻击行为的动物或患畜，以使其安静，便于工作和治疗。这类药物在大剂量使用时还可具有抗惊厥作用。临床上常用的镇静药包括吩噻嗪类、苯二氮䓬类、丁酰苯类、醛类、溴化物等。

1. 吩噻嗪类　该类药物是一种由硫、氮原子连接两个苯环（吩噻嗪母核）的具有三环结构的化合物，其作用与结构有关，当2位引入氯原子时，作用增强，如氯丙嗪作用强于丙嗪3倍。当2位引入三氟甲基时，比引入氯原子作用更强，如三氟丙嗪的作用是氯丙嗪的4倍。临床上常用的此类药物包括氯丙嗪、乙酰丙嗪、丙嗪、三氟丙嗪、丙酰丙嗪等。作用机制多为阻断多巴胺受体（D_2）和 α 肾上腺素受体。

氯丙嗪（氯普马嗪、冬眠灵）

【作用与应用】氯丙嗪为吩噻嗪类代表，是一种中枢多巴胺受体阻断剂，具有广泛而复杂的药理作用。①对中枢神经系统：抑制大脑边缘系统和脑干网状结构上行激活系统，正常及患有神经性疾病动物用药后产生安静、嗜睡及控制兴奋狂躁症状。具有强烈的镇吐作用，小剂量能抑制延髓第四脑室底部的催吐化学感受区（chemoreceptor trigger zone, CTZ），大剂量能直接抑制呕吐中枢。但不能对抗前庭刺激所引起的呕吐。通过抑制下丘脑体温调节中枢，致体温调节失常，使动物体温随周围环境温度的变化而发生相应的改变。此外，氯丙嗪能加强催眠药、麻醉药、镇痛药与抗惊厥药的作用。②对心血管系统：阻断 α 受体，使肾上腺素的升压作用翻转，抑制血管运动中枢，并可直接舒张血管平滑肌，使血压下降。抑制心，引起 T 波改变等心电图异常。③对内分泌系统：通过阻断结节 - 漏斗多巴胺通路的 D_2 受体和干扰下丘脑某些激素的分泌而抑制促性腺激素、促肾上腺皮质激素和生长激素的分泌，增加催乳素的分泌。④对休克作用：因其阻断外周 α 受体，直接扩张血管，解除小动脉与小静脉痉挛，改善微循环。同时扩张大静脉，降低心前负荷，左心衰竭时可改善心功能。

本品内服和肌内注射均易吸收，内服给药有很强的首过效应。可用于破伤风、脑炎、中枢兴奋药中毒时引起的惊厥，狂躁动物的镇静，也可配合水合氯醛或其他全麻药物用于猪的全身麻醉，与局麻药物配合用于牛、羊和猪的外科手术。此外，在高温季节长途运输猪、犬、猫、禽等时，可减少因炎热等不利因素产生的应激反应，减少动物的死亡率。

【药物相互作用】①苯巴比妥可使氯丙嗪在尿中的排泄量增加数倍；②抗胆碱药可降低本品的血药浓度，而本品可加重抗胆碱药物的副作用；③与肾上腺素合用，因阻断 α 受体可发生严重的低血压；④与四环素类联用可加重肝损伤；⑤与其他中枢抑制药合用可加强抑制作用，联用时两药物均应减量。

【注意事项】①氯丙嗪有刺激性，应用时浓度不宜过高，静脉注射时应该对其进行稀释并且缓慢注射；②当因氯丙嗪用量过大而引起血压降低时，可选用去甲肾上腺素进行解救，禁用肾上腺素解救；③对患有黄疸、肝炎及肾炎的病畜和年老体弱的动物慎用，犬、猫等动物往往因用量过大而出现心律不齐、四肢与头部震颤，甚至四肢与躯干僵硬等不良反应；④禁止用作食品动物促生长剂；⑤休药期 28d，弃奶期 7d。

【制剂、用法与用量】盐酸氯丙嗪片，盐酸氯丙嗪注射液。内服：一次量，每 1kg 体重，犬、猫 2～3mg。肌内注射：一次量，每 1kg 体重，牛、马 0.5～1mg；猪、羊 1～2mg；犬、猫 1～3mg；虎 4mg；熊 2.5mg；单峰骆驼 1.5～2.5mg；野牛 2.5mg；恒河猴、豺 2mg。静脉注射：剂量同肌内注射，宜用 10% 葡萄糖溶液稀释成 0.5% 的浓度使用。

乙酰丙嗪（乙酰普马嗪）

【作用与应用】本品是兽医临床上最常用的吩噻嗪类镇静药，作用与氯丙嗪相似，具有镇静、降温、止吐等作用，但是增强催眠与麻醉作用较氯丙嗪强。对中枢神经系统的作用，主要是抑制皮层下中枢，且表现出广泛的抑制作用。本品毒性反应及局部刺激性较小，具有抗心律失常和较弱的抗组胺作用。与哌替啶配合治疗痉挛疝时，呈现出良好的安定镇痛效果，此时用药量为各药的 1/3 量即可。

【制剂、用法与用量】马来酸乙酰丙嗪片剂和注射剂。内服：一次量，每 1kg 体重，犬 0.5～2mg，猫 1～2mg。肌内注射、皮下注射或静脉注射：一次量，每 1kg 体重，牛、羊、猪、犬 0.5～1mg；猫 1～2mg；大象 0.03～0.07mg。

2. 苯二氮䓬类

地西泮（安定、苯甲二氮唑）

【作用与应用】地西泮为长效苯二氮䓬类。①抗焦虑：小剂量即可产生良好的抗焦虑作用，明显缓解恐惧、紧张、忧虑、焦躁、不安等症状，对各种原因引起的焦虑均有效。地西泮抗焦虑作用部位主要在边缘系统，研究表明抗焦虑作用是通过对 BDZ 受体的作用来影响边缘系统功能而实现的。此外，抗焦虑作用的产生与增强 GABA 能神经效应有关。②镇静作用：随着剂量的增加，产生镇静与催眠作用，使具有攻击性或兴奋不安、狂躁的动物变得驯服、安静，易于接近和管理。明显缩短入睡时间，显著延长睡眠持续时间，减少觉醒次数。本品发挥镇静作用主要是其阻断了刺激中脑网状结构引起的觉醒脑电波发放，另外，又与抑制边缘系统诱发电位的后发放及阻滞对网状结构的激活有关。③抗惊厥与抗癫痫作用：能抑制中枢内癫痫症病灶异常放电的扩散，但不能阻止异常放电，所以对癫痫持续状态疗效显著，对癫痫大发作能迅速缓解症状，对癫痫小发作效果差。④肌肉松弛作用：有较强的肌肉松弛作用，可缓解动物的去大脑僵直，肌松时一般不影响正常活动。⑤其他：对心血管系统，小剂量作用轻微，较大剂量可降低血压，减慢心率；对呼吸系统产生轻微的剂量依赖性呼吸抑制。

本品主要用于各种动物（家畜、野生动物）的镇静催眠、保定、抗惊厥、抗癫痫、基础麻醉及术前给药。治疗犬癫痫、破伤风及士的宁中毒，防止水貂等野生动物攻击，牛和猪麻醉前给药等。

【药物相互作用】与巴比妥类或其他中枢抑制药物合用时，可使中枢抑制作用加强，有增加中枢抑制的危险，合用时应该降低剂量，并注意密切观察。能增强吩噻嗪类药物的作用，但易发生呼吸循环意外，故不宜合用。可减弱琥珀胆碱的肌肉松弛作用。

【注意事项】①静脉注射时应注意控制注射速度，以免引起呼吸抑制或呼吸骤停、血压下降；②肝肾功能不全者慎用，孕畜禁用；③犬有些个体可出现兴奋或癫痫效应，因此本品对于犬而言并不是一种理想的镇静药；④禁止用作食品动物促生长剂；⑤休药期 28d。

【制剂、用法与用量】地西泮片，地西泮注射液。内服：一次量，犬 5～10mg；猫 2～5mg；水貂 0.5～1mg。肌内注射和静脉注射：一次量，每 1kg 体重，马 0.1～0.15mg；牛、羊、猪 0.5～1mg；犬、猫 0.6～1.2mg；水貂 0.5～1mg。

咪达唑仑（咪唑二氮䓬）

【作用与应用】本品可用于治疗失眠症，也可用于外科手术或诊断检查时诱导睡眠。内服、肌内注射吸收快而完全，此外还有皮下注射和鼻内给药。静脉注射后与血浆蛋白结合率高（马 94%～97%），在肝内代谢快。常用咪达唑仑注射液，静脉或肌内注射诱导麻醉。

【用法与用量】术前给药，静脉注射：一次量，马 0.011～0.044mg，犬、猫 0.066～0.22mg。

3. 丁酰苯类   丁酰苯类的作用机制与吩噻嗪类相似，主要作用是由于阻断多巴胺受体（D_2）和 α_1 肾上腺素受体所致，但后者的阻断程度较低。丁酰苯类属于抗精神病类药，通过阻滞边缘系统、下丘脑及灰质 - 纹状体等部位的多巴胺受体产生作用，有极强的安定作用及止吐作用，可发生锥体外系反应。临床常用的为氟哌利多和氟哌啶醇。丁酰苯类药物是人医临床上治疗精神病时常用的一类药物，其中的氟哌啶醇和氟哌利多还常作为一种强安定药广泛用于临床麻醉。主要的药物有氮哌酮、氟哌利多等。

氮哌酮（阿扎哌隆）

【作用与应用】氮哌酮具有中度至极好的镇静作用，能降低肌肉紧张度，可降低猪由氟烷引起的恶性高热。能引起低血压，无镇痛作用。主要用于猪合群、断奶、育肥、运输或生产状态时的镇静，防止攻击和打架；也可用于猪和一些野生动物的术前镇静。

【注意事项】马静脉注射本品后可引发异常兴奋，而肌内注射无兴奋症状，故马不推荐静脉注射。

【制剂】氮哌酮注射液。

氟哌利多（达哌啶醇）

【作用与应用】本品通过阻断多巴胺受体（D_2）而产生镇静作用。在体内代谢快，维持时间短。单独用可引起脑血管收缩，脑血流量减少，而与芬太尼联用对脑血流量和代谢影响很小，无镇痛作用，故常与芬太尼联用使动物安静，易于配合。能引起低血压，促进儿茶酚胺的释放，能降低肌肉紧张度。有明显的止吐作用，可拮抗阿扑吗啡的作用。此外，还具有抗凝血作用。主要用于犬等动物的镇静及止吐。

【制剂】氟哌利多注射液。

4．其他

水合氯醛

【作用与应用】①对中枢神经系统：本品对中枢神经系统能产生较强的抑制作用，作用机制尚不清楚，可能与巴比妥类似，主要抑制网状结构上行激活系统。对中枢神经系统的抑制作用随着药量增加而产生不同的作用，小剂量镇静、中剂量催眠、大剂量麻醉与抗惊厥。本品首先使动物的大脑皮层受到抑制，兴奋性降低，然后随着血药浓度增加，中枢其他部位也受到抑制。②对心血管系统：水合氯醛能直接抑制心肌代谢，同时能增强迷走神经效应，致使心活动减弱，血压下降。对血管运动中枢有抑制作用和扩张血管作用，能使体温下降。③对代谢的影响：能降低新陈代谢，抑制体温中枢，使动物体温下降 $1\sim5℃$，麻醉越深体温下降越快。④对呼吸系统：本品对呼吸系统的抑制作用较强，即使催眠剂量也可对呼吸产生一定抑制作用。麻醉时血药浓度与呼吸麻痹时的浓度相近，因而用于麻醉时的安全范围小。

本品可用于马属动物急性胃扩张、肠阻塞、痉挛性腹痛、子宫和直肠脱出，以及食道、膈肌、肠管、膀胱痉挛等。作为抗惊厥药物，用于破伤风、脑炎及中枢兴奋药（如安钠咖、士的宁）中毒所致的惊厥。此外，当与硫酸镁或戊巴比妥钠合用时用作畜禽麻醉药或基础麻醉药。

【药物相互作用】与氯丙嗪并用，降温更显著。临床上与氯丙嗪或硫酸镁注射剂并用，可增强麻醉效果，减少副作用。与乙醇合用可减缓乙醇的代谢。

【注意事项】①本品有较强的刺激性，不可皮下或肌内注射，静脉注射时切勿漏于血管外，内服或直肠给药应稀释成一定浓度，并加适量的黏浆剂；②由于本品具有降温作用，所以恢复体温需经 $10\sim24h$，此阶段应注意动物的保暖，以防感冒等病症发生；③用于静脉注射时，先快速注入全量的 1/3，使其迅速越过诱导期，注入全量的 1/2 时暂停，观察后再根据麻醉深度决定继续注入的剂量；④牛、羊支气管腺体发达，易引起大量分泌并发异物性肺炎，用药前应注射阿托品；⑤因水合氯醛中毒而发生呼吸抑制时不宜用肾上腺素急救，易导致心纤维性颤抖，但可以安钠咖或尼可刹米等药物解救。

【用法与用量】内服（镇静）：一次量，马、牛 10~25g，猪、羊 2~4g，犬 0.3~1g。内服（催眠）：一次量，马 30~60g，牛 15~30g，猪 5~10g，黑熊 85g。灌肠（催眠）：一次量，马、牛 20~50g，猪、羊 5~10g。静脉注射（催眠）：一次量，每 1kg 体重，马0.08~0.2g，水牛、猪 0.13~0.18g，骆驼 0.1~0.11g。

溴化物

【作用与应用】溴化物包括溴化钾、溴化钠、溴化铵、溴化钙。在临床上很少单独使用，而是配成合剂使用，如三溴合剂。溴离子主要是选择性抑制大脑皮层运动区和皮层的感觉机能，从而使动物呈现出镇静作用，又有抗惊厥作用。本品内服后迅速从肠道吸收，溴离子多分布在细胞外液中，主要经肾排泄。临床上可用于动物镇静，缓解中、小动物的癫痫、惊厥和破伤风等中枢神经兴奋性疾病，此外，还可用作过敏性疾病的辅助治疗药。

【药物相互作用】肾排出溴离子的速度随着氯离子浓度增加而加快，增加氯离子浓度可促进溴离子的排出。

【注意事项】①本品具有很强的刺激性，静脉注射时切勿漏于血管外；②忌与强心苷类药物合用；③本品排泄很慢，连续用药可引起蓄积中毒，中毒时立即停药，并给予氯化钠制剂，加速溴离子排出。

【制剂、用法与用量】溴化钠、三溴合剂（含溴化钾、溴化钠和溴化铵各 3% 的水溶液）。内服：马 15~50g，牛 15~60g，猪 5~10g，羊 5~15g，犬 0.5~2g，家禽0.1~0.5g。静脉注射：一次量，牛、马 5~10g。

二、抗惊厥药

惊厥是各种原因引起的中枢神经过度兴奋的一种症状，表现为全身骨骼肌不自主地强烈收缩。抗惊厥药是指能对抗或缓解中枢神经过度兴奋症状，消除和缓解全身骨骼肌不自主地强烈收缩的一类药物。

常用的抗惊厥药有硫酸镁注射液、巴比妥类药物、水合氯醛、地西泮等。

硫酸镁注射液

【作用与应用】本品注射液主要是镁离子在发挥作用。镁离子主要存在于细胞内液，是机体内多种酶发挥功能不可缺少的离子，对神经冲动传导及神经肌肉应激性的维持起到重要作用。血浆镁离子的正常含量为 2~3.5mg/100mL，当血浆中镁离子浓度过低时，会导致神经及肌肉组织的兴奋性升高，可致激动；当镁离子浓度升高时，引起中枢神经系统抑制，产生镇静及抗惊厥作用；同时，镁离子对神经肌肉运动终板部位的传导有阻断作用，导致骨骼肌松弛，原因首先是运动神经末梢乙酰胆碱释放量减少，其次为乙酰胆碱在终板处去极化减弱及肌纤维膜的兴奋性下降。此外，过量的镁离子对心肌、血管等平滑肌也有松弛作用，可解除平滑肌痉挛，血管扩张，血压下降。

本品主要用于缓解破伤风、脑炎、士的宁等中枢兴奋药中毒所致的惊厥，治疗膈肌痉挛、胆管痉挛等，同时对分娩时子宫颈痉挛，尿潴留，慢性汞、砷、钡中毒等也具有缓解作用。

【药物相互作用】①与硫酸多黏菌素 B、硫酸链霉素、葡萄糖酸钙、盐酸多巴酚丁胺、盐酸普鲁卡因、四环素、青霉素和萘夫西林（乙氧萘青霉素）有配伍禁忌；②钙剂可对抗 Mg^{2+} 神经阻断作用，镁中毒性肌肉麻痹可应用钙剂治疗；③增强中枢抑制药的中枢抑制作用；④增强水杨酸类药物的肾消除，降低其作用；⑤与缩宫素联用可降低后者对子宫的作用。

【注意事项】①静脉注射量过大或给药过速时可致呼吸中枢抑制，所以应该缓慢注射。若发生麻痹，血压剧降会立即死亡。一旦发现中毒迹象，除应立即停药外，还应静脉注射 5% 氯化钙注射液解救。② 40℃以上高温及冰冻、冷藏可产生沉淀，所以应该室温避光保存。

【制剂、用法与用量】硫酸镁注射液。肌内、静脉注射：一次量，马、牛 10～25g，羊、猪 2.5～7.5g，犬、猫 1～2g。

苯巴比妥（鲁米那）

【作用与应用】本品为长效巴比妥类药物，具有抑制中枢神经系统的作用，通常剂量下能完全消除大脑皮层运动区的电兴奋性，提高惊厥发作阈值，所以当本品低于催眠剂量时即可发挥抗惊厥作用。加大剂量，能使大脑、脑干与脊髓的抑制作用更深，骨骼肌明显松弛，意识及反射消失，再继续可抑制延髓生命中枢，引发中毒死亡。本品能够增强 GABA 神经递质的抑制作用。能延长 $GABA_A$ 受体介导的氯离子电流时间，但不影响通道开放的频率，导致膜超极化，降低膜兴奋性。此外，阻断突触前膜钙离子的摄取，减少钙离子依赖性神经递质如去甲肾上腺素、乙酰胆碱、谷氨酸等的释放。当高于一般治疗剂量时，可抑制神经元持续性放电，这可能是本品治疗癫痫持续状态的药理基础。

本品主要用于犬、猫的镇静，马、犬、猫的癫痫治疗。同时，对于脑炎、破伤风及中枢兴奋药中毒等引起的惊厥及癫痫也具有缓解作用。

【药物相互作用】①本品为肝药酶诱导剂，与氨基比林、利多卡因、氢化可的松、地塞米松、睾酮、雌激素、孕激素、氯丙嗪、多西环素、洋地黄苷等药物合用时可使这些药物代谢加速，疗效降低；②与其他中枢抑制药如全麻药、抗组胺药和镇静药等合用，可使中枢抑制作用加强；③与磺胺类合用，由于发生血浆蛋白结合的置换作用，可增强本品的药效；④能使血和尿呈碱性的药物可加快本品经肾的排泄。

【注意事项】①用量过大引起呼吸中枢抑制时，可用安钠咖、尼可刹米等中枢兴奋药抢救；②肝肾功能不全及支气管哮喘或呼吸抑制的患畜禁用，严重贫血、心脏疾患的动物及孕畜慎用；③本品水溶液不可与酸性药物配伍；④休药期 28d，弃奶期 7d。

【制剂、用法与用量】苯巴比妥片，注射用苯巴比妥钠。内服：一次量，每 1kg 体重，犬、猫 6～12mg。肌内注射：一次量，每 1kg 体重，羊、猪 0.25～1g，犬、猫 6～12mg。

第二节 镇 痛 药

镇痛药（analgesics）为选择性抑制痛觉，缓解疼痛的药物。在镇痛时，意识清醒，对其他感觉不受影响。根据镇痛药的作用特点可将其分为麻醉性镇痛药和非麻醉性镇痛药。

麻醉性镇痛药（narcotic analgesic），可选择性作用于中枢神经系统，缓解疼痛作用强，用于剧痛，但是反复应用易成瘾，属于控制使用的剧毒药品，在兽医临床上少用或不用。非麻醉性镇痛药，也可称为解热镇痛抗炎药（antipyretic-analgesic and anti-inflammatory drug），是具有解热镇痛抗炎作用的药物，其镇痛作用较弱，但久用不会成瘾，是临床实践中常用的一类药物，多用于肌肉痛、神经痛、关节痛等慢性疼痛。

吗啡

【作用与应用】吗啡是从鸦片中提取出来的阿片（罂粟未成熟萌果浆汁的干燥物）碱类镇痛药，为镇痛药代表。①对中枢神经系统：吗啡有极强的镇痛作用，对各种疼痛均有效。有明显的镇静作用，能消除疼痛所引起的焦虑、紧张、恐惧等情绪反应，显著提高患病动物对疼痛的耐受力。对中枢神经系统的作用有明显的种属差异，也表现个体差异。对一些动物可致睡眠，而对另一些动物可引起兴奋不安、甚至惊厥。吗啡还有镇咳作用，这是对咳嗽中枢抑制所致。②对呼吸系统：治疗剂量的吗啡对大脑呼吸中枢具有抑制作用，呼吸减慢，抑制程度与所用剂量呈正相关。急性中毒会导致呼吸中枢麻痹、呼吸停止至死亡。③对心血管系统：治疗量的吗啡对血管和心率有明显作用，但大剂量吗啡使外周血管扩张，引起体位性低血压。④对消化系统：小剂量吗啡可缓解反刍动物及马肠道痉挛，但能提高括约肌张力而呈现继发性便秘。大剂量先呈现肠道机能亢进而腹泻，后继发便秘，多见于犬、猫等。⑤其他：对于兴奋型动物可导致瞳孔扩大，丘脑体温中枢兴奋引发体温上升。而麻醉型动物的瞳孔强烈缩小，为针尖状，丘脑体温中枢受到抑制而使体温下降。

本品常用于犬的麻醉前给药，可使全麻药药量减少 1/3～1/2。做镇痛药常用于创伤、烧伤等止痛。阿片酊、复方樟脑酊等阿片制剂用于止泻、止咳等。

【药物相互作用】吩噻嗪类、单胺氧化酶抑制、三环抗抑郁药及溴化新斯的明能增强吗啡的抑制作用。纳洛酮、烯丙吗啡可特异性拮抗吗啡的作用。

【注意事项】①本品对牛、羊、猫易引起强烈兴奋，慎用。胃扩张、肠阻塞及膨胀者禁用。肝肾功能异常者慎用。幼畜对本品敏感，宜慎用或不用。②因过量而中毒时首选纳洛酮、烯丙咖啡进行特异性拮抗治疗。③禁与氯丙嗪、异丙嗪、氨茶碱、巴比妥类、苯妥英钠、哌替啶等药物混合注射。

【制剂、用法与用量】盐酸吗啡注射液。皮下、肌内注射：一次量，每 1kg 体重，镇痛，马 0.1～0.2mg，犬 0.5～1mg；麻醉前给药，犬 0.5～2mg。

哌替啶（杜冷丁）

【作用与应用】作用与吗啡相似，可作为吗啡的良好替代品，临床上常用其盐酸盐。①对中枢神经系统：哌替啶的镇痛作用弱于吗啡，但强于可待因，持续时间短，毒副作用较少。对大多数剧痛，如急性创伤、手术后及内脏疾病所引起的疼痛均有镇痛的效果。对呼吸系统有一定的抑制作用，但较弱，一般不会出现呼吸困难。本品有轻度的镇静作用，而且能增强其他中枢抑制药的作用，犬可用于麻醉前给药，以消除过度兴奋不安，并可减少麻醉药用量。对咳嗽中枢有轻度抑制作用，不能引起瞳孔缩小。②对平滑肌：本品有阿托品样作用，能解除平滑肌痉挛。在消化道发生痉挛性疼痛时，可同时起到镇痛与解痉的双重作用。大剂量哌替啶可导致支气管平滑肌收缩。

本品主要用于镇痛药，治疗家畜痉挛性疝痛、手术后疼痛及创伤性疼痛等。用于犬、猫等麻醉前给药。本品与氯丙嗪、异丙嗪配伍成复方制剂，用于抗休克和抗惊厥等。

【药物相互作用】与单胺氧化酶抑制剂合用能引起各种严重反应，出现兴奋、精神错乱、惊厥、高热、严重呼吸抑制、发绀，偶尔引发死亡。其他与吗啡相似。

【注意事项】①本品对局部有刺激性，故一般不做皮下注射，又因其具有心血管抑制作用，容易导致血压下降，故不宜作静脉注射，可肌内注射给药；②不良反应有出汗、口干、恶心、呕吐等，过量可致瞳孔散大、惊厥、心动过速、血压下降、呼吸抑制、昏迷等，所以在因过量中毒时除用纳洛酮抢救外，需配合使用巴比妥类以对抗惊厥等；③不宜与氯丙嗪多次合用，否则可导致呼吸抑制，引起休克等不良反应；④禁用于患有慢性阻塞性肺部疾患，以及支气管哮喘、肺源性心脏病和严重肝功能减退的动物。

【制剂、用法与用量】盐酸哌替啶注射液。皮下、肌内注射：一次量，每1kg体重，马、牛、羊、猪2～4mg，犬、猫5～10mg。

芬太尼

【作用与应用】本品为短效、强效麻醉性镇痛药。其作用与吗啡、哌替啶相似，但镇痛作用强，起效快，持续时间短。镇痛作用较吗啡强80～100倍，比哌替啶强500倍。静脉注射3～5min就可产生镇痛、镇静及呼吸抑制作用，达峰时间为15min，持续时间大约30min。肌内注射15min后起效，持续时间1～2h。本品可引起剂量依赖性呼吸抑制，对心血管系统效应轻微，成瘾性及其他副作用较小。静脉注射芬太尼后，由于迷走神经紧张，往往出现心动缓慢，可用阿托品对抗。

用作各种剧痛的镇痛药。可与全麻药或局麻药合用于外科手术，以减少全麻药的用量和毒性，并增强本品的镇痛作用。也可单独用于外科小手术。此外，还可用于具有攻击性动物及野生动物的保定、动物捕捉、长途运输及诊断检查等。

【药物相互作用】与单胺氧化酶抑制剂合用，可引起严重低血压、呼吸停止、休克等。中枢抑制剂如巴比妥类、安定剂、麻醉剂，有加强本品的作用，如联合用药，本品的剂量应减少1/4～1/3。

【注意事项】①本品中毒时，可以纳洛酮对抗；②静脉注射时应该缓慢注射，以免引起呼吸抑制；③大量或长期使用时有成瘾性。

【制剂、用法与用量】枸橼酸芬太尼注射液：皮下、肌内或静脉注射，一次量，每1kg体重，犬、猫0.02～0.04mg。猫应与地西泮合用，防止兴奋。

埃托啡（羟戊甲吗啡）

【作用与应用】本品为人工合成品，为强效镇痛剂，镇痛强度约为吗啡的100～200

倍。各种动物对埃托啡的敏感性不同，其中大象最为敏感。中等剂量可使多种动物制动，失去攻击性。对啮齿动物、犬、猫、猿类的作用类似于吗啡。可使马心动过速、血压升高。本品尚可使胃肠蠕动减弱，体温下降，调视机能丧失。

【药物相互作用】临床上埃托啡与中枢抑制药如赛拉嗪等合用于狩猎或作野生动物的保定药。

【制剂、用法与用量】盐酸埃托啡注射剂。肌内注射：一次量，每100kg体重，马、骡、驴0.98mg，黑熊、灰熊、北极熊1.1mg，鹿科动物2.2mg，羚羊科动物0.2mg。

盐酸二氢埃托啡

【作用与应用】本品为人工合成的高强效麻醉性镇痛药，镇痛作用强大。有较强的镇静、胃肠道平滑肌松弛作用。对呼吸的抑制与成瘾性轻于吗啡。适用于吗啡、哌替啶无效的慢性顽固性疼痛；用于诱导麻醉或静脉复合麻醉。还可用于内窥镜检查前用药。

【用法与用量】肌内注射：一次量，每1kg体重，马0.01~0.015mL，牛0.005~0.015mL，羊、犬、猴0.1~0.15mL，猫、兔0.2~0.3mL，熊0.02~0.05mL，鼠0.5~1mL。

氢吗啡酮

【作用与应用】本品镇痛作用比吗啡强5倍，胃肠紊乱的副作用比吗啡小，主要用于犬。

羟吗啡酮

【作用与应用】本品也是吗啡的一种衍生物，其作用强度为吗啡的10倍，脂溶性与吗啡相似。当犬或猫给予相同镇痛效应的羟吗啡酮、吗啡和氢吗啡酮时，羟吗啡酮产生的呕吐、恶心和镇静等副作用的概率均比其他两种药物少，用于犬时也同样引起较少的组胺释放。

第三节 中枢兴奋药

中枢兴奋药（central nervous stimulants）是一类能选择性兴奋中枢神经系统，并提高其功能的一类药物。常规用药情况下，根据药物的主要作用部位可分为：大脑兴奋药、延髓兴奋药和脊髓兴奋药。中枢神经兴奋药对作用部位的选择性是相对的。随着剂量的增加，不但兴奋作用加强，而且对中枢的作用范围也随之扩大。中毒量时，上述三类药物均能导致中枢神经系统广泛而强烈的兴奋，发生惊厥。严重的惊厥可因能量耗竭而转入抑制，此时不能再用中枢兴奋药来对抗，否则会由于中枢过度抑制而致死。具体应用时，要严格掌握剂量及适应证，并需结合输液、给氧等综合措施。对因呼吸肌麻痹引起的外周性呼吸抑制，中枢兴奋药无效。对循环衰竭导致的呼吸功能减弱，中枢兴奋药能加重脑细胞缺氧，须慎用。

一、大脑兴奋药

大脑兴奋药能提高大脑皮层神经细胞的兴奋性，促进脑细胞代谢，改善大脑机能。

咖啡因（咖啡碱）

【作用与应用】①对中枢神经系统：咖啡因对中枢神经系统各主要部分均有兴奋作用，但大脑皮层对其特别敏感。小剂量即能提高对外界的感应性，表现为精神兴奋等症状。治疗量，兴奋大脑皮层，提高精神与感觉能力，消除疲劳，短暂地增加肌肉工作能力。较大剂量时，直接兴奋延髓中枢，它能使呼吸中枢对二氧化碳的敏感性增加，呼吸加深加快，换气量增加等。同时，还能兴奋血管运动中枢和迷走神经中枢，使血压略升、心率减慢，但作用时间短，往往被其对心与血管的直接作用所拮抗。大剂量的咖啡因可兴奋包括脊髓在内的整个中枢神经系统。②对心血管系统：咖啡因对心血管作用较为复杂，它具有中枢性和外周性双重作用，并且两方面作用表现相反。对心，较小剂量时，心率减慢，这是兴奋迷走神经中枢所致；剂量稍增时，心率、心肌收缩力与心输出量均增加。对心血管，较小剂量时，兴奋延髓血管运动中枢，使血管收缩；稍大剂量时，对血管壁的直接作用占优势，促使血管舒张。尤其对心功能不全的动物，心输出量增加，对治疗急性心力衰竭具有很好的临床意义。③对平滑肌：除对血管平滑肌有舒张作用外，对支气管平滑肌、胆道与胃肠道平滑肌也有舒张作用。④对泌尿系统：因为抑制肾小管对钠离子的重吸收而具有利尿作用，同时因心输出量和肾血流量增加，提高肾小球滤过率，也利于利尿作用的发挥。⑤其他：对骨骼肌有直接作用，使其活动增强。并能通过增加 cAMP 的作用而影响机体糖和脂肪的代谢。促原糖原分解，血糖升高。有激活脂酶作用，使血浆中游离脂肪酸增多。

本品可作为中枢兴奋药，主要用于加速麻醉药的苏醒过程，解救中枢抑制药和毒物的中毒，也用于多种疾病引起的呼吸和循环衰竭。用于日射病、热射病及中毒引起的急性心力衰竭，做强心药，可调整患畜机能，增强心收缩，增加心输出量。安钠咖与高渗葡萄糖、氯化钙配合静脉注射，用于缓解水肿。

【药物相互作用】①与氨茶碱同用可增加其毒性；②与麻黄碱、肾上腺素有相互增强作用，不宜同时注射；③与阿司匹林配伍增加胃酸分泌，加剧消化道刺激反应；④与氟喹诺酮类药物合用时，可使咖啡因代谢减少，从而使其血药浓度提高。

【注意事项】①剂量过大容易引起中毒，可用溴化物、水合氯醛、戊巴比妥等对抗兴奋症状，但不能使用麻黄碱或肾上腺素等强心药，以防止毒性增加；②忌与鞣酸、碘化物及盐酸四环素、盐酸土霉素等酸性药物配伍，以免发生沉淀；③大动物心动过速或心律不齐时禁用；④休药期：牛、羊、猪28d，弃奶期：7d。

【制剂、用法与用量】安钠咖。内服：一次量，马、牛2～8g，猪、羊1～2g，犬0.2～0.5g，鸡0.05～0.1g。皮下、肌内及静脉注射：一次量，马、牛2～5g，猪、羊0.5～2g，犬0.1～0.3g。

二、延髓兴奋药

延髓兴奋药能兴奋延髓呼吸中枢，又称呼吸兴奋药，增加呼吸频率和呼吸深度，改善呼吸功能，对心血管运动中枢也有不同程度的兴奋作用，如尼可刹米、戊四氮、樟脑、回苏灵和多沙普仑。

尼可刹米（可拉明）

【作用与应用】 直接兴奋延髓呼吸中枢，也可刺激颈动脉体和主动脉弓化学感受器，反射性兴奋呼吸中枢，使呼吸加深加快，提高呼吸中枢对 CO_2 的敏感性。对抑制状态的呼吸兴奋作用更明显。对大脑、血管运动中枢、脊髓的兴奋作用较弱，对其他器官无直接兴奋作用。剂量过大，可引起惊厥，但该药的安全范围广。

本品主要用于各种原因引起的呼吸中枢抑制，如解救中枢抑制药的中毒、疾病所致的中枢性呼吸抑制、新生动物窒息或加速麻醉动物的苏醒等。常用尼可刹米注射液，作肌内注射给药。紧急时可静脉注射，根据需要可重复给药。

【注意事项】 静脉注射时，间歇给药效果较好，速度不宜过快。剂量过大已接近惊厥剂量时可引发血压升高、心律失常、肌肉震颤、僵直，甚至惊厥，此时应静脉注射苯二氮䓬类药物或小剂量硫喷妥钠。兴奋作用之后常出现中枢神经抑制现象。

【制剂、用法与用量】 尼可刹米注射液。皮下、肌内和静脉注射：一次量，马、牛 2.5～5g，猪、羊 0.25～1g，犬 0.125～0.5g。

回苏灵（二甲弗林）

【作用与应用】 为人工合成的黄酮衍生物，用其盐酸盐。本品可直接兴奋呼吸中枢，药效强于尼可刹米和戊四氮，可增加肺换气量，降低动脉血的 CO_2 分压，提高血氧饱和度。回苏灵见效快，疗效显著，并有苏醒作用。主要用于中枢抑制药过量、一些传染病及药物所致的中枢性呼吸抑制。

【注意事项】 本品过量容易引起惊厥，可用短效巴比妥类解救。孕畜禁用。

【制剂、用法与用量】 回苏灵注射液。肌内、静脉注射：一次量，马、牛 40～80mg，羊、猪 8～16mg，静脉注射时用葡萄糖注射液稀释后缓慢注入。

多沙普仑（多普兰）

【作用与应用】 多沙普仑为人工合成的新型呼吸兴奋药。其作用类似于尼可刹米（但后者更强），作用机理相同。本品主要用于吸入性麻醉药与巴比妥类药物所致呼吸中枢抑制的专用兴奋药；难产或剖腹产后新生仔畜呼吸刺激药；马、犬、猫等动物麻醉中或麻醉后加强呼吸机能、加快苏醒及恢复反射等。

【制剂、用法与用量】 盐酸多沙普仑注射液。静脉注射或静滴：一次量，每 1kg 体重，马 0.5～1mg（每 5min 一次），驹（复苏时）0.02～0.05mg（每 1min 一次），牛、猪 5～10mg，犬 1～5mg，猫 5～10mg。

戊四氮

【作用与应用】 本品的作用与应用同尼可刹米相似，主要兴奋延髓，对呼吸中枢的作用最为明显。作用比尼可刹米稍强，但安全范围小，应慎用。过量时，对大脑及脊髓也有兴奋作用，表现为强烈的阵挛性及强直性惊厥。内服或注射给药时可迅速被吸收，吸收后在体内分布均匀。主要用于解救呼吸中枢抑制。

【注意事项】①本品的安全范围小，选择性较差，过量易引起惊厥甚至呼吸麻痹，所以应用时应严格掌握剂量；②静脉注射时速度应缓慢，不宜用于吗啡、普鲁卡因中毒的解救；③药效维持时间短，对危重病例可每隔15～30min给药一次，直至呼吸好转。

【制剂、用法与用量】戊四氮注射液。皮下、肌内或静脉注射：马、牛0.5～1.5g，羊、猪0.05～0.3g，犬0.02～0.1g。

樟脑

【作用与应用】樟脑吸收后，对局部刺激而反射性兴奋延髓呼吸中枢和心血管运动中枢，使呼吸增强、血压回升。大剂量兴奋大脑皮层，还有一定的强心作用，使心肌收缩力增强，心输出量增加和血压升高等。可用于中枢抑制、肺炎等感染性疾病和中枢抑制药中毒引起的呼吸抑制。临床使用较多的是氧化樟脑，尤其当机体缺氧时效果更佳。内服有防腐制酵作用，用于消化不良、胃肠臌气等。对皮肤有温和的刺激作用，使皮肤血管扩张，血液循环旺盛，有利于局部消炎作用。

【注意事项】①幼畜对本品敏感，宜慎用；②动物处于严重缺氧状态时禁用；③食用动物宰前和泌乳动物禁用，以免影响肉、乳的质量；④过量中毒时可静脉注射水合氯醛、硫酸镁和10%葡萄糖注射液解救。

【制剂、用法与用量】樟脑醑或四三一擦剂，樟脑油注射液，樟脑磺酸钠注射液。皮下、肌内和静脉注射：一次量，牛、马1～2g，猪、羊0.2～1g，犬0.05～0.1g。

三、脊髓兴奋药

脊髓兴奋药是能选择性抑制兴奋脊髓的中枢兴奋药，因中枢兴奋的表现是阻止抑制性神经递质对神经元的抑制作用所致，如士的宁、印防己毒素等。

士的宁（番木鳖碱）

【作用与应用】本品内服或注射均能迅速吸收，并较均匀地进行分布。排泄缓慢，易产生蓄积作用。本品小剂量可选择性兴奋脊髓，增强脊髓反射的应激性，提高骨骼肌的紧张度，改善肌无力状态。中毒剂量对中枢神经系统所有部位都能产生兴奋作用，可使全身骨骼肌同时痉挛，发生强直性惊厥。

作为脊髓兴奋剂，可用于治疗脊髓性不全麻痹，如后身麻痹、膀胱麻痹、阴茎下垂等。作为苦味健胃药及反刍兴奋药，内服治疗慢性消化不良，胃肠弛缓。在中枢抑制药中毒引起呼吸抑制时，其解救效果不及戊四氮和贝美格，并且安全范围小。

【注意事项】①妊娠及有中枢神经系统兴奋症状的患畜忌用，吗啡中毒及肝或肾功能不全、癫痫、破伤风动物禁用；②过量易产生惊厥；③本品排泄缓慢，有蓄积作用，故使用时间不宜过长；④如出现惊厥，应立即静脉注射戊巴比妥加以对抗，或用较大量的水合氯醛灌肠，若解救不及时，易产生窒息而死亡。

【制剂、用法与用量】硝酸士的宁注射液。皮下、肌内注射：一次量，马、牛15～30mg，猪、羊2～4mg，犬0.5～0.8mg。

第四节 全身麻醉药与化学保定药

一、全身麻醉药

全身麻醉药（general anesthetics）简称全麻药，是一类能可逆地抑制中枢神经系统功能的药物，表现为意识丧失、感觉及反射消失、骨骼肌松弛等，但仍保持延脑生命中枢的功能。主要用于外科手术前的麻醉。

（一）麻醉机理

关于麻醉的作用机理，至今尚未完全明确，但关于麻醉机制的学说有多种，如类脂质学说、网状结构学说、神经突触学说、麻醉的分子学说等。根据全麻药作用无高度选择性，而且化学结构差别较大及无共同的构效关系等方面分析，全麻药的效应与脂溶性有密切关系。所以，传统的类脂质学说认为，全麻药的脂溶性均较高，容易进入神经细胞膜的脂质层，引起细胞膜物理化学性质的改变，使膜蛋白受体及钠、钾通道等构象和功能发生改变，进入胞内与类脂质结合，干扰整个神经细胞的功能，抑制神经细胞除极化或影响其递质的释放，进而导致神经冲动传递阻断，造成中枢神经系统广泛抑制，从而引起全身麻醉。

（二）麻醉分期

中枢神经系统各部位对麻醉药的敏感性有明显差异。其产生抑制的顺序依次为大脑皮层、皮层下中枢、脊髓，脊髓的感觉功能先于运动功能被抑制，最后是延脑。为了掌握麻醉的深度，维持满意的麻醉效果，可人为将麻醉过程分为 4 个时期，各时期之间没有明显的界线。

1）第一期，阵痛期（随意麻醉期）：从麻醉开始到意识丧失，此时大脑皮层和网状结构上行激活系统受到抑制，动物对疼痛刺激减弱，呼吸正常，各种反射（角膜、眼睑、吞咽）存在，肌张力正常。

2）第二期，兴奋期（不随意麻醉期）：指从意识丧失开始，此期大脑皮层功能抑制加深，使皮层下中枢失去大脑皮层的控制与调节，动物表现不随意运动性兴奋、嘶鸣、挣扎、呼吸极不规则，兴奋期易发生意外事故，不宜进行任何手术。镇痛期与兴奋期合称诱导期。

3）第三期，外科麻醉期：指从兴奋转为安静、呼吸转为规则开始，麻醉进一步加深，大脑、间脑、中脑、脑桥依次被抑制，脊髓机能由后向前逐渐抑制，但延髓中枢机能仍保持。据麻醉深度可分为浅麻醉和深麻醉，兽医临床一般宜在浅麻醉期进行手术。

4）第四期，麻痹期（中毒期）：麻醉由深麻醉期继续深入，动物出现脉搏微弱，瞳孔散大，血压下降，从呼吸肌完全麻醉到循环完全衰竭为止。如动物逐渐苏醒而恢复称为苏醒期。在苏醒过程中，因站立不稳而易跌倒，应注意防护。外科麻醉禁止到此期。

麻醉后的苏醒则按相反的顺序逐渐进行，上述典型分期一般出现在吸入麻醉，而现在临床麻醉多采用复合麻醉，所以很难见到这些麻醉分期。临床实践中掌握好麻醉的有关指征非常重要，例如，麻醉过深的指征：腹式呼吸、脉搏微弱、血压下降、瞳孔散大、唇发绀；麻醉不足的指征：眼睑反射依然存在，呼吸不规则，切割皮肤或翻动内脏时血压升高，出现吞咽、咳嗽及四肢活动等。

（三）麻醉并发症及抢救措施

有些全身麻醉用药时常会发生并发症，严重时会危及生命，所以应及时抢救。常见并发症如下。①呕吐：多见于宠物全身麻醉前期，吞咽反射消失，胃内容物常流入或被吸入气管造成严重并发症（窒息或异物性肺炎）。一旦发生呕吐，应尽可能使呕吐物排出口腔，呕吐停止后用大棉花块清洗口腔。②舌回缩：有异常呼吸音或出现痉挛性呼吸和发绀症状，应立即用手或舌钳将舌牵出，并使其保持伸出口腔外。③呼吸停止：可出现于深麻醉期或麻痹期，由于延脑的重要生命中枢麻痹或由于麻醉剂中毒、组织的血氧过低所致。当出现呼吸停止的初期症状时，应立即撤除麻醉，打开口腔，拉出舌头（或以20次/min左右的节律反复牵拉舌头），并着手进行辅助呼吸。药物抢救方法是立即静脉注射尼可刹米、安钠咖或皮下注射樟脑油等，可根据需要反复应用。④心脏停搏：麻醉时原发性心脏活动停止是最严重的并发症，通常发生在深麻醉期。心脏活动骤停常常没有预兆，表现为脉搏和呼吸突然消失，瞳孔散大，创内的血管停止出血。可采用心按摩术，同时配合人工呼吸。有时也可考虑开胸后直接按压心。药物的抢救可以用0.1%盐酸肾上腺素。为抢救心功能骤然减弱或心搏骤停，可做心室内注射，其效果更好，可以采用安钠咖静脉注射。

（四）复合麻醉

目前各种全麻药单独应用都不理想，常采用复合麻醉方式，以增强麻醉效果，增加麻醉安全性，扩大麻醉药应用范围，减少毒副作用等。

1）麻醉前给药（pre-anesthesia）：在使用全麻药前，先给一种或几种药物，以减少麻醉药的副作用或增强麻醉药的效能。例如，在使用水合氯醛前使用阿托品，能减少呼吸道黏膜腺体和唾液腺的分泌，减少干扰呼吸的机会。

2）混合麻醉（mixed anesthesia）：把几种麻醉药混合在一起进行麻醉，使它们互补长短，增强作用，减少毒性，如水合氯醛与硫酸镁、水合氯醛与乙醇等。

3）基础麻醉（basal anesthesia）：先用巴比妥类药物或水合氯醛等，使其达到深睡眠或浅麻醉状态，在此基础上再进行麻醉，可使药量减少，麻醉平稳。常用于幼小动物。

4）诱导麻醉（induced anesthesia）：为避免全麻药诱导期过长的缺点，应用诱导期短的硫喷妥钠或氧化亚氮，使迅速进入外科麻醉期，避免诱导期的不良反应，然后改用其他药物维持麻醉。

5）配合麻醉（combined anesthesia）：兽医临床常用的配合麻醉是先用较少量的全麻药使动物轻度麻醉，再在术部配合局麻，这样可以减少全麻药的用量，使动物在比较安全又能保证无痛的情况下进行手术，是兽医临床上比较常用的一种麻醉方式。

（五）分类

1. 吸入性麻醉药　吸入性麻醉药（inhalation anesthetics）包括发挥性液体（如乙

醚、氟烷、甲氧氟烷、恩氟烷、异氟烷、七氟烷和地氟烷等）和气体（如氧化亚氮、环丙烷等），经呼吸由肺吸收，并主要以原型经肺排出，其吸收速率与肺通气量、吸入气体中的药物浓度、肺血流量等有关。吸入性麻醉药的优点是能迅速而有效地控制麻醉深度和较快地终止麻醉，安全且麻醉效果好。但使用时需要一定的麻醉设备、训练有素的麻醉师和严格的监护，费用较高。为了便于将导管插入气管内，也为了节省麻醉药，临床上常先做浅麻醉或短时麻醉（诱导麻醉），然后再做吸入麻醉。有的药物易燃、易爆、刺激呼吸道等，使用时需小心谨慎。

氟烷（三氟氯溴乙烷、氟罗生）

【作用与应用】氟烷进入体内后只有少量被转化，大部分以原型由呼气排出。余者可多次反复再分布。氟烷诱导期短，麻醉起效快，苏醒快，麻醉作用强，但肌肉松弛及镇痛作用较弱，需配合肌松药和镇痛药。浅麻醉对心血管系统影响不明显，但随着麻醉加深，血压下降，心率迟缓，心肌收缩力减弱，心输出量减少，因此用本品麻醉时要掌握好麻醉深度。

本品在兽医临床上主要用于马、犬、猴等大、小动物的全身麻醉。应用时于麻醉前给予琥珀胆碱、地西泮做辅助麻醉及基础麻醉，以增强肌松效果，以便动物平稳地进入麻醉期，氟烷可与乙醚混合使用，以减轻两药的毒副作用，并有麻醉效力协调作用。

【注意事项】①氟烷价格较贵，多用于封闭式吸入麻醉；②诱导用4%～5%，维持用1.5%；③需特殊专用的蒸发器控制浓度。

【用法与用量】闭合式或半闭合式给药。牛用硫喷妥钠诱导麻醉后再用，一次量，每1kg体重，0.55～0.66mL（可持续麻醉1h）。马，一次量，每1kg体重，0.045～0.18mL（可持续麻醉1h）。犬、猫先吸入不含氟烷的70%氧化亚氮和30%氧，1min后，再加氟烷于上述合剂中，其浓度为0.5%，时间为30min，之后浓度逐渐增大到1%，约经过4min达到5%的浓度为止，此时氧化亚氮的浓度减至60%，氧的浓度为40%。犬、猫预先注射阿托品。

乙醚

【作用与应用】乙醚麻醉作用较弱。麻醉浓度的乙醚对呼吸和血压几乎无影响，对心、肝、肾毒性小，安全范围广，有较强的骨骼肌松弛作用。但是其作用后呼吸道分泌物增多，诱导期和苏醒期长，现在很少用。主要用于犬、猫等中小动物或实验动物等的全身麻醉。

【药物相互作用】①用于吸入麻醉时，合用肾上腺素或去甲肾上腺素可发生心律失常；②不宜与氧化亚氮和氧气混合应用，以免发生呼吸道灼伤；③吸入麻醉药与神经肌肉阻断药合用，可不同程度增加后者的神经阻断作用，故禁忌腹腔或静脉注射氨基糖苷类抗生素。

【注意事项】①乙醚开瓶后在室温中不能放置超过1d或冰箱内存放不能超过3d，氧化变质后不宜使用；②全麻前1h，皮下注射阿托品，以抑制呼吸道的过多分泌，并减少乙醚用量；③因其对肝的毒性及局部刺激性强，肝功能严重损害、急性上呼吸道感染的动物禁用；④过量麻醉可出现呼吸抑制，心机能紊乱；⑤本品有极易燃、易爆的危险性及空气污染等缺点，使用场所不可开放火焰或电火花。

【用法与用量】犬吸入乙醚前注射硫喷妥钠、硫酸阿托品（0.1mg/kg），然后用麻醉口罩吸入乙醚,直至出现麻醉体征。猫、兔、大鼠、蛙类、鸽、鸡等可直接吸入乙醚,直至出现麻醉体征。

异氟醚

【作用与应用】与氟烷相比较,异氟醚麻醉诱导平稳、快速,苏醒也快,肌肉松弛作用强。对呼吸和心血管系统的影响与氟烷相似;不增加心肌对儿茶酚胺的敏感性;反复应用对肝、肾无明显副作用;可触发恶性高热。临床可作为诱导或维持麻醉药,用于各种动物,如犬、猫、马、牛、猪、羊、鸟,动物园动物和野生动物。

2. 非吸入性麻醉药 非吸入性麻醉药是一类不经吸入而多数经静脉注射、肌内注射、腹腔麻醉、口服或直肠灌注给药产生麻醉效应的药物,其中静脉注射麻醉法因作用迅速、确实,是兽医临床常用的方法,所以又称静脉麻醉药。它的优点在于易于诱导,能加快麻醉第二期(兴奋期)的通过,快速进入外科麻醉期;操作简便,一般不需要特殊的麻醉装置;不污染环境,无易燃、易爆危险。但是这类药物不易控制有效剂量、麻醉深度及麻醉维持时间;用药过量不易排出和解毒;排泄慢,苏醒期较长。

硫喷妥

【作用与应用】本品具有高度亲脂性,属超短效巴比妥类药。静注后迅速抑制大脑皮层,快速呈现麻醉状态,无兴奋期。本品肌肉松弛作用差,镇痛作用很弱。能明显抑制呼吸中枢,抑制程度与用量、注射速递有关。能直接抑制心和血管运动中枢,血压下降。可通过胎盘屏障影响胎儿血液循环及呼吸。

本品主要用于各种动物的诱导麻醉和基础麻醉,单独应用仅使用于小手术,反刍动物在麻醉前需注射阿托品,以减少腺体分泌。用于对抗中枢兴奋药中毒、破伤风及脑炎等引起的惊厥。

【药物相互作用】磺胺异噁唑、乙酰水杨酸、保泰松等能置换取代本品与血浆蛋白的结合,提高游离药量和增强麻醉效果,过量时可引起中毒。阿片类药物会增强本品对呼吸的抑制作用,使其对二氧化碳的敏感性更降低。

【注意事项】①本品水溶性不稳定,所以应该现用现配,在室温下保持不超过 24h,如果溶液呈现深黄色或浑浊则不能使用;②药液只供静脉注射,不可漏出管外,否则易引起静脉周围炎症;③应用时,静脉注射速递不宜过快,剂量不宜过大;④本品易引起喉头和支气管痉挛,麻醉前宜给予阿托品;⑤心、肺功能不良的患病动物禁用,肝肾功能不全动物慎用;⑥过量引起呼吸和循环抑制时用戊四氮等解救;⑦休药期 1d。

【制剂、用法与用量】硫喷妥钠粉针剂。静脉注射:一次量,每 1kg 体重,马 7.5~11mg,牛 10~15mg,犊牛 15~20mg,猪、羊 10~25mg,犬、猫 20~25mg。临用时用注射用水或生理盐水配成 2.5% 溶液。

戊巴比妥

【作用与应用】临床用其钠盐,为中效含氧巴比妥类。能够抑制脑干网状结构上行激活系统产生镇静、催眠和麻醉作用。对呼吸和心血管系统有明显抑制作用。具有高度选择性,对丘脑新皮层通路无抑制作用,故无镇痛作用。苏醒时间长,一般需要 6~18h 才能完全恢复，猫可长达 24～72h。

本品主要用于中、小动物的全身麻醉，成年马、牛的复合麻醉，还可用作各种动物的镇静药、基础麻醉药、抗惊厥药及中枢兴奋药中毒的解救。

【药物相互作用】戊巴比妥与水合氯醛或硫喷妥钠配伍，也可与氯丙嗪、盐酸普鲁卡因等用于马、牛复合麻醉。

【注意事项】①用戊巴比妥钠麻醉的猫，给予氨基糖苷类抗生素可引起神经肌肉的阻断。新生幼猫不宜用其麻醉。②动物用本品麻醉后在苏醒前通常伴有动作不协调，兴奋和挣扎现象，应防止造成外伤。动物苏醒后，若静脉注射葡萄糖溶液能使动物重新进入麻醉状态。因此，当麻醉过量时禁用葡萄糖。③因麻醉剂量对呼吸呈明显抑制，故静脉注射时宜先以较快速度注入半量，然后视动物反应而缓慢注射。④肝肾功能不全的动物慎用。

【制剂、用法与用量】戊巴比妥钠注射剂。麻醉：静脉注射，一次量，每 1kg 体重，马、牛 15～20mg，羊 30mg，猪 10～25mg，犬 25～30mg；腹腔注射，一次量，每 1kg 体重，猪 10～25mg；肌内注射，一次量，每 1kg 体重，犬 25～30mg，临用前配成 3%～6% 溶液供注射。基础麻醉或镇静：肌内、静脉注射，每 1kg 体重，马、牛、羊、猪 5～15mg。

异戊巴比妥

【作用与应用】本品作用与苯巴比妥相似，小剂量可镇静、催眠，随剂量增加可产生抗惊厥和麻醉作用，作用时间与戊巴比妥相似。主要用于中、小动物的镇静药、基础麻醉药与抗惊厥药。不适于单用本品作为麻醉药，容易造成肺炎等并发症，而且在苏醒时易出现兴奋现象。

【药物相互作用】与其他镇静、催眠药合用能增强对中枢的抑制作用。

【注意事项】①苏醒时间长，动物手术后在苏醒期应该加强护理；②静脉注射不宜过快，否则可出现呼吸抑制或血压下降；③肝、肾、肺功能不全的患畜禁用；④本品中毒可用戊四氮等解救。

氯胺酮（开他敏）

【作用与应用】氯胺酮是典型的分离型麻醉药，能够阻断痛觉冲动向丘脑和新皮层的传导，产生抑制作用，同时又兴奋脑干和边缘系统，引起感觉和意识分离，这种双重效应称为分离麻醉。本品对中枢神经系统既能产生兴奋作用，又能产生抑制作用，即给药后表现为镇静、镇痛作用，但意识模糊，尚未完全消失，当给予外界刺激时能够觉醒并表现出意识反应。同时，因为肌肉张力增加而呈现木僵样，故又称为木僵样麻醉。此外本品也是唯一能够兴奋心血管的静脉麻醉药，心率加快，血压升高。对呼吸影响轻微。对肝、肾无影响，但是静注后可使转氨酶升高。还可使颅内压和眼内压升高。

本品主要用于马、牛、猪、羊及野生动物的基础麻醉、麻醉药及化学保定药（麻醉前给药有阿托品，复合麻醉可用氯丙嗪、赛拉嗪等）。

【药物相互作用】①氟烷减慢本品的分布和再分布，又抑制肝对本品的代谢，可延长作用时间；②巴比妥类药物或地西泮可延长本品的消除半衰期，延迟苏醒；③阿托品可消除本品所致唾液分泌过多、吞咽反射活跃等反应；④与肌松药有协同效应，但与三碘季铵酚合用时血压升高，心率加快；⑤普鲁卡因可增强本品的镇痛作用，并部分拮抗本品引起的升压效应，但大剂量普鲁卡因可加重本品的抑制作用；⑥与赛拉嗪合用能增强本品的作用并呈现肌松作用，利于进行外科手术。

【注意事项】①驴、骡对本品不敏感，禽用氯胺酮可致惊厥，故驴、骡、禽不宜使用氯胺酮；②反刍动物应用时，麻醉前常需禁食12～24h，并给予小剂量阿托品抑制腺体分泌，常与赛拉嗪合用，可得到较好的麻醉效果；③给马静脉注射时应缓慢；④对咽喉或支气管的手术或操作不宜单用本品，必须合用肌松药。

【制剂、用法与用量】盐酸氯胺酮注射液。静脉注射：一次量，每1kg体重，马、牛2～3mg，猪、羊2～4mg。肌内注射：每1kg体重，猪、羊10～15mg，熊8～10mg，鹿10mg，猴4～10mg，水貂6～14mg。

异丙酚（丙泊酚）

【作用与应用】临床常用其豆油、甘油和卵磷脂制成的水包油型乳剂。本品通过加强GABA效应抑制中枢神经系统，产生镇静、催眠、麻醉作用，起效快、作用时间短、苏醒快速；肌松作用较好，能抑制咽喉反射，有利于气管插管；可降低颅内压和眼内压；无镇痛作用；对循环系统有抑制作用，使全身血管阻力下降，引起血压下降；对呼吸系统有抑制作用，大剂量或注射速度过快可导致呼吸暂停。本品可以用作诱导麻醉药、维持麻醉药、镇静催眠药和癫痫症的治疗。

依托咪酯

【作用与应用】本品为GABA受体激动剂，通过加强GABA抑制效应而起催眠和抑制中枢神经系统作用，为强效、超短效诱导麻醉药。静脉注射后几秒内意识消失，持续作用时间5～10min；无镇痛作用，肌松作用较弱，故作诱导麻醉时需加镇痛药或肌松药。本品主要适用于快速静脉诱导麻醉。

【药物相互作用】与其他中枢神经系统抑制剂药（如巴比妥类、阿片类、全身麻醉药等）具有协同作用。

二、化学保定药

化学保定药（又称制动药）在不影响意识和感觉的情况下可使动物情绪转为平静和温顺，嗜睡或肌肉松弛，从而停止抗拒和各种挣扎，以达到类似保定的目的。本类药物广泛用于动物锯茸、运输、诊疗和外科手术，以及野生动物的捕捉与保定。

赛拉嗪（隆朋、二甲苯胺噻嗪）

【作用与应用】本品既是镇静药，又是镇痛药和肌肉松弛药，是一种强效 α_2 肾上腺素受体激动剂，与中枢神经系统突触前膜的 α_2 受体结合，并激动 α_2 受体，抑制突触前膜去甲肾上腺素的释放。其镇痛及镇静作用为中枢神经系统的抑制作用效果。由于中枢神经元之间的冲动传递被抑制，因而产生肌肉松弛作用。剂量增加，镇静、嗜睡作用加强，动物低头、流涎、舌肌松弛、针刺反应迟钝明显。该药的镇静作用强于镇痛作用；肌松作用比镇静作用维持时间短而消失快。

本品主要用于家畜和野生动物的化学保定及基础麻醉，也可用作猫、犬的催吐药。

【药物相互作用】①与水合氯醛、硫喷妥钠或戊巴比妥钠等中枢抑制药合用，可增强抑制效果；②可增强氯胺酮的镇痛作用，使肌肉松弛，并可拮抗其中枢兴奋反应；③与肾上腺素合用可诱发心律失常。

【注意事项】①马静脉注射宜慢，给药前可先注射小剂量阿托品，以防心传导阻滞；②牛用本品前用禁食一定时间，并注射阿托品，手术时应采取俯卧姿势，并将头放低，以防发生异物性肺炎及减轻瘤胃气胀压迫心肺；③对子宫有一定兴奋性，妊娠后期马、牛不宜应用；④犬、猫用药后可引起呕吐；⑤有呼吸抑制、心脏病、肾功能不全等症状的患畜慎用；⑥本品中毒可用 α_2 受体阻断药及 M 受体阻断药阿托品等解救；⑦休药期：牛、羊 14d，鹿 15d。

【制剂、用法与用量】盐酸赛拉嗪注射液。肌内注射：一次量，每 1kg 体重，马 1～2mg，牛 0.1～0.3mg，羊 0.1～0.2mg，犬、猫 1～2mg，鹿 0.1～0.3mg。

塞拉唑（静松灵、保定宁）

【作用与应用】作用与赛拉嗪基本相同，具有镇静、镇痛与中枢性肌肉松弛作用。本品静脉注射后 1min，肌内注射后 10～15min 呈现良好的镇痛和镇静作用，但种属差异较大。动物应用塞拉唑后表现精神沉郁，嗜睡，头颈下垂，阴茎脱出，站立不稳。头颈、躯干、四肢皮肤痛觉迟钝或消失，约 30min 开始缓解，1h 完全恢复。治疗剂量范围内，往往表现唾液增加、汗腺增多。另外，多数动物呼吸减慢、血压微降，可逐渐恢复。

本品主要用于家畜及野生动物的镇痛、镇静、化学保定和复合麻醉等。

【制剂、用法与用量】盐酸塞拉唑注射液。肌内注射：一次量，每 1kg 体重，马、骡 0.5～1.2mg，驴 1～3mg，黄牛、牦牛 0.2～0.6mg，水牛 0.4～1mg，羊 1～3mg，鹿 2～5mg。

实训六　全身麻醉药综合应用能力训练

姓名		班级		学号		实训时间	2 学时
技能目标	结合犬难产的典型事例，培养学生独立应用所学知识，认真观察、分析、解决问题，提高综合应用知识的能力						
任务描述	一只惠比特母犬，4 岁，出现生产迹象，坐立不安，不停地用前脚抓地板、垫子，一副做窝筑巢的动作。几小时后卧地不起，羊水破裂，并出现较强的努责动作，直至下午未见胎儿出生，主人带来就诊。经检查患犬精神沉郁，腹围较大，体温 37.2℃，体重 25.9kg，眼结膜充血。心率 96 次/min，呼吸次数为 23 次/min。用手指顺阴道探查，可触摸到胎儿头部。初步诊断该犬属胎儿过大引起难产。患犬虽生命体征平稳，但考虑羊水破裂，母犬虚弱，需采取剖腹手术治疗。依据上述病例，拟定一个合理的治疗方案						
关键要点	①根据手术需要，合理选择全身麻醉药，并确定合理的用药方案；②写出处方；③写出详细的给药途径、剂量和注意事项；④列出可能出现的并发症及抢救措施；⑤列出术后护理措施						
用药方案							

评价指标	考核依据	得分
	能熟练应用所学知识分析问题（20分）	
	制定药物处方依据充分，药物选择正确（20分）	
	给药方法、剂量和疗程合理（20分）	
	可能出现的麻醉并发症预判准确及抢救措施到位（20分）	
	术后护理措施得当（20分）	
教师签名		总分

知识拓展

吸入性麻醉在兽医临床的应用

麻醉是宠物手术中的必要环节，根据给药方式的不同全身麻醉可以分为吸入性麻醉和非吸入性麻醉两种。吸入性麻醉药多为挥发性液体，如乙醚、氟烷、异氟烷和恩氟烷等，此外还有氧化亚氮和环丙烷等气体性全身麻醉药。

一、吸入性麻醉的方式

1. 开放式吸入性麻醉　开放式吸入性麻醉比较简单，只需一个面罩或口筒即可进行麻醉。麻醉时先用凡士林涂于动物口、鼻周围，然后用盖有4~6层纱布的口罩将动物口、鼻罩住，周围用纱布或毛巾塞紧，再在口罩上点滴麻醉剂，使动物在吸气时吸入，此法仅适用于小动物。

2. 半密闭式麻醉　麻醉药蒸汽与氧气混合后被动物吸入呼吸道，而后进入动物体内。动物呼出的气体排到大气中。

3. 密闭式麻醉　利用密闭式循环麻醉机或特制设备使患病动物的呼吸与大气完全隔绝，吸入的氧气由人工供给，呼出的二氧化碳由特备的石灰罐中的钠石灰所吸收。本法可以完全控制呼吸，是目前吸入性麻醉比较理想的方法。

二、麻醉机的结构

麻醉机的主要结构由气源、蒸发器和呼吸环路三部分组成。

1. 气源　气源主要指供氧气或（和）氧化亚氮的储气设备，有钢瓶装压缩氧气和液态氧化亚氮，或中心供气源。经过压力调节器将压力减弱后，供给麻醉机使用。通过气体流量计调节新鲜气流量。

2. 蒸发器　蒸发器是能有效地将挥发性麻醉药液蒸发为气体，并能精确地调节麻醉药蒸气输出浓度的装置。蒸发器是麻醉机的核心部件，具有药物专用性，如安氟醚蒸发器、异氟醚蒸发器等。蒸发器多放置在呼吸环路之外，有独立的旁路供气系统。当开启挥发器时，旁路气流经过蒸发室，并携带麻醉药蒸汽与主气流混合后进入环路，使吸入浓度更为稳定。但快速充气时，因其不经过蒸发器，可将环路内麻醉药稀释而使吸入浓度降低。

3. 呼吸环路　呼吸环路将新鲜气体和麻醉药输送到患病动物的呼吸道内，并将动物呼出的气体排出到体外。根据动物体格，对有些部件提出不同要求，如储气囊最少要求潮气量的 3 倍，成年马为 20～30 倍，驹 5～7 倍；钠石灰罐在成年马要求容纳 4.5kg 容量，呼出气体通过 CO_2 吸收器将 CO_2 吸收后，部分或全部被再输送至患病动物呼吸道。应用密闭式呼吸环路，便于动物的呼吸管理，可行辅助或控制呼吸；呼出气体中的麻醉药可再利用，不仅显著节省麻醉药，而且减少环境污染；可保持吸入气体的温度和湿度接近生理状态。但结构较复杂，呼吸阻力较大。呼吸器用于控制患病动物在麻醉期间的呼吸，分为定容型和定压型两种，可设置或调节潮气量中每分钟通气量或气道压力、呼吸频率、吸：呼时间比等呼吸参数。有的还可设置呼气末正压，并可设置吸入氧浓度、每分钟通气量及气道压力的报警界限，以保证麻醉的安全性。

三、气管内插管术

气管内插管是将特制的气管导管，经口腔或鼻腔插入到患病动物的气管内。气管插管操作是吸入麻醉中的重要技术之一。依据动物种类可分为：直视插管法（多用于小动物）、盲目插管法（用于马属动物）和喉触摸插管法（用于大型反刍动物）。另外，气管插管要在麻醉前给药后，咽喉反射基本消失时进行。不正确的插管技术和插管管理不当都可导致各种副作用，如外伤、插管移位等，直接影响到心血管或呼吸系统，甚至使动物死亡。

吸入性麻醉可以很容易并迅速控制动物的麻醉深度，可以实现任意延长麻醉时间，此外还具有麻醉后苏醒快、对动物生理活动干扰少和麻醉副作用小等优点，越来越多地应用于兽医临床。

复习思考题

1）镇痛药与解热镇痛药在镇痛方面有什么不同之处？常用的镇痛药有哪些？

2）在动物因过劳、高热、中暑等导致急性心力衰竭时选用什么药物合适？咖啡因的作用机制是什么？

3）麻醉过程分为几期？一般的外科手术在哪一期进行？为什么？

（张德显）

第六章　外周神经系统药物

【学习目标】
　　1）了解局部麻醉方式，掌握普鲁卡因、利多卡因的作用特点与应用、注意事项。
　　2）了解传出神经系统药物的结构与功能，掌握拟胆碱药、抗胆碱药、拟肾上腺素药、抗肾上腺素药的作用特点与应用、注意事项，并能合理应用该类药物。
【概　　述】
　　作用于外周神经系统的药物包括传出神经系统药物和传入神经系统药物。传出神经系统的药物种类较多，临床应用广泛，常涉及对休克、心脏停搏、支气管哮喘、有机磷农药中毒、肠痉挛等多种疾病的治疗。但从其作用部位和作用机制来看，均作用于传出神经末梢的突触部位，通过影响突触传递的生理功能、生化过程而产生效应。其作用与刺激或阻断传出神经的效应基本类似。传入神经系统药物主要有局部麻醉药，能可逆地阻断神经冲动的传导、引起机体特定区域丧失感觉。

第一节　作用于传出神经的药物

一、肾上腺素能神经药

（一）拟肾上腺素药

　　拟肾上腺素药指能兴奋肾上腺素能神经的药物，包括：α 受体兴奋药，如去甲肾上腺素；α、β 受体兴奋药，如肾上腺素、麻黄碱；β 受体兴奋药，如异丙肾上腺素。异丙肾上腺素主要用于扩张支气管，故称支气管扩张药或平喘药，在兽医临床较少应用。

去甲肾上腺素

　　【理化性质】又名正肾素。药用其酒石酸盐，为白色或近乎白色结晶性粉末，无臭，味苦，遇光易变质。易溶于水，微溶于乙醇，在三氯甲烷、乙醚中不溶。在中性尤其是碱性溶液中，迅速氧化变色失活，在酸性溶液中较稳定。水溶液 pH 3.5。

　　【药动学】本品内服无效，皮下或肌内注射也很少吸收，一般采用静脉注射给药。本品入血后很快消失，较多分布于去甲肾上腺素能神经支配的心等器官及肾上腺髓质，不易通过血脑屏障。主要在肝代谢，大部分被儿茶酚氧位甲基转移酶（COMT）催化代谢成间甲去甲肾上腺素，其中一部分再经单胺氧化酶（MAO）脱胺形成 3- 甲氧 -4- 羟扁桃酸（VMA）。部分本品或间甲化合物可与葡萄糖醛酸或硫酸结合并随尿排出。由于本品在几天内迅速被摄取及代谢，故作用时间短暂。

　　【药理作用】本品主要激动 α 受体，对 β 受体的兴奋作用较弱，尤其对支气管平滑肌和血管上的 β_2 受体作用很小。对皮肤、黏膜血管和肾血管有较强收缩作用，但冠状血管扩张。对心作用较肾上腺素弱，使心肌收缩加强，心率加快，传导加速。小剂量滴注升压作用不明显，较大剂量时，收缩压和舒张压均明显升高。

【临床应用】神经源性休克、药物中毒等引起的休克的治疗。

【药物相互作用】与洋地黄毒苷同用，易致心律失常；与催产素、麦角新碱等合用，可增强血管收缩，导致高血压或外周组织缺血。

【不良反应】大剂量可引起心律失常、高血压。

【注意事项】限用于休克早期的应急抢救，并在短时间内小剂量静脉滴注，不宜长期大剂量使用；静脉滴注时严防药液外漏，以免引起局部组织坏死；禁用于器质性心脏病、高血压患畜。

【制剂、用法与用量】重酒石酸去甲肾上腺素注射液：1mL：2mg、2mL：10mg。静脉滴注：一次量，马、牛 8～12mg，羊、猪 2～4mg，临用前稀释成每 1mL 中含 4～8μg 药物的药液。

肾上腺素

【理化性质】又名副肾素、副肾碱。是由家畜肾上腺髓质中提取出的生物碱，也可人工合成。为白色或淡棕色轻质的结晶性粉末，无臭，味稍苦。遇空气及光易氧化变质。盐酸盐溶于水，在中性或碱性水溶液中不稳定。

【药动学】本品内服无效，因可被消化液破坏，同时由于其收缩局部血管作用，可降低黏膜的吸收能力，并且可在肝中迅速被酶代谢而失效。通常采用皮下或肌内注射，皮下注射由于其强烈收缩局部血管，只有约 10%～40% 可吸收入血液，故作用微弱。肌内注射时因收缩血管作用缓和，可呈现较强烈的吸收作用。静脉注射时作用更强烈，可用于紧急情况下，但必须稀释药液并减少用量。肌内注射时应注意勿使药液注入血管，以免发生危险。吸收后的肾上腺素，主要是由神经末梢回收和通过儿茶酚氧位甲基转移酶（COMT）与单胺氧化酶（MAO）的作用而失效。小量的肾上腺素及其代谢产物可与葡萄糖醛酸或硫酸结合，从尿排出。

【药理作用】肾上腺素能与 α 和 β 受体结合，其 α 作用和 β 作用都强，吸收作用主要表现为心跳加快、增强，血管收缩，血压上升，瞳孔散大，多数平滑肌松弛，括约肌收缩，血糖升高等。

1）对心的作用：由于肾上腺素激动了心的传导系统、窦房结与心肌上的 β_1 受体，表现出心兴奋性提高，使心肌收缩力、传导及心率明显增强。对离体心表现为正性肌力效应，表明本品使心室达到收缩顶峰的时间缩短。心搏出量与输出量增加，扩张冠状血管，改善心肌血液供应，呈现快速强心作用。但使心肌代谢增强，耗氧量增加，加之心肌兴奋性提高，此时若剂量过大或静注过快，可引起心律失常，出现期前收缩，甚至心室纤颤。

2）对血管的作用：肾上腺素对血管有收缩和舒张两种作用，这与体内各部位血管的受体种类不同有关。本品对以 α 受体占优势的皮肤、黏膜及内脏的血管产生收缩作用，而对以 β 受体占优势的冠状血管和骨骼肌血管则有舒张作用。

3）对平滑肌的作用：能松弛支气管平滑肌，特别是在支气管痉挛时作用更为明显，对胃肠道和膀胱的平滑肌松弛作用较弱，对括约肌有收缩作用。

4）对代谢的影响：肾上腺素活化代谢，增加细胞耗氧量。由于激活腺苷酸环化酶促进肝与肌糖原分解，使血糖升高，血中乳酸量增加。肾上腺素又有降低外周组织对葡萄糖摄取的作用。加速脂肪分解，血中游离脂肪酸增多，这是肾上腺素激活甘油三酯酶所致。

5）其他作用：肾上腺素能使马、羊等动物发汗，兴奋竖毛肌。收缩脾被膜平滑肌，使脾中贮备的红细胞进入血液循环，增加血液中红细胞数。肾上腺素还可兴奋呼吸中枢。

【临床应用】①常用于溺水、麻醉过度、一氧化碳中毒、手术意外及传染病等引起的心跳微弱或骤停；②过敏性疾病，如过敏性休克、荨麻疹、支气管痉挛等，对免疫血清和疫苗引起的过敏性反应也有效；③与局麻药配伍使用，延长麻醉时间，减少局麻药的毒性反应；④当鼻黏膜、子宫或手术部位出血时，可用纱布浸以 0.1% 的盐酸肾上腺素溶液填充出血处，以使局部血管收缩，制止出血。

【药物相互作用】碱性药物如氨茶碱、磺胺类的钠盐、青霉素钠（钾）等可使本品失效；某些抗组胺药如苯海拉明、氯苯那敏可增强其作用；酚妥拉明可拮抗本品的升压作用，普萘洛尔可增强其升压作用，并拮抗其兴奋心和扩张支气管的作用；强心苷可使心肌对本品敏感，合用易出现心律失常；与催产素、麦角新碱等合用，可增强血管收缩，导致高血压或外周组织缺血。

【不良反应】本品可诱发兴奋、不安、颤抖、呕吐、高血压（过量）、心律失常等，重复注射可引起局部坏死。

【注意事项】心血管器质性病变及肺出血的患畜禁用；使用时剂量不宜过大，静注时，应当稀释后缓慢静注；禁用于水合氯醛中毒的病畜，也不宜与强心苷、钙剂等具有强心作用的药物配伍应用；用于急救时，可根据病情将 0.1% 肾上腺素作 10 倍稀释后静注，必要时可作心内注射，并配合有效的人工呼吸等措施；注射液变色后不能使用。

【制剂、用法与用量】盐酸肾上腺素注射：0.5mL∶0.5mg、1mL∶1mg、5mL∶5mg。皮下注射：一次量，牛、马 2～5mL；猪、羊 0.2～1mL；犬 0.1～0.5mL。静脉注射：一次量，牛、马 1～3mL；猪、羊 0.2～0.6mL；犬 0.1～0.3mL。

麻黄碱

【理化性质】又名麻黄素。麻黄碱是从中药麻黄中提取的生物碱，已能人工合成。常用其盐酸盐，为白色针状结晶或结晶性粉末；无臭，味苦。易溶于水，溶于乙醇，在氯仿或乙醚中不溶。

【药动学】本品内服易吸收，皮下注射及肌内注射吸收更快，可通过血脑屏障进入脑脊液。不易被单胺氧化酶（MAO）等代谢，只有少量在肝内代谢脱去氨基，大部分以原型随尿排出，也可随乳汁排泄。

【药理作用】麻黄碱的作用与肾上腺素基本相同，但作用弱而持久。有较强的中枢兴奋作用。其 1%～2% 溶液有温和的缩血管作用，可减轻局部充血，消除肿胀，用于鼻炎。对平滑肌的作用比肾上腺素弱而持久，可内服或注射用于支气管哮喘。

【临床应用】用于治疗支气管哮喘。

【药物相互作用】与非甾体类抗炎药或神经节阻断剂同时应用可增加高血压发生的机会；碱化剂（如碳酸氢钠、枸橼酸盐等）可减少本品从尿中排泄，延长其作用时间；与强心苷类药物合用，可致心律失常；与巴比妥类同用时，后者可减轻本品的中枢兴奋作用。

【注意事项】哺乳期家畜禁用；对肾上腺素、异丙肾上腺素等拟肾上腺素类药过敏的动物，对本品也过敏；不可与可的松、巴比妥类及硫喷妥钠合用。

【制剂、用法与用量】盐酸麻黄碱片：25mg。内服：一次量，马、牛 0.05～0.3g，羊、猪 0.02～0.05g，犬 0.01～0.03g。盐酸麻黄碱注射液（0.03g：1mL，0.15g：5mL）皮下或肌内注射：一次量，牛、马 50～300mg，猪、羊 20～30mg，犬 10～30mg。

（二）抗肾上腺素药

抗肾上腺素药又称肾上腺素受体阻断药。此类药能与肾上腺素受体结合，阻碍去甲肾上腺素能神经递质或外源性拟肾上腺素药与受体结合，从而产生抗肾上腺素作用。抗肾上腺素药根据药物对受体选择性的不同，可分为 α 型抗肾上腺素药（α 型受体阻断剂）和 β 型抗肾上腺素药（β 型受体阻断剂）。前者如酚苄明、酚妥拉明，具有高度选择性阻断 α 受体效应，可缓解血管痉挛，改善微循环。可用于休克症的治疗。后者如心得安等，具有高度选择性阻断 β 受体效应，可减弱心收缩力，减慢心率，可用于治疗多种原因引起的心律失常。此外，还有些药物也具有抗肾上腺素药的作用，如氯丙嗪等。抗肾上腺素药在兽医临床应用较少，在人医临床应用较多。

酚妥拉明

【理化性质】又名甲苄胺唑啉、利其丁、瑞支亭。白色或类白色结晶性粉末；无臭，味苦。在水或乙醇中易溶。

【药理作用】为 α_1、α_2 受体阻滞剂，对 α_1 受体的阻断作用表现出血管舒张、血压下降、肺动脉压与外周阻力下降的作用。同时出现心收缩力增强、心率加快、心输出量增加的心兴奋效应。心的兴奋性一方面是因血管舒张、血压下降，由此引起的反射性交感神经兴奋而使末梢释放的递质增加，同时也与阻断 α_2 受体促进递质释放有关。另外，还具有拟胆碱作用，表现为胃肠平滑肌张力增强。

【临床应用】主要用于犬休克治疗，但必须补充血容量。

【药物相互作用】与去甲肾上腺素合用可增强疗效。

【不良反应】副作用有直立性低血压、瘙痒、恶心、呕吐等。

【注意事项】忌与铁剂配伍；低血压、严重动脉硬化、心器质性损害、肾功能减退者忌用。

【制剂、用法与用量】甲基磺酸酚妥拉明注射液：5mg：1mL、10mg：1mL。静脉滴注：一次量，犬、猫 5mg，临用前用 5% 葡萄糖注射液 100mL 稀释。

普萘洛尔

【理化性质】又名心得安。本品为等量的左旋和右旋异构体混合而得的消旋体。药用其盐酸盐，为白色结晶性粉末，易溶于水。

【药动学】口服后胃肠道吸收较完全（90%），1～1.5h 血药浓度达峰值，但进入全身血液循环前即有大量被肝代谢而失活，生物利用度为 30%。与血浆蛋白的结合率很高，为 93%，半衰期为 2～3h，经肾排泄，主要为代谢产物，小部分（<1%）为原型物。

【药理作用】本品有较强的肾上腺素 β 受体阻断作用，但对 β_1、β_2 受体的选择性较低，且无内在拟交感活性。可阻断心的 β_1 受体，抑制心的收缩力与房室传导，减慢心率、循环血流量减少、血压降低、心肌耗氧量降低。阻断平滑肌 β_2 受体，表现支气管和血管收缩。另外，本品又具有防止肾上腺素所致高血糖反应及 β 受体激动药所致的胰岛素分泌反应；还能降低肾上腺素释放、抑制血小板凝集等作用。

【临床应用】主要用于抗心律失常，如犬心节律障碍——早搏；猫不明原因的心肌疾患。

【制剂、用法与用量】心得安片：10mg。内服：一次量，马 150～350mg/450kg，犬 5～40mg，猫 2.5mg，3 次 /d，用于治疗多种原因所致的心律失常。盐酸普萘洛尔注射液：5mL：5mg。静脉注射：一次量，马 5.6～17mg/100kg（2 次 /d），犬 1～3mg（以 1mg/min 速度注入），猫 0.25mg（稀释于 1mL 生理盐水中注入）。

二、胆碱能神经药

（一）拟胆碱药

拟胆碱药包括能直接与胆碱受体结合产生兴奋效应的药物，即胆碱受体激动药（如氨甲酰甲胆碱等）及通过抑制胆碱酯酶活性，导致乙酰胆碱蓄积，间接引起胆碱能神经兴奋效应的药物——抗胆碱酯酶药（如新斯的明等）。本类药物一般能使心率减慢、瞳孔缩小、血管扩张、胃肠蠕动及腺体分泌增加等。临床上可用于胃肠弛缓、肠麻痹等疾病。过量中毒时可用抗胆碱药（如阿托品等）解救。

氨甲酰胆碱

【理化性质】又名碳酰胆碱，卡巴可。本品为人工合成的胆碱酯类，为无色或淡黄色小棱柱形结晶或结晶性粉末，有潮解性。极易溶于水，难溶于乙醇，在丙酮或醚中不溶。耐高温，煮沸也不易破坏。

【药理作用】本品直接兴奋 M 受体和 N 受体，并促进胆碱能神经末梢释放乙酰胆碱发挥作用。本品是胆碱酯类中作用最强的一种，性质稳定（因其酸性部分不是乙酸而是氨甲酸，氨甲酸酯不易被胆碱酯酶水解），作用强而持久，尤其对腺体及胃肠、膀胱、子宫等平滑肌器官作用强，小剂量即可促使消化液分泌，加强胃肠蠕动，促进内容物迅速排出，增强反刍动物的反刍机能，对心血管系统作用较弱。一般剂量对骨骼肌无明显影响，但大剂量可引起肌束震颤、麻痹。

【临床应用】临床可用于治疗胃肠蠕动减弱的疾病，如胃肠弛缓、肠便秘、胃肠积食、子宫弛缓、胎衣不下及子宫蓄脓等。

【不良反应】本品作用强烈而广泛，选择性差，较大剂量可引起腹泻、血压下降、呼吸困难、心传导阻滞等。

【注意事项】禁用于老年、瘦弱、妊娠、心肺疾患及机械性肠梗阻等患畜；应皮下注射，禁止肌内注射和静脉注射；中毒时可用阿托品进行解毒，但效果不理想；本品毒性较大，为避免不良反应，可将一次剂量分作 2 或 3 次注射，每次间隔 30min 左右。

【制剂、用法与用量】氯化氨甲酰胆碱注射液：1mL：0.25mg，5mL：1.25mg。皮下注射：一次量，马、牛 1～2mg，猪、羊 0.25～0.5mg，犬 0.025～0.1mg。治疗前胃弛缓用量：一次量，牛 0.4～0.6mg，羊 0.2～0.3mg。

氨甲酰甲胆碱

【理化性质】又名比赛可灵、乌拉胆碱。本品为白色结晶或结晶性粉末；稍有氨味，易潮解，极易溶于水，易溶于乙醇，不溶于氯仿和乙醚；密封保存。

【药理作用】本品直接作用于 M 胆碱受体，表现 M 样作用。其特点是对胃肠、子宫、膀胱和虹膜平滑肌作用较强，在体内不易被胆碱酯酶水解，作用可持续 3～4h；对循环系统的影响较弱。中毒时可用阿托品进行快速解毒，故临床应用较安全。

【临床应用】主要用于胃肠弛缓（前胃弛缓、肠弛缓），也可用于治疗便秘疝、术后肠管麻痹及产后子宫复旧不全、胎衣不下、子宫蓄脓等。

【注意事项】同氨甲酰胆碱。

【制剂、用法与用量】氯化氨甲酰甲胆碱注射液：1mL：2.5mg、1mL：5mg、1mL：20mg。皮下注射：一次量，马、牛 0.05～0.1mg /kg，犬、猫 0.25～0.5mg/kg。

毛果芸香碱

【理化性质】又名匹鲁卡品。本品是从毛果芸香属植物中提取的一种生物碱，现已能人工合成。其硝酸盐为白色结晶性粉末，易溶于水，水溶液稳定。遮光密闭保存。

【药理作用】本品为 M 受体激动药，可引起全部 M 样作用。其特点是对多种腺体、胃肠道平滑肌和眼虹膜括约肌有强烈的兴奋作用。用药后表现为唾液腺、泪腺、支气管腺体、胃肠腺体分泌加强和胃肠蠕动加快，促进粪便排出；使眼虹膜括约肌收缩，瞳孔缩小；对心血管系统及其他器官的影响比较小，一般不引起心率减慢和血压下降。

【临床应用】本品可用于治疗大动物不全阻塞性肠便秘、胃肠弛缓、手术后肠麻痹、猪食道梗塞等。用 0.5%～2% 的毛果芸香碱溶液点眼缩瞳，并配合扩瞳药阿托品交替使用，治疗虹膜炎或周期性眼炎，防止虹膜与晶状体粘连。

【不良反应】易致支气管腺体分泌增加和支气管平滑肌收缩加强而引起呼吸困难和肺水肿，主要表现为流涎、呕吐和出汗等。

【注意事项】治疗马肠便秘时，用药前要大量饮水、补液，并注射安钠咖等强心剂，防止因用药引起脱水等；本品易引起呼吸困难和肺水肿，用药后应加强护理，必要时采取对症治疗，如注射氨茶碱扩张支气管或注射氯化钙制止渗出等；禁止用于体弱、妊娠、患心肺疾病的动物和完全阻塞的便秘；发生中毒时，可用阿托品解救。

【制剂、用法与用量】硝酸毛果芸香碱注射液：1mL：30mg、5mL：150mg。皮下注射：一次量，马、牛 30～300mg，猪 5～50mg，羊 10～50mg，犬 3～20mg。兴奋瘤胃：牛 40～60mg。

新斯的明

【理化性质】又名普洛色林、普洛斯的明。本品系人工合成的二甲氨甲酸酯类药物。本品为白色结晶性粉末，无臭、味苦，有引湿性。极易溶于水（1：0.5），易溶于乙醇（1：8），应遮光密闭保存。

【药动学】本品口服难吸收，且不规则。不易通过血脑屏障，滴眼也不易通过角膜。与血浆蛋白结合率达 15%～25%。体内部分药物被血浆胆碱酯酶水解，部分在肝代谢经胆道排出。

【药理作用】本品能可逆地抑制胆碱酯酶的活性，使乙酰胆碱在体内蓄积，兴奋M、N受体，表现M样、N样作用，并能直接兴奋骨骼肌运动终板处的N_2胆碱受体，促进运动神经末梢释放乙酰胆碱。其特点是对骨骼肌的兴奋作用最强；对胃肠道和膀胱平滑肌作用较强；对各种腺体、心血管系统、支气管平滑肌和眼虹膜括约肌作用较弱；对中枢作用不明显。

【临床应用】主要用于重症肌无力；术后腹胀或尿潴留；子宫复旧不全和胎衣不下；箭毒中毒；牛、羊前胃弛缓或马肠道弛缓等。研究报道，新斯的明等抗胆碱酯酶药对眼镜蛇毒素引起的神经毒性有对抗作用。

【药物相互作用】本品可延长及加强氯化琥珀胆碱的肌肉松弛作用；与非去极化型肌松药（如箭毒、三碘季铵酚等）有拮抗作用。

【不良反应】治疗剂量副作用较小，过量可引起出汗、心动过缓、肌肉震颤或肌麻痹。

【注意事项】腹膜炎、肠道或尿道机械性阻塞、胃肠完全阻塞或麻痹、支气管哮喘、痉挛疝患畜及孕畜等禁用；中毒者可用阿托品或硫酸镁解救。

【制剂、用法与用量】甲硫酸新斯的明注射液：1mL∶0.5mg、1mL∶1mg、5mL∶5mg、10mL∶10mg。皮下或肌内注射：一次量，马4～10mg，牛4～20mg，猪、羊2～5mg，犬0.25～1mg。

（二）抗胆碱药

抗胆碱药又称胆碱受体阻断药。此类药物能与胆碱受体结合，从而阻断胆碱能神经递质或外源性拟胆碱药与受体结合，产生抗胆碱作用。本类药物依据作用部位可分为M胆碱受体阻断药（如阿托品、东莨菪碱）、N胆碱受体阻断药（如琥珀胆碱、筒箭毒碱）和中枢性抗胆碱药。兽医临床上目前应用的主要是前两种药物，N胆碱受体阻断药表现为骨骼肌松弛作用，兽医临床用作化学保定药。

阿托品

【理化性质】阿托品是从茄科植物颠茄等提取的生物碱，现可人工合成。其硫酸盐为无色结晶或白色结晶性粉末。无臭，味极苦。在水中极易溶解，乙醇中易溶。水溶液久置、遇光或碱性药物易变质，应遮光密闭保存。注射剂pH 3～6.5。

【药动学】本品内服易吸收，吸收后迅速分布于全身各组织；能通过胎盘屏障、血脑屏障；在体内大部分被酶水解，少部分以原型随尿排出。滴眼时，作用可持续数天，这可能是通过房水循环消除较慢所致。给予阿托品后，其迅速从血中消失，约80%经尿排出，其中原型占30%以上，粪便、乳汁中仅有少量阿托品。

【药理作用】阿托品药理作用广泛，对M受体选择性高，竞争性与M受体相结合，使受体不能与乙酰胆碱（Ach）或其他拟胆碱药结合，从而阻断了M受体功能，表现出胆碱能神经被阻断的作用。当剂量很大，甚至接近中毒量时，也能阻断神经节N_1受体。阿托品的作用性质、强度取决于剂量及组织器官的机能状态和类型。

1）对平滑肌的作用：阿托品对胆碱能神经支配的内脏平滑肌具有松弛作用，一般对正常活动的平滑肌影响较小，当平滑肌过度收缩或痉挛时，松弛作用极显著。对胃肠道、输尿管平滑肌和膀胱括约肌松弛作用较强，但对支气管平滑肌松弛作用不明显。对子宫平滑肌一般无效。对眼内平滑肌的作用是使虹膜括约肌和睫状肌松弛，表现为散瞳、眼内压升高和调节麻痹。

2）对腺体的作用：阿托品可抑制多种腺体分泌，唾液腺与汗腺对阿托品极敏感。小剂量能使唾液腺、气管腺及汗腺（马除外）分泌减少，引起口干舌燥、皮肤干燥和吞咽困难等；较大剂量可减少胃液分泌，但对胃酸的分泌影响较小（因胃酸受体液因素胃泌素的调节）；对胰腺、肠液等分泌影响很小。

3）对心血管系统作用：阿托品对正常心血管系统并无明显影响。治疗剂量阿托品对血管和血压无显著的影响，这可能与多数血管缺乏胆碱能神经支配有关。大剂量阿托品可直接松弛外周与内脏血管平滑肌，扩张外周及内脏血管，解除小血管的痉挛，增加组织血流量，改善微循环。另外，较大剂量阿托品还可解除迷走神经对心的抑制作用，对抗因迷走神经过度兴奋所致的传导阻滞及心律失常，使心率增加和传导加速。这是因为阿托品能阻断窦房结的 M 受体，提高窦房结的自律性，缩短心房不应期，促进心房内传导。阿托品对心的作用与动物年龄有关，如幼犬反应比成年犬弱；幼驹或犊牛心活动的加强，需要阿托品的剂量往往要比成畜大 0.75～1 倍。

4）对中枢神经系统作用：大剂量阿托品有明显的中枢兴奋作用，可兴奋迷走神经中枢、呼吸中枢、大脑皮层运动区和感觉区，对治疗感染性休克和有机磷中毒有一定的意义。中毒量时，大脑和脊髓强烈兴奋，动物表现兴奋不安、运动亢进、不协调、肌肉震颤，随后转为抑制、昏迷，终因呼吸肌麻痹窒息而死。毒扁豆碱可对抗阿托品的中枢兴奋作用。

【临床应用】用于胃肠痉挛、肠套叠等，以调节胃肠蠕动。制止腺体分泌，用于麻醉前给药，以防腺体分泌过多而引起呼吸道堵塞或误咽性肺炎。用于有机磷中毒和拟胆碱药中毒的解救；另外，对洋地黄中毒引起的心动过缓和房室传导阻滞有一定防治作用。大剂量时用于治疗失血性休克及中毒性菌痢、中毒性肺炎等并发的休克。作散瞳剂，以 0.5%～1% 溶液或 3%～4% 的眼膏点眼，防止虹膜与晶状体粘连，用于治疗虹膜炎、周期性眼炎及进行眼底检查。

【药物相互作用】本品可增强噻嗪类利尿药、拟肾上腺素药物的作用；可加重双甲脒的某些毒性症状，引起肠蠕动的进一步抑制。

【不良反应】本品副作用与用药目的有关，其毒性作用往往是使用过大剂量或静脉注射速度过快所致；在麻醉前给药或治疗消化道疾病时易致肠膨胀、瘤胃臌胀、便秘等。

【注意事项】阿托品抑制腺体分泌可引起口干、皮肤干燥等不良反应，一般停药后可自行消失。当用阿托品治疗消化道疾病时，因其抑制平滑肌的作用，易继发胃肠臌气、便秘等，尤其是消化道内容物多时，加之饲料过度发酵，更易造成胃肠过度扩张乃至胃肠破裂。大剂量使用阿托品可引起中毒，各种家畜对阿托品的敏感性存在种间差异，一般肉食动物敏感性高。中毒表现为口腔干燥、瞳孔散大、脉搏呼吸加快、肌肉震颤、兴奋不安等，严重时体温下降、昏迷、运动麻痹，甚至窒息死亡。用毛果芸香碱等拟胆碱药解救，结合使用镇静药、抗惊厥药等对症治疗。

【制剂、用法与用量】硫酸阿托品注射液：1mL：0.5mg、2mL：1mg、1mL：5mg。肌内、皮下或静脉注射：一次量，麻醉前给药，马、牛、羊、猪、犬、猫 0.02～0.05mg/kg；解除有机磷酸酯类中毒，马、牛、羊、猪 0.5～1mg/kg，犬、猫 0.1～0.15mg/kg，禽 0.1～0.2mg/kg。硫酸阿托品片（0.3mg），内服：一次量，犬、猫 0.02～0.04mg/kg。

东莨菪碱

【理化性质】东莨菪碱是从洋金花、颠茄、莨菪等植物中提取的一种生物碱。常用其氢溴酸盐，为无色结晶或白色结晶性粉末，无臭，微有风化性。易溶于水，略溶于乙醇，微溶于三氯甲烷，难溶于乙醚。

【药动学】本品为叔胺类生物碱，易从胃肠道吸收，广泛分布于全身组织，可通过血脑屏障和胎盘屏障，主要在肝代谢。

【药理作用】本品作用与阿托品相似。扩大瞳孔、抑制腺体分泌作用较阿托品强，对心血管、支气管和胃肠道平滑肌的作用较弱。中枢作用与阿托品不同，既有种属差异，又与剂量密切相关。如对犬、猫小剂量呈现中枢抑制作用，大剂量产生兴奋作用，而对马属动物均表现为兴奋作用。

【临床应用】用于胃肠道平滑肌痉挛、腺体分泌过多等。

【药物相互作用】参见阿托品。

【不良反应】马属动物常出现中枢兴奋；用药动物可引起胃肠蠕动减弱、腹胀、便秘、尿潴留、心动过速。

【注意事项】马属动物慎用；心律失常、慢性支气管炎患畜慎用。

【制剂、用法与用量】氢溴酸东莨菪碱注射液：1mL：0.3mg、1mL：0.5mg。皮下注射：一次量，牛 1～3mg，羊、猪 0.2～0.5mg。

第二节 局部麻醉药

局部麻醉药（简称局麻药）是主要作用于局部、能可逆地阻断神经冲动的传导、引起机体特定区域丧失感觉的药物。局麻药对其所接触到的神经，包括中枢和外周神经都有阻断作用，使兴奋阈升高，动作电位降低，传递速度减慢，不应期延长，直至完全丧失兴奋性和传导性。此时神经细胞膜保持正常的静息跨膜电位，任何刺激都不能引起去极化，故名非去极化型阻断。局麻药在较高浓度时也能抑制平滑肌及骨骼肌的活动。局麻作用是可逆的，对组织无损伤。

普鲁卡因

【理化性质】又名奴佛卡因。属于对氨基苯甲酸酯类短效局部麻醉药，其盐酸盐为白色粉末，无臭、味微苦、有麻木感，易溶于水，水溶液呈酸性，不稳定，遇光、久贮、受热后效力下降，颜色变黄，故应遮光、密封保存。

【药动学】本品吸收快，吸收后大部分与血浆蛋白暂时结合，而后逐渐分离、分布到全身。组织和血浆中的假性胆碱酯酶可将其迅速水解，生成二乙胺基乙醇和对氨基苯甲酸（PABA），进一步代谢后随尿排出。二乙胺基乙醇有微弱局麻作用。

【药理作用】本品对组织无刺激性，但对黏膜的穿透力及弥散性较弱。本品吸收后主要对中枢神经系统与心血管系统产生作用，小剂量表现轻微中枢抑制，大剂量时出现兴奋，能降低心的兴奋性和传导性。低浓度缓慢静脉滴注时具有镇静、镇痛、解痉作用。

【临床应用】临床上主要用于动物的局部麻醉和封闭疗法。还可治疗马痉挛疝、狗瘙痒症及某些过敏性疾病等。

【药物相互作用】在每100mL盐酸普鲁卡因药液中加入0.1%盐酸肾上腺素溶液0.2~0.5mL，可延长药效1~1.5h；禁止与磺胺类药物、洋地黄、抗胆碱酯酶药、肌松药、巴比妥类、碳酸氢钠、氨茶碱、硫酸镁等合并使用；与青霉素形成盐可延缓青霉素的吸收。

【不良反应】用量过大、浓度过高时，吸收后对中枢神经产生毒性作用。表现先兴奋后抑制，甚至造成呼吸麻痹等。

【注意事项】不宜静脉注射；不宜作表面麻醉；硬脊膜外麻醉和四肢环状封闭时，不宜加入肾上腺素；剂量过大可出现吸收作用，可引起中枢神经系统先兴奋、后抑制的中毒症状，应对症治疗；马对本品比较敏感。

【制剂、用量与用法】盐酸普鲁卡因注射液：5mL：0.15g、10mL：0.3g、50mL：1.25g、50mL：2.5g。浸润麻醉：常用0.5%~1%溶液，多加入盐酸肾上腺素以延长麻醉时间。传导麻醉：常用2%~4%溶液，大动物每个部位注入10~20mL，小动物2~5mL，也宜加入适量盐酸肾上腺素。椎管内麻醉：牛、马硬膜外麻醉时可注入3%溶液30~60mL（腰荐），不宜加肾上腺素。封闭疗法：局部封闭时，用0.5%盐酸普鲁卡因溶液50~100mL，注入炎症、创伤、溃疡组织周围，可与青霉素配伍使用。静脉注射：用0.25%盐酸普鲁卡因溶液，按1mL/kg给药，可用于治疗肠痉挛等，能缓解疝痛，制止烧伤引起的疼痛。

利多卡因

【理化性质】又名昔罗卡因。本品属于酰胺类中效局部麻醉药，其盐酸盐为白色结晶性粉末，无臭、味苦、有麻木感，易溶于水和乙醇，水溶液稳定，可高压灭菌，应密闭保存。

【药动学】本品易被吸收。表面或注射给药，1h内有80%~90%被吸收，与血浆蛋白暂时性结合率为70%。进入体内大部分先经肝微粒体酶降解，再进一步被酰胺酶水解，最后随尿排出，少量出现在胆汁中，10%~20%以原型随尿排出。能透过血脑屏障和胎盘屏障。

【药理作用】本品对组织的穿透力及弥散性强，可作表面麻醉。本品大剂量静脉注射能抑制心室的自律性、影响房室传导。

【临床应用】主要用于动物各种方式的局部麻醉和封闭疗法；也可用于治疗心律失常，静注可治疗室性心动过速。

【药物相互作用】与西咪替丁、心得安合用可增强利多卡因的药效；与其他抗心律失常药物合用可增加本品的心毒性。

【不良反应】常用量不良反应少见，有时出现短时的恶心、呕吐；过量的不良反应主要有嗜睡、共济失调、肌肉震颤等；大量吸收后可引起中枢兴奋如惊厥，甚至发生呼吸抑制。

【注意事项】患有严重心传导阻滞的动物禁用；肝、肾功能不全及慢性心力衰竭动物慎用；本品硬膜外麻醉和静脉注射时不可加肾上腺素；剂量过大可出现吸收作用，可引起中枢神经系统先兴奋、后抑制的中毒症状，应对症治疗。

【制剂、用量与用法】盐酸利多卡因注射液：5mL：0.1g、10mL：0.2g、10mL：0.5g、20mL：0.4g、20mL：1.0g。表面麻醉：用2%~4%溶液作黏膜表面麻醉，多用于咽喉表面麻醉。浸润麻醉：用 0.25%～0.5% 溶液，可加入盐酸肾上腺素。传导麻醉：用 2% 溶液加入盐酸肾上腺素，大动物每点注入 7mL，总量不超过 50mL。硬膜外麻醉：牛、马用 2% 溶液 10～12mL，犬用 2% 溶液 1～10mL，猫用 2% 溶液 2mL，均可加入适量盐酸肾上腺素。

<h2 style="text-align:center">丁卡因</h2>

【理化性质】又名的卡因、潘托卡因。其盐酸盐为白色结晶或结晶性粉末；无臭、味微苦，舌有麻感，有吸湿性，易溶于水、乙醇，不溶于乙醚或苯。

【药动学】本品为长效酯类局麻药，脂溶性高，组织穿透力强，局麻作用比普鲁卡因强 10 倍，麻醉维持时间长达 3h 左右，但出现麻醉的潜伏期较长，5～10min，毒性较普鲁卡因大 10～12 倍。

【药理作用】局部麻醉作用。

【临床应用】临床上常用于表面麻醉及硬膜外腔麻醉，如滴眼、喷喉、泌尿道黏膜麻醉等。

【药物相互作用】药液中也可加 0.1% 盐酸肾上腺素，一般每 3mL 药液中加 1 滴，可延长麻醉时间。

【不良反应】大剂量可致心传导系统抑制。

【注意事项】本品毒性大，作用慢，一般不宜用作浸润麻醉和传导麻醉；药液中宜加入 0.1% 盐酸肾上腺素。

【制剂、用法与用量】盐酸丁卡因注射液：5mL：50mg。0.5%～1% 等渗溶液滴眼用于眼科表面麻醉；1%～2% 溶液用于鼻、喉头喷雾或气管内插管用；0.1%～0.5% 溶液用于泌尿道黏膜麻醉；0.2%～0.3% 溶液用于硬膜外腔麻醉，最大剂量不超过 1～2mg/kg。

<h1 style="text-align:center">实训七　制定奶牛肠痉挛疾病用药方案</h1>

姓名		班级		学号		实训时间	2 学时
技能目标		结合肠痉挛典型案例，培养学生独立应用所学知识，认真观察、分析、解决问题，提高综合应用知识的能力					
任务描述		2013 年 10 月 6 日晚间，某乡镇曹某一头奶牛忘记牵回舍内，起床后发现奶牛前肢刨地，后肢踢腹，卧地滚转，随来就诊。症见该牛极度不安，回头望腹；食欲、反刍停止；磨牙，不时起卧；肠音亢进，有时两三米外可以听到肠鸣音；呈现间歇腹痛，5～10min 一次；排粪次数增多，不断排出稀软、水样粪便。经病史调查和临床表现，确诊为肠痉挛。 　　依据上述病例，拟定一个合理的奶牛肠痉挛疾病的治疗方案					
关键要点		①根据以上表现，合理确定治疗原则；②根据疼痛程度，确定合理的联合用药和重复用药方案；③写出处方；④写出详细的给药途径、剂量和注意事项；⑤列出解痉镇痛药的使用方法及如何加强饲养管理					
用药方案							

评价指标	考核依据	得分
	能熟练应用所学知识分析问题（25分）	
	制定药物处方依据充分，药物选择正确（25分）	
	给药方法、剂量和疗程合理（25分）	
	临床注意事项明确（25分）	
教师签名		总分	

知识拓展

一、传出神经药系统药物

（一）传出神经系统的结构和功能

传出神经系统包括植物神经系统和运动神经系统两部分。植物神经自中枢发出后，都要经过神经节中的突触更换神经元，然后才能到达所支配的效应器。因此，植物神经有节前纤维和节后纤维之分。植物神经又可分为交感神经和副交感神经两种。交感神经主要起源于脊髓的胸腰段，在交感神经链，或腹腔神经节，或肠系膜神经节更换神经元，然后到达所支配的组织器官。副交感神经主要起源于中脑、延髓和脊髓的骶部，在效应器附近或效应器内的神经节更换神经元，然后到达所支配的组织器官。因此与交感神经相比，副交感神经节前纤维较长，节后纤维较短。交感与副交感神经在大多数组织器官中是同时分布的（肾上腺髓质例外，它只受交感神经节前纤维支配），而生理功能则是相互制约而协调地维持组织器官的正常机能活动的。运动神经自中枢神经发出后，中途不需要更换神经元就可以直接到达所支配的骨骼肌，因此，无节前纤维与节后纤维之分。植物神经分布如图6-1所示。

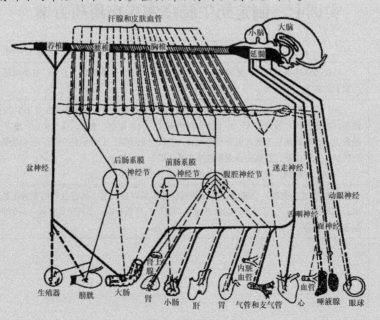

图 6-1 植物神经分布示意图（引自林庆华，1987）

（二）传出神经的传递特点

神经元是神经组织的功能单位，由胞体和突起两部分组成。一个神经元的突起与另一个神经元的胞体发生接触而进行信息传递的接触点称为突触。神经末梢到达效应器官与效应细胞相接触时，其结构与突触极为相似，称为接点（如神经肌肉接头）。突触由突触前膜、突触间隙和突触后膜三部分组成。突触前膜神经末梢内含有许多线粒体和大量的囊泡，线粒体内有合成递质的酶类，囊泡内含有递质（图6-2）。当神经冲动到达突触前膜时，膜对Ca^{2+}的通透性增加，Ca^{2+}进入神经末梢内与ATP协同作用，促进突触膜上的微丝收缩，使突触囊泡接近突触前膜。接触的结果，使突触囊泡膜与突触前膜相接处的蛋白质发生构型改变，继而出现裂孔，神经递质经裂孔进入突触间隙。递质通过突触间隙即与突触后膜上的受体结合，改变突触后膜对离子的通透性。使突触后膜的电位发生变化，从而改变交触后膜的兴奋性。如果递质使突触后膜对Na^+的通透性增加，则使膜电位降低，出现去极化，并进一步发展为反极化（即膜内为正电荷，膜外为负电荷），引起突触后神经元或效应细胞兴奋；如果递质使突触后膜对K^+和Cl^-的通透性增加，则使Cl^-进入膜内，K^+透出膜外，结果膜内负电荷和膜外正电荷都增加，出现超极化，引起突触后神经元或效应细胞抑制。

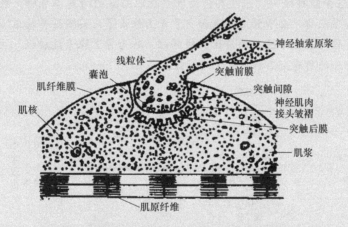

图6-2 运动神经末梢的超微结构（引自林庆华，1987）

（三）传出神经的化学递质及药理学分类

从上述可知，所有的传出神经纤维，不论是运动神经，还是植物神经，在传递信息上都具有一个共同的特点，就是当神经冲动到达神经末梢，便释放出某种化学递质，通过递质再作用于次一级神经元或效应器而完成传递过程。然后递质很快被其特异性酶所破坏或被神经末梢再摄入（如乙酰胆碱被胆碱酯酶分解破坏；去甲肾上腺素和肾上腺素可被单胺氧化酶和儿茶酚胺氧位甲基转移酶分解破坏或被再摄入），而使其作用消失。就目前所知，传出神经末梢释放的化学递质有两类：一类是乙酰胆碱；另一类是去甲肾上腺素和少量的肾上腺素。根据传出神经末梢释放的递质不同，又将传出神经分为胆碱能神经和肾上腺素能神经。

1. 胆碱能神经　其神经末梢能够借助胆碱乙酰化酶的作用，使胆碱和乙酰辅酶A合成乙酰胆碱贮存于囊泡内（图6-3），作为其化学递质的传出神经纤维，称为胆碱能神经。包括：①全部交感神经和副交感神经的节前纤维；②全部副交感神经的节后纤维；③少部分交感神经的节后纤维，如骨骼肌的血管扩张神经和犬、猫的汗腺外泌神经；④运动神经。

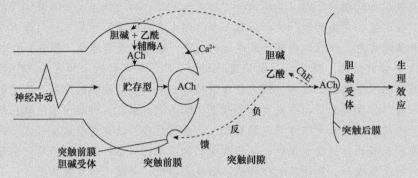

图 6-3　乙酰胆碱（ACh）的生物合成和释放（引自林庆华，1987）

胆碱能神经突触也有胆碱受体，突触间隙中的 ACh 过量时也可兴奋此受体，
使 ACh 释放减少；ChE. 胆碱酯酶

2. 肾上腺素能神经　　凡是其神经末梢能以酪氨酸为基本原料，经一系列酶促反应先后合成多巴胺、去甲肾上腺素和少量肾上腺素等儿茶酚胺类物质（图 6-4），贮存于囊泡内，作为其化学递质的传出神经纤维，称为肾上腺素能神经。主要包括上述胆碱能神经以外的所有交感神经的节后纤维。

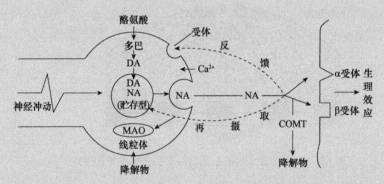

图 6-4　去甲肾上腺素（NA）的生物合成和释放（引自林庆华，1987）

DA. 多巴胺；MAO. 单胺氧化酶；COMT. 儿茶酚氧位甲基转移酶

近年来发现肾上腺素能神经突触前膜上也有 α 和 β 受体，突触前膜上的 α 受体被兴奋，引起负反馈，使递质释放减少；突触前膜上的 β 受体被兴奋，可使递质释放增加。

（四）传出神经受体的分布与效应

1. 传出神经的受体　　受体是传出神经所支配的效应器细胞膜上的一种特殊蛋白质或酶的活性中心，具有高度的选择性，能与不同的神经递质或类似递质的药物发生反应。根据其所结合的递质不同，传出神经的受体可分为胆碱受体和肾上腺素受体两类。

（1）胆碱受体　　凡能选择性地与递质乙酰胆碱或其类似药物相结合的受体为胆碱受体。胆碱受体主要分布于副交感神经节后纤维所支配的效应器、植物神经节、骨骼肌及交感神经节后纤维所支配的汗腺等细胞膜上。由于不同部位的胆碱受体对药物的敏感性不同，进而又将胆碱受体分为以下两种。

1）毒蕈碱型（muscarinic，M）胆碱受体：副交感神经的节后纤维及少部分交感神经的节后纤维所支配效应器上的胆碱受体，对以毒蕈碱为代表的一些药物特别敏感，能引起胆碱能神经产生兴奋效应，并能被阿托品类药物所阻断，这部分胆碱受体称为毒蕈碱型胆碱受体，简称 M 胆碱受体或 M 受体。

2）烟碱型（nicotinic，N）胆碱受体：位于神经细胞和骨骼肌细胞膜上的胆碱受体对烟碱比较敏感，这部分胆碱受体称为烟碱型胆碱受体，简称 N 胆碱受体或 N 受体。又因其阻断药的不同，进而又分为两种亚型：六烃季胺等药物能选择性地阻断植物神经节细胞膜上的 N 胆碱受体，称为 N_1 受体；而箭毒能选择性地阻断骨骼肌细胞膜上的 N 胆碱受体，称为 N_2 受体。

（2）肾上腺素受体　能选择性地与递质去甲肾上腺素或肾上腺素及其类似药物相结合的受体，称为肾上腺素受体。它主要分布于交感神经节后纤维所支配的效应器细胞膜上。根据其对不同拟交感胺类药物及阻断药物反应性质的不同，也分为两种亚型，即 α 肾上腺素受体（简称 α 受体）和 β 肾上腺素受体（简称 β 受体）。α 受体又可分为 α_1 受体和 α_2 受体两种：α_1 受体主要分布于突触后膜；α_2 受体主要分布于突触前膜。α_2 受体兴奋时可反馈地抑制去甲肾上腺素和肾上腺素的释放。同样，β 受体也可分为 β_1 受体和 β_2 受体两种。一般来说，一种效应器上只有一种肾上腺素受体，如心脏只有 β_1 受体，支气管平滑肌只有 β_2 受体，大部分血管平滑肌只有 α 受体。也有某些效应器同时具有 α 和 β 两种受体，如骨骼肌血管和肝脏血管的平滑肌虽然 β_2 受体占优势，但也有 α 受体。

2. 传出神经的受体分布及生理效应　传出神经系统药物的作用多数是通过影响胆碱能神经和肾上腺素能神经的突触传递过程而产生不同的效应。因此，熟悉这两类神经所支配的效应器上的受体的分布及效应（表6-1），对于掌握这些药物的药理作用是十分重要的。

表 6-1　传出神经所支配的效应器上的受体的分布及效应（引自林庆华，1987）

效应器		胆碱能神经兴奋		肾上腺素能神经兴奋	
		受体	效应	受体	效应
心	窦房结	M	心率减慢	β_1	心率加快
	传导系统	M	传导减慢	β_1	传导加速
	心肌	M	收缩力减弱	β_1	收缩力加强
血管	皮肤黏膜	M	扩张	α	收缩
	腹腔内脏	—	—	α、β_2	收缩、扩张（除肝血管外，均以收缩为主）
	脑、肺	M	扩张	α	收缩
	骨骼肌	M	扩张	α、β_2	收缩、扩张（以扩张为主）
	冠状血管	M	收缩	α、β_2	收缩、扩张（以扩张为主）
支气管平滑肌		M	收缩	β_2	舒张

续表

效应器		胆碱能神经兴奋		肾上腺素能神经兴奋	
		受体	效应	受体	效应
胃肠道	胃平滑肌	M	收缩	β_2	舒张
	肠平滑肌	M	收缩	β_2	舒张
	括约肌	M	舒张	α	收缩
膀胱	逼尿肌	M	收缩	β_2	舒张
	括约肌	M	舒张	α	收缩
眼	括约肌	M	收缩	—	—
	辐射肌	—	—	α	收缩
	睫状肌	M	收缩	β_2	松弛
腺体	汗腺	M	分泌	α	分泌
	唾液腺	M	分泌多量稀液	α	分泌稠液
植物神经节		N_1	兴奋	—	—
骨骼肌		N_2	收缩	—	—
肾上腺髓质		N_1	分泌	—	—
糖原酵解		—	—	β_2	增加
脂肪分解		—	—	β_1	增加

注：马和犬的大汗腺（顶浆分泌腺）具有双重植物神经纤维支配；犬和猫的小汗腺（外分泌腺）系交感神经纤维支配，但属胆碱能神经

（五）传出神经系统药物的分类

常用传出神经系统药物按其对突触传递过程的主要环节及作用的性质进行分类，其分类情况详见表 6-2。

表 6-2 常用传出神经系统药物的分类

类别		药物	作用的主要环节
拟胆碱药	完全拟胆碱药	氨甲酰胆碱	直接作用于 M、N 受体
	节后拟胆碱药	毛果芸香碱	直接作用于 M 受体
	抗胆碱酯酶药	新斯的明、毒扁豆碱	抑制胆碱酯酶
抗胆碱药	骨骼肌松弛药	琥珀胆碱、箭毒	阻断 N_2 受体
	节后抗胆碱药	阿托品、普鲁本辛	阻断 M 受体
	神经节阻断药	美加明、阿方纳特	阻断 N_1 受体
拟肾上腺素药	α 肾上腺素受体激动药	去甲肾上腺素	作用于 α 受体
	α、β 肾上腺素受体激动药	肾上腺素	作用于 α、β 受体
	β 肾上腺素受体激动药	异丙肾上腺素、克仑特罗	作用于 β 受体
	间接作用于肾上腺素受体	麻黄碱	促使去甲肾上腺素释放，部分可直接作用于 α、β 受体
		阿拉明	促使去甲肾上腺素释放，部分可直接作用于 α 受体

续表

类别		药物	作用的主要环节
抗肾上腺素药	α 肾上腺素受体阻断药	酚妥拉明、妥拉唑林	阻断 α 受体
	β 肾上腺素受体阻断药	心得安、心得宁	阻断 β 受体
肾上腺素能神经阻断药		利血平、胍乙啶	促进去甲肾上腺素耗竭
		溴苄胺	抑制去甲肾上腺素释放

二、局部麻醉药

（一）作用与作用机理

1. 局部作用　　局麻药对其所接触到的神经，包括中枢和外周神经都有阻断作用，使兴奋阈升高，动作电位降低，传递速度减慢，不应期延长，直至完全丧失兴奋性和传导性。此时神经细胞膜保持正常的静息跨膜电位，任何刺激都不能引起去极化，故名非去极化型阻断。局麻药在较高浓度时也能抑制平滑肌及骨骼肌的活动。局麻作用是可逆的，对组织无损伤。局麻药对神经、肌肉的抑制顺序是：痛觉、温觉纤维＞触觉、压觉纤维＞中枢抑制性神经元＞中枢兴奋性神经元＞自主神经＞运动神经＞心肌（包括传导纤维）＞血管平滑肌＞胃肠平滑肌＞子宫平滑肌＞骨骼肌。临床上希望局麻药尽量停留在用药部位，作用强度限于抑制神经末梢及该处的传入神经纤维。当药物的浓度大或数量过多时，也可能作用于该处的运动神经，对中枢的作用则仅出现在吸收后进入中枢或直接把药物注入脑脊液时才会出现。神经细胞膜的去极化（神经兴奋的传递）有赖于钠离子内流。局麻药的作用是穿透细胞膜，在其内侧阻断钠离子通道的闸门，因而使细胞膜不能去极化，从而产生局麻作用。局麻药阻断钠通道的原理，可能是利用其两个带正电荷的氨基，通过静电引力与钠离子通道闸门边磷脂分子中带负电荷的磷酸基联成横桥，从而阻断钠离子通道。此外，有人认为局麻药的碱基溶解于膜的磷脂后，使钠离子通道受压或扭曲，阻碍了钠离子内流。

2. 吸收作用　　吸收入血的局麻药对中枢、心血管系统均有抑制作用，这种抑制作用实际上是局麻药的毒性反应。局麻药对中枢的作用表现为先兴奋后抑制，这种兴奋作用是短暂而不易觉察的，是对中枢抑制性神经元的抑制而引起的。局麻药对中枢兴奋性神经元的抑制作用则是明显而持久的，表现为呼吸抑制、昏迷，严重时因延髓呼吸中枢麻痹而死。此外，吸收入血的局麻药对心血管系统有直接的抑制作用，能直接抑制心肌，减弱心肌收缩力，对心脏内传导系统有抑制作用（心电图可见 QRS 波群增宽，室性早搏增多），并能直接作用于血管平滑肌，扩张血管。这些都是在用药不当时出现的，是局麻药引起血压下降的原因。

（二）影响局麻作用的因素

1. 神经干或神经纤维的特性　　在临床上可以看出局麻药对感觉神经作用较强，对传出神经作用较弱，这与神经纤维的解剖特点有关。表现为：神经纤维的直径越小越易被阻断；无髓鞘的神经较易被阻断；有髓鞘神经中的无髓鞘部分（郎飞结）较易被阻断。

2. 药物的浓度　　在一定范围内药物的浓度与药效成正相关，但增加药物浓度并不能延长作用时间，反而有增加吸收入血引起毒性作用的可能。

3. 加入血管收缩药　在局麻药中加入微量的肾上腺素（1：100 000），能使局麻药的维持时间明显延长。但作四肢环状封闭时则不宜加血管收缩药。

4. 用药环境的 pH　用药环境（包括制剂、体液、用药的局部等）的 pH 对局麻药的离子化程度有直接影响，因此应使用药环境的 pH 尽量接近药物的 pKa，才能取得更好的局麻效果。

（三）兽医常用的局麻方式

局麻药主要应用于区域性麻醉，其麻醉方式主要有以下几种（图6-5）。

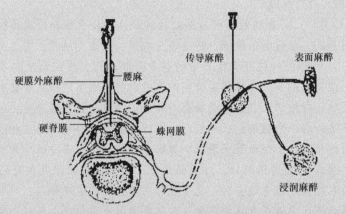

图6-5　局部麻醉药应用方法示意图（引自梁运霞和宋冶萍，2007）

1. 表面麻醉　将药液滴眼、涂布或喷雾于黏膜表面，使其透过黏膜而达感觉神经末梢。这种方法麻醉范围窄，持续时间短，一般要选择穿透力较强的药物。

2. 浸润麻醉　将低浓度的局麻药注入皮下或术野附近组织，使神经末梢麻醉。此法局麻范围较集中，适用于小手术及大手术的术野麻醉。除使局部痛觉消失外，还因大量低浓度的局麻药压迫术野周围的小血管，可以减少出血。一般选用毒性较低的药物。

3. 传导麻醉　把药液注射在神经干、神经丛或神经节周围，使该神经支配的区域麻醉。此法多用于四肢和腹腔的手术。使用的药液宜稍浓，但药液的量不能太多。

4. 硬膜外麻醉　把药液注入硬脊膜外腔，阻滞由硬膜外腔穿出的脊神经冲动传导。根据手术的需要，又可分为尾荐硬膜外麻醉（从第一、二尾椎间注入局麻药，以麻醉盆腔）和腰荐硬膜外麻醉（牛从腰椎与荐椎间注入局麻药，以麻醉腹腔后段和盆腔）两种。

5. 封闭疗法　将药液注入患部周围或与患部有关的神经通路上，以阻断病灶的不良冲动向中枢传导，从而减轻疼痛，缓解症状，改善神经营养。如将药液注入静脉内，使其作用于血管壁感受器，也可达到封闭的目的。临床主要用于治疗蜂窝织炎、疖痈、关节炎、烧伤、久治不愈的创伤、风湿病等。此外，还可进行四肢环状封闭和穴位封闭。

（四）毒性反应

局麻药有一定的毒性。不同的局麻药致死剂量有很大的差异。中毒症状主要表现为中枢神经系统兴奋，如躁动不安、肌肉震颤，最后发展为阵挛性惊厥，由兴奋转为抑制，出现精神沉郁、昏迷、呼吸与循环衰竭，中毒动物通常都是由于呼吸衰竭而致死。

（五）解救措施

静注短时作用的巴比妥类或水合氯醛，以控制中枢神经系统的兴奋，尽量采取人工呼吸及输氧措施，促进呼吸及气体交换。

复习思考题

1）局部麻醉药的作用方式有哪些？

2）列表比较普鲁卡因、利多卡因、丁卡因的异同点。

3）简述毛果芸香碱、新斯的明、阿托品、肾上腺素的药理作用及其临床应用。

4）作用于传出神经的药物发生中毒时如何解救？简述如何避免该类药物不良反应的发生。

（孙洪梅）

第七章 内脏系统药物

【学习目标】

1）阐述消化系统疾病发病原因和治疗原则。

2）列出作用于消化系统、呼吸系统的药物，并能够说出它们的使用方法。

3）阐述治疗呼吸系统疾病的目的。

4）理解强心药、止血药、抗凝血药及抗贫血药的作用机理。

5）掌握各类药物的作用特点、临床应用，以实现合理使用。

6）了解常见生殖系统药物的作用。

7）学会使用生殖系统药物调控生殖机能和治疗常见繁殖疾病。

【概　述】

各种家畜的消化器官都有其形态结构和生理功能特点，因而消化系统疾病多种多样，临床消化器官疾病是常见病、多发病，尤其是马的疝痛性疾病（急/慢性胃扩张、肠道阻塞、痉挛、臌气），反刍动物前胃疾病（前胃弛缓、瘤胃积食、瘤胃鼓胀），皱胃疾病（皱胃积食、皱胃炎），马、猪胃肠炎，其他幼畜消化不良等。草食动物发病率高于肉食动物。发病原因大多为饲料品质差，饲养管理不善（突然改料、过度使役等）。治疗原则：①排除病因，改善饲养管理及增强机体调节的功能；②纠正胃肠消化功能紊乱。例如，胃肠臌气给以制酵消胀的助消化药，以制酵药为主；胃肠积食给以消食通便的泻药为主；前胃弛缓给以促进瘤胃蠕动药物为主。作用于消化系统的药物可分为健胃药与助消化药、止吐药与催吐药、制酵药与消沫药、泻药与止泻药、抗溃疡药物和胃动力调节剂。

呼吸系统直接与外界接触，容易受到内在及环境因素影响而发生各种常见疾病，如上呼吸道感染、支气管炎、肺炎、支气管哮喘、慢性阻塞性肺病、肺纤维化、支气管扩张等。动物呼吸系统疾病的主要表现是咳嗽、气管和支气管分泌物增多、呼吸困难，归纳为咳、痰、喘。引发呼吸系统疾病的病因，包括物理化学因素刺激、过敏反应、病毒、细菌（支原体、真菌）感染、蠕虫阻塞，以及组胺等炎症介质的释放导致气道收缩。对动物来说，更多的是微生物引起的炎症性疾病。所以一般首先应该进行对因治疗感染，同时，也应及时使用镇咳药、祛痰药和平喘药，主要目的如下：①支持肺防御系统（改善肺循环，谨慎使用糖皮质激素和免疫抑制剂）；②促进支气管分泌，保护干性黏膜，使用黏液溶解剂和祛痰药促使黏痰的排出；③促进纤毛摆动清洁呼吸道（纤毛促进剂）；④抑制剧烈频繁的干咳（镇咳药）；⑤使用支气管扩张剂增强肺泡通气和减少炎症渗出物；⑥收缩肿胀的黏膜（减充血剂）；⑦预防和减轻肺水肿；⑧减少和对抗炎症反应；⑨治疗感染。

血液循环系统药物的主要作用是能改变心血管和血液的功能。虽然还有其他药物也能影响心血管的功能，但它们还有其他重要的药理作用，故分别在有关章节讨论。根据兽医临床应用实际，本章主要介绍作用于心的药物、止血药、抗凝血药和抗贫血药。

当生殖激素分泌不足或过多时，机体的生殖系统机能将发生紊乱，引发产科疾病或繁殖障碍。对生殖系统用药的目的在于控制动物的发情周期、提高或抑制繁殖力、调节繁殖进程、治疗内分泌紊乱引起的繁殖障碍及增强抗病能力等。

第一节　作用于消化系统的药物

一、健胃药与助消化药

健胃药是具有促进唾液和胃液分泌，调整胃的机能活动，提高食欲及加强消化等功能的一类药物。临床上主要用于治疗食欲不振和消化不良。

助消化药是一类促进胃肠道消化机能的药物。消化机能障碍和食欲不振主要是由于消化液分泌不足，本类药物多数是消化液主要成分，如稀盐酸、胃蛋白酶、胰酶等，当消化液分泌不足时，充分发挥替代疗法，以达到增强消化机能。临床助消化药常与健胃药配合使用。

（一）常用健胃药

健胃药可分为苦味健胃药、芳香健胃药和盐类健胃药3种。

1. 苦味健胃药　苦味健胃药多来源于植物，如龙胆、马钱子、大黄等。本类药物的特点是具有强烈的苦味，其苦味刺激舌的味觉感受器，可反射性地兴奋食欲中枢，加强唾液和胃液的分泌，从而提高食欲，促进消化。

一般苦味健胃药主要用于大家畜的食欲不振，消化不良，常在饲喂前经口投服，但反复多次使用同一种苦味健胃药，味觉感受器可能会产生一定程度的适应性，从而使药效逐渐降低，因此，本类健胃药常与其他健胃药配合使用，并且使用几天后应更换其他类健胃药。中小家畜多厌恶苦味，故较少使用。

苦味健胃药应用注意事项：①应用时最好使用散剂、酊剂或舔剂并经口投服，使其与口腔味觉感受器充分接触以便发挥作用，不可直接投入胃中，否则影响药效；②宜在家畜饲喂前给药；③使用量不宜过大，以免抑制胃酸的分泌；④不宜长期或反复多次使用，否则因产生适应性而影响药效。

龙胆

【理化性质】龙胆为龙胆科植物龙胆或三花龙胆的干燥根茎和根，其主要有效成分为龙胆苦苷、龙胆三糖、龙胆碱等。本品粉末为淡黄棕色，气微，味甚苦。

【作用与应用】本品性寒味苦，强烈的苦味能刺激口腔内舌的味觉感受器，通过迷走神经反射性地兴奋食物中枢，使唾液、胃液的分泌增加，游离盐酸也相应增多，从而加强消化和提高食欲。一般与其他药物配成复方，经口灌服。本品对胃肠黏膜无直接刺激作用，也无明显的吸收作用。临床主要用于治疗动物的食欲不振，消化不良或某些热性病的恢复期等。

【用法与用量】龙胆末：内服，一次量，马、牛15～45g；羊、猪6～15g；犬1～5g；猫0.5～1g。龙胆酊：内服，一次量，马、牛50～100mL；羊5～15mL；猪3～8mL；

犬、猫 1～3mL。复方龙胆酊（苦味酊）：内服，一次量，马、牛 50～100mL；羊、猪 5～20mL；犬、猫 1～4mL。

【制剂】龙胆酊：由龙胆末 100g 加 40% 乙醇溶液 1000mL 浸制而成。复方龙胆酊（苦味酊）：龙胆 100g、橙皮 40g、草豆蔻 10g，加适量 60% 乙醇溶液浸制成 1000mL。

马钱子（番木鳖）

【理化性质】马钱子为马钱科植物云南马钱的干燥成熟种子，其最主要有效成分为士的宁，其次为马钱子碱，还有微量的番木鳖次碱、伪番木鳖碱、伪马钱子碱等。本品粉末为灰黄色，无臭，味苦。

【作用与应用】本品小剂量经口内服时，主要发挥其苦味健胃作用，加强消化和提高食欲，对胃肠平滑肌也有一定的兴奋作用。其中所含士的宁有效成分在小肠中很容易被吸收，当用量稍大时可出现吸收作用，引起中枢兴奋，表现为兴奋脊髓，加强骨骼肌的收缩，中毒时引起骨骼肌的强直疼挛等。临床作健胃药和中枢兴奋药时，用于治疗家畜的食欲不振，消化不良，前胃弛缓，瘤胃积食等，促进胃肠机能活动。

【注意事项】①本品所含士的宁易被吸收，引起中枢兴奋，毒性较大，不宜生用，不宜多服、久服，应用时严格控制剂量，连续用药不得超过 1 周，以免发生蓄积中毒；②孕畜禁用。

【用法与用量】马钱子粉末：内服，一次量，马、牛 1.5～6g；羊、猪 0.3～1.2g。马钱子流浸膏：内服，一次量，马 1～2mL；牛 1～3mL；羊、猪 0.1～0.25mL；犬 0.01～0.06mL。马钱子酊：内服，一次量，马、牛 10～30mL；羊、猪 1～2.5mL；犬、猫 0.1～0.6mL。

【制剂】马钱子流浸膏：由马钱子 1000g 加乙醇适量浸制而成，棕色液体。马钱子酊：由马钱子流浸膏 83.4mL 加 45% 乙醇溶液稀释至 1000mL 制成。

2. 芳香健胃药　芳香健胃药均为含有挥发油的植物药，如陈皮、桂皮、茴香等。经口内服后，对消化道黏膜有轻度的刺激作用，通过迷走神经的反射可以增加胃肠消化液的分泌，促进胃肠蠕动.同时也有轻微的制止发酵作用。临床用作健胃祛风药，治疗消化不良、积食和轻度臌气等。一般与其他健胃药配合使用能增加药效。

肉桂（桂皮）

【理化性质】肉桂为樟科植物肉桂的干燥树皮。含有 1%～2% 挥发性桂皮油及鞣酸、黏液质、树脂等，挥发油中有效成分以桂皮醛为主。本品粉末为红棕色，气味浓烈，味甜、辣。

【作用与应用】本品性热而味辛甘。肉桂中的有效成分对胃肠黏膜有温和的刺激作用，能增强消化。

【用法与用量】肉桂酊：内服，一次量，马、牛 30～100mL；羊、猫 10～20mL。

【制剂】肉桂酊：由肉桂末 200g 加 70% 乙醇溶液 1000mL 浸制而成。

小茴香

【理化性质】小茴香为伞形科植物茴香的干燥成熟果实。含挥发油 3%～8%，其主要有效成分为茴香醚、右旋小茴香酮。本品性温，味辛。

【作用与应用】本品对胃肠黏膜有温和的刺激作用，能增强消化液的分泌，促进胃肠蠕动，减轻胃肠膨气，起健胃祛风作用。临床作健胃药，用于治疗消化不良，积食，胃肠膨气等。与氯化铵合用可用于祛除浓痰，制止干咳。

【用法与用量】小茴香末：内服，一次量，马、牛 15～60g；羊、猪 5～10g；犬、猫 1～3g。小茴香酊：内服，一次量，马、牛 40～100mL；羊、猪 15～30mL。

【制剂】小茴香酊：由 20% 小茴香末和适量 60% 乙醇溶液制成的酊剂。

干姜

【理化性质】干姜为姜科植物姜的根茎的干燥物。内含有挥发油、姜辣素、姜酮、姜烯酮等有效成分。本品性热，气香特异，味辛辣。

【作用与应用】本品经内服后能明显刺激消化道黏膜，促进消化液的分泌，使食欲增加，并能抑制胃肠道异常发酵和促进气体排出，因此具有较强的健胃祛风作用。此外，本品具有反射性兴奋中枢神经的作用，能使延髓中的呼吸中枢和血管运动中枢兴奋，促进和改善血液循环，增加发汗。临床主要用于机体虚弱，消化不良，食欲不振，胃肠气胀等。

【注意事项】①干姜对消化道黏膜有强烈的刺激性，使用其制剂时应加水稀释后服用，以减少黏膜的刺激；②孕畜禁用，以免引起流产。

【用法与用量】干姜末：内服，一次量，马、牛 15～30g；羊、猪 3～10g；犬、猫 1～3g。姜流浸膏：内服，一次量，马、牛 5～10mL；羊、猪 1.5～6mL。姜酊：内服，一次量，马、牛 40～60mL；犬 2～5mL。

【制剂】姜流浸膏：由干姜 1000g 加适量 90% 乙醇溶液浸制而成，棕色液体，有姜的香气，味辣。姜酊：由姜流浸膏 200mL 和 90% 乙醇溶液 1000mL 制成。

3. 盐类健胃药　　动物胃肠道中的消化液存在着酸与碱的动态平衡，当饲养管理不当或其他原因引起酸性升高时（如胃酸分泌增多），酸与碱的动态平衡将发生改变，可导致消化不良。盐类健胃药主要通过盐类药物在胃肠道中的渗透压作用，轻微地刺激胃肠道黏膜，反射性地引起消化液增加。

人工盐

【理化性质】本品由干燥硫酸钠 44%、碳酸氢钠 36%、氯化钠 18% 和硫酸钾 2% 混合制成。为白色粉末，易溶于水，水溶液呈弱碱性反应，pH 为 8～8.5。

【作用与应用】本品具有多种盐类的综合作用。内服少量时，能轻度刺激消化道黏膜，促进胃肠的分泌和蠕动，从而产生健胃作用。小剂量还有利胆作用，可用于胆道炎、肝炎的辅助治疗。内服大量时，其中的主要成分硫酸钠在肠道中可解离出 Na^+ 和不易被吸收的 SO_4^{2-}，由于渗透压作用，使肠管中保持大量水分，并刺激肠壁增强蠕动，软化粪便，而引起缓泻作用。临床用于消化不良、胃肠弛缓、慢性胃肠卡他、早期大肠便秘等。

【注意事项】①本品为弱碱性类药物，禁与酸类健胃药配合使用；②内服作泻剂应用时宜大量饮水。

【用法与用量】内服：一次量，健胃，马 50~100g，牛 50~150g，羊、猪 10~30g，兔 1~2g；缓泻，马、牛 200~400g，羊、猪 50~100g，兔 4~6g。

（二）常用助消化药

稀盐酸

【理化性质】本品为无色澄清液体，约含盐酸 10%，呈强酸性反应。

【作用与应用】盐酸是胃液的主要成分之一，正常由胃底腺的壁细胞分泌，草食动物（牛）的胃内盐酸浓度平均为 0.12%~0.38%，猪胃液中为 0.3%~0.4%，肉食动物的胃内盐酸浓度更高。消化过程中盐酸的作用是多方面的，适当浓度的盐酸可激活胃蛋白酶原，使其转变成有活性的胃蛋白酶，并以酸性环境使胃蛋白酶发挥其消化蛋白作用。酸性食糜可刺激十二指肠产生胰分泌素，反射性地引起胃液、胆汁和胰液的分泌。此外，酸性环境能抑制胃肠内细菌的生长与繁殖以制止异常发酵，并可影响幽门括约肌的紧张度。消化道中的盐酸也有利于钙、铁等矿物质营养的溶解和吸收。

临床常用于因胃酸不足或缺乏引起的消化不良，食欲不振，胃内异常发酵，以及马属动物急性胃扩张、碱中毒等。

【注意事项】①禁与碱类、盐类健胃药、有机酸、洋地黄及其制剂配合使用；②用前加 50 倍水稀释成 0.2% 的溶液；③用药浓度和用量不可过大，否则因食糜酸度过高，反射性地引起幽门括约肌痉挛，影响胃的排空，而产生腹痛。

【用法与用量】内服：一次量，马 10~20mL；牛 15~30mL；羊 2~5mL；猪 1~2mL；犬 0.1~0.5mL。

稀醋酸

【理化性质】本品为无色的澄清液体，有强烈的臭味，含醋酸量为 5.5%~6.5%，与水或乙醇任意混合。

【作用与应用】本品内服后的作用与稀盐酸基本相同，有防腐、制酵和助消化作用。由于醋酸的局部防腐和刺激作用较强，外用对扭伤和挫伤有一定的效果，2%~3% 的稀释液可冲洗口腔治疗口腔炎，0.1%~0.5% 的稀释液冲洗阴道治疗阴道滴虫病等。临床多用于治疗幼畜的消化不良，反刍动物的瘤胃臌气、前胃弛缓和马属动物的急性胃扩张等。

【注意事项】用前加水稀释成 0.5% 左右浓度。

【用法与用量】内服：一次量，马、牛 10~40mL；羊、猪 2~10mL；犬 1~2mL。

干酵母（食母生）

【理化性质】本品为麦芽酵母菌或葡萄酵母菌的干燥菌体，为淡黄色至淡黄棕色的颗粒或粉末，味微苦，有酵母的特殊臭。在显微镜下检视，多数细胞呈圆形、卵圆形、圆柱形等。

【作用与应用】本品富含 B 族维生素，每克酵母含维生素 B_1 0.1~0.2mg、核黄素 0.04~0.06mg、烟酸 0.03~0.06mg。此外还含有维生素 B_6、维生素 B_{12}、叶酸、肌醇及转化酶、麦芽糖酶等。它们均是体内酶系统的重要组成物质，参与体内糖、蛋白质、脂肪等代谢过程和生物氧化过程。临床用于动物的食欲不振，消化不良及维生素 B 族缺乏症

（如多发性神经炎、酮血病）等。

【注意事项】用量过大会发生轻度下泻。密封干燥处保存，

【用法与用量】内服：一次量，马、牛 30～100g；羊、猪 5～10g。

【制剂】乳酶生片。

乳酶生

【理化性质】本品为白色或淡黄色干燥粉末，有微臭，难溶于水，遇热时其效力下降。

【作用与应用】本品为活乳酸杆菌的干燥制剂，每克乳酶生中含活的乳酸杆菌数在一千万个以上。内服进入肠内后，能分解糖类产生乳酸，使肠内酸度增高，从而抑制腐败性细菌的繁殖，并可防止蛋白质发酵，减少肠内产气。临床主要用于防治消化不良、肠内臌气和幼畜腹泻等。

【注意事项】①由于本品为活乳酸杆菌，故不宜与抗菌药物、吸附剂、酊剂、鞣酸等配合使用，以防失效；②应在饲喂前服药。

【用法与用量】内服：一次量，驹、犊 10～30g；羊、猪 2～4g；犬 0.3～0.5g；禽 0.5～1g。

【制剂】乳酶生片。

胃蛋白酶

【理化性质】本品是从健康猪、牛、羊的胃黏膜中提取的胃蛋白酶。每 1g 中含蛋白酶活力不得少于 3800U。为白色或淡黄色粉末，有吸湿性，无霉败臭，溶于水，水溶液显弱酸性，但遇热（70℃以上）及碱性条件下易失效。

【作用与应用】本品是由动物的胃黏膜制得的一种蛋白质分解酶，内服后可使蛋白质初步分解为蛋白胨，有利于动物的进一步分解吸收，但不能进一步分解为氨基酸。在 0.1%～0.5% 盐酸的酸性环境中作用强，pH 为 1.8 时其活性最强。一般 1g 胃蛋白酶能完全消化 2000g 凝固卵蛋白。当胃液不足，消化不良时，胃内盐酸也常不足，为充分发挥胃蛋白酶的消化作用，在用药时应灌服稀盐酸。临床常用于胃液分泌不足或幼畜因胃蛋白酶缺乏引起的消化不良。

【注意事项】①忌与碱性药物配合使用，温度超过 70℃时迅速失效，遇鞣酸、重金属盐产生沉淀，有效期 1 年；②用前先将稀盐酸加水 50 倍稀释，再加入胃蛋白酶片，于饲喂前灌服。

【用法与用量】内服：一次量，驹、犊 1600～4000U；犬 80～800U；猫 80～240U。

【制剂】胃蛋白酶片。

胰酶

【理化性质】本品为淡黄色粉末，可溶于水，遇热、酸、碱和重金属盐时易失效。

【作用与应用】由于本品是从猪、牛、羊的胰腺中提取的含有胰蛋白酶、胰淀粉酶及胰脂肪酶等多种酶的混合物，内服后它们能分别消化蛋白质、淀粉和脂肪等。其助消化作用在中性或弱碱性环境中作用最强，为减少酸性胃液对它的破坏作用，常与碳酸氢钠配伍应用。

临床用于胰机能障碍如胰腺疾病或胰液分泌不足所引起的消化不良。

【注意事项】本品遇热、酸、强碱、重金属盐等易失效。

【用法与用量】内服：一次量，猪 0.5～1g；犬 0.2～0.5g。

【制剂】胰酶片。

二、止吐药与催吐药

（一）止吐药

止吐药是一类通过不同环节抑制动物呕吐反应的药物。兽医临床上主要用于制止犬、猫、猪及灵长类动物呕吐反应。

甲氧氯普胺

【理化性质】甲氧氯普胺又称为胃复安、灭吐灵。为白色结晶性粉末。遇光变成黄色，毒性增强，勿用。

【作用与应用】甲氧氯普胺能够抑制催吐化学感受区而呈现强大的中枢性镇吐作用，止吐机理是阻断多巴胺 D_2 受体作用，抑制延髓化学感受区，反射地抑制呕吐中枢。此外，该药还能作为胃肠推动剂，促进食道和胃的蠕动，加速胃的排空，这有助于改善呕吐的症状。用于胃肠胀满、恶心呕吐及用药引起的呕吐等。犬、猫妊娠时禁用。本品忌与阿托品、颠茄制剂等配合，以防降低药效。

【用法与用量】内服：一次量，犬、猫 10～20mg。肌内注射：一次量，犬、猫 10～20mg。

氯苯甲嗪

【理化性质】氯苯甲嗪又称为敏可静。为白色或淡黄色结晶粉末。无臭，几乎无味。溶于水。

【作用与应用】本品有制止变态反应性及晕动病所致呕吐，止吐作用可持续 20h 左右。止吐机理为抑制前庭神经、迷走神经兴奋传导，同时对中枢也起一定抑制作用。用于犬、猫等动物呕吐症治疗。

【用法与用量】内服：一次量，犬 25mg，猫 12.5mg。

【制剂】盐酸氯苯甲嗪片。

舒必利

【理化性质】舒必利又称止吐灵。为白色结晶性粉末。无臭，味苦。易溶于冰醋酸或稀醋酸，较难溶于乙醇，难溶于丙酮，不溶于水、乙醚、氯仿和苯。

【作用与应用】本品属于中枢性止吐药，止吐作用强大。内服止吐效果是氯丙嗪的 166 倍，皮下注射是氯丙嗪的 142 倍。兽医临床常用作犬的止吐药。止吐效果好于胃复安。

【用法与用量】内服：一次量，每 5～10kg 体重，犬 0.3～0.5mg。

（二）催吐药

催吐药是一类引起呕吐的药物。催吐作用可由兴奋中枢呕吐化学敏感区引起，如阿扑吗啡；也可通过刺激食道、胃等消化道黏膜，反射性地兴奋呕吐中枢引起呕吐，如硫酸铜。催吐药主要用于犬、猫等具有呕吐机能的动物，进行中毒急救，减少有毒物质的吸收。

阿扑吗啡

【理化性质】 阿扑吗啡又称为水吗啡。为白色或灰白色细小有闪光的结晶或结晶性粉末，无臭，能溶于水和乙醇，水溶液中性。露置空气或日光中缓缓变为绿色，勿用。

【作用与应用】 本品为中枢反射性催吐药，能直接刺激延髓催吐化学感受区，反射性兴奋呕吐中枢，引起恶心呕吐。内服作用较弱，缓慢，皮下注射后 5～15min 即可产生强烈的呕吐。常用于犬驱出胃内毒物。不用于猫。

【用法与用量】 皮下注射：一次量，猪 10～20mg；犬 2～3mg；猫 1～2mg。

三、制酵药与消沫药

反刍动物在正常情况下，瘤胃内的消化主要依赖微生物和酶，饲料分解所产生的大量气体，少部分可随胃内容物进入肠内而被吸收，大部分则以游离的气体形式通过嗳气排出体外，因此一般不出现臌胀。

当反刍动物采食大量易发酵或易腐败变质的饲料后，可因微生物作用在瘤胃内发酵而产生大量气体，若不能及时通过肠道吸收或通过嗳气排出体外，则很容易导致胃肠道臌胀，严重时可引起呼吸困难、窒息甚至胃肠破裂。如果采食了大量含皂苷的植物，则因降低瘤胃内液体的表面张力，所产生的气体将以泡沫的形式混杂于瘤胃内容物中不易排出而形成泡沫性臌气。马属动物采食大量的易发酵饲料后，在胃肠道内也能很快地产生大量气体，一般由于胃肠的蠕动和吸收作用而不引起臌气，但产气过多或因胃肠道平滑肌过度伸张而麻痹时，也能出现明显的胃肠臌气。

1）凡能制止胃肠内容物异常发酵的药物称为制酵药。治疗胃肠道臌气时除放气和排除病因外，应用制酵药通过抑制微生物的作用，制止或减弱发酵过程，同时通过刺激使胃肠蠕动加强，促进气体排出。常用制酵药有鱼石脂、甲醛溶液、大蒜酊等。

2）消沫药是指能降低泡沫液膜的局部表面张力，使泡沫破裂的药物，主要用于治疗反刍动物的瘤胃内泡沫性臌气病。良好的消沫药必须具备以下条件：①消沫药的表面张力较低，低于起泡液；②与起泡液互不相溶，消沫药才能与泡沫液接触而降低液膜表面局部的表面张力，使液膜不均匀收缩而穿孔破裂；③能连续不断进行消沫作用，使破裂的小气泡不断融合成更大的气泡，最后汇集为游离的气体排出体外。常用的消沫药有松节油、二甲基硅油等。

（一）常用制酵药

鱼石脂

【理化性质】 本品为棕黑色的黏稠性液体，有特臭。加热体积膨胀。能溶于水，水溶液呈弱酸性反应，也可溶于醇、醚和甘油。

【作用与应用】 本品有较弱的抑菌作用和温和的刺激作用，内服能制止发酵、祛风和防腐，促进胃肠蠕动。外用时具有局部消炎作用。临床用于胃肠道制酵，治疗瘤胃臌胀、前胃弛缓、胃肠臌气、急性胃扩张及大肠便秘等。

【注意事项】临用时先加两倍量乙醇溶解后再用水稀释成 3%～5% 的溶液灌服。禁与酸性药物如稀盐酸、乳酸等混合使用。

【用法与用量】内服：一次量，马、牛 10～30g；羊、猪 1～5g。

【制剂】鱼石脂软膏：由鱼石脂与凡士林按 1∶1 比例混合而成，仅供外用。

甲醛溶液

【理化性质】本品为 36%～40% 甲醛溶液，又称福尔马林。

【作用与应用】本品为防腐消毒药，甲醛能与蛋白质的氨基结合而使蛋白质变性，有很强的杀菌作用，其 3%～4% 浓度的溶液能杀死多种细菌、芽孢和病毒。1% 甲醛溶液内服能制止瘤胃内容物发酵，作用确实、可靠。临床用作胃肠道防腐制酵药，治疗瘤胃臌胀、急性胃扩张等。

【注意事项】内服时用水稀释成 1% 的甲醛溶液灌服。由于本品刺激性较强，并能杀灭瘤胃内多种细菌和纤毛虫，破坏微生物生态平衡，因而在臌胀治愈后常伴发消化不良或胃肠炎，所以本品不宜作常规制酵剂用，更不能多次反复使用。

【用法与用量】内服：一次量，牛 8～25mL；羊 1～3mL。用 20～30 倍的水稀释后应用。

（二）常用消沫药

松节油

【理化性质】本品为松树科植物中渗出的油树脂，经蒸馏或提取得到的挥发油，主要成分是松油萜。本品为无色至微黄色的澄清液体，有特殊芳香味，不溶于水，易溶于乙醇。易燃，久置或暴露空气中臭味渐变强，色渐变黄。

【作用与应用】本品内服后在瘤胃中比胃内液体表面张力低得多，能有效地降低泡沫性气泡的表面张力，可使泡沫破裂，进一步融合成大气泡使游离气体随嗳气排出体外，而起消沫作用。此外，本品还可轻度刺激消化道黏膜和具有抑菌作用，能促进胃肠蠕动和分泌，具有祛风和制酵作用。临床主要用于治疗反刍动物的瘤胃泡沫性臌胀、瘤胃积食，马属动物的胃肠臌气、胃肠弛缓等。

【注意事项】①本品刺激性强，禁用于急性胃肠炎、肾炎等病畜，宰前动物、泌乳动物禁用；②马、犬对松节油极敏感易发泡，应慎用。

【用法与用量】内服：一次量，马 15～40mL；牛 20～60mL；猪、羊 3～10mL。用植物油作 5～10 倍稀释后内服。

二甲基硅油

【理化性质】无色透明油状液体。无臭无味。在水和乙醇中不溶。与氯仿、乙醚、苯、甲苯或二甲苯能任意混合。

【作用与应用】本品的表面张力低，内服后能迅速降低瘤胃内泡沫液膜的表面张力，使小泡沫破裂而成为大泡沫，产生消除泡沫作用。本品消沫作用迅速，用药后 5min 内产生效果，15～30min 作用最强。治疗效果可靠、作用迅速，几乎没有毒性。临床主要用于治疗反刍动物的瘤胃臌胀，特别是泡沫性臌气等。

【注意事项】用时配成 2%～3% 乙醇溶液或 2%～5% 煤油溶液，通过胃管灌服。灌服前后宜注入少量温水以减少刺激。

【用法与用量】内服：一次量，牛 3～5g，羊 1～2g。

【制剂】二甲基硅油片。

四、泻药与止泻药

（一）泻药的定义、分类及使用原则

1. 泻药的定义与分类　泻药是指一类能促进肠道蠕动，增加肠内容积，软化粪便，加速粪便排泄的药物。临床上主要用于治疗便秘、排除胃肠内毒物及腐败分解物。按作用机理可分三类：容积性泻药、刺激性泻药和润滑性泻药。

2. 泻药的使用原则

1）对于诊断未明的肠道阻塞不可随意使用泻药，使用泻药时不能反复应用（只用 1 或 2 次），用药前后应注意给予充分饮水。

2）治疗便秘时，必须根据病因而采取综合措施或选用不同的泻药。

3）对于极度衰竭呈现脱水状态、机械性肠梗阻及妊娠末期的动物应禁止使用泻药。

4）高脂溶性药物或毒物引起中毒时，应选用盐类泻药，禁用油类泻药以防止加速毒物的吸收而加重病情。

5）单用泻药不奏效时，应进行综合治疗。

（二）止泻药的定义和分类

1. 止泻药的定义　止泻药是指能制止腹泻，包括具有保护肠黏膜、吸附有毒物质和收敛消炎等作用的药物。一般来说，腹泻是动物机体的保护性防御机能之一，但过度腹泻不仅会影响营养成分的吸收和利用，而且易造成机体内水和钠、钾、氯等离子的缺失，导致体内脱水和电解质平衡失调，以及酸中毒，此时，止泻是必需的。

腹泻时应根据原因和病情，采用综合治疗措施。首先应消除原因，如排除毒物、抑制病原微生物、改善饲养管理等，其次是应用止泻药物和对症治疗，如补液、纠正酸中毒等。但消除病因是主要的，若由于细菌感染引起的腹泻，首先应使用抗菌药物以控制感染。

2. 止泻药的分类　止泻药的种类很多，常分为以下几类：保护性止泻药、抑制肠蠕动性止泻药、吸附性止泻药等。

（三）常用泻药

1. 容积性泻药　又称盐类泻药。指内服后其盐离子不易被肠壁吸收，在肠内可形成高渗盐溶液，利用其渗透特性，致使大量水分及电解质在肠腔内滞留，从而能扩张肠道容积，软化粪便，对肠壁产生机械性刺激，促使肠道蠕动加快而产生致泻作用的药物。容积性泻药多为盐类药物，如硫酸钠、硫酸镁等。

影响盐类泻药泻下效果的因素如下：①容积性泻药致泻作用的强弱与其离子被肠壁吸

收的难易有一定的比例关系，即难吸收的产生致泻作用就强；②致泻作用的强弱还与其溶液的浓度有密切关系，以稍高于等渗浓度时效果较好，硫酸钠的等渗浓度为3.2%，硫酸镁的等渗浓度为4.0%；③临床使用盐类泻药前后，多给饮水或进行补液可提高致泻效果。

硫酸钠（芒硝）

【理化性质】本品为白色粉末，无臭，味苦、咸，有引湿性。在水中易溶，乙醇中不溶。

【作用与应用】本品小剂量内服可轻度刺激消化道黏膜，促进胃肠分泌和蠕动，产生健胃作用。大剂量内服时在肠道中解离出 Na^+ 和 SO_4^{2-}，不易被肠壁吸收，由于渗透压作用，可使肠管中保持大量水分，软化粪便，并刺激肠壁增强其蠕动，而产生泻下作用。一般单胃动物（马、猪等）经3～8h，反刍动物（牛、羊）经18h才能排便。临床上小剂量内服可健胃，用于消化不良，常配合其他健胃药使用。大剂量用于大肠便秘，排除肠内毒物、毒素，或驱虫药的辅助用药。

【注意事项】用时加水稀释成3%～4%溶液灌服。浓度过高的盐类溶液进入十二指肠后会反射性地引起幽门括约肌痉挛，妨碍胃内容物的排空，有时甚至能引起肠炎。

【用法与用量】内服：一次量，马100～300g；牛200～500g；羊20～50g；猪10～25g；犬5～10g。

硫酸镁

【理化性质】本品为无色结晶，味苦、咸，有风化性。在水中易溶，乙醇中几乎不溶。

【作用与应用】本品的致泻作用与硫酸钠相同。此外，镁盐还可刺激十二指肠分泌胰胆囊收缩。临床上小剂量内服可健胃，用于消化不良，常配合其他健胃药使用。大剂量用于大肠便秘，排除肠内毒物、毒素，或驱虫药的辅助用药。

【注意事项】①用时加水稀释成6%～8%溶液灌服；②中毒时表现为呼吸浅表、肌腱反射消失，应迅速静注氯化钙进行解救，对 Mg^{2+} 中毒引起的骨骼肌松弛，可用新斯的明拮抗。

【用法与用量】内服：一次量，马200～500g；牛300～800g；羊50～100g；猪25～50g；犬10～20g；猫2～5g。

2. 刺激性泻药　　又称植物性泻药。指内服后在胃中一般不发生作用，进入肠内能分解出刺激性有效成分，刺激局部肠黏膜及肠壁神经，反射性地引起蠕动增加而产生泻下作用的药物。由于各种药物所含成分不同，它们作用的强弱及快慢也有差异。常用的刺激性泻药有蓖麻油、大黄、酚酞等。

蓖麻油

【理化性质】本品为大戟科植物蓖麻的成熟种子经加热压榨精制而得的脂肪油。几乎无色或微带黄色的澄清黏稠液体，有微臭，味淡而微辛。在乙醇中易溶，与无水乙醇、氯仿、乙醚、冰醋酸能任意混合。

【作用与应用】本品本身无刺激性，只有润滑性。内服到达十二指肠后，部分经胰脂肪酶作用，皂化分解为蓖麻油酸和甘油，蓖麻油酸在小肠内很快变成蓖麻油酸钠，刺激小肠黏膜，促进小肠蠕动而致泻。其他未被皂化分解的蓖麻油对肠道起润滑作用，有助于粪便的排泄。由于蓖麻油酸钠能被小肠吸收，故不能作用于大肠，吸收后的一部分可经乳汁排出。临床多用于小家畜的小肠便秘，对大肠的致泻作用较小。对大家畜特别是牛的泻下效果不确实。

【注意事项】①本品忌用于孕畜、患肠炎家畜；②由于多数驱虫药尤其是脂溶性驱虫药能溶于油，所以使用驱虫药后不能用蓖麻油等泻药，以免增进吸收而中毒；③由于蓖麻油内服后易黏附于肠黏膜表面，影响消化机能，故不可长期使用。

【用法与用量】内服：一次量，马 250～400mL；牛 300～600mL；驹、犊 30～80mL；羊、猪 50～150mL；犬 10～30mL；猫 4～10mL；兔 5～10mL。

3. 润滑性泻药 又称油类泻药。指能润滑肠壁，软化粪便，使粪便易于排出的药物。多数为无刺激性的植物油（如豆油、花生油等）、矿物油（如液状石蜡）及动物油等。本类泻药在孕畜和患有肠炎的家畜均可应用，但禁用于排除毒物及配合驱虫药使用。

液状石蜡

【理化性质】本品为石油提炼过程中制得的由多种液状烃组成的混合物。为无色透明的油状液体，无臭，无味；在日光下不显荧光。本品在氯仿、乙醚或挥发油中溶解，在水或乙醇中均不溶。

【作用与应用】本品内服后，在消化道中不被代谢和吸收，大部分以原型通过全部肠管，产生润滑肠道和保护肠黏膜的作用，也可阻碍肠内水分被重吸收而软化粪便。临床可用于小肠阻塞、瘤胃积食及便秘，或用于猫预防"毛球"的形成。本品可用于孕畜和患肠炎病畜。

【注意事项】虽然本品作用温和，但不宜反复使用，以免影响消化，以及阻碍脂溶性维生素及钙、磷的吸收等。

【用法与用量】内服：一次量，马、牛 500～1500mL；驹、犊 60～120mL；羊 100～300mL；猪 50～100mL；犬 10～30mL；猫 5～10mL。

（四）常用止泻药

1. 保护性止泻药 本类药物具有收敛作用，内服后不被吸收，对胃肠道中微生物、肠道的运动和分泌均不起作用，而是附着在胃肠黏膜的表面呈机械性保护作用，保护肠道黏膜减少刺激而止泻。常用的有鞣酸、鞣酸蛋白、碱式硝酸铋、碱式碳酸铋等。

鞣酸

【理化性质】本品为淡黄色粉末，或疏松有光泽的鳞片，或海绵状块。味涩，有微臭。易溶于水，水溶液呈酸性反应。放置过久可分解。

【作用与应用】本品是一种蛋白质沉淀剂，能与蛋白质结合生成鞣酸蛋白，形成一层薄膜，故有收敛和保护作用。内服后主要在胃内发挥作用，鞣酸与胃内黏液蛋白质结合，形成鞣酸蛋白性薄膜而覆盖在胃黏膜上。腹泻、肠炎时，该鞣酸蛋白性薄膜呈现收敛性止泻、消炎、止血和制止分泌作用。鞣酸还能沉淀金属盐及生物碱，可作为解毒药使用。临床主要用于非细菌性腹泻和肠炎的止泻。在某些毒物（如铅、银、铜、士的宁、洋地黄等）中毒时，可用鞣酸溶液（1%～2%）洗胃或灌服，以沉淀胃肠道中未被吸收的毒物，但沉淀物结合不牢固，解毒后必须及时使用盐类泻药以加速排出。

【用法与用量】内服：一次量，马、牛 10～20g；羊 2～5g；猪 1～2g；犬 0.2～2g。

鞣酸蛋白

【理化性质】本品由鞣酸和蛋白质各 50% 制成，为淡黄色或淡棕色粉末，无臭，几乎无味，不溶于水和醇，在氢氧化钠或碳酸钠溶液中易分解。

【作用与应用】本品自身无活性，内服后在胃内不发生变化，也不起收敛作用，但到达肠内后遇碱性肠液则逐渐分解成鞣酸及蛋白质，鞣酸与肠内的黏液蛋白生成薄膜产生收敛而呈止泻作用。肠炎和腹泻时肠道内生成的鞣酸蛋白薄膜对炎症部位起消炎、止血及制止分泌作用。临床主要用于非细菌性腹泻和急性肠炎等。

【注意事项】①在细菌性肠炎时，应先用抗菌药物控制感染后再用本品；②猫对本品较敏感，应慎用。

【用法与用量】内服：一次量，马、牛 10～20g；猪、羊 2～5g；犬 0.2～2g。

【制剂】鞣酸蛋白片。

碱式硝酸铋

【理化性质】本品为白色粉末，无臭或几乎无臭，在水或乙醇中不溶，易溶于盐酸或硝酸。

【作用与应用】由于本品不溶于水，内服后大部分可在肠黏膜上与蛋白质结合成难溶的蛋白盐，形成一层薄膜以保护肠壁，减少有害物质的刺激。同时，在肠道中还可以与硫化氢结合，形成不溶性的硫化铋，覆盖在肠黏膜表面也呈现机械性保护作用，也减少了硫化氢对肠道的刺激反应，使肠道蠕动减慢，出现止泻作用。此外，本品能少量缓慢地释放出铋离子，铋离子与细菌或组织表面的蛋白质结合，故具有抑制细菌的生长繁殖和防腐消炎作用。临床常用于胃肠炎和腹泻症。

【注意事项】在治疗肠炎和腹泻时，可能因肠道中细菌（如大肠杆菌等）可将硝酸根离子还原成亚硝酸根离子而中毒，目前多改用碱式碳酸铋。

【用法与用量】内服：一次量，马、牛 15～30g；羊、猪、驹、犊 2～4g；犬 0.3～2g。

【制剂】碱式硝酸铋片。

碱式碳酸铋

【理化性质】本品为白色或微淡黄色的粉末，无臭，无味，遇光可缓慢变质。在水或乙醇中不溶。

【作用与应用】同碱式硝酸铋。

【用法与用量】内服：一次量，马、牛 15～30g；羊、猪、驹、犊 2～4g；犬 0.3～2g。

【制剂】碱式碳酸铋片。

2. 抑制肠蠕动性止泻药 本类药物可抑制肠道平滑肌的过度兴奋，减缓肠蠕动，延缓肠内容物的排出时间，致使粪便变干燥而达到止泻目的。由于这类药物对机体的影响是多方面的，临床使用时应慎重。

颠茄酊

【理化性质】 颠茄为茄科植物颠茄的干燥全草，主要含有莨菪碱等生物碱。颠茄酊为颠茄的乙醇浸出液。本品为棕红色的液体。含生物碱以莨菪碱计为 0.028%～0.032%。

【作用与应用】 本品主要有效成分为莨菪碱，为 M 胆碱受体的阻断药，其外周作用与阿托品相似，能抑制乙酰胆碱的 M 样作用，致使胃肠平滑肌松弛，分泌减少，而呈现止泻或便秘作用。临床主要用于缓解各种动物的胃肠平滑肌痉挛和止泻。

【用法与用量】 内服：一次量，马 10～30mL；牛 20～40mL；羊 2～5mL；猪 1～3mL；犬 0.2～1mL。

盐酸地芬诺酯

【理化性质】 又名苯乙哌啶、止泻宁。本品为白色或几乎白色的粉末或结晶性粉末；无臭。本品在氯仿中易溶，在甲醇中溶解，在乙醇或丙酮中略溶，在水或乙醚中几乎不溶。

【作用与应用】 本品属非特异性的止泻药。内服后易被胃肠道吸收，能增加肠张力，抑制或减弱胃肠道蠕动的向前推动作用，收敛而减少胃肠道的分泌，从而迅速控制腹泻。本品为控制急性腹泻的有效药物，主要用于犬、猫的急性和慢性功能性腹泻的对症治疗。如与抗菌药物合用可治疗细菌性腹泻。

【注意事项】 ①不宜用于细菌毒素引起的腹泻，否则因毒素在肠中停留时间过长反而会加重腹泻；②用于猫时可能会引起咖啡样兴奋，犬则表现镇静。

【用法与用量】 内服，一次量，犬 2.5mg，3 次/d。

【制剂】 复方盐酸地芬诺酯片，每片含地芬诺酯 2.5mg、硫酸阿托品 0.025mg。

3. 吸附性止泻药　本类药物性质稳定，无刺激性，一般不溶于水，内服后不吸收，但吸附性能很强，能吸附胃肠道内毒素、腐败发酵产物及炎症产物等，并能覆盖胃肠道黏膜，使胃肠黏膜免受刺激，从而减少肠管蠕动，达到止泻效果。吸附性止泻药的吸附作用属物理性质，吸附是可逆的，因此当吸附毒物时，必须用盐类泻药促使其迅速排出。常用的吸附性止泻药有药用炭、白陶土等。

药用炭

【理化性质】 本品为黑色微细粉末，无臭，无味，无砂性，无刺激性，不溶于水。

【作用与应用】 由于本品颗粒细小，分子间空隙多，表面积大，其吸附作用很强，因而具有广泛而强的吸附力，1g 药用炭具有 500～800m² 表面积，可吸附大量气体、化学物质和毒素。内服到达肠道后，能与肠道中有害物质结合，如细菌、发酵物等，阻止其吸收，从而能减轻肠道内容物对肠壁的刺激，使蠕动减弱，呈现止泻作用。临床主要用于治疗腹泻、肠炎、胃肠臌气和排除毒物（如生物碱等中毒）。

【用法与用量】 内服：一次量，马 20～150g；牛 20～200g；羊 5～50g；猪 3～10g；犬 0.3～2g。

【制剂】 药用炭片。

白陶土

【理化性质】本品系天然的含水硅酸盐，用水淘洗去砂，经稀酸处理并冲洗除去杂质制成。为类白色细粉；在水、稀酸或碱性溶液中几乎不溶。用水湿润后，有类似黏土的气味，颜色变深。

【作用与应用】本品具有一定的吸附作用，但较药用炭差。本品同时还有收敛作用。临床主要用于治疗幼畜的腹泻病。

【用法与用量】内服：一次量，马、牛 50～150g；羊、猪 10～30g；犬 1～5g。

五、抗溃疡药物

消化性溃疡的发病与黏膜局部损伤和保护机制之间的平衡失调有关。损伤因素（胃酸、胃蛋白酶和幽门螺杆菌）增强或保护因素（黏液 /HCO_3^-屏障和黏膜修复）减弱，均可引起消化性溃疡。当今的治疗主要着眼于减少胃酸和增强胃黏膜的保护作用。本类药物可分为抗酸药、H_2 受体阻断药、胃壁细胞质子泵抑制药三类。

1. 抗酸药　　抗酸药是一类能降低胃内容物酸度的弱碱性无机物质，从而解除胃酸对胃、十二指肠黏膜的侵蚀和对溃疡面的刺激，并降低胃蛋白酶活性，发挥缓解疼痛和促进愈合的作用。理想的抗酸药应该作用迅速持久、不吸收、不产气、不引起腹泻或便秘，对黏膜及溃疡面有保护收敛作用。单一药物很难达到这些要求，故常用复方制剂。

氢氧化镁

【理化性质】为白色粉末。无味，无臭。不溶于水、乙醇，溶于稀酸。

【作用与应用】本品难吸收，抗酸作用较强、较快。镁离子有导泻作用，少量吸收经肾排出，如肾功能不良可引起血镁过高。应用时不产生二氧化碳。用于胃酸过多和胃炎等病症。

【用法与用量】内服：一次量，犬 5～30mL；猫 5～15mL。

【制剂】镁乳。

氢氧化铝

【理化性质】为白色无晶形粉末。无味，无臭。不溶于水或乙醇，溶于稀盐酸或氢氧化钠溶液。

【作用与应用】本品为弱碱性化合物，抗酸作用较强，缓慢而持久。中和胃酸时产生的氧化铝有收敛、止血和引起便秘作用。还可影响磷酸盐、四环素、地高辛、异烟肼、强的松等的吸收。临床上主要用于胃酸过多与胃溃疡等病症的治疗。

【用法与用量】内服：一次量，马 15～30g；猪 3～5g。

碳酸钙

【理化性质】为白色极微细的结晶性粉末。无味，无臭。不溶于水或乙醇。

【作用与应用】抗酸作用较强、快而持久。可产生 CO_2 气体。进入小肠的 Ca^{2+} 可促进胃泌素分泌，引起反跳性胃酸分泌增多。临床上主要用于治疗单胃动物的胃酸过多症。

【用法与用量】内服：一次量，马、牛 30～80g；羊、猪 3～20g。

2. H₂ 受体阻断药

西咪替丁

【理化性质】西咪替丁又称甲氰咪胍、甲氰咪胺。人工合成品。

【作用与应用】本品为较强的 H_2 受体阻断药，有显著抑制胃酸分泌的作用，能明显抑制胃酸分泌，也能抑制由组胺、分肽胃泌素、胰岛素和食物等刺激引起的胃酸分泌，并使其酸度降低，对因化学刺激引起的腐蚀性胃炎有预防和保护作用。用于治疗动物胃肠的溃疡、胃炎、胰腺炎和急性胃肠（消化道前段）出血。

【用法与用量】内服：一次量，每 1kg 体重，猪 300mg；马、牛 8～16mg；犬、猫 5～10mg。2 次 /d。

【制剂】西咪替丁片。

雷尼替丁

【理化性质】西咪替丁又称呋喃硝胺，甲硝呋胍。人工合成品。

【作用与应用】为组胺 H_2 受体拮抗剂。抑制胃酸分泌作用比西咪替丁强 5～8 倍，且毒副作用较轻，作用时间更持久。能有效地抑制组胺、五肽胃泌素和氨甲酰胆碱刺激后引起的胃酸分泌，降低胃酸和胃酶活性，主要用于胃酸分泌过多、胃肠溃疡等疾病的治疗。

【用法与用量】内服：一次量，每 1kg 体重，驹 150mg；马、犬 0.5mg。2 次 /d。

【制剂】西咪替丁片。

3. 胃壁细胞质子泵抑制药　壁细胞通过受体（M_1 受体、H_2 受体、胃泌素受体）、第二信使和 H^+-K^+-ATP 酶三个环节来分泌胃酸。H^+-K^+-ATP 酶（质子泵）位于壁细胞的管状囊泡和分泌管上。它能将 H^+ 从壁细胞内转运到胃腔中，将 K^+ 从胃腔中转运到壁细胞内，进行 H^+-K^+ 交换。抑制 H^+-K^+-ATP 酶，就能抑制胃酸形成的最后环节，发挥治疗作用。

奥美拉唑

【理化性质】奥美拉唑又名洛赛克，是第一个问世的质子泵抑制剂，是一种苯并咪唑取代衍生物，左旋体和右旋体各占 50%。

【作用与应用】奥美拉唑口服后，可浓集于壁细胞分泌小管周围，并转变为有活性的次磺酰胺衍生物。它的硫原子与 H^+-K^+-ATP 酶上的巯基结合，形成酶 - 抑制剂复合物，从而抑制 H^+ 泵功能，抑制基础胃酸与最大胃酸分泌量。

胃酸分泌的抑制，可使胃窦 G 细胞分泌胃泌素增加。由于其促进胃酸分泌作用已被阻断，可发挥胃酸分泌以外的其他作用，如促进血流量的作用，对溃疡愈合有利。

【注意事项】该药不能用于怀孕及泌乳雌马，用药后的动物禁止食用。

【用法与用量】治疗胃溃疡：马，内服，一次 /d，每 1kg 体重 4mg，连用 4 周。为预防复发，继续给予维持量 4 周，每 1kg 体重 2mg。

溴丙胺太林

【理化性质】溴丙胺太林又名普鲁本辛，为白色或类白色结晶粉末。无臭，味极苦。

极易溶于水、乙醇或氯仿，不溶于乙醚和苯。

【作用与应用】具有与阿托品相似的 M 受体阻断作用，但是对胃肠道 M 受体的选择性较高，解痉和抑制胃酸分泌的作用较强而持久。适用于胃酸过多症及缓解胃肠痉挛。本品可延缓呋喃妥因和地高辛在肠内的停留时间，增加上述药物的吸收。

【用法与用量】内服：一次量，小犬 5～7.5mg，中犬 15mg，大犬 30mg，猫 5～7.5mg。每 8h 给药 1 次。

【制剂】溴丙胺太林片。

六、胃动力调节剂

胃动力调节剂是指能加强瘤胃收缩、促进蠕动、兴奋反刍的药物，又称反刍兴奋药。胃动力调节剂均能兴奋瘤胃的活动性，加强瘤胃平滑肌收缩，促进反刍运动。

反刍动物消化生理的主要特征是在瘤胃内进行发酵消化或微生物消化，这种瘤胃消化要比肉食或杂食动物以消化酶进行消化更为复杂。牛、羊等反刍动物采食后，不经过细嚼就咽入瘤胃，草料在瘤胃内被润湿和软化，经 0.5～1h 后又被逆呕回到口腔中，在经过仔细和充分的咀嚼后咽下，经过网胃、瓣胃进入真胃，这个过程称为反刍。当饲养管理不善，饲料质量低劣，发生某些全身性疾病如高热、低血钙等，均可引起瘤胃运动迟缓，反刍减弱或停止，造成瘤胃积食、瘤胃膨胀等一系列的严重疾病。治疗时除消除病因、加强饲养管理外，必须配合使用胃动力调节剂。

临床上常用的胃动力调节剂有拟胆碱药和抗胆碱酯酶药，如氨甲酰甲胆碱、新斯的明及浓氯化钠注射液、酒石酸锑钾等。

氨甲酰甲胆碱

【理化性质】氨甲酰甲胆碱又称为乌拉胆碱。为白色结晶或结晶性粉末。稍有氨味。极易溶于水，易溶于乙醇，不溶于氯仿和乙醚。

【作用与应用】本品属拟胆碱药，能直接作用于胆碱受体，出现胆碱能神经兴奋的效应。治疗剂量对胃肠平滑肌的兴奋作用较强，可提高胃肠平滑肌的张力，促进蠕动和分泌，加强瘤胃的反刍活动。同时对子宫、膀胱平滑肌的作用也较强。但大剂量可导致消化道平滑肌痉挛性收缩，产生腹痛。临床主要用于反刍动物的前胃弛缓，瘤胃积食，膀胱积尿，胎衣不下和子宫蓄脓等。

【注意事项】①因本品作用强烈而选择性较差，肠道完全阻塞、顽固性便秘、创伤性网胃炎及孕畜禁用；②发生中毒时，可用阿托品解救。

【用法与用量】皮下注射：一次量，每 1kg 体重，马、牛 0.05～0.1mg。

【制剂】氨甲酰甲胆碱注射液。

浓氯化钠注射液

【理化性质】本品为无色的澄明液体，味咸，pH 4.5～7.0。

【作用与应用】本品为氯化钠的高渗灭菌水溶液，静脉注射后能短暂抑制胆碱酯酶活性，出现胆碱能神经兴奋的效应，可提高瘤胃的运动。血中高氯离子（Cl^-）和高钠离子（Na^+）能反射性兴奋迷走神经，使胃肠平滑肌兴奋，蠕动加强，消化液分泌增多。本品一般用药后 2～4h 作用最强。

临床主要用于反刍动物前胃弛缓、瘤胃积食，马属动物胃扩张和便秘疝等。

【注意事项】①静脉注射时不能稀释，静注速度宜慢，不可漏至血管外；②心力衰竭和肾功能不全患畜慎用。

【用法与用量】静脉注射：一次量，每 1kg 体重，牛 1mL。

【制剂】浓氯化钠注射液。

甲硫酸新斯的明

【作用与应用】本品为抗胆碱酯酶类药，可逆性地抑制胆碱酯酶，对胃肠和膀胱平滑肌的作用强，能增强胃肠平滑肌的活动，促进蠕动和分泌，加强瘤胃反刍。此外，对骨骼肌的运动终板 N_2 受体有直接作用，促进运动神经末梢释放乙酰胆碱，从而加强骨骼肌的收缩。临床主要用于胃肠弛缓，轻度便秘，子宫收缩无力，子宫蓄脓，胎衣不下及重症肌无力和尿潴留等。

【用法与用量】肌内、皮下注射：一次量，马 4～10mg；牛 4～20mg；羊、猪 2～5mg；犬 0.25～1mg。

【制剂】甲硫酸新斯的明注射液。

第二节　作用于呼吸系统的药物

一、祛痰药

祛痰药能刺激呼吸道黏膜，增加腺体分泌，增加黏液的体积和流动性，使痰液变稀并易于咳出。祛痰药可分两类：①黏液分泌促进药，本类药物通过刺激呼吸道黏膜，使气管及支气管的腺体分泌增加，促进痰液稀释，易于咳出，如氯化铵、碘化钾、酒石酸锑钾等；②黏痰溶解药，又称黏痰液化药，是一类使痰液中黏性成分分解、黏度降低、使痰液易于排除的药物，如乙酰半胱氨酸、盐酸溴己新、氨溴索等。

祛痰药还有间接的镇咳作用。因为炎性的刺激使气管分泌增多，或黏膜上皮纤毛运动减弱，痰液不能及时排出，黏附气管内并刺激黏膜下感受器引起咳嗽，祛痰药促使痰液排出后，减少了刺激，起到了止咳作用。

乙酰半胱氨酸

【作用与应用】本品为常用的黏液溶解剂，其结构中的巯基（—SH）能使痰液中连接黏蛋白的—S—S—断裂，对脓痰中的 DNA 也有降解作用，使黏液溶解或解离，降低黏痰和脓痰的黏性。在兽医临床上适用于急性和慢性支气管炎、黏痰阻塞气道、咳嗽困难的患畜。也可用于眼的黏液溶解，静注此药也用于小动物（犬、猫）扑热息痛中毒的治疗。

【注意事项】①支气管哮喘者禁用；②要及时排痰；③不宜与一些金属如铁、铜、橡胶及氧化剂接触，喷雾器要采用玻璃或塑料制品；④应用本品时应新鲜配制，剩余的溶液需保存在冰箱内，48h 内用完。

【药物相互作用】①本品对呼吸道有刺激性，可致支气管哮喘，需与异丙肾上腺素合用或交替使用可提高药效，减少不良反应；②本品易使青霉素、头孢菌素、四环素等抗生素破坏而失效，不宜合用，必要时可间隔 4h 交替使用；③本品与碘化油、糜蛋白酶、胰蛋白酶配伍禁忌。

【用法与用量】 喷雾法给药：中等动物一次用 25mL，2 或 3 次 /d，一般喷雾 2～3d 或连用 7d；猫 25～50mL，2 次 /d。气管滴入：以 5% 溶液滴入气管内，一次量，马、牛 3～5mL，2～4 次 /d。

【制剂】 喷雾用乙酰半胱氨酸。

盐酸溴己新

【作用与应用】 本品为常用的黏液溶解剂，直接作用于支气管腺体，使痰中酸性糖蛋白的多糖纤维素裂解，黏度降低。还可刺激胃黏膜反射性地引起呼吸道腺体分泌增加，使痰液稀释。但对 DNA 无作用，故对黏性脓痰效果较差。用于慢性支气管炎的黏稠痰液不易咳出症。

【用法与用量】 内服：一次量，每 1kg 体重，马 0.1～0.25mg，牛、猪 0.2～0.5mg，犬 1.6～2.5mg，猫 1mg。肌内注射：一次量，每 1kg 体重，马 0.1～0.25mg，牛、猪 0.2～0.5mg。

【制剂】 盐酸溴己新片，盐酸溴己新注射液。

氯化铵

【作用与应用】 内服氯化铵后，可刺激胃黏膜迷走神经末梢，反射性引起支气管腺体分泌增加，使稠痰稀释，易于咳出。此外，氯化铵为强酸弱碱盐，被吸收至体内后，分解为铵离子和氯离子两部分，可以降低机体碱贮，同时由肾排出时，要带走多量的阳离子（主要是 Na^+）和排出水分，从而呈现酸化尿液和利尿作用。

本品主要应用：①用作祛痰药，适用于呼吸道急性炎症，尤其适用于不易咳出的黏痰；②用作尿液酸化剂，预防或帮助溶解某些类型的尿石，当有机碱类药物（如苯丙胺等）中毒时，可促进毒物的排出。

【注意事项】 应用本品时注意有肝、肾功能异常的患畜，内服氯化铵容易引起血氯过高性酸中毒和血氨升高，应慎用或禁用。

【药物相互作用】 ①禁与磺胺类药物配伍（增加尿的酸性，易使磺胺析出结晶，发生泌尿道损害）；②忌与碱性药物如碳酸氢钠配合使用。

【用法与用量】 内服：一次量，马 8～15g，牛 10～25g，羊 2～5g，猪 1～2g，犬、猫 0.2～1.0g，2 或 3 次 /d。

【制剂】 氯化铵片。

碘化钾

【作用与应用】 碘化钾内服后，对胃黏膜有刺激性，反射引起支气管分泌增加。吸收后碘离子从呼吸道腺体排出，对腺体产生刺激作用，使分泌增加，痰液稀释。因刺激性较强，不适用于急性支气管炎，主要用于治疗亚急性支气管炎的后期和慢性支气管炎。

【用法与用量】 内服：一次量，马、牛 5～10g，羊、猪 1～3g，犬 0.2～1g，猫 0.1～

0.2g，鸡 0.05～0.1g。2 或 3 次 /d。

【制剂】碘化钾片。

二、镇咳药

咳嗽是呼吸道内感受器受异物或炎症物的刺激，作用于延脑咳嗽中枢，再作用于呼吸肌及呼吸道平滑肌的一种反射性活动。镇咳药为降低咳嗽中枢兴奋性，减轻或阻止咳嗽的药物。分为两类。①中枢性镇咳药：选择性抑制延髓咳嗽中枢。包括成瘾性的吗啡类生物碱及其衍生物，如可待因；非成瘾性的喷托维林（咳必清）。②外周性镇咳药：抑制外周神经感觉器、传入神经或传出神经任何一个咳嗽反射弧而发挥作用。

可待因

【作用与应用】本品又称甲基吗啡，对咳嗽中枢产生强的镇咳作用，对各种原因引起的咳嗽都有效，还有阵痛的作用。多用于无痰剧痛性干咳。但是该药多次反复应用易产生成瘾性，临床不宜作为常规镇咳药。

喷托维林（维静宁）

【作用与应用】本品又称咳必清，为人工合成的非成瘾性中枢性镇咳药。内服后，对咳嗽中枢有选择性抑制作用。对外周支气管有阿托品样作用，经支气管排出时有舒张支气管平滑肌的作用，有利于痰液的排出，与祛痰药（氯化铵）合用，治疗伴有剧烈干咳的急性呼吸道炎症。作用较可待因弱。

【注意事项】①阿托品样作用较强，易导致腹胀、便秘等副作用；②禁用于心功能不全、青光眼病例，以及痰多且排痰不畅的咳嗽。

三、平喘药

平喘药为缓解或解除呼吸道疾患所引起的气喘症状的药物。

哮喘是一种以呼吸道炎症和呼吸道高反应性为特征的疾病。其临床特点为周期性、阵发性咳嗽、呼吸急促、胸部紧张和喘息。气喘的原因较多，有过敏源、污染物、运动、上呼吸道病毒感染。导致气管和支气管对各种刺激的高反应性和广泛的呼吸道狭窄，主要病理变化有平滑肌痉挛、腺体分泌增加，黏膜水肿，导致小气道阻塞。

喘气病的治疗原则：预防和治疗气道炎症为主，结合病情合理使用糖皮质激素、平滑肌松弛药（异丙肾上腺素、麻黄碱、茶碱类药物）、抗胆碱药（阿托品、异丙阿托品等）和抗过敏药物（苯海拉明、异丙嗪）可获得理想疗效。短期疗法：支气管扩张药解除平滑肌痉挛，增加呼吸道口径。长期疗法：抗炎药治疗，如吸入皮质类固醇或肥大细胞脱颗粒药。

氨茶碱

【作用与应用】氨茶碱的作用有以下几方面。①支气管平滑肌松弛作用：氨茶碱能直接抑制支气管平滑肌细胞内磷酸二酯酶（PDE），减少 cAMP 水解，提高细胞内 cAMP 的浓度，增强平滑肌细胞的稳定性，使平滑肌松弛。氨茶碱还能抑制肥大细胞释放过敏活性物质如组胺，而减少血管内液渗出、黏膜水肿，以及改善气道通气，缓解或解除支气管哮喘。②兴奋呼吸中枢：使呼吸加深加快。③强心作用：还能诱导利尿，但作用弱。

氨茶碱平喘疗效可靠，副作用小，可与麻黄碱合用。由于它有强心利尿作用，可用于急性心功能不全的心源性哮喘症的治疗。马、牛肺气肿，犬心力衰竭所致心性喘息。

【注意事项】①局部刺激作用，口服对胃黏膜有刺激作用，犬、猫可见呕吐，宜于饲喂后服用，肌内注射可引起局部红肿、疼痛；②本品能强烈兴奋中枢神经系统，中毒用镇静药对抗治疗；③静注过快，可引起心律失常和血压骤降，应稀释后缓缓推注。

色甘酸钠

【作用与应用】属于肥大细胞稳定剂，能够稳定肥大细胞膜，抑制支气管平滑肌肥大细胞释放化学介质，可以防止支气管痉挛发作。它对支气管平滑肌无直接影响，也不能直接对抗炎症介质。因此，主要用于预防各型哮喘发作。

第三节　作用于心血管系统的药物

一、作用于心的药物

（一）治疗充血性心力衰竭

凡能提高心肌兴奋性，加强心肌收缩力，改善心功能的药物称为强心药。具有强心作用的药物种类很多，其中，有些是直接兴奋心肌（如强心苷），有些是通过神经的调节来影响心的功能（如拟肾上腺素药），有的则通过影响 cAMP 的代谢而起强心作用（如咖啡因）。它们的作用机制、适应证均有所不同，如肾上腺素适用于心搏骤停时的急救；咖啡因适用于过劳、中暑、中毒等过程中的急性心衰；强心苷适用于急、慢性充血性心力衰竭。因此，临床必须根据疾病情况合理选用。本节重点讨论充血性心力衰竭和抗心律失常药物。

心功能不全（心力衰竭）是指心肌因收缩力减弱或衰竭，致使心排出血量减少，静脉回流受阻等，而呈现的全身血液循环障碍的一种临床综合征。此病以伴有静脉系统充血为特征，故又称充血性心力衰竭。临床表现以呼吸困难、水肿及发绀为主的综合症状。家畜的充血性心力衰竭多由毒物或细菌毒素、过度劳役、重症贫血，以及继发于心本身的各种疾病如心肌炎症、慢性心内膜炎等所致。临床对本病的治疗除消除原发病外，主要是使用能改善心功能、增强心肌收缩力的药物。

强心苷至今仍是治疗充血性心力衰竭的首选药物，临床主要用于治疗各种原因引起的慢性心功能不全。常用的强心苷类药物有洋地黄毒苷、毒毛花苷 K、地高辛、西地兰等。各种强心苷对心的作用基本相似，主要是加强心肌收缩力，但在作用强度、快慢及持续时间长短方面有所不同。

洋地黄毒苷

【作用与应用】洋地黄毒苷对心具有高度选择作用，治疗剂量能明显加强衰竭心的收缩力，使心输出量增加和心肌耗氧量降低；并通过增强迷走神经活性、降低交感神经活性，减慢心率和房室传导速率。在洋地黄毒苷作用下，衰竭的心功能得到改善，使肾的血流量和肾小球滤过率增加，继发产生利尿作用。临床主要用于慢性充血性心力衰竭，阵发性室上性心动过速和心房颤动等。

【注意事项】①洋地黄毒苷安全范围窄，用药时，要监测心电图变化，以免发生毒性反应，一旦中毒，可皮下注射阿托品，对轻度的洋地黄毒苷中毒可补充钾盐；②肝、肾功能障碍患畜应酌减用量，心内膜炎、急性心肌炎、创伤性心包炎等患畜禁用；③排泄慢，有蓄积作用，在用药前应先询问用药史，只有在2周内未曾用过洋地黄毒苷的病畜才能按常规给药；④动物处于休克、贫血、尿毒症等情况下，不宜使用本品，除非有充血性心力衰竭发生；⑤成年反刍动物内服无效。

【用法与用量】洋地黄毒苷注射液静脉注射：全效量，家畜每100kg体重，马、牛0.6~1.2mg，犬0.1~1mg；维持量，应酌情减少。洋地黄酊内服：一日量，马20~50mL，猪2~3mL，犬0.5~1mL。

洋地黄毒苷制剂的用法一般分为两个步骤。首先在短期内给予足够剂量以达到显著的疗效，这个量称为全效量（也称饱和量或洋地黄化量），达到全效量的标准是心功能改善，心率减慢接近正常，尿量增加；然后每天给予较小剂量以维持疗效，这个量称为维持量，维持量约为全效量的1/10。全效量的给药方法有缓给法和速给法两种。

1）缓给法：适用于慢性、病情较轻的病畜。将全效量分为8剂，每8h内服一剂。首次投药量为全效量的1/3，第二次为全效量的1/6，第三次及以后每次为全效量的1/12。

2）速给法：适用于急性、病情较重的病畜。可缓慢静脉注射洋地黄毒苷注射液，首次注射全效量的1/2，以后每隔2h注射全效量的1/10，达到洋地黄化后，每天给予一次维持量（全效量的1/10）。应用维持量的时间长短视病情而定，往往需要维持用药1~2周或更长时间，用量也可按病情做适当调整。

【制剂】洋地黄毒苷注射液；洋地黄酊（含有洋地黄毒苷）。

毒毛花苷 K

【作用与应用】本品作用同洋地黄毒苷。本品内服吸收很少，且吸收不规则。静脉注射作用快，3~10min即显效，0.5~2h作用达高峰，作用持续时间10~12h。本品体内排泄快，蓄积性小。临床上主要用于治疗各种原因引起的慢性心功能不全（充血性心力衰竭）。

【注意事项】参见洋地黄毒苷。

【用法与用量】静脉注射：一次量，马、牛1.25~3.75mg，犬0.25~0.5mg。用5%葡萄糖注射液作10~20倍稀释，缓慢注射。

【制剂】毒毛花苷 K 注射液。

（二）抗心律失常药

心律失常可见于各种器质性心脏病，尤其是在发生心力衰竭或急性心肌梗死时。抗心律失常药物在兽医临床上的应用多见于宠物诊疗。常见的药物有奎尼丁、普鲁卡因胺和异丙吡胺等。

奎尼丁

【作用与应用】 奎尼丁主要用于小动物或马的室性心律失常的治疗，不应期室上性心动过速、室上性心律失常传导的综合征和急性心房纤维颤动。据报道，奎尼丁治疗大型犬的心房纤维性颤动比小型犬的疗效好，这可能与小型犬的病理情况比较严重有关，也可能与使用不同剂量和给药方法有关。

【注意事项】 ①犬的胃肠道反应有厌食、呕吐或腹泻，心血管系统可能出现衰弱、低血压和负性心力作用；②马可出现消化扰乱、伴有呼吸困难的鼻黏膜肿胀、蹄叶炎、荨麻疹，也可能出现心血管功能失调，包括房室阻滞、循环性虚脱，甚至突然死亡，尤其在静脉注射时容易发生；③最好做血中药物浓度监测，犬的治疗浓度范围为 $2.5\sim5.0\mu g/mL$，在小于 $10\mu g/mL$ 时一般不出现毒性反应。

【用法与用量】 内服：一次量，每 1kg 体重，犬 $6\sim16mg$，猫 $4\sim8mg$，3 或 4 次 /d。

【制剂】 硫酸奎尼丁片。

普鲁卡因胺

【作用与应用】 适用于室性早搏综合征、室性或室上性心动过速的治疗，临床报道本品控制室性心律失常比控制房性心律失常效果好。

【注意事项】 与奎尼丁相似。静脉注射速度过快可引起血压显著下降，故最好能监测心电图和血压。肾衰患畜应适当减少剂量。

【用法与用量】 内服：犬，一次量，每 1kg 体重 $8\sim20mg$，4 次 /d。静脉注射：犬，一次量，每 1kg 体重 $6\sim8mg$（在 5min 内注完），然后改为肌内注射，一次量，每 1kg 体重，$6\sim20mg$，每 $4\sim6h$ 1 次。肌内注射：马，每 1kg 体重，0.5mg，每 10min 1 次，直至总剂量为每 1kg 体重 $2\sim4mg$。

【制剂】 盐酸普鲁卡因胺片。

异丙吡胺

【作用与应用】 作用与普鲁卡因胺、奎尼丁相似，主要对室性原发性心律不齐有效。本品极易吸收，代谢迅速，犬的半衰期仅为 $2\sim3h$。不良反应主要呈现较强的类阿托品样作用，使室性心率增加。

【用法与用量】 内服：一次量，每 1kg 体重，犬 $6\sim15mg$，4 次 /d。

【制剂】 异丙吡胺片。

二、止血药

血液凝固系统与血纤维蛋白溶解系统是存在于血液中的一种对立统一机制。维持血液系统的完整功能不仅需要有凝血的能力，即当血管受伤时能激活血液中的凝血因子而立即止血；同时也应该存在一种机制，当血管的出血停止以后能清除凝血的产物，这就是血纤维蛋白溶解系统。血液中的这两个系统经常处于动态平衡，保证了血液循环的畅通，所以，这也是机体的一种保护机制。

凡是促进血液凝固和制止出血的药物称止血药。止血药既可通过影响某些凝血因子，促进或恢复凝血过程而止血，也可通过抑制血纤维蛋白溶解系统而止血。后者也称抗纤溶药，包括氨基己酸、氨甲环酸等。能降低毛细血管通透性的药物（如安络血）也常用于止血。由于出血原因很多，各种止血药作用机理也有所不同。在临床上应根据出血原因、药物功效、临床症状等采用不同的处理方法。例如，制止大血管出血需用压迫、包扎、缝合等方法；对毛细血管和静脉渗血或因凝血机制障碍等引起的出血，除对因治疗外，适当选用止血药在临床上具有重要意义。临床上将止血药分为局部止血药和全身止血药两类。

（一）局部止血药

明胶海绵

【作用与应用】具有多孔和表面粗糙的特点，敷于出血部位，能吸收大量血液，并促使血小板破裂释出凝血因子而促进血液凝固。另外，吸收性明胶海绵敷于出血处，对创面渗血有机械性压迫止血作用。用于创口渗血区止血，如外伤性出血、手术止血、毛细血管渗血、鼻出血等。

【注意事项】①本品为灭菌制品，使用过程中要求无菌操作，以防污染；②包装打开后，不宜再消毒，以免延长吸收时间。

【用法与用量】根据出血创面的形状，将本品切成所需大小，贴于出血处，再用干纱布压迫。

三氯化铁

【作用与应用】本品用于局部能使血液和组织蛋白沉淀，也有可能封闭断端毛细血管。外用产生收敛止血作用。

【注意事项】①本品水溶液应临用时配制；②浓度过高，可损伤局部组织。

【用法与用量】外用，配成 1%～6% 溶液用于皮肤和黏膜的出血。涂于局部，或制成止血棉应用。

（二）全身止血药

全身止血药按其作用机理可分为三类：①作用于血管的止血药，如安络血等；②影响凝血因子的止血药，如酚磺乙胺、维生素 K 等；③抗纤维蛋白溶解的止血药，如 6- 氨基己酸、氨甲苯酸、凝血酸等。

维生素 K

【作用与应用】维生素 K 是肝合成凝血酶原的必需物质，还参与某些凝血因子的合成。因此，维生素 K 缺乏时，会使血中凝血酶原减少，凝血因子合成障碍，影响凝血过程而引起出血。临床主要用于因维生素 K 缺乏所致的出血和各种原因引起的维生素 K 缺乏症。

【注意事项】维生素 K_1、维生素 K_2 无毒性。维生素 K_3、维生素 K_4 有刺激性，长期应用可刺激肾而引起蛋白尿，还能引起溶血性贫血和肝细胞损害，较大剂量可致幼畜溶血性贫血、高胆红素血症及黄疸。①较大剂量的水杨酸类、磺胺药等可影响维生素 K 的效应；②巴比妥类可诱导维生素 K 代谢加速，不宜合用；③肌内注射部位可出现疼痛、肿胀等；④较大剂量的维生素 K_3 可致幼畜溶血性贫血、高胆红素血症及黄疸，应严格掌握用法、用量，不宜长期大量应用；⑤维生素 K_3 可损害肝，肝功能不良患畜宜改用维生素 K_1；⑥静脉注射速度宜缓慢，成年家畜每分钟不应超过 10mg，新生仔畜或幼畜每分钟不应超过 5mg，由于在静脉注射期间或注射后可出现包括死亡在内的严重反应，因此静脉注射只限于在其他途径无法应用的情况下使用；⑦注射液可用生理盐水、5% 葡萄糖注射液或 5% 葡萄糖生理盐水稀释，稀释后应立即注射，未用完部分应弃之不用。

【用法与用量】亚硫酸氢钠甲萘醌注射液：肌内注射，一次量，马、牛 100～300mg，猪、羊 30～50mg，犬 10～30mg，禽 2～4mg，2 或 3 次/d。维生素 K_1 注射液：肌内、静脉注射，一次量，每 1kg 体重，犊牛 1mg，犬、猫 0.5～2mg。

【制剂】亚硫酸氢钠甲萘醌注射液、维生素 K_1 注射液。

酚磺乙胺

【作用与应用】又名止血敏。能使血小板数量增加，并增强血小板的聚集和黏附力，促进凝血活性物质的释放，从而产生止血作用。此外，尚有增强毛细血管抵抗力及降低其通透性作用。作用快速，静注后 1h 作用最强，一般可维持 4～6h。适用于各种出血，如手术前后止血、消化道出血等，也可与其他止血药合用。

【用法与用量】肌内或静脉注射：一次量，马、牛 1.25～2.5g，猪、羊 0.25～0.5g。

【制剂】酚磺乙胺注射液。

安络血

【作用与应用】又称安特诺新、肾上腺色腙。主要作用于毛细血管，增强毛细血管对损伤的抵抗力，降低毛细血管通透性，使受伤血管断端回缩而止血。临床适用于毛细血管损伤或通透性增加的出血，如鼻出血、紫癜等，也用于产后出血、手术后出血、内脏出血和尿血等。

【注意事项】①本品中含有水杨酸，长期应用可产生水杨酸反应；②抗组胺药能抑制本品作用，用本品前 48h 应停止给予抗组胺药；③本品不影响凝血过程，对大出血、动脉出血疗效差。

【用法与用量】肌注：一次量，马、牛 5～20mL，羊、猪 2～4mL，2 或 3 次/d。

【制剂】安络血注射液。

三、抗凝血药

凡能延缓或阻止血液凝固的药物称抗凝血药，简称抗凝剂。临床常用于输血、血样保存、实验室血样检查、体外循环及防治具有血栓形成倾向的疾病。常用药物有肝素钠、枸橼酸钠、草酸钠、华法林、阿司匹林、尿激酶等。

肝素

【作用与应用】肝素在体内外均有抗凝血作用，作用快、强，几乎对凝血过程的每一步都有抑制作用。肝素的抗凝血机制，是通过激活抗凝血酶Ⅲ（ATⅢ）而发挥抗凝血作用。ATⅢ是一种血浆 α_2 球蛋白，低浓度的肝素可与 ATⅢ 可逆性结合，引起 ATⅢ 的分子结构变化，对许多凝血因子的抑制作用增强，尤其对凝血酶和凝血因子Xa的灭活作用显著增强。肝素还有促进纤维蛋白溶解、抗血小板凝集的作用。主要用于马和小动物的弥散性血管内凝血的治疗，也用于各种急性血栓性疾病，如手术后血栓的形成、血栓性静脉炎等。体外用于输血及检查血液时体外血液样品的抗凝。

【注意事项】①过量可导致出血，严重出血的特效解毒药是鱼精蛋白；②连续应用，可引起红细胞的显著减少；③禁用于出血性素质和伴有血液凝固延缓的各种疾病，慎用于肾功能不全动物、孕畜、产后、流产、外伤及手术后动物。

【用法与用量】高剂量方案（治疗血栓栓塞症）：静脉或皮下注射，一次量，每1kg体重，犬150～250U，猫250～375U，3次/d。低剂量方案（治疗弥散性血管内凝血）：马25～100U，小动物75U。

【制剂】肝素钠注射液。

枸橼酸钠

【作用与应用】又称柠檬酸钠。钙离子参与凝血过程的每一个步骤，缺乏这一凝血因子时，血液便不能凝固。本品含有的枸橼酸根离子能与血浆中钙离子形成难解离的可溶性络合物，使血中钙离子浓度迅速减少而产生抗凝血作用。主要用于血液样品的抗凝，以及防止体外血液凝固。已很少用于输血。

【注意事项】大量输血时，应另注射适量钙剂，以预防低血钙。

【用法与用量】间接输血，每100mL血液添加10mL。

【制剂】枸橼酸钠注射液。

华法林

【作用与应用】又名苄丙酮香豆素。华法林通过干扰维生素K$_1$参与的凝血因子Ⅱ、Ⅶ、Ⅸ、Ⅹ的合成而起间接的抗凝作用，其作用机制是华法林能阻断维生素K环氧化物还原酶的作用，阻止了维生素K环氧化物还原为氢醌型维生素K，从而不能合成凝血因子。因此，本品的特点是体外没有作用，其作用发生慢，一般在给药24～48h后才出现作用，最大效应在3～5d内产生，停止给药后，作用仍可持续4～14d。足量的维生素K$_1$能倒转华法林的作用。临床主要用于内服作长期治疗（或预防）血栓性疾病，通常用于犬、猫或马。

【注意事项】本类药物的副作用是可能引起出血，因此要定期做凝血酶原试验，根据凝血酶原时间调整剂量与疗程，当凝血酶原的活性降到25%以下时，必须停药。

【药物相互作用】华法林在体内可与许多药物发生相互作用，与影响维生素K合成、改变华法林蛋白结合率和诱导或抑制肝药酶的药物同时服用，均可增强或减弱其作用。增强其作用的药物主要有保泰松、肝素、水杨酸盐、广谱抗生素和同化激素；减弱其作用的药物主要有巴比妥类、水合氯醛、灰黄霉素等。

【用法与用量】内服：一次量，马每45kg体重30～75mg；犬、猫0.1～0.2mg/kg，1次/d。

【制剂】华法林钠片。

四、抗贫血药

贫血是指血容量降低，或单位容积内红细胞数或血红蛋白含量低于正常值的病理状态。凡能增进机体造血机能，补充造血物质，改善贫血状态的药物称抗贫血药。

贫血的种类很多，病因各异，治疗药物也不同。临床上按病因可将贫血分为三种类型，即缺铁性贫血、巨幼红细胞性贫血和再生障碍性贫血。兽医常用的抗贫血药主要是用于防治缺铁性贫血和巨幼红细胞性贫血的药物，如硫酸亚铁、右旋糖酐铁和葡萄糖铁钴注射液、叶酸和维生素 B_{12} 等。

硫酸亚铁

【作用与应用】铁是构成血红蛋白、肌红蛋白和多种酶的重要成分。因此，机体铁代谢异常及铁缺乏不但会引起贫血，也可能影响其他生理功能。动物哺乳期、妊娠期和某些缺铁性贫血情况下，对铁的需求量增加，补铁能纠正因铁缺乏而引起的生理异常和血红蛋白水平的下降。本品用于防治缺铁性贫血，如慢性失血、营养不良、孕畜及哺乳期仔猪贫血等。

【注意事项】①内服对胃肠道黏膜有刺激性，可致呕吐（猪、犬）、腹痛等，宜在饲后投药；禁用于消化道溃疡、肠炎等；大量内服可引起肠坏死、出血，严重时可致休克。②稀盐酸可促进 Fe^{3+} 转变为 Fe^{2+}，有助于铁剂的吸收，与稀盐酸合用可提高疗效；维生素 C 为还原物质，能防止 Fe^{2+} 氧化，因而利于铁的吸收。③钙剂、磷酸盐类、含鞣酸药物、抗酸药物等均可使铁沉淀，妨碍其吸收，应避免同服。④铁剂与四环素类可形成络合物，互相妨碍吸收。⑤铁能与肠道内硫化氢结合生成硫化铁、使硫化氢减少，减少对肠蠕动的刺激作用，可致便秘，并排黑粪。

【用法与用量】硫酸亚铁配成 0.2%～1% 溶液，内服：一次量，马、牛 2～10g，猪、羊 0.5～3g，犬 0.05～0.5g，猫 0.05～0.1g。

右旋糖酐铁

【作用与应用】本品作用同硫酸亚铁。肌内注射后，右旋糖酐铁主要通过淋巴系统缓慢吸收。注射 3d 内吸收约 60%，1～3 周后吸收 90%，余下可在数月内被缓慢吸收。从右旋糖酐中解离的铁立即与蛋白分子结合形成含铁血黄素、铁蛋白或转铁蛋白。而右旋糖酐则被代谢或排泄。适用于重症缺铁性贫血或不宜内服铁剂的缺铁性贫血。临床主要用于仔猪缺铁性贫血。

【注意事项】①猪注射偶尔会出现肌肉软弱、站立不稳，严重时可致死亡；②肌内注射时可引起局部疼痛，宜深部肌内注射；③需防冻，久置可发生沉淀。

【用法与用量】肌内注射：一次量，仔猪 100～200mg。

【制剂】右旋糖酐铁注射液。

维生素 B_{12}

【作用与应用】又称氰钴胺。维生素 B_{12} 具有广泛的生理作用。参与机体的蛋白质、脂肪和糖类代谢，帮助叶酸循环利用，促进核酸的合成，为动物生长发育、造血、上皮细胞生长及维持神经髓鞘完整性所必需。缺少维生素 B_{12} 时，常可导致猪的巨幼红细胞性贫血，犊牛发育停滞，猪、犬、鸡等生长发育障碍，鸡蛋孵化率降低，猪运动失调等。成年反刍动物瘤胃内能合成维生素 B_{12}，其他草食动物也可在肠内合成。主要用于治疗维生素 B_{12} 缺乏所致的巨幼红细胞性贫血和幼畜生长迟缓。

【注意事项】在防治巨幼红细胞贫血时，本品与叶酸配合应用可取得更为理想的效果。

【用法与用量】肌内注射：一次量，马、牛 1~2mg，猪、羊 0.3~0.4mg，犬、猫 0.1mg。

【制剂】维生素 B_{12} 注射液。

叶酸

【作用与应用】叶酸是核酸和某些氨基酸合成所必需的物质。当叶酸缺乏时，红细胞的成熟和分裂停滞、造成巨幼红细胞性贫血和白细胞减少；雏鸡发育停滞，羽毛稀疏，有色羽毛褪色；母鸡产蛋率和孵化率下降，食欲不振、腹泻等。病猪表现生长迟缓、贫血；家畜消化道内微生物能合成叶酸，一般不易发生缺乏症。但长期使用磺胺类肠道抗菌药时，也可能发生叶酸缺乏症。雏鸡、猪、狐、水貂等必须从饲料中摄取补充叶酸。主要用于防治叶酸缺乏所致的畜禽和犬、猫贫血症。与维生素 B_{12} 合用效果更好。

【注意事项】①对甲氧苄啶等所致的巨幼红细胞性贫血无效；②对维生素 B_{12} 缺乏所致的恶性贫血，大剂量叶酸治疗可纠正血常规检查结果，但不能改善神经症状。

【用法与用量】内服：一次量，犬、猫 2.5~5mg。

【制剂】叶酸片。

第四节 作用于生殖系统的药物

一、子宫收缩药

子宫收缩药是一类能兴奋子宫平滑肌的药物。它们的作用因子宫所处的激素环境、药物种类及用药剂量的不同而表现为节律性收缩或强直性收缩，临床上用于催产、引产、产后止血或子宫复原。催产是在子宫颈口扩张、产道通畅、胎位正常、子宫收缩乏力时使用。常用的药物有缩宫素、麦角新碱、垂体后叶素和益母草等。

缩宫素

【作用与应用】缩宫素又名催产素。能选择性兴奋子宫平滑肌的收缩。子宫收缩的强度及性质，因子宫所处的激素水平和用药剂量的大小而异。小剂量能增加妊娠末期的子宫节律性收缩和张力，较少引起子宫颈兴奋，适于催产；大剂量则能使子宫肌的张力持续性增高，舒张不完全，出现强制性收缩，使子宫肌层内的血管受压迫而起止血作用。此外，缩宫素能促进乳腺腺泡和腺导管周围的肌上皮细胞收缩，促进排乳。

临床上小剂量用于临产前子宫收缩无力母畜的引产。较大剂量用于治疗产后出血、胎衣不下和子宫复原不全，在分娩后 24h 内使用。

【注意事项】①产道阻塞、胎位不正、骨盆狭窄及子宫颈尚未开放时禁用催产素；②严格掌握剂量，以免引起子宫强直性收缩，造成胎儿窒息或子宫破裂。

【用法与用量】静脉、肌内或皮下注射（用于促进子宫收缩）：一次量，马 75～150U，牛 75～100U，羊、猪 10～50U，犬 5～25U，猫 5～10U。如果需要，可间隔 15min 重复使用。

【制剂】催产素注射液，缩宫素注射液。

麦角新碱

【作用与应用】对子宫平滑肌有很强的选择性兴奋作用，持续 2～4h。与缩宫素的区别是其作用强大而持久。本品对子宫颈和子宫体都兴奋，剂量稍大即可引起子宫强制性收缩，压迫胎儿难以娩出而使胎儿窒息，因此禁用于催产或引产，只能用于产后子宫出血、子宫复原不全和胎衣不下、子宫蓄脓等。

【用法与用量】静脉或肌内注射：一次量，马、牛 5～15mg，犬 0.2～0.5mg，猫 0.2～0.5mg。

【制剂】马来酸麦角新碱注射液。

垂体后叶素

【作用与应用】垂体后叶素含缩宫素和加压素（抗利尿素）。对子宫的作用与缩宫素相同，但有抗利尿、收缩小血管引起血压升高的副作用。

【用法与用量】肌内或皮下注射：一次量，马、牛 50～100U，羊、猪 10～50U，犬 2～10U，猫 2～5U。如果需要，可间隔 15min 重复使用。

【制剂】垂体后叶素注射液。

二、性激素

性激素是由动物性腺分泌的一些类固醇激素。包括雌激素、孕激素与雄激素：雌激素制剂主要有雌二醇，人工合成的己烯雌酚和乙烷雌酚等雌激素已禁用；孕激素制剂主要有黄体酮；雄激素制剂主要有丙酸睾酮、甲基睾丸素和苯丙酸诺龙。目前兽医临床及畜牧业生产中主要用于补充体内不足，防治产科疾病，诱导同期发情及提高畜禽繁殖力等。

丙酸睾酮

【作用与应用】丙酸睾酮的药理作用与天然睾酮相同，可促进雄性生殖器官及副性征的发育、成熟，引起性欲及性兴奋。大剂量睾酮通过负反馈机制，抑制促黄体素，进而抑制精子生成。对抗雌激素，抑制母畜发情。具有同化作用，可促进蛋白质合成，引起氮、钠、钾、磷的潴留，减少钙的排泄。通过兴奋红细胞生成刺激因子，刺激红细胞生成。

临床上主要用于雄性动物机能不全、促进小动物疾病恢复与增重、再生障碍性贫血的辅助治疗药。

【注意事项】①具有水钠潴留作用，肾、心或肝功能不全病畜慎用；②本品禁止用作所有食品动物促生长剂。

【用法与用量】肌内或皮下注射：一次量，马、牛 100～300mg，猪、羊 100mg，犬 20～50mg。每周 2 或 3 次。母鸡醒窝，肌内注射 12.5mg。

【制剂】丙酸睾酮注射液或丙酸睾丸素注射液。

甲基睾丸素

【作用与应用】①促进雄性生殖器官及副生殖器官发育，维持第二性征，保证精子正常发育、成熟，维持精囊腺和前列腺的分泌功能。兴奋中枢神经系统，引起性欲和性兴奋。大剂量能抑制促性腺激素释放激素分泌，减少促性腺激素的分泌量，从而抑制精子的生成。②引起氮、钾、钠、磷、硫和氯在体内滞留，促进蛋白质合成，增强肌肉和骨骼发育，增加体重，即同化作用。③当骨髓功能低下时，还直接作用于骨髓，刺激红细胞生成。④具有对抗雌激素作用，抑制母畜发情。

临床用于治疗雄激素缺乏所致的隐睾症，成年公畜雄激素分泌不足引起的性欲缺乏，诱导发情。治疗乳腺囊肿，抑制泌乳。治疗母犬的假妊娠，抑制母犬、母猫发情，但效果不如孕酮。作为贫血治疗的辅助药。

【注意事项】①本品能损害雌性胎儿，孕畜禁用；前列腺肥大和泌乳母畜禁用；还有一定程度的肝毒性。②本品禁止用作所有食品动物促生长剂。

【用法与用量】内服：一次量，家畜 10～40mg，犬 10mg，猫 5mg。

【制剂】甲基睾丸素片，甲基睾丸素胶囊。

苯丙酸诺龙

【作用与应用】苯丙酸诺龙为人工合成的睾酮衍生物，其蛋白质同化作用比甲级睾丸素、丙酸睾酮强而持久，雄激素作用较弱。能促进蛋白质合成和抑制蛋白质异化作用，并有促进骨组织生长、刺激红细胞生成等作用。

用于组织分解旺盛的疾病，如严重寄生虫病、犬瘟热、糖皮质激素过量的组织损耗；组织修复期，如大手术后、骨折、创伤等；营养不良动物虚弱性疾病的恢复及老年动物衰老症。

【注意事项】①可引起钠、钙、钾、水、氮和磷的潴留及繁殖机能异常；②肾、肝功能不全病畜慎用；③禁止作促生长剂应用；④休药期 28d，弃乳期 7d。

【用法与用量】肌内或皮下注射：一次量，马、牛 200～400mg，驹、犊 50～100mg，猪、羊 50～100mg，犬 25～50mg，猫 10～20mg。两周 1 次。

【制剂】苯丙酸诺龙注射液。

雌二醇

【作用与应用】①促进母畜发情。雌激素能恢复生殖道的正常功能和形态结构，如促进生殖器官血管增生和腺体分泌，出现发情征象。②对生殖道的作用。雌二醇能促进雌性器官和第二性征的发育。促进子宫内膜增生和增加子宫平滑肌的张力，也可促进输卵管平滑肌的收缩，增强子宫对催产素的敏感性。③本品能增加骨骼钙盐沉积，加速骨骺闭合和骨的形成。④对代谢的影响。可增加食欲，促进蛋白质合成。但由于肉品中残留的雌激素对人体有致癌作用并危害儿童及未成年人的生长发育，所以禁用雌激素类药物作为所有食品动物促生长剂。⑤对乳腺的作用。可促进母畜乳导管的发育和泌乳。与孕酮配合，效果更好。但大剂量使用，可抑制泌乳分泌，导致泌乳停止。⑥对公畜的作用。

能对抗雄激素的作用，抑制第二性征的发育，降低性欲。

临床上用于发情不明显动物的催情；治疗子宫内膜炎、子宫蓄脓、胎衣不下、死胎排出等；治疗老年犬或阉割犬的尿失禁、母畜性器官发育不全、犬过度发情、假孕犬的乳房胀痛等，还可用于诱导泌乳。

【注意事项】①妊娠早期的动物禁用，以免引起流产或胎儿畸形；②大剂量或长期应用，可导致卵巢囊肿或慕雄狂、流产、卵巢萎缩或性周期停止等不良反应；③休药期28d，弃乳期7d。

【用法与用量】肌内注射：一次量，马 10~20mg，牛 5~20mg，猪 3~10mg，羊 1~3mg，犬、猫 0.2~0.5mg。两周 1 次。

【制剂】苯甲酸雌二醇注射液。

黄体酮

【作用与应用】又名孕酮。其药理作用主要是安胎、抑制发情和排卵，具体作用如下。①对子宫的作用。在雌激素作用的基础上，使子宫内膜增生，腺体分泌子宫乳，为受精卵的着床及胚胎早期发育提供营养需要；抑制子宫肌收缩，减弱子宫对催产素的敏感性，起安胎作用；使子宫颈口关闭，分泌黏稠液，阻止精子或病原体进入子宫。②对卵巢的作用。大剂量黄体酮，通过反馈作用，使垂体前叶促性腺激素和下丘脑促性腺激素释放激素分泌减少，从而抑制发情和排卵，这是家畜繁殖工作中控制母畜同期发情的基础。一旦停药，孕酮的作用消除，动物的垂体分泌促性腺激素，促进卵泡生长和动物发情。③对乳腺的作用。与雌激素共同作用，刺激乳腺腺泡发育，为泌乳做准备。

临床用于治疗习惯性或先兆性流产，与维生素 E 配合效果更佳；治疗牛的卵巢囊肿引起的慕雄狂；用于母畜的同期发情，在用药后数日内即可发情和排卵，但第一次发情受胎率低（一般只有 30% 左右），故常在第二次发情时配种，受胎率可达 90%~100%；用于抑制发情。

【注意事项】①长期应用可使妊娠期延长；②泌乳奶牛禁用，休药期 30d。

【用法与用量】肌内注射：一次量，马、牛 50~100mg，羊、猪 15~20mg，犬 2~5g。间隔 48h 注射 1 次。

【制剂】黄体酮注射液，复方黄体酮缓释圈，醋酸氟孕酮。

三、促性腺激素和促性腺释放激素

促卵泡素

【作用与应用】促卵泡素（FSH）又名卵泡刺激素。对于母畜，刺激卵泡生长和发育，与促黄体素合用，促进卵泡成熟和排卵，使卵泡内膜细胞分泌雌激素。对于公畜，促进生精上皮细胞发育和精子形成。

主要用于母畜催情，使不发情母畜发情和排卵，提高受胎率和同期发情效果；用于超数排卵，牛、羊在发情的前几天，注射本品出现超数排卵，可供卵移植或提高产仔率；治疗持久黄体卵泡发育停止，多卵泡等卵巢疾病。

【注意事项】①能引起单胎动物多发性排卵；②剂量过大或长期应用可引起卵巢囊肿。

【用法与用量】肌内注射：一次量，马、驴 200～300U，每日或隔日一次，2～5 次为一个疗程；奶牛 100～150U，每隔 2d 一次，2 或 3 次为一个疗程。临用前，以灭菌生理盐水 2～5mL 稀释。

【制剂】卵泡刺激素注射液，注射用垂体促卵泡素。

促黄体素

【作用与应用】促黄体素（LH）又名黄体生成素。在促卵泡素协同作用下促进卵泡成熟，引起排卵，形成黄体，分泌黄体酮，具有早期安胎的作用。对公畜，促进睾丸间质细胞分泌睾酮提高公畜的性兴奋，增加精液量，在促卵泡素的协同下促进精子形成。

主要用于治疗成熟卵泡排卵障碍、卵巢囊肿、习惯性流产、母畜久配不孕及公畜性欲减退、精液量减少等。治疗卵巢囊肿时剂量加倍。在临床上常用绒毛膜促性腺激素代替，因其成本低且效果较好。

【注意事项】促黄体素与抗胆碱药、抗肾上腺素药、抗惊厥药、麻醉药、安定药配合使用疗效降低。

【用法与用量】肌内注射：一次量，马 200～300U，牛 100～200U。临用前，以灭菌生理盐水 2～5mL 稀释。

【制剂】黄体生成素注射液或注射用促黄体素。

绒毛膜促性腺激素

【作用与应用】绒毛膜促性腺激素又名绒促性素。主要作用与黄体生成素相似，也有较弱的促卵泡素样作用。主要用于以下几方面。①诱导排卵，提高受胎率。对未成熟卵泡无作用。②增强同期发情的排卵效果。母猪先用孕激素抑制发情，停药时注射马促性素 4d 后再注射本品，同期化准确，受胎率正常。③对卵巢囊肿病伴有慕雄狂症状的母牛疗效显著。④治疗公畜性机能减退。

【注意事项】①不宜长期应用以免产生抗体和抑制垂体促性腺功能；②本品溶液极不稳定，且不耐热，应在短时间内用完，遇热、氧化会水解、失效。

【用法与用量】肌内或静脉注射：一次量，马、牛 1000～5000U，羊 100～500U，猪 500～1000U，犬 100～500U，猫 100～200U。每周 2 或 3 次。

【制剂】注射用绒促性素。

孕马血清促性腺激素

【作用与应用】孕马血清促性腺激素（PMSG）又名马促性素，是从怀孕 40～120d 马血清中分离制得的一种糖蛋白。对母畜，主要表现促卵泡素样作用，促进卵泡的发育和成熟，可使静止卵巢转为活动期，引起母畜发情；有轻度促黄体样作用，促使成熟卵泡排卵甚至超数排卵。对公畜，主要表现促黄体样作用，能增加雄激素分泌提高性兴奋。

主要用于母畜催情或卵泡发育，也用于胚胎移植时的超数排卵。

【注意事项】①反复使用，可产生抗马促性腺激素抗体而影响药效甚至偶尔产生过敏性休克；②本品溶液极不稳定，且不耐热，应在短时间内用完。

【用法与用量】肌内或静脉注射：催情，马、牛 1000～2000U，猪、羊 200～2000U，犬、猫 25～200U，兔、水貂 30～50U；超排，母牛 2000～4000U，母羊 600～1000U。临用前，以灭菌生理盐水 2～5mL 稀释。

【制剂】注射用血促性腺激素，注射用马促性腺激素。

促性腺激素释放激素

【作用与应用】对垂体前叶的促卵泡素和促黄体素均有促进合成和释放的作用，但促进促黄体素的作用更强，所以又有黄体生成素释放激素之称。

本品主要用于促进排卵，用后 1～2d 内，持续 4～6d 不排卵的母马即可排卵。也用于诱发水貂排卵，还用于治疗卵巢卵泡囊肿和持久黄体，以及鱼类诱发排卵。

【注意事项】使用本品后一般不能再用其他类激素，剂量过大时可致催产失败。

【用法与用量】静脉或肌内注射：一次量，奶牛 100μg，水貂 5μg。

【制剂】促性腺激素释放激素注射液，醋酸促性腺激素释放激素注射液，注射用促黄体素释放激素 A_2。

第五节 利尿药与脱水药

利尿药是作用于肾，影响电解质及水的排泄，使尿量增加的药物。兽医临床主要用于水肿和腹水的对症治疗。脱水药是指能消除组织水肿的药物，由于此类药物多为低分子质量物质，多数在体内不被代谢，能增加血浆和小管液的渗透压，增加尿量，故又称为渗透性利尿药。因其利尿作用不强，故仅用于局部组织水肿作为脱水药，如脑水肿、肺水肿等。

一、利尿药

（一）分类

利尿药种类较多，按其作用强度一般分类如下。

1）高效利尿药：包括呋塞米（速尿）、依他尼酸（利尿酸）、布美他尼、吡咯他尼等。能使 Na^+ 重吸收减少 15%～25%。

2）中效利尿药：包括氢氯噻嗪、氯肽酮、苄氟噻嗪等。能使 Na^+ 重吸收减少 5%～10%。

3）低效利尿药：包括螺内酯（安体舒通）、氨苯蝶啶、阿米洛利等。能使 Na^+ 重吸收减少 1%～3%。

（二）泌尿生理及利尿药的作用机理

尿液的生成是通过肾小球滤过、肾小管的重吸收及分泌而实现的，利尿药通过作用于肾单位的不同部位（图 7-1）而产生利尿作用。

1. 肾小球 血液流经肾小球，除蛋白质和血细胞外，其他相对分子质量小于68 000 的成分均可通过肾小球毛细血管滤过而形成原尿，原尿量的多少决定于有效滤过压。凡能增加有效滤过压的药物都可使尿量增加，如咖啡因、氨茶碱、洋地黄等通过增强心肌的收缩力，导致肾血流量和肾小球滤过压增加而产生利尿作用，但其作用极弱，

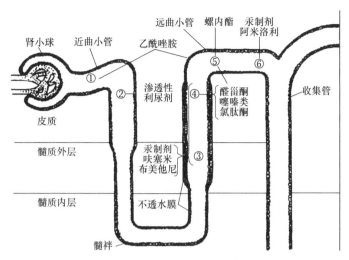

图 7-1　利尿药的作用部位
序号指肾单位不同部位

一般不作为利尿药。正常牛每天能形成原尿约 1400L，绵羊 140L，犬 50L。但牛排出的终尿量只有 6～20L，可见约 99% 的原尿在肾小管被重吸收，它是影响终尿量的主要因素。因此，假如原尿在肾小管减少 1% 的重吸收，将使排出的终尿量增加 1 倍。目前常用的利尿药主要是通过减少肾小管对电解质及水的重吸收而产生利尿作用。

2. 肾小管

（1）近曲小管　　此段主动重吸收原尿中 60%～65% 的 Na^+。原尿中约有 90% 的 $NaHCO_3$ 及 40% 的 NaCl 在此段重吸收，60% 的水被动重吸收以维持近曲小管液体渗透压的稳定。Na^+ 的重吸收主要通过 H^+-Na^+ 交换进行，这种交换在近曲小管和远曲小管都有，但以近曲小管为主。

H^+ 来自 CO_2 与 H_2O 所生成的 H_2CO_3，这一反应需要细胞内碳酸酐酶的催化，形成的 H_2CO_3 再解离成 H^+ 和 HCO_3^-，H^+ 将 Na^+ 交换入胞内。

$$CO_2+H_2O \xleftrightarrow{\text{碳酸酐酶}} H_2CO_3 \longleftrightarrow H^+ + HCO_3^-$$

若 H^+ 生成减少，则 H^+-Na^+ 交换减少，导致 Na^+ 的重吸收减少，便产生利尿作用。碳酸酐酶抑制剂乙酰唑胺就是通过抑制 H_2CO_3 的生成而产生利尿作用的。本品作用弱，且生成的 HCO_3^- 可引起代谢性酸血症，故现已少用。

（2）髓袢升支粗段的髓质和皮质部　　髓袢升支的功能与利尿药作用的关系密切，也是高效利尿药的重要作用部位。此段重吸收原尿中 30%～35% 的 Na^+，而不重吸收水。当原尿流经髓袢升支时，Cl^- 呈主动重吸收，Na^+ 跟着被动重吸收。小管液由肾乳头部流向肾皮质时，逐渐由高渗变为低渗，进而形成无溶质的净水（free water），这就是肾对尿液的稀释功能。同时，NaCl 被重吸收到髓质间液后，由于髓袢的逆流倍增作用，并在尿素的参与下，经髓袢所在的髓质组织间液的渗透压逐渐提高，最后形成呈渗透压梯度的髓质高渗区。这样当尿液流经开口于髓质乳头的集合管时，由于管腔内液体与高渗髓质间液存在渗透压差，并受抗利尿素的影响，水被重吸收，即水由管内扩散出集合质，大量的水被重吸收回间液，称净水的重吸收，这就是肾对尿液的浓缩功能。综上所述，可见当升支粗段髓质和皮质部对 Cl^- 和 Na^+ 的重吸收被抑制时，一方面肾的稀释功能降低（净水生成减少），另一方面肾的浓缩功能也降低（净水重吸收减少），结果排出大量较正常尿为低渗的尿液，因此导致强大的利尿作用。高效利尿药呋塞米、利尿酸等就起上述作用，通过抑制髓袢升支粗段髓质和皮质部 NaCl 的重吸收而表现强大的利尿作用。中效利尿药噻嗪类，仅能抑制髓袢升支粗段皮质部对 NaCl 的重吸收，使肾的稀释功能降低，而对肾的浓缩功能无影响。

（3）远曲小管及集合管　　此段重吸收原尿中 5%～10% 的 Na^+。吸收方式除进行 H^+-Na^+ 交换外，还有 K^+-Na^+ 交换。K^+-Na^+ 交换机制部分是依赖醛固酮调节的，称为依赖醛固酮交换机制，盐皮质激素受体拮抗剂可产生竞争性抑制，如螺内酯等；也有非醛固酮依赖机制，如氨苯蝶啶和阿米洛利等能抑制 K^+-Na^+ 交换，产生排钠保钾的利尿作用。因此，螺内酯、氨苯蝶啶等又称为保钾利尿药。

除保钾利尿药外，现有的各种利尿药都是排钠利尿药，用药后 Na^+ 和 Cl^- 的排泄都是增加的，同时钾的排泄也增加。因为它们一方面在远曲小管以前各段减少了 Na^+ 的重吸收，使流经远曲小管的尿液中含有较多的 Na^+，因而 K^+-Na^+ 交换有所增加；另一方面它们能促进肾素的释放，这是由于利尿降低了血浆容量而激活肾压力感受器及肾交感神经，可使醛固酮增加，因而使 K^+-Na^+ 交换增加，使 K^+ 排泄增多。故应用这些利尿药时应注意补钾。

（三）常用利尿药

呋塞米

【理化性质】 呋塞米又称为呋喃苯胺酸、利尿磺胺、速尿，是具有邻氯磺胺结构的化合物。不溶于水，易溶于碱性氢氧化物。

【药动学】 内服易从胃、肠道吸收，犬内服生物利用度约 77%。静脉注射后约 1/3 通过肝从胆汁排泄，约 2/3 从肾排泄。尿排泄速率取决于尿液 pH，草食动物与肉食动物的剂量和作用维持时间都有较大差异。正常剂量在体内消除迅速，不会在体内产生蓄积，犬的消除半衰期为 1～1.5h。

【作用与应用】 呋塞米主要作用于髓袢升支的髓质部与皮质部，抑制 Cl^- 的主动重吸收和 Na^+ 的被动重吸收，降低肾对尿液的稀释和浓缩功能，排出大量接近于等渗的尿液。由于 Na^+ 排泄增加，使远曲小管的 K^+-Na^+ 交换加强，导致 K^+ 排泄增加。本品对近曲小管的电解质转运也有直接作用。

呋塞米可用于各种动物作为利尿药，主要用于充血性心力衰竭、肺充血、水肿、腹水、胸膜积水、尿毒症、高血钾症和其他任何非炎性病理积液等症的治疗。此外，还用于治疗牛产后乳房水肿，以及用于预防和减少马鼻出血和蹄叶炎的辅助治疗。在苯巴比妥、水杨酸盐等药物中毒时可加速毒物的排出。

应用剂量必须根据个体的效应情况加以调整，严重的水肿或难治的病例，剂量可以加倍。在慢性病例需连续应用利尿药时，要经常反复测定脱水症状和电解质平衡情况，包括血液尿素氮、肌酐、钾、钠或其他电解质，要注意补钾或与保钾利尿药合用。本品禁用于无尿症。

【不良反应】 ①代谢性碱中毒：由于尿中 Cl^-、K^+ 和 H^+ 排泄增加引起的不良反应。②脱水和电解质紊乱：过量的使用可导致脱水和电解质不平衡，患畜钾过量丧失，如果同时应用洋地黄毒苷会增加其毒性作用。③其他潜在不良反应：耳毒性（尤其猫用高剂量静脉注射）、肾毒性、胃肠道功能紊乱和血液学指标改变（贫血和白细胞减少）等。

【用法与用量】肌内、静脉注射：一次量，每 1kg 体重，马、牛、羊、猪 0.5～1mg，犬、猫 1～5mg。内服：一次量，每 1kg 体重，马、牛、羊、猪 2mg，犬、猫 2.5～5mg。

【制剂】呋塞米片、呋塞米注射液。

噻嗪类

【理化性质】噻嗪类利尿药的基本结构是由苯并噻二嗪和磺酰胺基组成。按等效剂量相比，本类药物利尿的效价强度可相差近千倍，从弱到强的顺序依次为：氯噻嗪＜氢氯噻嗪＜氢氟噻嗪＜苄氟噻嗪＜环戊氯噻嗪。

本类药物作用相似，仅作用强度和作用时间长短不同，兽医临床目前常用氢氯噻嗪，又名双氢克尿噻。

【作用与应用】氢氯噻嗪主要作用于髓袢升支皮质部（远曲小管开始部位），抑制 NaCl 的重吸收，增加尿量。还能增加钾、镁、磷、碘和溴的排泄。对碳酸酶也有轻度抑制作用，H^+-Na^+ 交换减少，Na^+-K^+ 交换增多，故可使 K^+、HCO_3^- 排出增加，大量或长期用药可引起低血钾症。另外，本药还能引起或促进糖尿病患畜的高血糖症。

氢氯噻嗪可用于各种类型水肿，对心性水肿效果较好，对肾性水肿的效果与肾功能有关，轻者效果好，严重肾功能不全者效果差。还用于牛的产后乳房水肿。

【不良反应】低血钾症是最常见的不良反应，还可能发生低血氯性碱中毒、胃肠道反应等，故用药期间应注意补钾。

【用法与用量】内服：一次量，每 1kg 体重，马、牛 1～2mg，羊、猪 2～3mg，犬、猫 3～4mg。

【制剂】氢氯噻嗪片。

螺内酯

【理化性质】螺内酯又称为安体舒通。化学结构与醛固酮相似，是人工合成的醛固酮拮抗剂。

【作用与应用】螺内酯利尿作用不强，起效慢而作用持久。其作用部位是远曲小管和集合管，螺内酯与醛固酮受体有很强的亲和力，能与受体结合，但无内在活性，故起竞争性拮抗醛固酮的作用。可使 Na^+-K^+ 交换减少，尿中 Na^+、Cl^- 排出增加，K^+ 的排泄减少，故称为保钾利尿药。

兽医临床应用很少，可用于应用其他利尿药后发生低血钾症的患畜。常与噻嗪类或强效利尿药合用，以避免过分失钾，并产生最大的利尿效果。

【用法与用量】内服：一次量，每 1kg 体重，犬、猫 2～4mg。

【制剂】螺内酯片。

二、脱水药

脱水药包括甘露醇、山梨醇、尿素和高渗葡萄糖等。尿素不良反应多，高渗葡萄糖可被代谢并有部分转运到组织，持续时间短，疗效较差，两药现已少用。

甘露醇

【理化性质】甘露醇为己六醇，相对分子质量为180。

【作用与应用】甘露醇内服不吸收，在静脉注射其高渗溶液后，血液渗透压迅速升高，可促使组织间液的水分向血液扩散，产生脱水作用。由于本药在体内不被代谢，很易经肾小球滤过，并很少被重吸收，因此可使原尿成为高渗，阻碍水从肾小管的重吸收而产生利尿作用。甘露醇使水排出增加的同时，也使电解质、尿酸和尿素的排出增加。

甘露醇能防止肾毒素在小管液的蓄积而对肾起保护作用。此外，还通过扩张肾动脉、减少血管阻力和血液黏滞性而增加肾血流量和肾小球滤过率。甘露醇不能进入眼和中枢神经系统，但通过渗透压作用能降低眼内压和脑脊液压，不过在停药后脑脊液压可能发生反跳性升高。

甘露醇主要用于急性少尿症肾衰竭，以促进利尿作用；降低眼内压、创伤性脑水肿；还用于加快某些毒物的排泄（如阿司匹林、巴比妥类和溴化物等）。

【用法与用量】静脉注射：一次量，马、牛 1000～2000mL，羊、猪 100～250mL，每1kg体重，犬、猫 0.25～0.5mg，一般稀释成 5%～10% 溶液（缓慢静脉注射，4mL/min）。

【制剂】甘露醇注射液。

山梨醇

【理化性质】山梨醇是甘露醇的同分异构体，其作用与应用和甘露醇相似。因本药进入体内后，有部分在肝中转化为果糖，作用减弱，效果稍差。但价格便宜，水溶性较大，常配成 25% 注射液静脉注射。

【用法与用量】静脉注射：一次量，马、牛 1000～2000mL，羊、猪 100～250mL。

【制剂】山梨醇注射液。

实训八　知识综合应用能力训练

姓名		班级		学号		实训时间	2学时
技能目标	结合前胃弛缓的典型事例，培养独立应用所学知识，认真观察、分析、解决问题，提高综合应用知识的能力						
任务描述	一头三产奶牛，产后2个月，主诉：近两天吃得少，不爱吃精料，每天能见到2或3次反刍，每次反刍约二十几个草团，每个草团再咀嚼20～30下，泌乳量由未病前每天30kg减少到每天不到20kg。临床检查瘤胃蠕动音减弱，蠕动频率低，每次蠕动持续时间短。触诊瘤胃，其内容物稀软，呈轻度瘤胃臌气。排粪量少，粪便干硬、色暗、被覆黏液。体温、呼吸、脉搏无明显异常。其他未见异常。经病史调查和临床检查，诊断为前胃弛缓。 依据上述病例，拟定一个合理的治疗方案						
关键要点	①根据临床表现，合理选择拟胆碱药、健胃助消化药、制酵药；②根据症状，确定合理的用药方案；③写出处方；④写出详细的给药途径、剂量和注意事项；⑤列出加强饲养管理的措施						
用药方案							

评价指标	考核依据		得分
	能熟练应用所学知识分析问题（25分）		
	制定药物处方依据充分，药物选择正确（25分）		
	给药方法、剂量和疗程合理（25分）		
	临床注意事项明确（25分）		
教师签名		总分	

知识拓展

胃管灌药法

胃管灌药法是使用胃管经鼻腔或口腔插入食道，将大量的水剂药液或可溶于水的流质药液或有异味的刺激性药物投到病畜胃内的一种方法。此法还可用于饲喂流食、探查食道的通透性、排出胃内气体、抽取胃液、排出胃内容物及洗胃。

（一）流程（以牛为例）

1）病畜于保定栏内站立保定，使用鼻钳或由助手一手握住角根，一手握鼻中隔，使头稍抬高，固定头部。然后装好横木开口器，系在两角根后部。

2）术者取备好的胃管，从开口器的孔隙插入，其前端抵达咽部时，轻轻抽动，以引起吞咽动作，随咽下动作将胃管插入食道。

3）灌完后，慢慢抽出胃管，再解下开口器。

（二）插入胃管时注意事项

1）插入或抽动胃管时要小心、缓慢，不得粗暴。

2）当病畜呼吸极度困难或有鼻炎、咽炎、喉炎时忌用胃管投药。

3）牛插入胃管后，遇有气体排出，应鉴别是来自胃内还是呼吸道。来自胃内气体有酸臭味，气味的发出与呼吸动作不一致。

4）牛经鼻投药，胃管进入咽部或上部食道时，有时发生呕吐，此时应放低牛头，以防呕吐物误咽入气管，如呕吐物很多，则应抽出胃管，待吐完后再投。

5）当证实胃管插入食道深部后再进行灌药。如灌药后引起咳嗽、气喘，应立即停灌。如灌药中因动物骚动使胃管移动脱出时，也应停止灌药，待重新插入判断无误后再继续灌药。

6）经鼻插入胃管，常因操作粗暴、反复投送、强烈抽动或管壁干燥等，刺激鼻黏膜肿胀发炎，有时血管破裂引起鼻出血。在少量出血时，可将动物头部适当高抬或吊起，冷敷额部。如出血过多冷敷无效时，可用棉球塞于鼻腔中，或者注射止血药。

7）胃管投药时，必须正确判断是否插入食道，否则，会将药液误灌入气管和肺内，引起误咽性肺炎，甚至造成死亡。

8）药物误投入呼吸道后，动物立即表现不安，频繁咳嗽，呼吸急促，如灌入大量药液时，可造成动物的窒息或迅速死亡。所以，在灌药过程中，应注意病畜表现，一旦发现异常，应立即停止并使动物低头，促进咳嗽，呛出药物。

雾化给药法

雾化吸入疗法是用雾化的装置将药物（溶液或粉末）分散成微小的雾滴或微粒，

使其悬浮于气体中，并进入呼吸道及肺内，达到洁净气道，湿化气道，局部治疗（解痉，消炎，祛痰）及全身治疗的目的。该方法直接对呼吸系统用药，药物沉积在呼吸道。因此，雾化疗法可以使用较小剂量，快速发挥治疗作用，同时可减少副作用和毒性反应的发生率。气溶胶中药物微粒可通过雾化器、定量吸入器和干粉吸入器产生，选择哪种装置与药物的物理性质有关（即液体，气体或固体）。

1）优点：确保药物直接输送到靶器官，呼吸道黏膜、相关组织。可以滋润黏膜和促进黏液纤毛运动。减少全身副作用。消除了首过代谢（当一种药物从肠道吸收，达到靶器官之前部分在肝中分解）。对于免疫力低下的病畜小剂量使用药物是有益的。

2）缺点：刺激性药物可导致反射性支气管收缩，因此，有必要在雾化治疗前10min用支气管扩张剂预处理。雾化产品应该是等渗的，不应含有一定的刺激性的成分，如苯扎溴铵、EDTA、氯丁醇、依地酸和焦亚硫酸钠。多余的药物沉积在上呼吸道及口咽、鼻甲和小支气管。对于慢性疾病呼吸浅而快，大多数药物仅能达到上呼吸道。

3）适应证：①哮喘；②上呼吸道感染；③慢性支气管疾病；④鸟的呼吸系统的疾病（肺和气囊），气囊壁血管分布少，药物输送到病变的气囊最好通过雾化疗法实现。通过雾化疗法给药的药物，包括消毒剂F10和一定的氟喹诺酮类抗生素。

强心药的合理选用

作用于心的药物很多，临床上必须根据药物学的作用原理，结合疾病性质，合理选用。

1）强心苷类：对心有高度的选择性，作用特点是加强心肌收缩力，使收缩期缩短，舒张期延长，并减慢心率，有利于心的休息和功能的恢复。继而缓解呼吸困难、消除水肿等症状。慢作用类主要用于慢性心功能不全；快作用类主要用于急性心功能不全或慢性心功能不全的急性发作。

2）咖啡因、樟脑：是中枢兴奋药，有强心作用。其作用比较迅速，持续时间较短。适用于过劳、高热、中毒、中暑等过程中的急性心脏衰弱。在这种情况下，机体的主要矛盾不在于心，而在于这些疾病引起的畜体机能障碍，血管紧张力减退，回心血量减少，心输出量不足，心搏动加快，心肌陷于疲劳，造成心力衰竭。应用咖啡因、樟脑，能调整畜体机能，增强心肌收缩力，改善循环。

3）肾上腺素：肾上腺素的强心作用快而有力，它能提高心肌兴奋性，扩张冠状血管，改善心肌缺血、缺氧状态。肾上腺素不用于心力衰竭的治疗，适用于麻醉过度、溺水等心搏骤停时的心脏复跳。

止血药的合理选用

出血的原因很多，在临床上应用止血药时，要根据出血原因、出血性质并结合各种药物的功能和特点选用，详见表7-1。

表7-1 止血药的合理选用

出血类型	止血方式	可选用药物
较大的静脉、动脉出血	结扎、止血钳夹或烧烙	6-氨基己酸、钙剂等辅助止血
体表小血管、毛细血管出血	局部压迫止血	明胶海绵、淀粉海绵（脑部不宜）、止血棉、凝血质

续表

出血类型	止血方式	可选用药物
出血性紫癜、鼻出血、外科小手术出血	增强毛细血管对损伤的抵抗力，促进断端毛细血管回缩	安络血
手术前后出血、内脏出血	增加血小板生成，促进凝血活性物质释放	酚磺乙胺、新凝灵
幼雏出血性疾病、双香豆素类物质中毒	促进凝血酶原生成	维生素 K
纤维蛋白溶解症所致出血、大型外科手术出血	抑制纤溶性因子生成	6-氨基己酸、氨甲苯酸、凝血酸

生殖激素的调节

生殖激素是由动物性腺分泌的甾体类激素，包括雌激素、孕激素及雄激素。其分泌主要受下丘脑-垂体前叶的调节。下丘脑分泌促性腺激素释放激素（GnRH），它促进垂体前叶分泌促性腺激素，即促卵泡素（FSH）和促黄体素（LH）。在 FSH 和 LH 的相互作用下，促进性腺分泌雌激素、孕激素及雄激素。当性激素增加到一定水平时，又可通过负反馈作用，使下丘脑促性腺激素释放激素和垂体前叶促性腺激素的分泌减少（图7-2）。临床应用的性激素制剂多为人工合成品及其衍生物。应用此类药物的目的在于补充体内性激素不足、防治产科疾病、诱导同期发情及促进畜禽繁殖力等。

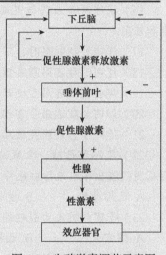

图 7-2 生殖激素调节示意图
+. 兴奋；-. 抑制

复习思考题

1）健胃药包括哪几类？各自的作用特点是什么？

2）助消化药物的作用及其适应证？

3）泻药分为哪几类？应用泻药时要注意哪些问题？

4）止泻药的分类及其适应证是什么？应用止泻药时要注意哪些问题？

5）消沫药的作用机制、特点及其适应证是什么？

6）简述抗溃疡药物的分类及其应用。

7）简述临床上常用的胃动力调节剂有哪些，并叙述其临床应用。

8）常用祛痰药有哪些作用特点和应用？

9）镇咳药有哪些作用和应用？

10）试述平喘药的作用机理和常用药物的应用？

11）对使用茶碱或氨茶碱之前的病畜应进行哪些病史检查（　　　）

A. 使用抗组胺药或鼻减充血剂　　B. 糖尿病史　　C. 肝功能检查　　D. 青光眼病史

12）镇咳剂的作用（　　　）

A. 溶解黏液　　　　　　　　　B. 通过作用于骨髓抑制咳嗽反射

C. 减少白三烯的释放　　　　　D. 刺激增加支气管腺分泌物

13）为什么肥大细胞稳定能减轻过敏性呼吸道疾病中呼吸窘迫的现象（　　　）

A. 阻止组胺的释放　　　　　　B. 刺激嗜碱性粒细胞浸润呼吸道

C. 刺激中性粒细胞的吞噬作用　D. 促进血小板聚集

14）下列哪种药物可以通过雾化法治疗禽类疾病（　　　）

A. 普鲁卡因青霉素　　　B. 利多卡因　　　　C. 麻保沙星　　　　D. 新霉素

15）作用于心的药物有哪几类？强心苷有哪些主要作用和应用？

16）试述抗凝血药与促凝血药的作用机理。常用抗凝血药与促凝血药有哪些作用特点和应用？

17）仔猪补铁制剂时，不应同时使用四环素、土霉素等抗菌类药物，为什么？

18）可用于母畜同期发情的药物有哪些？试述其作用的异同点及应用注意事项。

19）哪些药物可用于使母畜同期分娩？

20）如何合理选用子宫收缩药？为什么？

21）治疗子宫内膜炎及胎衣不下、子宫蓄脓的药物有哪些？

22）某怀孕母猪，食欲减退，精神不安、体温略升高，乳房肿胀，阴道黏膜充血，后从阴门流出羊水或污红色分泌物，表现出流产的早期症状，可用药物是（　　　）

A. 己烯雌酚　　　B. 黄体酮　　　C. 绒毛膜促性腺素　　　D. 雄激素

23）子宫收缩无力引起的难产可用药物（　　　）

A. 缩宫素　　　B. 己烯雌酚　　　C. 益母草　　　D. 麦角新碱

24）某奶牛产后超过 12h 胎衣不下，首选药物是（　　　）

A. 垂体后叶素　　　B. 马促性素　　　C. 益母草　　　D. 麦角新碱

25）母猪发情周期紊乱，表现出一系列类似妊娠的变化，经确诊为持久黄体，可用药物（　　　）

A. 促黄体素释放激素　　　B. 马促性素　　　C. 己烯雌酚　　　D. 卵泡刺激素

26）长期使用高效利尿药为什么要补充氯化钾？

27）甘露醇的药理作用是什么？

28）利尿药的作用机理是什么？

（张学强　芮　萍　田志英　周新锐　刘谢荣　严世杰）

第八章 调节代谢药物

【学习目标】

1）掌握调节水盐代谢药物（氯化钠、氯化钾、葡萄糖）的合理应用。

2）了解调节酸碱平衡药物的合理应用。

3）了解并掌握维生素、钙、磷和微量元素的作用与应用。掌握微量元素、维生素的生理作用与代谢。掌握维生素、微量元素与疾病的关系。

【概　　述】

体液中电解质在机体内保持相对恒定，并处于动态平衡之中。在病理状态下停饮、腹泻、呕吐、过度出汗、失血等情况下，可引起机体等渗性脱水、高渗性脱水和低渗性脱水。临床上常用氯化钠、氯化钾等溶液调节水和电解质的平衡。

营养药物的作用是补充体内营养元素的不足，对防治这些营养元素缺乏症起重要作用。营养药物包括维生素和矿物元素等，是日粮中含量较少但又必需的一些组分，有不同的生化和结构功能，这些组分对维持动物机体正常机能十分重要，如果在体内的含量不足均可引起特定症状的缺乏症，影响动物的生长发育和生产效能。

维生素是一类结构各异、维持动物健康和生产性能所必需的小分子有机化合物。根据溶解性，通常把维生素分为脂溶性维生素和水溶性维生素两大类。每种维生素对动物机体都有其特殊的功能。维生素主要构成酶的辅酶或辅基，参与调节物质和能量的代谢，对促进动物生长发育，改善饲料报酬，提高繁殖性能，增强抗应激能力，改善畜禽产品质量，有着十分重要的作用。动物缺乏时会引起相应的营养代谢障碍，出现维生素缺乏症，轻者可致食欲降低、生长发育受阻、生产性能下降和抵抗力降低，重者引起死亡。然而，在过量和长期使用时，又会使动物出现维生素中毒或不良作用，如多次大剂量使用脂溶性维生素，尤其是维生素 A 和维生素 D，易使动物发生蓄积性中毒。

矿物元素是一类无机营养元素，是动物机体的重要组成成分。根据动物机体含量和需求量的不同分为常量元素和微量元素，在动物体内生命活动中起着重要作用。矿物元素是多种酶的辅酶（或辅基）的组分，参与机体内各种生命活动；形成机体组织、构成骨骼的重要成分，如钙和磷是骨骼和牙齿的重要组分；调节血液和其他体液的酸碱度、渗透压，维持细胞膜的通透性，对神经兴奋、肌肉的运动、维持机体的某些特殊生理功能，以及解毒作用等都有重大作用；参与新陈代谢，与碳水化合物、脂肪、蛋白质的代谢有密切关系，影响其他物质在动物机体内的溶解度。矿物元素在机体内不能相互转化或代替，只能从外界获得。即使其他营养充足，缺乏矿物元素也会降低生产力，影响动物健康和正常生长、繁殖，情况严重时可导致疾病或死亡，如缺硒可得水肿病而致仔猪死亡。

正常条件下，动物日粮已提供了所需的营养物质，但是不正常的环境条件、泌乳及产蛋等生理功能要求会改变机体对很多营养物质的需要；饲粮中营养物质间的相互作用，胃、肠、肝和肾疾病会影响特定营养成分的吸收、代谢或排泄，从而形成条件性缺乏或过剩。机体对许多营养药物有一定的需要量和耐受量，在用量过大特别是超过耐受限量时会引起动物机体的毒副反应。临床使用应掌握按需使用的原则，避免使用过量造成不利影响。

第一节　水盐代谢调节药

体液中电解质有一定的浓度和比例。各种电解质在机体内保持相对恒定，并处于动态平衡之中。在病理状态下停饮、腹泻、呕吐、过度出汗、失血等情况下，往往引起机体大量丢失水和电解质。水和电解质按比例丢失，细胞外液的渗透压无大变化的称为等渗性脱水。水丢失多，电解质丢失少，渗透压升高的称为高渗性脱水，反之称为低渗性脱水。临床上常用氯化钠、氯化钾等溶液调节水和电解质的平衡。

氯化钠

【作用与应用】氯化钠为调节细胞外液的渗透压和容量的主要电解质，具有调节细胞内外水分子平衡的作用。0.85%～0.9%的氯化钠溶液与哺乳动物体液等渗，故又称生理盐水。钠离子在细胞外液的浓度变化，可极快地改变细胞外液的渗透压，致使细胞内的水分子激增或者激减，进而导致细胞膨胀或缩小，影响细胞代谢与正常机能活动。体液中钠离子的增减也影响血浆中 $NaHCO_3$ 和 H_2CO_3 的缓冲系统，进而影响酸碱平衡的调节。

等渗氯化钠溶液可用于严重腹泻或大量出汗，以及水、钠离子、氯离子大量丢失等病例，也可用于大出血或中毒时的急救。在大出血而未能找到胶体溶液时，可用等渗氯化钠溶液静脉滴注，以防止血容量激减引起心输出量不足、血压下降和休克的发生。中毒时静脉输注等渗氯化钠溶液可促进毒物排出。高渗氯化钠溶液静脉输注还可促进瘤胃蠕动，增强动物反刍机能。

【制剂、用法与用量】等渗氯化钠注射液：静脉注射，一次量，马、牛 1000～3000mL，羊、猪 200～500mL，犬 100～500mL，猫 40～50mL。复方氯化钠注射液（林格液、任氏液）：静脉注射，马、牛 1000～3000mL，羊、猪 200～1000mL。

氯化钾

【作用与应用】动物体中钾离子主要（约90%）存在于细胞内液，因而是维持细胞内液的渗透压和酸碱平衡的主要电解质。钾离子浓度过高或不足能直接影响水分子、钠离子和氢离子细胞内外的转移，导致水和酸碱平衡的失调。钾离子参与调节神经冲动传导过程及乙酰胆碱递质的合成，还同时参与组织细胞兴奋性调节。缺钾可致神经肌肉传导障碍，能诱使动物瘫痪，增强心肌自律性；浓度过高时，则使神经肌肉兴奋性增强，同时，又可抑制心肌的自律性、传导性和兴奋性，使心活动过缓，传导阻滞和收缩力减弱。

氯化钾主要用于钾摄入不足或排钾过量所致的钾缺乏症或低血钾症，也可用于洋地黄中毒引起心律不齐的解救。补钾应以小剂量，缓缓滴注为宜。注射过快或剂量过大，易引起心抑制及高血钾症。肾功能不良、尿闭、脱水和循环衰竭等患畜禁用或慎用。

【制剂、用法与用量】氯化钾片：内服，一次量，马、牛 5～10g，羊、猪 1～2g，犬 0.1～1g。氯化钾注射液（内含 10% 氯化钾）：静脉注射，马、牛 20～50mL，羊、猪 5～10mL。静脉注射应用葡萄糖注射液稀释成 0.1%～0.3% 的浓度，小剂量缓缓输入。复方氯化钾注射液（内含 0.28% 氯化钾，0.42% 氯化钠，0.63% 乳酸钠）：本品具有补钾和纠正酸中毒的作用，静脉注射，马、牛 1000mL，羊、猪 250～500mL。

第二节　酸碱平衡调节药

酸碱平衡失调时，根据临床类型不同可分为呼吸性酸（或碱）中毒、代谢性酸（或碱）中毒，而以代谢性酸中毒为常见。治疗时除针对病因进行处理外，还应及时使用酸碱平衡调节药，迅速有效地恢复酸碱平衡。

碳酸氢钠

【理化性质】又称重碳酸钠、小苏打，易溶于水。加热时能分解出二氧化碳，转变成碳酸钠，增强碱性。配制其注射液煮沸灭菌时，应密闭瓶口，防止二氧化碳散逸而变性。

【作用与应用】碳酸氢钠有增加机体碱储备，纠正酸度的作用。内服或静脉注射后，碳酸氢根离子与氢离子结合生成碳酸，再分解成二氧化碳和水。前者经肺排出，使体内氢离子浓度下降，纠正代谢性酸中毒。该作用迅速，疗效可靠。适用于严重的酸中毒症、感染性中毒症或休克症。本品经尿排泄时，可碱化尿液，能增加弱酸性药物如磺胺类等在泌尿道的溶解度而随尿排出，防止结晶析出或沉淀；还能提高某些弱碱性药物如庆大霉素对泌尿道感染的疗效。此外，本品还有中和胃酸、祛痰与健胃等作用。

应用时，应注意将 5% 碳酸氢钠注射液稀释成 1.3%～1.5% 碳酸氢钠的等渗液。急用时若不稀释，注射速度宜缓慢。本品为弱碱性药物，不可与酸性药物、生理盐水及磺胺等药物配伍应用。注射给药时切勿漏出血管外，以免对局部组织产生刺激。应用过量易引起碱中毒。对充血性心力衰竭、急性或慢性肾功能不全、水肿、缺钾等病例，应慎用。

【制剂、用法与用量】碳酸氢钠注射液（含 5% 碳酸氢钠）：静脉注射，马、牛 15～30g，羊、猪 2～6g，犬 0.5～1.5g。应用时可加 5%～10% 葡萄糖溶液 2.5 倍量稀释为 1.4% 的等渗溶液静脉输注。急用时也可不做稀释，但速度宜缓慢。碳酸氢钠片：内服，一次量，马 15～60g，牛 30～100g，羊 5～10g，猪 2～5g，犬 0.5～2g。

乳酸钠

【理化性质】本品为 40% 乳酸钠的澄明黏稠液，能与水任意比例混合。

【作用与应用】乳酸钠进入机体内，在有氧条件下经肝乳酸脱氢酶作用转化成丙酮酸，再经三羧酸循环氧化脱羧而转化成二氧化碳和水。前者转化为碳酸根离子，从而通过缓冲系统发挥其纠正酸中毒的作用。与碳酸氢钠相比，此作用慢而不稳定。主要用于治疗代谢性酸中毒和高血钾症。对伴有休克，缺氧，肝功能失常和右心室衰竭的酸中毒症，不宜选用本品，特别是乳酸性酸中毒时忌用。

【制剂、用法与用量】乳酸钠注射液（含 11.2% 乳酸钠）：静脉注射，马、牛 200～400mL，猪、羊 40～60mL，犬 10～20mL。注射时应用 5 倍量的注射用水或 5% 葡萄糖注射液，稀释成 1.9% 的等渗溶液。

氯化铵

【理化性质】本品为白色晶粉，易溶于水，易潮解。

【作用与应用】氯化铵进入机体后，铵离子迅速经肝代谢形成尿素，然后由尿排出体外。氯离子与氢离子结合成高度解离的盐酸，以中和过多的碱贮而纠正代谢性碱中毒。临床上常用氯化铵酸化尿液、利尿或祛痰等。

【制剂、用法与用量】氯化铵片：内服，一次量，马 4~15g，牛 15~30g，羊 1~2g，猪 2~5g，犬 0.2~0.5g，猫 0.8g（或 20mg/kg）。

第三节　能量补充药

葡萄糖（右旋糖）

【作用与应用】本品具有机体营养、能量供给、强心、利尿和解毒等功能。5% 葡萄糖溶液与体液等渗，输入后，能很快被利用，供给机体水分。其多余未被利用的部分葡萄糖可在肝中以糖原形式储存，因而有保护肝和提高解毒能力的作用。高渗糖既可供给心脏能量，又能在肾内呈现渗透性利尿作用，消除组织水肿。

5% 葡萄糖注射液还可用于重症动物静脉注射以补充能量、消除脱水症或各种中毒的解救，对牛酮血症，马、驴、羊妊娠毒血症等有保护肝及促使酮体下降的解救作用。

【制剂、用法与用量】等渗葡萄糖注射液（含 5% 葡萄糖）：静脉注射，马、牛 1000~3000mL，猪、羊 250~500mL，犬 100~500mL。葡萄糖氯化钠注射液（含 5% 葡萄糖和 0.9% 氯化钠）：静脉注射，马、牛 1000~3000mL，猪、羊 250~500mL，犬 100~500mL。高渗葡萄糖注射液（10%、25%、50% 等各种浓度规格）：静脉注射，马、牛 50~250g，猪、羊 10~50g，犬 5~25g。

第四节　血容量扩充剂

严重创伤、烧伤、高热、呕吐、腹泻，往往使机体大量丢失血液（或血浆）、体液，造成机体血容量减少，血压下降，血液渗透压失调，血管通透性升高，脑及心等重要器官供血、营养障碍，导致动物休克或死亡。血液制品是最完美的血容量扩充剂，但来源有限，葡萄糖溶液和生理盐水有扩容作用，但维持时间短暂，且不能代替血液和血浆的全部功能，故只能作为应急的替代品使用。目前临床上主要选用血浆代用品来扩充血容量。

血浆代用品为人工合成高分子化合物。其分子量与血浆蛋白相近，胶体渗透压与血液相近。临床应用时能维持血液渗透压，作用较持久，可用于防治大出血及烧伤等引起的休克症。

右旋糖酐

【理化性质】本品为葡萄糖聚合物。常用的为中分子量（平均分子量约为 7 万）和低分子量（平均分子量约为 4 万）右旋糖酐：前者称右旋糖酐 70；后者称右旋糖轩 40。

【作用与应用】作用如下。①扩充血容量：右旋糖酐分子体积大，静脉输入后能增加血液胶体渗透压，使组织中水分子进入血管起扩充血容量的作用，作用较为持久，一般能维持12h。②改善微循环：右旋糖酐分子有轻度抗凝作用，进入血液后能稀释血液，降低血液黏滞性，阻止血管内凝血，改善微循环。③利尿作用：中、低分子量右旋糖酐经肾排出，不被肾小管重吸收，增加肾小管内渗透压，能起渗透性利尿作用。

应用如下：①中分子量右旋糖酐多用于扩充血容量，主要用于失血性休克；②低分子量右旋糖酐用于改善微循环，防止弥散性血管内凝血、利尿、消肿。

【不良反应与解救措施】①偶见有过敏反应，如寒战、荨麻疹，用时宜缓缓滴注。有此不良反应时可用抗组胺药治疗，严重时可注射肾上腺素急救。②注射过快或过大剂量时偶见有肺水肿或引起心力衰竭。③肾功能不全、低蛋白血症和具有出血倾向的患畜慎用，严重脱水病例、充血性心力衰竭患畜禁用，失血过大（如超过35%时）应配合输血治疗。

【制剂、用法与用量】右旋糖酐氯化钠注射液（内含6%右旋糖酐，0.9%氯化钠）：静脉注射，马、牛500～1000mL，猪、羊250～300mL。右旋糖酐葡萄糖注射液（内含6%右旋糖酐，5%葡萄糖）：用法与用量同上。低分子右旋糖酐注射液（如10%的低分子量右旋糖酐的等渗氯化钠溶液）：静脉注射，马、牛3000～6000mL，可连用2次。小分子右旋糖酐注射液（如12%的小分子量的右旋糖酐等渗氯化钠溶液）：静脉注射量同低分子量右旋糖酐注射液。

第五节　维　生　素

作为营养素，维生素是调节性物质，在物质代谢中起重要作用。维生素分为两大类：一类为脂溶性维生素，由维生素A、维生素D、维生素E和维生素K所构成；另一类为水溶性维生素，由维生素C和维生素B所构成。脂溶性维生素可溶解于脂肪和脂溶剂中，脂溶性维生素进入机体后如有多余则贮存于体内脂类组织内，只有少量的脂溶性维生素随胆汁的分泌排出体外，因此机体不需要每日通过膳食物摄入。此外，在食物中还存在着脂溶性维生素的前体物，如食物中的类胡萝卜素（维生素A原）为维生素A的前体物。所以脂溶性维生素的缺乏症很少见。水溶性维生素溶于水，随饮食摄入的水溶性维生素的多余部分极少在体内贮存，大部分随尿液排泄出体外，因此机体所需的水溶性维生素必须每日由饮食提供。水溶性维生素的缺乏症状发展迅速，临床多见有水溶性维生素缺乏症的发生。

一、脂溶性维生素

维生素A

【药动学】维生素A内服易吸收，脂溶性制剂较水溶性制剂更易吸收。食物中脂肪、蛋白质与体内的胆汁酸、胰脂酸、中性脂肪、维生素E均促进维生素A的吸收，缺乏上述物质则吸收降低，吸收部位主要是在十二指肠、空肠。吸收后贮存于肝中（猪、鸡的肝贮存的维生素A的量较少，成年牛、羊的肝贮存的维生素A数量相当大），几乎全部在体内代谢分解，并由尿及粪便排出。哺乳动物有部分维生素A分泌于乳汁中。

【作用与应用】参与合成视紫红质，维持正常的视觉功能。维持皮肤、黏膜和上皮组织的完整性。维生素 A 能促进黏多糖的合成，其缺乏时，引起皮肤、黏膜、腺体、气管和支气管的上皮组织干燥和过度角质化，抗病能力下降，感染机会增加。促进动物生长和发育，维持骨骼正常状态和功能。维生素 A 有调节体内脂肪、糖和蛋白质代谢，增加免疫球蛋白生成，促进器官组织正常生长和代谢的作用。促进类固醇激素的合成。维生素 A 缺乏时，动物体内的胆固醇和糖皮质激素的合成减少，公畜睾丸不能合成和释放雄性激素，性机能下降，母畜正常发情周期紊乱。

临床上常用于防治维生素 A 缺乏症，如角膜软化症、眼干燥症、夜盲症、骨骼发育不良等疾病。用于增强动物机体免疫反应和抵抗力。还可以抑制甲状腺功能亢进、贫血。局部应用能促进创伤、溃疡的愈合。

【不良反应】过量可致中毒。动物急性毒性表现为兴奋、视力模糊、脑水肿、呕吐；慢性毒性表现为厌食、皮肤病变、内脏受损等。

【用法与用量】内服或注射：一次量，马、牛 500U/kg，猪、羊 2.5 万～5 万 U。内服日用量：犬、猫 400U/kg，狐 1.5 万 U，禽 1500～4000U/kg，鸽 400U/kg。

【制剂与规格】维生素 AD 油：每 1g 含维生素 A 5000U 与维生素 D 500U。维生素 AD 注射液：0.5mL，维生素 A 2.5 万 U 与维生素 D 2500U；5mL，维生素 A 25 万 U 与维生素 D 2.5 万 U。

维生素 D

【药动学】维生素 D_2 和维生素 D_3，以及维生素 D_2 原（麦角甾醇）和维生素 D_3 原（7-脱氢胆甾醇），均易从小肠吸收。维生素 D_3 比维生素 D_2 吸收更迅速，更完全。在肠道内，维生素 D 与脂肪形成脂糜颗粒，通过淋巴系统进入血液循环，胆汁和胰液的正常分泌有助于其吸收。维生素 D 实际上是一种激素原，自身无生物活性。须先在肝内羟化酶的作用下，变成 25-羟胆钙化醇或 25-羟麦角钙化醇，然后经血液转运到肾，在甲状旁腺激素的作用下进一步羟化成 1,25-二羟胆钙化醇或 1,25-二羟麦角钙化醇，才能发挥生物学效应。吸收入血液的维生素 D，由载体（α-球蛋白）转运到其他组织，主要贮存在肝和脂肪组织中，一部分分布到脑、肾和皮肤中。维生素 D 及其代谢产物一般认为主要通过胆汁排泄，从尿中排泄的量甚微。

【作用与应用】活化维生素 D 作用的靶器官是肠道、骨骼和肾。与甲状旁腺激素和降钙素一起，促进小肠对钙、磷的吸收，保证骨骼正常钙化，维持正常的血钙和血磷浓度。维生素 D 对骨骼的双重作用：促进钙盐沉积和溶解骨钙。这两种作用相辅相成，依机体需要而变。机体缺钙时，维生素 D 增加肠道对钙的吸收，减少肾对钙的吸收，减少肾对钙、磷的排泄。在保证血钙含量稳定的前提下，增加骨盐沉积，促进骨骼钙化。当血钙浓度降低时，维生素 D 则促进骨盐吸收入血。

用于防治维生素 D 缺乏导致的幼畜佝偻病和成年母畜骨软化病。预防乳牛乳热、产后瘫痪和母猪泌乳瘫痪。促进孕畜、泌乳家畜及幼畜钙磷吸收。还可用于治疗皮肤病、眼结膜炎、创伤和关节炎。

【不良反应】过多的维生素 D 会减少骨的钙化作用，使钙从正常贮存部位迁移并沉积在软组织，出现异位钙化，并因血中钙、磷酸盐过高而导致心律失常和神经功能紊乱等症状。维生素 D 过多还会间接干扰其他脂溶性维生素（如维生素 A、E 和 K）的代谢。中毒时应立即停用本品和钙剂。

【用法与用量】维生素 D_2 胶性钙注射液：皮下注射、肌内注射，一次量，马、牛 5～20mL，羊、猪 2～4mL，犬 0.5～1mL。维生素 D_3 注射液：肌内注射，一次量，每 1kg 体重，家畜 1500～3000U，注射前后需补充钙剂。

维生素 E

【药动学】维生素 E 内服后可经肠道吸收，但必须经肝分泌的胆汁溶解，才能穿过肠腔内的液态环境而到达吸收细胞的表面。吸收后经淋巴以乳糜颗粒状态到达血液，随后与血浆 β- 脂蛋白结合转运。大部分被肝和脂肪组织摄取并贮存，在心、肺、肾、脾和皮肤组织中分布也较多。维生素 E 易从血液转运到乳汁，但不易透过胎盘。主要通过粪便排泄。

【作用与应用】抗氧化。维生素 E 本身易被氧化，可保护其他物质不被氧化，在体内外都可发挥抗氧化作用。它能抑制自由基的产生，维持肌细胞正常功能，在脂肪酸代谢过程中，可防止生成大量不饱和脂肪酸过氧化物，因此可维持细胞膜的完整和功能。维护内分泌功能。维生素可促进性激素的分泌，调节性腺的发育和功能，有利于受精和受精卵的植入，并能防止流产，提高繁殖力。提高抗病力。增强免疫功能，高剂量维生素 E 能促进免疫球蛋白的生成，提高对疾病的抵抗力，增强抗应激作用。促进抗血小板凝集作用，促进毛细血管和微血管的增生。

临床上主要用于缺乏维生素 E 所引起的疾病。猪肝坏死和黄脂病，预防和治疗犊牛、羔羊和仔猪的白肌病（与亚硒酸钠合用），雏鸡的脑质软化病、渗出性素质等。

【不良反应】本品毒性小，但过高剂量可诱导雏鸡、犬凝血障碍。日粮中高浓度可抑制雏鸡生长，并可加重钙、磷缺乏引起的骨钙化不全。

【用法与用量】内服：一次量，驹、犊 0.5～1.5g，羔羊、仔猪 0.1～0.5g，犬 0.03～0.1g，禽 5～10mg。皮下或肌内注射：一次量，驹、犊 0.5～1.5g，羔羊、仔猪 0.1～0.5g，犬 0.03～0.1g。

【制剂与规格】维生素 E 注射液：1mL：50mg、10mL：500mg。亚硒酸钠维生素 E 注射液。

二、水溶性维生素

维生素 B_1

【药动学】维生素 B_1 为季铵盐类化合物，内服后只有小部分在小肠内吸收，大部分从粪便排出。大肠吸收维生素 B_1 能力差，所以大肠微生物合成的维生素 B_1 利用率极低。肌注吸收迅速、完全，吸收后在肝中转化为硫胺素焦磷酸酯，迅速分布于组织器官中。在体内贮存量较低，大部分以二磷酸盐，少数以三磷酸盐和单盐酸酯的形式贮存。心、肝、骨骼肌、肾、大脑中的维生素 B_1 的含量高于血液。未被利用和转化的维生素 B_1 经肾随尿排出体外。

【作用与应用】参与糖类代谢。在体内与焦磷酸结合成二磷酸硫胺（辅羧酶），参与体内糖代谢中丙酮酸、α- 酮戊二酸的氧化脱酸反应，是糖代谢所必需。对防止神经组织萎缩，维持神经、心肌和胃肠道的正常功能，促进生长发育，提高免疫机能等都起到重要作用。促进胃肠道对糖的吸收，刺激乙酰胆碱的形成。

用于维生素 B_1 缺乏症的预防和治疗，如多发性神经炎、胃肠机能下降、食欲不振等。用于高热、牛酮血症、心肌炎等辅助治疗。家禽对维生素 B_1 缺乏最敏感，其次是猪。

【不良反应】不宜静脉注射，可能引起过敏性休克。肌注可致疼痛，宜深部注射。

【用法与用量】维生素 B_1 片：内服，家禽 2.5mg，马、牛 100～500mg，羊、猪 25～500mg，犬 10～25mg，猫 5～15mg。维生素 B_1 注射液：皮下、肌内注射，一次量，马、牛 100～500mg，羊、猪 25～500mg，犬 10～25mg，猫 5～15mg。

维生素 B_2

【药动学】维生素 B_2 内服或肌内注射易吸收。在肠黏膜细胞中磷酸化后被主动转运吸收。在黄素激酶和黄素腺嘌呤二核苷酸（FAD）合成酶作用下，生成黄素单核苷酸（FMN）和 FAD。在体内分布均匀，积蓄贮存量较少，过量的维生素 B_2 随尿排出。代谢后的以尿排出为主，少数可经汗、粪和黏液排出。

【作用与应用】维生素 B_2 参与体内复杂的生物氧化还原反应，是组织呼吸的重要辅酶，维生素 B_2 是体内黄素酶类辅基的组成部分。可参与碳水化合物、蛋白质、脂肪的代谢，维持正常的视觉功能，促进动物生长。

主要用于维生素 B_2 缺乏症的防治。临床多与维生素 B_1 或其他维生素 B 配合使用。用于营养补充。还可用于防治口臭、舌炎、角膜炎、结膜炎等。

【不良反应】大量使用时尿液变黄。

【用法与用量】内服、皮下或肌内注射：一次量，马、牛 100～150mg，羊、猪 20～30mg，犬 10～20mg，猫 2～5mg。

维生素 B_6

【药动学】维生素 B_6 包括吡哆醛、吡哆醇和吡哆胺。内服后，大部分在小肠经被动吸收入血，主要分布和贮存于肝。原型药与血浆蛋白几乎不结合，吡哆醇在体内与 ATP 经酶的作用可转变成吡哆醛和吡哆胺，但不能逆转。吡哆醛和吡哆胺可以互变，它们在肝内和磷酸反应生成磷酸吡哆醛和磷酸吡哆胺，磷酸吡哆醛和磷酸吡哆胺又可脱去磷酸而还原。活性产物磷酸吡哆醛可较完全地与血浆蛋白结合，血浆半衰期较长。吡哆醛和吡哆胺可由非专一性氧化酶氧化为 4- 吡哆酸随尿液排出体外。只有少量的吡哆醛和吡哆胺以原型从尿液中排泄，由粪便排出的量极少。磷酸吡哆醛可透过胎盘，并经乳汁排出。

【作用与应用】磷酸吡哆醛和磷酸吡哆胺是维生素 B_6 的活化形式，是氨基酸脱羧酶和转氨酶的辅酶，参与氨基酸碳水化合物及脂肪的正常代谢，促进氨基酸的吸收和蛋白质的合成，刺激白细胞的生长，降低血中胆固醇，参与血红素的生成。维生素 B_6 是磷酸化酶的辅助因子，维生素 B_6 不足可能导致肌肉中磷酸化酶的活性下降，生长激素、促性腺激素、性激素、胰岛素、甲状腺素的活性或含量降低。维生素 B_6 有止吐作用。

用于维生素 B_6 缺乏症的治疗。用于治疗氰化乙酰肼、异烟肼、青霉胺、环丝氨酸等中毒引起的胃肠道反应和痉挛等兴奋症状。维生素 B_6 混饲可以做猪、鸡饲料添加剂。

【不良反应】妊娠动物大剂量长期使用可能引起胎儿短肢畸形，新生动物产生维生素

B_6 依赖综合征。长期大剂量使用可导致严重的周围神经炎，出现神经感觉异常、进行性步态不稳、四肢麻木，停药后症状可缓解，但仍软弱无力。偶可引起皮疹等过敏反应。

【用法与用量】 内服：一次量，马、牛 3～5g，羊、猪 0.5～1g，犬 0.02～0.08g。皮下、肌内或静脉注射：一次量，马、牛 3～5g，羊、猪 0.5～1g，犬 0.02～0.08g。

维生素 C

【药动学】 维生素 C 内服后容易在小肠吸收，既可主动吸收，也可被动吸收。体内分布广泛，以肾上腺皮质、垂体、黄体、视网膜中含量最高，其次为肝、肾、肌肉和脂肪。血浆蛋白结合率约 25%，本品少量贮存在血浆和细胞中，大部分经肝代谢分解成草酸后排出体外。未经代谢的可直接与硫酸结合成抗坏血酸 - 硫酸酯，随同少量的维生素 C 原型物经尿排出。维生素 C 可通过肾小管再吸收，维持血中正常水平，血中浓度过高时，肾小管重吸收维生素 C 的量减少，尿中排出增加；反之，血中维生素 C 浓度过低时，肾小管重吸收增加，尿中排出减少。

【作用与应用】 维生素 C 参与体内多种代谢过程，在体内与脱氢维生素 C 形成可逆的氧化还原系统，此系统在生物氧化还原反应和细胞呼吸作用中起重要作用。维生素 C 参与氨基酸代谢及神经递质、胶原蛋白和组织细胞间质的合成。能降低毛细血管的通透性和脆性，加速血液凝固，刺激凝血功能，加速红细胞的生长。促进铁在肠内的吸收，降低血清致癌物质亚硝胺合成。能中和毒素，促进抗体合成，增强机体的解毒功能及对传染病的抵抗力，且具有抗组胺作用。可改善心肌功能，对眼组织具有重要营养作用。

临床主要用于维生素 C 缺乏症，还适用于各种高热性传染病、重烧伤和创伤，促进伤口愈合，提高机体抵抗力。还用于抗贫血、高铁血红蛋白症和铅、砷、汞中毒的辅助治疗。本品具有较强的还原性。参与机体氧化 - 还原反应和细胞间质的生成。缺乏时，可使结缔组织坚韧性降低，伤口、溃疡不易愈合，毛细血管通透性和脆性增大，发生出血、渗血的坏血病。

【不良反应】 ①毒性低，但长期大量应用本品，可引起泌尿系统尿酸盐、半胱氨酸盐或草酸盐结石；②大量应用时，偶见恶心、呕吐、腹泻、胃痉挛、皮肤红而亮等。

【用法与用量】 维生素 C 注射液：静脉、肌内注射，一次量，猪、羊 0.2～0.5g，马 1～3g，牛 2～4g，犬 0.02～0.1g。维生素 C 片：内服，一次量，猪 0.2～0.5g，马 1～3g，犬 0.1～0.5g。维生素 C 可溶性粉：混饮，每 1kg 水，禽 30mg（按维生素 C 计算），连用 5d。维生素 C 泡腾片：混饮，雏鸡，每 10kg 水 1 片，自由饮用。

烟酸与烟酰胺

【药动学】 烟酸内服经胃肠吸收，单胃动物内服给药 30～60min 后血药浓度达峰值，并广泛分布到各组织。血浆半衰期约为 45min。本品经肝内代谢，治疗量的烟酸大部分以代谢物形式从尿液中排出，少量以原型药物排出。

【作用与应用】 烟酸在动物体内可转化为烟酰胺，烟酰胺在体内与核糖、磷酸、腺嘌呤构成辅酶 Ⅰ 和辅酶 Ⅱ，它们是许多脱氢酶的辅酶，在体内氧化还原反应中起着传递氢的作用，它与糖降解、脂肪代谢、丙酮酸代谢、高能磷酸键的生成有密切关系，并在维持皮肤和消化器官正常功能中起重要作用。大剂量的烟酸可降低血清胆固醇及甘油三酯的浓度，有扩张周围血管作用。烟酰胺可促进新陈代谢，降低血清中的胆固醇，但无扩张血管作用。其他作用与烟酸类似。

用于本品缺乏症的防治。防治因 B 族维生素缺乏所引起的口炎、舌炎、皮炎、肝疾病。烟酸还用于冠状动脉供血不足、脑血管痉挛、脉络膜、视网膜炎。烟酰胺对日光性皮炎有一定的疗效。

【不良反应】①烟酸在肾功能正常时几乎不会发生毒性反应；②大量摄入烟酸可导致腹泻、乏力、皮肤发红、干燥、瘙痒、眼干燥、恶心、呕吐、胃痛等；③偶尔大剂量应用烟酸可致高血糖、高尿酸、心律失常、肝毒性反应；④一般应用烟酸 2 周后，血管扩张及胃肠道不适可渐缓解，逐渐增加用量可避免上述反应，如有严重皮肤潮红、瘙痒，应减少剂量；⑤个别动物在应用过程中可出现恶心，食欲不振等不适感觉，但停药后可消失；⑥应用烟酰胺可见有皮肤潮红和瘙痒；⑦妊娠初期过量服用烟酰胺时可能致畸。

【用法与用量】烟酸片：内服，一次量，每 1kg 体重，家畜 3～5mg。烟酰胺片：内服，一次量，每 1kg 体重，家畜 3～5mg。烟酰胺注射液：肌内注射，一次量，每 1kg 体重，家畜 0.2～0.6mg，幼畜不得超过 0.3mg。

泛酸（遍多酸）

【药动学】本品内服后通过扩散作用，迅速从胃肠道吸收并广泛分布于全身组织，其中肝、肾、肌肉、心和脑等组织含量高。本品约 70% 以原型由尿液排出，30% 由粪便中排出。

【作用与应用】动物体内的泛酸在半胱氨酸和 ATP 参与下转变成辅酶 A，参与糖、脂肪、蛋白质代谢，是体内乙酰辅酶 A 的生成和乙酰化反应等不可缺少的因子。泛酸还在脂肪酸、胆固醇及乙酰胆碱的合成中起着十分重要的作用，并参与维持皮肤和黏膜的正常功能和毛皮的色泽，增强机体对疾病的抵抗力。

主要用于动物的泛酸缺乏症。在防治其他维生素缺乏症时，同时给予泛酸可提高疗效。

【不良反应】基本无毒性，可作为添加剂长期添加。

【用法与用量】混饲：以泛酸钙计，每 1000kg 饲料，猪 10～13g，禽 6～15g。内服：1 日量，每 50kg 体重，猪 18.5mg；每 1kg 体重，犬 0.55mg。肌内注射：1 日量，每 50kg 体重，猪 18.5mg；每 1kg 体重，犬 0.55mg。

【制剂与规格】泛酸钙饲料添加剂：99%。

第六节　钙、磷和微量元素

幼龄动物、乳母及妊娠动物，钙、磷的需要量高，饲料中钙、磷不足或其比例失调，或其他原因吸收不足时，会延缓软骨的骨化或使母畜骨骼疏松，发生变形、变脆和肿大，幼龄动物出现佝偻病，成年动物则出现骨软症和产后瘫痪，单纯缺磷也能引起佝偻病和骨软症。当血钙低于正常时，可导致神经肌肉兴奋性升高，骨骼肌出现痉挛，甚至可出现强制性收缩（常见于产后因血钙浓度低下而瘫痪的动物），同时，低血钙还可导致心肌收缩无力，心脏抑制。

一、钙和磷

【药动学】吸收：饲料中的钙、磷或内服的钙、磷制剂，主要由小肠前段吸收，维生素 D 和酸性环境可促进其吸收，钙、磷吸收受肠道内容物酸碱度的影响。饲料中的钙与磷的比例是影响钙、磷吸收的重要因素，一般认为畜禽饲料中的钙、磷比例以（1～2）：1 为宜，产蛋鸡较高，为（5～7）：1。日粮中过多的草酸、植酸和脂肪酸等，因与钙形成不溶性钙盐而减少钙的吸收，过多的铁、铅、锰、铝等可与磷酸根结合成不溶性磷酸盐而减少磷的吸收。维生素 D 是钙、磷代谢包括钙的吸收和贮存的必需元素，主要调节钙、磷代谢的激素有甲状旁腺素和降钙素。吸收入血后 45%～50% 的钙以离子形式存在，40%～45% 同血浆蛋白结合，5% 与非离子化的无机成分形成复合物。在激素的调节下，体液里的钙与磷不断进入并沉积在骨中（在骨基质的胶原上），骨骼中的钙与磷不断进入体液，并使其维持在恒定的动态平衡中。

机体调节：机体与外环境或机体内部各组织器官之间的钙、磷代谢保持动态平衡，都受神经体液所调节。甲状旁腺素、降钙素和维生素 D 为最重要的体液调节因素。骨、肾、肠道是三种重要的靶器官。骨骼中的磷酸钙盐既是维持骨的硬度所必需，又是体内钙、磷的储存库。当饲料中的钙、磷不足或摄取障碍或机体需要量增加时，就可从骨骼组织中动员以补充和满足机体的需要。钙的调节不仅与甲状旁腺的机能有关，而且与肾的机能有关。甲状旁腺对肾排磷的调节作用比排钙的调节更明显。

分布：机体总钙量的 99% 以上和总磷量的 80% 以上分布于骨骼和牙齿中。它们以磷酸钙和碳酸钙组成的磷灰石盐类的形式存在。此外，钙、磷还分布于体液、乳汁中，它们与骨骼中的钙、磷处于动态平衡。

排泄：血液中钙、磷以肾排出为主，饲料中未被吸收的钙和磷，及肠道消化液分泌的钙和磷均由粪便排出。此外，汗液、唾液中也排出少量的钙和磷。

【作用与应用】钙的作用：促进骨骼和牙齿钙化。维持神经肌肉组织的正常兴奋性。促进血液凝固。钙离子与镁离子有竞争性拮抗作用，因此可作为镁中毒解毒剂。当血中镁离子浓度增高时，出现中枢抑制和横纹肌松弛作用，此时静脉注射钙制剂能迅速产生对抗镁离子的作用。能降低毛细血管的通透性和增加致密度，使渗出减少、炎症及水肿减轻。因此有抗过敏和消炎作用。

钙制剂用于治疗荨麻疹、湿疹、接触性皮炎、瘙痒性皮肤病、血清病、血管神经性水肿及其他毛细血管壁渗透性增加的过敏性疾病，对抗链霉素的急性中毒或过敏反应。用于治疗急性低血钙症、乳牛产后瘫痪。用于慢性钙缺乏症如动物维生素 D 缺乏性骨软症或佝偻病。硫酸镁中毒时，可应用钙盐解毒。可作为止血药，用于血斑病等出血性疾病。预防时宜选用钙、磷制剂，以适宜的比例混饲给予。对上述疾病常用葡萄糖酸钙或氯化钙静注，直至症状消失，也可配合维生素 D 以提高疗效。但骨骼变形往往不易恢复。

磷的作用：磷和钙同样是骨骼和牙齿的主要成分。磷是磷脂的组成成分，参与维持细胞膜的正常结构和功能。磷也是三磷酸腺苷、二磷酸腺苷和磷酸肌酸的组成成分，参与机体的能量代谢。磷是核糖核酸和脱氧核糖核酸的组成成分，参与蛋白质的合成，对畜禽繁殖具有重要作用。磷是体液中磷酸盐缓冲液的构成成分，对体内酸碱平衡的调节起重要作用。

磷制剂除对上述的钙磷代谢障碍疾病用钙、磷制剂防治外，对急性低血磷或慢性缺磷症，可静注或内服磷酸二氢钠。

【不良反应】临床上使用的钙制剂有氯化钙、乳酸钙和葡萄糖酸钙，其静脉注射制剂以氯化钙的刺激性和毒性较大。由于钙离子对心的直接作用，迅速注射钙制剂，或剂量过大可引起心抑制和心室纤维性颤动而死亡。犬还出现呕吐症状。

【注意事项】①静脉注射钙剂时必须缓慢，剂量不能过大以免血钙骤升，导致心力衰竭而突然死亡。②氯化钙的刺激性强，不能肌注或者皮下注射，静注时不能露出血管，以免引起局部肿胀和坏死。万一外漏，可向局部注入25%硫酸钠10～25mL，形成无刺激性的硫酸钙，严重时应作切开处理。③钙与洋地黄、肾上腺素均能加强心肌的收缩，一般在用洋地黄或肾上腺素期间忌用钙注射剂静脉注射。④硫酸镁中毒时可用钙剂解救。

【用法与用量】

1）氯化钙注射液：静脉注射，一次量，马、牛5～15g，羊、猪1～5g，犬0.1～1g。

2）氯化钙葡萄糖注射液：静脉注射，一次量，马、牛100～300mL，羊、猪20～100mL，犬5～10mL。

3）葡萄糖酸钙注射液：静脉注射，一次量，马、牛20～60g，羊、猪5～15g，犬0.5～2g。

4）硼葡萄糖酸钙注射液：静脉注射，一次量，每100kg体重，牛1g。

5）碳酸钙：内服，一次量，马、牛30～120g，羊、猪3～10g，犬0.5～2g。

6）碳酸氢钙：内服，一次量，马、牛12g，羊、猪0.5～2g，犬0.2～0.5g。

7）乳酸钙：内服，一次量，马、牛10～30g，羊、猪0.5～2g，犬0.2～0.5g。

【制剂与规格】

1）氯化钙注射液：10mL：0.3g，10mL：0.5g，20mL：0.6g，20mL：1g。

2）氯化钙葡萄糖注射液：20mL：（氯化钙1g与葡萄糖5g），50mL：（氯化钙2.5g与葡萄糖12.5g），100mL：（氯化钙5g与葡萄糖25g）。

3）葡萄糖酸钙注射液：20mL：1g，50mL：5g，100mL：10g，500mL：50g。

4）硼葡萄糖酸钙注射液：以钙计，100mL：1.5g，100mL：2.3g，250mL：3.8g，250mL：5.7g，500mL：7.6g，500mL：11.4g。

二、微量元素

微量元素虽占动物体干物质的比例很小（不到0.01%），但生理功能很重要。缺乏时影响动物的代谢机能，引起疾病。它们是许多生化酶的必需组分或激活因子，在酶系统中起催化作用，有些是激素、维生素的构成成分，起特异的生理作用，有些对机体免疫功能有重要影响。此外，一些核酸中也含有微量元素，在遗传中可能起到某种传递作用。然而，微量元素在动物体内过多时，可导致中毒症的出现，甚至死亡。

铁、铜、锰、锌、钴、钼、铬、镍、钒、锡、氟、碘、硒、硅、砷15种元素是动物体所必需的微量元素。另有15～20种元素存在于体内，但生理作用不明，甚至对身体有害，可能是随饲料或环境污染进入，如铅、铝、汞。下文介绍铜、锌、锰、硒、碘、钴6种微量元素。

硫酸铜

【作用与应用】铜是多种酶的辅基或活性成分，是赖氨酰氧化酶和氧化物歧化酶的必需离子，铜还是细胞色素氧化酶、酪氨酸酶、多巴-β-羟化酶、单胺氧化酶、黄嘌呤氧化酶等氧化酶的组分，起电子传递作用或促进酶与底物结合，稳定酶的空间构型等。促进毛皮生长，参与色素沉着。毛发中的黑色素是含铜的酪氨酸酶催化酪氨酸羟化转变成3,4-二羟苯丙氨酸的氧化物。动物皮毛的黑色素含量与铜的量密切相关。缺铜时黑色素的形成受阻，皮毛褐色呈现灰色，绵羊皮毛稀疏，毛质发硬变直，出现"铜毛"。铜能促进骨髓生成红细胞，维持铁的正常代谢，促进血红蛋白合成和红细胞成熟。日粮中铜缺乏时，影响机体正常的造血机能，引起贫血。铜可促进骨骼的发育，幼龄动物缺铜时可影响骨骼发育，长骨变薄，软骨基质骨化迟缓或停止，骨关节肿大，骨质松而变脆。

当饲料铜浓度低时，主要经异化扩散吸收，当铜浓度高时，可经简单扩散吸收。多数动物对铜的吸收能力较差，成年动物对铜的吸收率为5%～15%，幼年动物为15%～30%，但断奶动物高达40%～65%。消化道各段都能吸收铜，不同动物其吸收铜的主要部位不同：犬是空肠，猪是小肠和结肠，小鸡是十二指肠，绵羊是大肠和小肠。吸收入血的铜，大部分与铜蓝蛋白紧密结合，少部分与清蛋白疏松结合，以铜蓝蛋白和清蛋白铜复合物的形式存在，清蛋白铜复合物是铜分布到各种组织的转运形式。肝内的铜在肝实质细胞中储存，以铜清蛋白形式释放入血，供其他组织利用。铜主要从胆汁经肠道排泄，少量经尿液排出。

防治铜缺乏症，如被毛褪色，贫血，骨生长不良，新生幼畜生长迟缓，发育不良，生长异常，心力衰竭，肠道机能紊乱等。各种家畜铜缺乏症的症状表现有较大的差异。羊可出现被毛脱落、脱色，毛弯曲度降低，严重的低血色素性、小细胞性贫血等。羔羊除上述症状外，还可出现脑和脊髓神经的脱髓鞘，软骨基质不能骨化，骨发育不良，关节肿大等。

解毒及驱虫作用。硫酸铜是磷中毒的解毒剂，它可以还原磷并阻碍磷的氧化及吸收。1%硫酸铜可作为抗蠕虫药，应用于绵羊及山羊肠道绦虫病的治疗。硫酸铜也可用于动物口炎，急性传染病或产道炎症。

【注意事项】应用时，注意用法和用量，防止中毒。绵羊和犊牛对铜较敏感，灌服或摄取大量铜能引起急性或慢性中毒，急性中毒时出现呕吐、流涎、腹痛、惊厥、麻痹和虚脱，最后死亡。慢性中毒时食欲下降，体内—SH酶活性下降，早期可见肝损害，后期出现血红蛋白尿、黄疸。铜中毒时，绵羊每日给予钼氨酸50～100mg，硫酸钠0.1～1g内服，连用3周，猪的饲料中加0.004%硫酸锌，可减少小肠对铜的吸收，加速血液和肝中铜的排泄。

【用法与用量】内服：1d量，牛2g，犊1g；每1kg体重，羊20mg。混饲：每1000kg饲料，猪80g，鸡20g。

【制剂与规格】硫酸铜添加剂（$CuSO_4 \cdot 5H_2O$），Cu含量39.8%。

硫酸锌

【作用与应用】锌在蛋白质的生物合成和利用中起重要作用。锌是碳酸酐酶、碱性磷酸酶、乳酸脱氢酶等的组成成分，决定酶的特异性。锌是维持皮肤、黏膜的正常结构与功能，以及促进伤口愈合的必要因素。与动物的生殖有很大关系，它不仅影响性器官的正常发育，而且还影响精子、卵子的质量和数量。与免疫功能密切相关。体内锌减少，可引起免疫缺陷，动物对感染性疾病的易感性和发病率升高。锌能促进核糖核酸的合成。缺锌时，核糖核酸聚合酶活性下降，核糖核酸酶活性升高，使核糖核酸水平下降，进而导致蛋白质合成减少，影响幼畜生长发育及成年个体组织愈合；家禽羽毛脱落、皮炎；猪上皮细胞角质化；多种动物出现骨、关节异常及不育症。

非反刍动物锌的吸收部位主要在小肠，反刍动物在真胃、小肠均可吸收，成年单胃动物对锌的吸收率较低，为 7.5%～15%。动物机体通过主动转运吸收锌，血清蛋白与原浆蛋白相互作用使锌转入血液。血浆中的锌有两种存在形式：一种是与血清蛋白结合比较牢固的锌，占血浆锌的 30%～40%，主要起酶的作用；另一种是与血清蛋白疏松结合的锌，占血浆锌的 60%～70%，是锌的转运形式。肝是锌储存的主要场所，肾、胰、脾起辅助作用。日粮中未被吸收的锌通过粪便排出体外，内源性锌主要经过胆汁、胰液及其他消化液经粪便排出，仅有极少量经尿液排泄。动物的汗液、蹄、皮屑、毛等也能排出一定量的锌。生产动物可随产品排出一定量的锌。

硫酸锌主要用于锌缺乏症。例如，动物生长缓慢，血浆碱性磷酸酶的活性降低，精子的产生及其运动性降低；奶牛的乳房及四肢出现皲裂；猪的上皮细胞角化、变厚，伤口及骨折愈合不良；家禽发生皮炎和羽毛缺乏。锌也可用作收敛药，治疗结膜炎等。

【注意事项】锌对哺乳动物和禽类的毒性较小，但摄入过多可影响蛋白质代谢和钙的吸收，并可导致铜缺乏。猪可发生骨关节周围出血、步态僵硬、生长受阻。绵羊和牛发生食欲减退和异食癖。

【用法与用量】锌缺乏时，多用硫酸锌混饲内服：马驹，1～2 岁，0.4～0.6g，能改善骨质营养不良；猪 0.2～0.5g，对皮肤角化症和因缺锌引起的皮肤损伤，数日后即可见效，数周后损伤可完全恢复；羊 0.3～0.5g，可增加产羔数；鸡用硫酸锌混饲，用量为 0.028 6%，硫酸锌含锌率 22.7%，即实际正常需锌量为 0.006 5%。

【制剂与规格】硫酸锌添加剂（$ZnSO_4 \cdot 7H_2O$），Zn 含量 22.7%。

硫酸锰

【作用与应用】锰的主要生理机能是形成硫酸黏多糖软骨素。后者是软骨组织的必要成分之一，也是骨质形成的最基本要素。体内缺锰时，骨的形成和代谢发生障碍，主要表现为腿短而弯曲、跛行、关节肿大；锰为许多酶的激活剂，如精氨酸、碱性磷酸酶、葡萄糖磷酸变位酶、丙酮酸羧化酶及琥珀酸脱氢酶等。后两种酶为三羧酸循环中的重要酶。动物的正常繁殖需要锰。体内缺锰时，母畜发情障碍，不易受孕；公畜生殖器官发育不良，性欲降低，不能生成精子；鸡的产蛋率下降，蛋壳变薄，孵化率降低。

锰的吸收主要在十二指肠。动物对锰的吸收很少，平均为 2%～5%，成年反刍动物可吸收 10%～18%。锰在吸收过程中常与铁、钴竞争吸收位点。锰在体内含量较低，每 1kg 体重含锰量为 0.4～0.5mg，在骨骼、肾、肝、垂体、胰腺含量高，为 1～3mg/kg；肌肉中含量较低，为 0.1～0.5μg/kg。骨中锰占机体总锰量的 25%。血锰浓度为 5～10μg/mL。血清中的锰与 β 球蛋白结合，向其他各组织器官运输、储存。在细胞线粒体中浓度高，体内锰主要通过胆汁、胰液和十二指肠及空肠的分泌进入肠腔，随粪便排出。

硫酸锰主要用于锰缺乏症。例如，幼畜骨骼变形，腿短而弯曲，运动失调，跛行和关节肿大；采食量和生产性能下降，生长缓慢，共济失调和繁殖功能障碍；母鸡产蛋率下降，蛋壳变薄，蛋的孵化率降低。

【注意事项】动物对锰的耐受力较高，禽对锰的耐受力最强，可高达每 1kg 饲料

2000mg，牛、羊可耐受1000mg，猪对锰敏感，只能耐受400mg。锰过量可引起动物生长受阻、对纤维的消耗能力降低，抑制体内铁的代谢而发生缺铁性贫血，并影响动物对钙、磷的利用，以致出现佝偻病或骨软症。

【用法与用量】混饲：每1000kg饲料，猪50～500g，鸡100～200g。

【制剂与规格】硫酸锰添加剂（$MnSO_4 \cdot 5H_2O$），Mn含量为22.8%。

亚硒酸钠

【作用与应用】硒可以保护生物膜免遭损害，硒是谷胱甘肽过氧化物酶（GSH-PX）的组成成分，此酶可分解细胞内过氧化物，防止对细胞膜的氧化破坏反应，保护生物膜。硒能加强维生素E的抗氧化作用，二者对此生理功能有协同作用，在饲料中添加维生素E可以减轻缺硒症状，或推迟死亡时间，但不能从根本上消除病因。维持畜禽正常生长，硒与蛋白质结合形成硒蛋白，是肌肉组织的重要组成部分。降低毒物毒性。硒能增高蛋白质—SH的水平，增强重金属离子与蛋白质的结合力，减少重金属离子与—SH酶的结合量，进而减轻对—SH酶的毒性，减轻对机体毒害作用。维持精细胞的结构和机能。公猪缺硒时，可导致睾丸曲精细胞发育不良，精子减少。促进抗体生成，增强机体免疫力。

硒的主要吸收部位是十二指肠，少量在小肠其他部位吸收。瘤胃中微生物能将无机硒变成硒代甲硫氨酸和硒代胱氨酸，使之吸收。硒的吸收比其他微量元素高，单胃动物的净吸收率为85%，反刍动物为35%。硒吸收入血后，与血浆蛋白结合运到全身各组织中，其中肝、肾硒浓度最高，肌肉中含硒量最高。硒可通过胎盘进入胎儿体内，也易通过卵巢和乳腺进入鸡蛋或乳汁中。体内的硒主要通过肾、消化道和乳汁排泄。砷促进硒经胆汁排泄，可用于慢性硒中毒的解救。

亚硒酸钠主要用于防治犊牛、羔羊、马驹、仔猪的白肌病和雏鸡渗出性素质。在补硒的同时，添加维生素E，治疗效果更好。

【注意事项】亚硒酸钠的治疗量与中毒量很接近，应谨慎使用。急性中毒可用二巯基丙醇解毒，慢性中毒时，除改用无硒饲料外，犊牛和猪可以在饲料中添加50～100mg/kg对氨基苯胂酸，促进硒由胆汁排出。补硒的猪在屠宰前至少停药60d。肌内或皮下注射亚硒酸钠有明显的局部刺激性，动物表现不安，注射部位肿胀、脱毛。马臀部肌内注射后，往往引起注射侧后肢跛行，但一般能自行恢复。

【用法与用量】亚硒酸钠注射液，肌内注射：一次量，马、牛30～50mg，驹、犊5～8mg，羔羊、仔猪1～2mg。亚硒酸钠维生素E注射液，肌内注射：一次量，驹、犊5～8mg，羔羊、仔猪1～2mg。亚硒酸钠维生素E预混剂，混饲：每1000kg饲料，畜禽500～1000g。

【制剂与规格】亚硒酸钠注射液：1mL∶1mg，1mL∶2mg，5mL∶5mg，5mL∶10mg。亚硒酸钠维生素E注射液：含0.1%亚硒酸钠、5%维生素E，1mL、5mL、10mL。亚硒酸钠维生素E预混剂：含0.04%亚硒酸钠、0.5%维生素E。

碘化钾和碘化钠

【作用与应用】碘是合成甲状腺激素的必要元素，主要以甲状腺的形式发挥其生理作用，小剂量碘能促进甲状腺激素的合成，大剂量的碘反而抑制其合成；饲料中的碘为动物生长发育，特别是中枢神经系统发育所必需；碘具有强大的消毒防腐作用，能氧化细菌细胞质蛋白的活性基因，并与蛋白质的氨基结合，使其变性，能杀死细菌、真菌、病毒和阿米巴原虫，杀菌力与浓度成正比。

碘在消化道任何部位都可吸收，非反刍动物主要是小肠，反刍动物主要是瘤胃。无机碘可直接被吸收，有机碘还原成碘化物后才能被吸收。吸收入血后的碘，60%～70%被甲状腺摄取，参与甲状腺和三碘甲状腺在胃肠道的吸收与原氨酸的合成，再以激素形式返回到血液中。碘也可以以离子形式进入机体其他组织。碘主要经尿排泄。反刍动物皱胃可分泌内源性碘，但进入消化道的碘，一部分可重新被吸收利用。少量碘随唾液、胃液、胆汁的分泌，经消化道排出。皮肤和肺也可排出极少量的内源性碘。碘在甲状腺中分布最多。甲状腺对血浆中的无机碘有主动摄取作用，硫氢盐酸、高氯盐酸和铅可抑制摄取，而垂体促甲状腺激素则促进摄取。

碘可用于缺碘地区饲草及饮水的添加剂。

【注意事项】 不同动物对碘的耐受量不同，动物对碘的耐受量为：每1kg饲料，牛、羊50mg，马5mg，猪400mg，禽300mg。超过耐受量可造成不良影响，猪血红蛋白水平下降，鸡产蛋量下降，奶牛产奶量降低。

【用法与用量】 混饲（碘化钾）：每1000kg饲料，奶牛260mg，肉牛130mg，羊260～530mg，猪180mg，蛋鸡390～460mg，肉仔鸡350mg。混饲（碘酸钾）：每1000kg饲料，奶牛310mg，肉牛150mg，羊150～310mg，猪220mg，蛋鸡460～540mg，肉仔鸡540mg。

【制剂与规格】 碘化钾片：10mg、200mg。

氯化钴

【作用与应用】 钴是一种比较特殊的必需元素。动物不需要无机态的钴，只需要机体不能合成而存在于维生素 B_{12} 中的有机钴。钴是维生素 B_{12} 的必需组分，通过维生素 B_{12} 表现其生理功能：参与一碳基团代谢，促进叶酸变为四氢叶酸，提高叶酸生物利用率；参与甲烷、蛋氨酸、琥珀酰辅酶A的合成和糖原异生。反刍动物瘤胃中的微生物必须利用外源钴，才能合成维生素 B_{12}。非反刍动物的大肠微生物合成维生素 B_{12} 也需要钴。

钴的吸收率不高。内服的钴，一部分被胃肠道微生物用以合成维生素 B_1，另一部分经小肠吸收进入血液。单胃动物对钴的吸收能力较低：猪5%～10%，禽类3%～7%，马15%～20%。可溶性钴盐中的钴，是以离子形式吸收，而维生素 B_{12} 或类似物则是与胃壁细胞分泌的内因子（一种糖蛋白）结合后才吸收。钴和铁具有共同的肠黏膜转运途径，两者存在着竞争性抑制作用，高铁抑制钴吸收。反刍动物对钴的利用率较高，为16%～60%。钴在动物体内的含量极低，大部分分布在肝、肾、脾和骨骼中，主要由肾排出。内服的无机钴，80%以上从粪便排出，10%左右从乳汁排泄。注射的钴，主要由尿排泄，少量由胆汁和小肠黏膜分泌排泄。

主要用于防治反刍动物钴缺乏症，牛、羊表现为明显的低血色素性贫血，血液运输氧的能力下降，食欲减退，消瘦，生长缓慢，异食癖，产奶量下降，死胎或初生幼畜体弱。

【注意事项】 动物机体具有限制钴吸收的能力，对钴的耐受力较强——达1kg饲料10mg。然而饲料中的钴含量超过需要量的300倍可产生中毒反应，使动物红细胞增多；

本品只能内服，注射无效，因为注射给药，钴不能为瘤胃微生物利用。

【用法与用量】内服：一次量，治疗，牛 500mg，犊 200mg，羊 100mg，羔羊 50mg；预防，牛 25mg，犊 10mg，羊 5mg，羔羊 2.5mg。

【制剂与规格】氯化钴片：20mg、40mg。氯化钴溶液：1000mL∶30mg。

实训九　犬细小病毒性肠炎治疗方案

姓名		班级		学号		实训时间	2 学时
技能目标		结合犬细小病毒性肠炎的典型事例，培养独立应用所学知识，认真观察、分析、解决问题，提高综合应用知识的能力					
任务描述		某养殖户共饲养犬 5 只，2 只发病，遂来就诊。主诉：病犬精神沉郁，呕吐，呕吐物为白色或黄色黏液。最突出的症状是在肠道中排出大量暗红色的恶臭稀薄血便。体温 38.5℃～39.5℃，呼吸稍有增数，听诊心率较高，肠鸣音增强，食欲废绝，喜饮冷水。经临床表现及实验室检查，确诊为细小病毒性肠炎。 　　针对上述疾病，拟定一个合理的治疗方案					
关键要点		①根据临床表现，合理选择治疗方法：支持疗法；对症疗法；特异性疗法。②根据感染程度，确定合理的联合用药和重复用药方案。③写出处方。④写出详细的给药途径、剂量和注意事项。⑤列出所需药物的配合使用，以及如何加强饲养管理					
用药方案							
评价指标		考核依据					得分
		能熟练应用所学知识分析问题（25 分）					
		制定药物处方依据充分，药物选择正确（25 分）					
		给药方法、剂量和疗程合理（25 分）					
		临床注意事项明确（25 分）					
教师签名						总分	

知识拓展

纳米微乳维生素

纳米材料的制备及理论与应用研究目前已广泛应用在工业、农业、医疗和纺织等行业。纳米微乳维生素是指通过一定的微细加工方法，把维生素微粒粉碎到直径 100nm 以下，运用纳米微乳技术制作成纳米微乳维生素。运用纳米技术可以改善或改变维生素的水溶性、分散性和吸收率；改善维生素在畜禽体内的生理、生化过程，提高维生素的生物利用率；改善维生素和饲料加工之间的相容性。

纳米微乳维生素常见的制备方法主要有三种：高能乳化法、低能乳化法和自动乳化法。高能乳化法制备纳米微乳一般分为三种：剪切搅拌法、超声法和高压均质匀浆法。剪切搅拌法可很好地控制粒径，且处方组成有多种选择；超声法在降低粒径方面非常有效，通常采用探头超声仪，但只适合少量样品的制备，探头发热会产生铁屑并进入药液；高压均质匀浆法可减小因表面活性剂用量增大而产生的毒性，并获得理想粒径的纳米微乳，所以在工业生产中应用最为广泛。低能乳化法是利用在乳化作用过程中曲率和相转变发生的原理，使乳滴的分散能够自发产生，这种方法减轻了制备过程对药物的物理破坏，通过自发机制可以形成更小粒径的乳滴。自动乳化法是指将油相（油、脂溶性的表面活性剂或能溶于水的溶剂）和水相（水、亲水的表面活性剂）混合，形成纳米微乳。

维生素是畜禽机体代谢中不可缺少的物质，影响动物健康和生长发育，以及生产性能。常由于饲粮中供给不足、消化吸收不好、特殊生理和疾病等原因而造成动物的维生素缺乏症。目前复合维生素预混料和电解多维在养殖业中应用最普遍，但复合维生素预混料易受到饲料加工过程的影响而降低活性。以纳米技术研制开发的纳米微乳复合维生素，使维生素的分子微团重新排列成纳米级，不仅可提高难溶性药物的溶解度，稳定性好，黏度低，粒径小，分散均匀，还可促进药物在体内的吸收，提高其生物利用度，弥补了传统工艺生产的复合维生素预混料和电解多维添加量大、吸收率低等缺点。

复方维生素纳米微乳具备稳定性好、吸收率高和生物利用度高等优点。改善了维生素在水中的溶解性、分散性和透析性，尤其解决了脂溶性维生素的溶水、吸收利用问题，不再需要通过胆汁胶化溶解后吸收，能够有效改善和提高畜禽的生产性能、免疫性能和繁殖性能，在畜禽生产中的应用优势明显，前景广阔。

复习思考题

1）氯化钠有哪些药理作用？如何合理使用？

2）葡萄糖有哪些药理作用？如何合理使用？

3）碳酸氢钠有哪些药理作用？如何合理使用？

4）右旋糖酐扩充血容量的机理是什么？有什么优缺点？

5）钙在体内如何保持稳态？有哪些作用？

6）硒与维生素 E 有何关系？两者之间的关系在临床上有何意义？

7）试述维生素 D 的代谢过程及其在钙、磷代谢调节中的作用。

8）微量元素的应用应该注意哪些事项？

9）试述水溶性维生素与脂溶性维生素在理化性质、体内代谢等方面的主要异同点。

10）试述维生素在体内的活性形式，举例说明。

11）举例说明营养药物对动物机体作用的两重性。

（张启迪）

第九章 糖皮质激素类药物

【学习目标】
1）掌握肾上腺皮质激素类药物的生理效应、药理作用、适应证与禁忌证、不良反应与注意事项。
2）掌握常用糖皮质激素类药物的临床应用特点。

【概 述】
肾上腺皮质激素为肾上腺皮质分泌的一类激素的总称。它们结构与胆固醇相似，故又称类固醇皮质激素。肾上腺皮质激素按其生理作用，主要分两类：一类是调节体内水和盐代谢的激素，即调节体内水和电解质平衡，称为盐皮质激素；另一类是与糖、脂肪及蛋白质代谢有关的激素，常称为糖皮质激素。糖皮质激素在超生理剂量时有抗炎、抗过敏、抗中毒及抗休克等药理作用，因而在临床中广泛应用。通常所称的皮质激素即为这类激素。

临床上常用的天然皮质激素有可的松和氢化可的松。现均已人工合成。近年来在可的松和氢化可的松的结构上稍加改变，合成许多抗炎作用比天然激素强，而水盐代谢等副作用小的药物，如泼尼松、泼尼松龙和地塞米松等。这些合成皮质激素将逐渐取代可的松等天然激素的应用。

第一节 常用糖皮质激素类的作用特点

一、体内过程

所有皮质激素都易从胃肠道吸收，尤其是单胃动物，给药后很快奏效，天然皮质激素持效时间短。人工合成的作用时间长，一次给药可持效 12～24h。

吸收进入血液的皮质激素大部分与皮质激素转运蛋白结合，还有少量与清蛋白结合，结合者暂无生物活性。游离型的量小，可直接作用于靶器官细胞呈现特异性作用。游离型皮质激素在肝或靶细胞内代谢清除后，结合型的激素就被释放出来，以维持动物体内的血浆浓度。

肝是皮质激素主要代谢器官。皮质激素大部分与葡萄糖醛酸或硫酸结合成酯，失去活性，水溶性增强，与部分游离型一起从尿中排出。反刍动物主要从尿中排出，其他动物可从胆汁排出。

二、药理作用

1）抗炎作用：糖皮质激素能降低血管通透性，能抑制对各种刺激因子引起的炎症反应能力，以及机体对致病因子的反应性。这种作用在于糖皮质激素能使小血管收缩，增强血管内皮细胞的致密程度，减轻静脉充血，减少血浆渗出，抑制白细胞的游走、浸润和巨噬细胞的吞噬功能。这些作用明显减轻炎症早期的红、肿、热、痛等症状的发生与发展。

糖皮质激素产生抗炎作用的另一机制是抑制白细胞破坏的同时，又可稳定溶酶体膜，使其不易破裂，减少溶解酶中水解酶类和各种因子（如组织蛋白酶、溶菌酶、过氧化酶、前激肽释放因子、趋化因子、内源性致热因子）的释放。从而减少这些致炎物质对细胞的刺激，抑制炎症的病理过程，减缓或改善炎症引起的局部或全身反应。

糖皮质激素对炎症晚期也有作用。大剂量糖皮质激素能抑制胶原纤维和黏蛋白的合成，抑制组织修复，阻碍伤口愈合。

2）抗过敏反应：过敏反应是一种变态反应，它是抗原与机体内抗体或与致敏的淋巴细胞相互结合、相互作用而产生的细胞或组织反应。糖皮质激素能抑制抗体免疫引起的速发性变态反应，以及细胞性免疫引起的延缓性变态反应，为一种有效的免疫抑制剂。糖皮质激素的抗过敏作用主要在于抑制巨噬细胞对抗原的吞噬和处理，抑制淋巴细胞的转化，增加淋巴细胞的破坏与解体，抑制抗体的形成而干扰免疫反应。

3）抗毒素作用：糖皮质激素能增加机体的代谢能力而提高机体对不利刺激因子的耐受力，降低机体细胞膜的通透性，阻止各种细菌的内毒素侵入机体细胞内的能力，提高机体细胞对内毒素的耐受性。糖皮质激素不能中和毒素，而且对毒性较强的外毒素没有作用。糖皮质激素抗毒素作用另一途径与稳定溶酶体膜密切相关。这种作用减少溶酶体内各种致炎、致热内源性物质的释放，减轻对体温调节中枢的刺激作用，降低毒素致热源性的作用。因此，用于严重中毒性感染如败血症时，常具有迅速而良好的退热作用。

4）抗休克作用：大剂量糖皮质激素有增强心肌收缩力，增加微循环血量，减轻外周阻力，降低微血管的通透性，扩张小动脉，改善微循环，增强机体抗休克的能力。由于糖皮质激素能改善休克时的微循环，改善组织供氧，减少或阻止细胞内溶酶体的破裂，减少或阻止蛋白水解酶类的释放，阻止蛋白水解酶作用下多肽的心肌抑制因子的产生。防止该因子所引起的心肌收缩力减弱、心输出量降低和内脏血管收缩等循环障碍。糖皮质激素能阻断休克的恶性循环，可用于各种休克，如中毒性休克、心源性休克、过敏性休克及低血容量性休克等。

5）对代谢的影响：糖皮质激素有促进蛋白质分解，使氨基酸在肝内转化，合成葡萄糖和糖原的作用；同时，又可抑制组织对葡萄糖的摄取，因而有升血糖的作用。糖皮质激素也能促进脂肪分解，但过量则导致脂肪重分配。大剂量糖皮质激素还能增加钠的重吸收和钾、钙、磷的排出，长期应用会引起体内水、钠潴留而引起水肿，骨质疏松。

糖皮质激素能增进消化腺的分泌机能，加速胃肠黏膜上皮细胞的脱落，使黏膜变薄而损伤。故可诱发或加剧溃疡病的发生。

三、临床应用

糖皮质激素具有广泛的应用，但多不是针对病因的治疗药物，而主要是缓解症状，避免并发症的发生。其适应证如下。

1）代谢性疾病：对牛的酮血症和羊的妊娠毒血症有显著疗效。

2）严重的感染性疾病：各种败血症、中毒性菌痢、腹膜炎、急性子宫炎等感染性疾病，糖皮质激素均有缓解症状的作用。

3）过敏性疾病：急性支气管哮喘、血清病、过敏性皮炎、过敏性湿疹。

4）局部性炎症：各种关节炎、乳腺炎、结膜炎、角膜炎、黏液囊炎，以及风湿病等。

5）休克：糖皮质激素对各种休克，如过敏性休克、中毒性休克、创伤性休克、蛇毒性休克均有一定辅助治疗作用。

6）引产：地塞米松已被用于母畜的分娩。在怀孕后期的适当时候（牛一般在怀孕第286d后）给予地塞米松，牛、羊、猪一般在24h内分娩。

7）预防手术后遗症：糖皮质激素可用于剖宫产、瘤胃切开、肠吻合等外科手术后，以防脏器与腹膜粘连，减少创口斑痕化，但同时它又会影响创口愈合。要权衡利弊，慎重用药。

四、不良反应

皮质激素在临床应用时，仅在长期或大剂量应用时才有可能产生不良反应。

1）类肾上腺皮质机能亢进症：大剂量或长期（约一个月）用药后引起代谢紊乱，产生严重低血钾、糖尿、骨质疏松、肌纤维萎缩、幼龄动物生长停滞。马较其他动物更敏感。

2）类肾上腺皮质机能不全：大剂量长时间使用糖皮质激素突然停药后，动物表现为软弱无力，精神沉郁，食欲减退，血糖和血压下降，严重时可见有休克。还可见有疾病复发或加剧。这是对糖皮质激素形成依赖性所致，或是病情尚未被控制的结果。

3）诱发和加重感染：糖皮质激素虽有抗炎作用，但其本身无抗菌作用，使用后还可使机体防御机能和抗感染的能力下降，致使原有病灶加剧或扩散，甚至继发感染。因而一般性感染性疾病不宜使用。在有危急性感染性疾病时才考虑使用。使用时应配合有足量的有效抗菌药物，在激素停用后仍需继续用抗菌药物治疗。

4）抑制过敏和过敏反应：糖皮质激素能抑制变态反应，抑制白细胞对刺激原的反应，因而在用药期间可影响鼻疽菌素点眼和其他诊断试验或活菌苗免疫试验。糖皮质激素对少数马、牛有时可见有过敏反应，用药后可见有荨麻疹，呼吸困难，阴门及眼睑水肿，心动过速，甚至死亡。这些常发生于多次反复应用的病例。

此外，糖皮质激素可促进蛋白质分解，延缓肉芽组织的形成，延缓伤口愈合。大剂量应用可导致或加重胃溃疡。

五、注意事项

由于糖皮质激素副作用较大，临床应用时应注意采用补助措施。

1）选择恰当的制剂与给药途径：急性危重病例应选用注射剂进行静脉注射，一般慢性病例可以口服或用混悬液肌内注射或局部关节腔内注射等。对于后者应用，应注意防止引起感染和机械的损伤。

2）补充维生素D和钙制剂：泌乳动物、幼年生长期的动物应用皮质激素，应适当补给钙制剂、维生素D及高蛋白饲料，以减轻或消除因骨质疏松、蛋白质异化等副作用引起的疾病。

3）在下述病情中停止使用：缺乏有效抗菌药物治疗的感染、骨软化症和骨质疏松症、骨折治疗期、创伤修复期、严重肝功能不良、角膜溃疡初期、妊娠期（因可引起早产或畸胎）；结核菌素或鼻疽菌素诊断和疫苗接种期等禁用。

4）用较小剂量，病情控制后应减量或停药，用药时间不宜过长；大剂量连续用药超过1周时，应逐渐减量，缓慢停药，切勿突然停药。

第二节　常用的糖皮质激素类药物

常用的天然皮质激素有可的松和氢化可的松。人工合成糖皮质激素有：泼尼松（强的松）、泼尼松龙（强的松龙）、地塞米松（氟美松）、倍他米松、醋酸氟轻松（外用）等，其抗炎作用比母体强数倍至数十倍，而对电解质的代谢则大大减弱，即水、钠潴留作用较弱。

氢化可的松

【理化性质】 为天然糖皮质激素，白色或几乎白色的结晶性粉末。无臭遇光渐变质。在乙醇或丙酮中略溶，在氯仿中微溶，在水中不溶。

【作用与应用】 多用作静注，以治疗严重的中毒性感染或其他危险病症。肌注吸收很少，作用较弱，因其极难溶解于体液。局部应用有较好的疗效，故常用于乳腺炎、眼科炎症、皮肤过敏性炎症、关节炎和腱鞘炎等。作用时间不足12h。

【制剂、用法与用量】 氢化可的松注射液：静脉注射，一次量，马、牛200～500mg，猪、羊20～80mg，犬5～20mg。危急时可酌情加大剂量。应用时应加生理盐水或葡萄糖溶液稀释。醋酸氢化可的松注射液：供关节或腱鞘内注射用，剂量随注射部位而定，马、牛50～250mg，每5～7d注射1次。

泼尼松

【作用与应用】 常用其醋酸酯，其抗炎作用与糖原异生作用为氢化可的松的4倍，而钠潴留作用仅为氢化可的松的4/5。该药本身无活性，需在体内转化为泼尼松龙（氢化泼尼松）才能生效。主要用于严重急性细菌感染、严重过敏性疾病、风湿、类风湿、支气管哮喘、湿疹、肾上腺皮质功能不全等。

【制剂、用法与用量】 醋酸泼尼松片：内服，1d量，马、牛200～400mg，羊、猪首次20～40mg，维持量5～10mg，犬0.6～2.5mg/kg。醋酸泼尼松眼膏：0.5%，涂眼，2或3次/d。醋酸泼尼松软膏：1%，皮肤涂擦。

泼尼松龙

【作用与应用】 抗炎作用与泼尼松相似。用途与氢化可的松相同。因其可静注、肌内注射、乳房内注射和关节腔内注射等，应用比泼尼松广泛，内服不如泼尼松功效确切。

【制剂、用法与用量】 泼尼松龙注射液（灭菌稀醇溶液）：静脉注射或滴注量，马、牛50～150mg，羊、猪10～20mg，用前经生理盐水或葡萄糖注射液稀释。醋酸泼尼松龙注射液（混悬液）：供关节腔或局部注射用，乳房内注射，每次每室25mg；关节腔内注射，马、牛20～80mg，每4～7d注射1次。

地塞米松

【作用与应用】 抗炎作用与糖原异生作用为氢化可的松的25倍，而引起水、钠潴留和浮肿的副作用很小。由于地塞米松可增加粪便中钙的排泄量，可能导致钙负平衡。地塞米松的应用日益广泛，有取代泼尼松龙等其他合成皮质激素的趋势。应用除与其他皮质激素相同外，近年来地塞米松等皮质激素制剂已用于母畜同步分娩，地塞米松引产可使胎衣滞留率升高，产乳比正常稍迟，子宫恢复到正常状态也晚于正常分娩。地塞米松对马的引产效果不明显。

【制剂、用法与用量】地塞米松片：内服，牛 5～20mg，马 5～10mg，犬 0.125～1mg。地塞米松磷酸钠注射液：肌内注射（按地塞米松计算），牛 5～20mg，马 2.5～5mg，猫、犬 0.125～1mg；关节腔内注射，马、牛 2～10mg。

倍他米松

【作用与应用】为地塞米松的差向异构体，其抗炎作用与糖原异生作用较地塞米松略强，水、钠潴留副作用稍弱于地塞米松。应用与地塞米松相似。

【制剂、用法与用量】倍他米松片：内服，一次量，猫、犬 0.25～1mg。倍他米松软膏：规格为 0.1%，皮肤涂敷。

曲安西龙（去炎松）

【作用与应用】抗炎作用及糖原异生作用为氢化可的松的 5 倍，水、钠潴留的副作用极弱，其他的全身作用与同类药物相当。口服易吸收，适用于类风湿性关节炎、其他结缔组织疾病、支气管哮喘、过敏性及神经性皮炎、湿疹等。

【制剂、用法与用量】曲安西龙片：规格有 1mg/ 片、2mg/ 片、4mg/ 片、8mg/ 片，内服一次量，犬 0.125～1mg、猫 0.125～0.25mg，2 次 /d，连服 7d。曲安西龙双醋酸酯混悬注射液：关节腔内或滑膜腔内注射，一次量，马、牛 6～18mg，犬、猫 1～3mg，必要时 3～4d 后再注射一次；肌内或皮下注射，一次量，马 12～20mg，牛 2.5～10mg，犬、猫 0.1～0.2mg。曲安西龙软膏：规格为 0.1%，涂擦患处。

醋酸氟轻松（肤轻松）

【作用与应用】为抗炎作用显著而副作用较小的一种外用皮质激素，显效快，效果好。应用很低浓度（0.025%）即有明显疗效。主要用于各种皮肤病，如过敏性、接触性及神经性皮炎、湿疹、皮肤瘙痒等。

【制剂、用法与用量】醋酸氟轻松（乳膏、软膏或洗剂）：浓度为 0.01%～0.25%，涂擦患处，2 次 /d。

丙酸倍氯米松

【作用与应用】为强效外用糖皮质激素，具有抗炎、抗过敏和止痒等作用，能抑制和消除支气管黏膜肿胀，解除支气管痉挛，对皮肤血管收缩作用远比氢化可的松强。局部抗炎作用是氟轻松和曲安西龙的 5 倍。外用可治疗各种炎症及皮肤病，如过敏性、接触性及神经性皮炎、湿疹、皮肤瘙痒等。气雾剂可用于慢性及过敏性哮喘和过敏性鼻炎等。

【制剂、用法与用量】丙酸倍氯米松软膏：规格为 10g∶2.5mg，涂擦患处，2 或 3 次 /d。丙酸倍氯米松气雾剂：每瓶 14g∶14mg。

实训十　制定牛酮血症的治疗方案

姓名		班级		学号		实训时间	2学时
技能目标	结合牛酮血症的典型事例，培养独立应用所学知识，认真观察、分析、解决问题，提高综合应用知识的能力						
任务描述	某牛场3~6胎龄的母牛发病率最高。高产母牛表现最为明显，尤其是产犊后一个月之内的母牛，表现采食量下降、粪便干及表面覆盖有黏液、精神不振、体重迅速降低、产奶量严重下降。乳汁挤出后可见大量泡沫，颜色发黄，能闻到明显的酮体气味，尿液中也含有大量酮体，富含泡沫，表现严重的牛甚至呼出的气体中都会有明显酮体味道。病牛腹痛，时而用脚踢腹，弓背，疾病后期还会出现神经症状，表现不明原因的狂躁，原地转圈，向前冲撞等。这些症状一般间断发生，每次持续1h左右，中间间断8~12h后会重复出现。经病史调查和临床表现，确诊为牛酮血症。 　　根据上述疾病，拟定一个合理的牛酮血症的治疗方案						
关键要点	①根据发病表现，合理选择治疗方法；②根据发病程度，确定合理的联合用药和重复用药方案；③写出处方；④写出详细的给药途径、剂量和注意事项；⑤列出所用药的配合使用，以及如何加强饲养管理						
用药方案							
评价指标	考核依据						得分
	能熟练应用所学知识分析问题（25分）						
	制定药物处方依据充分，药物选择正确（25分）						
	给药方法、剂量和疗程合理（25分）						
	临床注意事项明确（25分）						
教师签名						总分	

知识拓展

糖皮质激素在宠物临床的合理应用

　　糖皮质激素（glucocorticoid，GCS）自1948年开始用于人医临床，1952年合成糖皮质激素-氢化可的松软膏治疗人类过敏性皮肤病取得显著疗效以来，广泛应用于医学领域。但是，糖皮质激素具有强大的治疗效果，同时又具有不容忽视的副作用。因此，在兽医临床上也存在三个方面的问题：第一，糖皮质激素的滥用造成了医源性糖皮质激素亢进，免疫抑制等严重问题；第二，由于对糖皮质激素副作用的恐惧而不敢使用糖皮质激素；第三是对其药效学和剂型了解不足或使用不当而达不到治疗效果。在宠物临床该如何正确使用糖皮质激素呢？下面介绍该类药物在宠物临床的适应证、禁忌证和科学应用方法。

一、适应证

1）自身免疫性疾病：如天疱疮、红斑狼疮、犬葡萄膜皮肤综合征、斑秃、皮肌炎、自身免疫性溶性贫血等，糖皮质激素还可等作为联合化疗的组分之一，用于治疗犬、猫的淋巴细胞白血病。

2）免疫介导性皮肤病：如幼犬脓皮病、无菌性结节性脂膜炎、特发无菌性肉芽肿、中毒性表皮坏死松解症、多形红斑、变应性皮肤血管炎、严重过敏性紫癜、嗜酸性肉芽肿、皮肤药物反应等。

3）过敏性疾病：过敏性皮肤病或瘙痒性皮炎，大面积渗出的湿疹、皮炎。

4）退热：犬因呼吸道、泌尿道炎症引起体温超过41℃时，可将地塞米松与相应的抗生素联合应用。

5）心衰：犬遇心力衰竭或休克，突击使用地塞米松可加强心肌收缩力，使心输出量增加和改善微循环。

6）椎间盘病：对于急性脑脊髓损伤的动物，如犬椎间盘突出、后肢瘫痪等病例，早期使用大剂量甲基泼尼松龙可明显减少神经缺损。

7）呼吸系统炎症：犬食欲正常情况下的慢性支气管炎、哮喘，适量应用泼尼松龙具有抗炎、抗过敏及降低气管反应等作用，应与足量有效抗菌药物联合应用。

8）便秘、腹泻：对于减轻肠道细菌内毒素产生的损害有良效。

9）其他：外耳炎、犬原发性皮脂溢、西高地白梗表皮发育不良、犬耳缘皮肤病、犬日光性皮炎、肛周瘘（肛门疖病），治疗由于吸入烟或有毒气体引起的抑制性肺水肿也有特效。

二、禁忌证

1）严重的癫痫。

2）肾上腺皮质功能亢进。

3）活动性消化道溃疡，新近胃肠吻合手术，骨折。

4）抗生素不能有效控制的严重细菌、病毒、真菌感染。

5）中、重度糖尿病，严重骨质疏松症，血压严重升高患犬。

6）妊娠早期和哺乳期母犬。

7）下列情况应慎用：心脏病或急性心力衰竭、糖尿病、全身性真菌感染、青光眼、肝功能受损、眼单纯性疱疹、高脂血症、高血压、甲状腺功能低下（此时糖皮质激素作用增强）、骨质疏松、胃溃疡、胃炎或食管炎、肾功能损害或结石、结核病等。

三、科学应用方法

临床宠物医师要做到科学应用糖皮质激素，需要综合考虑多方面的因素，根据动物种类、药物种类、用量、用药时间、个体反应等灵活调整用药方案。总体要遵循的治疗原则是：足量开始、缓慢减量、尽早停药、寻找最小有效剂量、剂量个体化。

（1）动物种类　　不同种类动物治疗量不一样，猫单位体重的平均糖皮质激素受体的数量只有犬的50%，猫对糖皮质激素的耐受性较强，需要的剂量约为犬的两倍。

（2）药物种类　　糖皮质激素类药物根据其血浆半衰期分为短、中、长效三类：短效激素包括氢化可的松、可的松；中效激素包括泼尼松（强的松）、强的松龙、甲基强的松龙、去炎松；长效激素包括地塞米松、倍他米松。

（3）药物使用剂量　　糖皮质激素的生理剂量是正常犬每日产生的皮质醇的量 [0.2～1.0mg/（kg·d）]。治疗剂量要超过生理剂量，而个体之间有很大差别。初期使用剂量较大，控制症状后减少到最低剂量。例如，泼尼松和泼尼松龙是最常应用的药物，推荐剂量为：犬用于止痒，0.5mg/（kg·d），连续使用7～10d，然后降低到维持剂量；用于抗炎，1.0～1.5mg/（kg·d），连续使用7～10d，然后降低到维持剂量。免疫抑制疗法所使用的药物与抗炎疗法相同，但需要的剂量通常是抗炎剂量的两倍。通常泼尼松的诱导期使用剂量为2.0～6.0 mg/（kg·d），直到症状缓解。如果仅使用泼尼松效果不佳，可同时使用细胞毒类药物（如环磷酰胺）。

（4）给药方式　　应根据动物的病情需要采用不同的给药方式，并随时做出相应调整。

1）突击性用药：犬中暑时，为防止肺水肿，静脉滴注地塞米松的剂量可控制在1～2mg/kg，症状改善后立即停药。动物损伤性休克和大面积烧伤时，微循环血量大量减少，初次使用地塞米松剂量可高达4～8mg/kg，待休克解除，可迅速减量或停药。

2）短期间隔性给药：犬椎间盘突出、后肢瘫痪等，采用地塞米松2mg/kg，混合氨苄青霉素、普鲁卡因，在百会、阳关、命门穴位注射，每穴0.5mL左右，间隔3～6 d重复给药，直到痊愈。

3）中期用药：适用于反复发作的成年犬慢性支气管炎，常用氢化泼尼松维持剂量0.1～0.25mg/kg，口服，隔天1次，在2～3个月内逐渐减少用药或停药。

4）长期用药：安全有效的给药方法是隔天口服给药。选择持续时间短、盐皮质激素活性小、效能低的药物，如泼尼松、泼尼松龙和甲基泼尼松龙。若使用曲安耐德，应每3d给药1次。如果诱导期采用的是2次/d的给药方法，则首先需要减少给药次数，每日给药1次，总剂量不变。之后的治疗每2d分为1个周期，第1日使用诱导期双倍的剂量，并逐渐减少第2日的剂量，直至第2日不再用药。改变的频率不超过每7～10d 1次。转换成隔日给药后，再逐渐调整至最小有效剂量。向维持期的转换，最好在足够的诱导期后逐渐进行。如果病情出现恶化，则说明诱导期太短、转换太快或单独使用糖皮质激素难以达到对疾病的最大控制。长期用药期间应饲喂高蛋白、低盐、高钙饮食或补充钙剂。

复习思考题

1）简述糖皮质激素的抗炎作用机制。

2）糖皮质激素的主要药理作用有哪些？

3）糖皮质激素可能引起的不良反应有哪些？如何预防？

4）糖皮质激素的主要适应证有哪些？

（芮　萍）

第十章 / 自体活性物质与解热镇痛抗炎药

【学习目标】

1）了解抗组胺药、解热镇痛抗炎药物的分类；常用前列腺素类药物的生物学作用及其在繁殖和畜牧生产上的应用。

2）理解解热药的概念及抗组胺药、解热镇痛抗炎药物的作用机理。

3）掌握抗组胺药、解热镇痛抗炎药物的作用特点及其常用药物的作用、应用和注意事项。最终能根据病畜发热、疼痛等症状及诊断结果，进行选药用药，并开写处方，同时指出对动物各症状标本兼治的方法措施。

【概　述】

自体活性物质（或称局部激素）是一类具有明显生物活性的内源性物质，广泛存在于动物机体内的许多组织，作用于局部或附近的多种靶器官，产生特定的生理效应或病理反应。与激素、递质均不同。包括前列腺素、组胺、5-羟色胺、白三烯、血管活性肽类、腺苷等。临床上可作为药物治疗某些疾病，也有助于新药的研究和阐明某些药物的作用机理。

解热镇痛抗炎药是一类具有解热、镇痛，而且大多数还具有抗炎、抗风湿作用的药物，又称为非甾体抗炎药。本类药物抑制环加氧酶（前列腺素合成酶）的活性，从而抑制了体内前列腺素的生物合成，使前列腺素等致痛物质减少。适用于肌肉痛、关节痛、神经痛等的疼痛；其通过抑制前列腺素合成酶，减少中枢前列腺素生成，从而影响下丘脑体温调节中枢，使产热减少，散热增多，导致体温下降，因而具有解热作用。

第一节　组胺与抗组胺药

一、组胺

组胺即组织胺，是广泛存在于动物机体组织的自身活性物质。组织中的组胺主要含于肥大细胞及嗜碱性粒细胞中。因此，含有较多肥大细胞的皮肤、支气管黏膜和肠黏膜中组胺浓度较高，脑脊液中也有较高浓度。肥大细胞颗粒中的组胺常与蛋白质结合，物理或化学等刺激或发生变态反应时能使肥大细胞脱颗粒，导致组胺释放。组胺与靶细胞上特异受体结合，产生生物效应：小动脉、小静脉和毛细血管舒张，引起血压下降甚至休克，增加心率和心肌收缩力，抑制房室传导；兴奋平滑肌，引起支气管痉挛，胃肠绞痛，刺激胃壁细胞，引起胃酸分泌。组胺的效应是通过兴奋靶细胞上的组胺受体而发生的。现在已知组胺受体可分为 H_1 受体、H_2 受体和 H_3 受体。H_1 受体兴奋时，毛细血管和小动脉扩张，血浆渗出随血管壁通透性增加而增加，血压下降，支气管、胃肠道和子宫平滑肌收缩，称为 H_1 效应；H_2 受体兴奋时，胃酸分泌增加，心率加快，称为 H_2 效应。组胺在人医有用（近年来组胺的临床应用已逐渐减少），在兽医无价值。但其受体阻断药

（抗组胺药）在临床上却有重要应用。

二、抗组胺药

抗组胺药指作用于组胺受体，阻断组胺与受体结合的药物，可从防止或减少组胺从细胞释放、阻断组胺 - 受体结合及拮抗组胺的生物效应三个不同方向预防过敏反应不良后果。抗组胺药主要适用于药物、血清等引起的皮肤、黏膜的过敏性反应，如荨麻疹、血管神经性水肿、血清病、过敏性（接触性）皮炎等。根据受体类别，临床常用药有 H_1 受体阻断药和 H_2 受体阻断药。

（一）H_1 受体阻断药

第一代药物：苯海拉明（苯那君）、异丙嗪（非那根）、曲吡那敏（扑敏宁）、氯苯那敏（扑尔敏）等。具有中枢活性强、受体特异性差及明显的镇静和抗胆碱作用。

第二代药物：西替利嗪（仙特敏）、美喹他嗪（甲喹酚嗪）、阿司咪唑（息斯敏）、阿伐斯汀（新敏乐）及咪唑斯汀等，具有长效、无嗜睡等作用。

1. 药理作用与作用机制

1）对抗或减弱由组胺对神经末梢的刺激作用：可抑制皮肤瘙痒，对抗组胺引起的支气管、胃肠道平滑肌的收缩作用。对组胺直接引起的局部毛细血管扩张和通透性增加（水肿）也有很强的抑制作用。

2）中枢抑制作用：第一代药物有镇静、嗜睡作用；第二代药物不易透过血脑屏障，故无中枢抑制作用。

3）其他作用：苯海拉明、异丙嗪等具有阿托品样抗胆碱作用，止晕吐作用较强。

2. 临床应用　　可应用于皮肤黏膜变态反应性疾病，如荨麻疹、过敏性鼻炎、昆虫叮咬、血清病、药疹、接触性皮炎等。对支气管哮喘效果疗效差，对过敏性休克无效。此外，对放射病等引起的呕吐，可用本类药物中的苯海拉明和异丙嗪等给予治疗。

3. 不良反应

1）中枢神经系统反应：第一代药物多见镇静、嗜睡等中枢抑制现象，以苯海拉明和异丙嗪最为明显。

2）消化道反应：如厌食、便秘或腹泻等。

3）其他反应：偶见粒细胞减少及溶血性贫血。

（二）H_2 受体阻断药

常见药物：西咪替丁、雷尼替丁、法莫替丁和尼扎替丁等。

药理作用：抑制胃酸分泌，抗消化性溃疡。

免疫功能调节作用：阻断 T 细胞的 H_2 受体，减少组胺诱生的抑制因子的产生，从而逆转组胺的免疫抑制作用。恢复免疫功能低下动物的免疫功能。

盐酸苯海拉明（苯那君、可他明）

【作用与应用】①本品有明显的抗组胺作用。能消除支气管和肠道平滑肌痉挛，降低毛细血管的通透性，减弱变态反应，用于治疗动物的各种过敏性疾病，如药物过敏、荨麻疹、过敏性皮炎、血管神经性水肿、支气管痉挛、血清病和烧伤、湿疹等有组胺释放的病症。②本品与氨茶碱、维生素 C 或钙剂合用能提高疗效。

【注意事项】本品有抑制中枢神经的作用，用药后会出现嗜睡反应。

【用法与用量】盐酸苯海拉明注射液：肌注或静注，每 1kg 体重，犬、猫 1～2mg，牛、羊等家畜 3～5mg。

盐酸异丙嗪（非那根、抗胺荨等）

【作用与应用】①本品为吩噻嗪类抗组胺药；②用于各种过敏性疾病、晕动症及其他原因引起的呕吐，也用于组成冬眠合剂，作人工冬眠用；③具有降温、止吐、中枢抑制、加强麻醉、镇静镇痛的基本作用；④作用较强而持久，副作用小，尚能加强镇静药、镇痛药和局麻药的作用，还有降温和止吐作用，应用与苯海拉明相同。

【注意事项】抗组胺作用与苯海拉明相似，作用时间较长（24h 以上），对中枢神经有较强的抑制作用。

【用法与用量】盐酸异丙嗪注射液：肌内注射，家畜，每 1kg 体重 0.5～1mg，犬、猫，每 1kg 体重 0.2～0.4mg，2 次 /d。

氯苯那敏（扑尔敏、氯苯吡胺）

【作用与应用】氯苯那敏抗组胺作用较苯海拉明、异丙嗪强而持久，中枢抑制作用较弱，用量小，副作用小。用于治疗过敏性疾病。

【注意事项】抗组胺作用与苯海拉明相似，作用时间较长（24h 以上），对中枢神经有较强的抑制作用。

【用法与用量】扑尔敏注射液：肌内注射，家畜，每 1kg 体重 0.1～0.2mg，一次量，严重者 12h 后再注射一次。

阿司咪唑（息司敏）

【作用与应用】适用于过敏性皮炎、结膜炎、慢性荨麻疹和其他过敏性疾病。强度及持续时间：息斯敏>扑尔敏>异丙嗪>苯海拉明。

【注意事项】①不能与抗生素合用；②可能导致少见的、严重的心毒性，会引起致命性心律失常。

【用法与用量】阿司咪唑片：内服，猪、牛、羊、犬等动物，一次每 1kg 体重 0.01～0.03mg，严重者 12h 后再用一次。

赛庚啶（二苯环庚啶）

【作用与应用】抗组胺药，其 H_1 受体拮抗作用强于扑尔敏，可用于荨麻疹、湿疹、过敏性和接触性皮炎、皮肤瘙痒、鼻炎、支气管哮喘等。

【注意事项】①青光眼病畜忌用；②尿潴留、消化道溃疡、幽门梗阻病畜忌用。

【用法与用量】常见制剂为盐酸赛庚啶片：内服，猪、牛、羊、犬等动物，一次每 1kg 体重 0.1～0.2mg，2 次 /d。

地氯雷他定

【作用与应用】常用于治疗荨麻疹、过敏性鼻炎、湿疹、皮炎，也可用于荨麻疹及皮肤瘙痒症等其他过敏性皮肤病。

【注意事项】肝、肾功能障碍者慎用。

【用法与用量】地氯雷他定片：内服，猪、牛、羊、犬等动物，一次每 1kg 体重 0.01～0.03mg，2 或 3 次 /d。

左西替利嗪

【作用与应用】①缓解过敏性鼻炎或过敏性结膜炎；②缓解特发性荨麻疹的相关症状。

【注意事项】肝、肾功能不全者慎用。

【用法与用量】盐酸左西替利嗪片：内服，猪、牛、羊、犬等动物，一次每 1kg 体重 3～5mg，2 或 3 次 /d。

西咪替丁（甲氰咪胍，甲氰咪胺）

【作用与应用】①抑酸作用强，能有效地抑制基础胃酸分泌和各种原因如食物、组胺、五肽胃泌素、咖啡因与胰岛素等刺激所引起的胃酸分泌；②治疗十二指肠溃疡、胃溃疡等消化性溃疡；③可用于治疗上消化道出血；④能减弱免疫抑制细胞的活性，增强免疫反应。

【注意事项】①本品对骨髓有一定的抑制作用，可出现中性粒细胞减少、全血细胞减少；②可引起急性肝损伤，出现一过性的转氨酶和碱性磷酸酶升高；③本品与抗酸药（如氢氧化铝、氧化镁）合用时，可缓解十二指肠溃疡疼痛，但西咪替丁的吸收可能减少，故一般不提倡两者合用。如必须合用，两者应至少间隔 1h 服用。

【用法与用量】西咪替丁注射液：肌注，成年家畜，一次每 1kg 体重 5mg～10mg，2 或 3 次 /d；静脉注射，一次每 1kg 体重 0.01g，一次性缓慢注射。

雷尼替丁（甲硝呋呱）

【作用与应用】①用于良性胃溃疡、十二指肠溃疡、手术后的溃疡等；②可抑制组胺释放，减轻炎症渗出，有止痒作用；③其他可用于单纯性疱疹、脂溢性皮炎等的辅助治疗。

【注意事项】①粒细胞减少、血小板计数减少是常见的不良反应；②可导致一过性氨基转移酶升高、肾功能损伤等，故肝肾功能不全的动物慎用；③与茶碱类药物合用可使其血药浓度升高，可减少伊曲康唑、酮康唑、头孢呋辛、地西泮等药的吸收。

【用法与用量】盐酸雷尼替丁注射液：肌注或缓慢静注，牛、羊、猪、犬等动物，每 1kg 体重 3～5mg，1 或 2 次 /d。

法莫替丁（信法丁，高舒达）

【作用与应用】用于胃及十二指肠溃疡、吻合口溃疡、反流性食管炎、上消化道出血等。

【注意事项】①有皮疹、消化道不适、粒细胞下降、一过性 ALT 升高、血压升高、脉搏加快等症状；②可使茶碱类药物毒性增强；③肝、肾功能不全的患病动物慎用。

【用法与用量】法莫替丁注射液：静注或静滴，家畜治疗时，每 1kg 体重 0.1～0.3mg，2 次 /d。

乙溴替丁

【作用与应用】用于胃及十二指肠溃疡等。

【注意事项】乙溴替丁的抗分泌作用与雷尼替丁相当，比西咪替丁强 10 倍。它能特异性地与 H_2 受体结合，与其亲和力为雷尼替丁的 1.5 倍，西咪替丁的 2 倍，乙溴替丁是新一代 H_2 受体拮抗剂，不良反应较少，耐受性良好，目前在国内还没有上市。

【用法与用量】乙溴替丁片：内服，牛、羊、猪、犬等动物，一次量，每 1kg 体重 5～10mg，1 次 /d。

第二节　前　列　腺　素

前列腺素（简称 PG）是一类激素，是由存在于动物和人体中的一类不饱和脂肪酸组成的具有多种生理作用的活性物质。最早发现存在于人的精液中，1930 年，尤勒发现人、猴、羊的精液中存在一种使平滑肌兴奋、血压降低的活性物质，具有五元脂肪环，是带有两个侧链（上侧链 7 个碳原子、下侧链 8 个碳原子）的 20 个碳的酸。当时设想此物质可能是由前列腺所分泌，命名为前列腺素。但实际上，前列腺分泌物中所含活性物质不多，为误称。现已证明精液中的前列腺素主要来自精囊，此外全身许多组织细胞都能产生前列腺素。PG 是存在于机体各组织中的一种内分泌素，是平衡机体内环境的一种主要物质，几乎在各组织的细胞膜内均可合成。

各组织细胞所合成和分泌的前列腺素，经过血液循环，在肺、肝、肾等器官大部分灭活而失去活性。哺乳动物机体内所含前列腺素极广，如生殖系统、精液、雄性副性腺、子宫内膜、卵巢、胎盘、脐带、经血、羊水，以及脑、肺、肾、支气管、胸腺、脊髓、虹膜、甲状腺、肾上腺、心肌、脾、胃黏膜、肠、血浆、血小板、脂肪、神经组织内。

PG 的生物学作用主要是溶解黄体和收缩子宫的作用，许多前列腺素的生理（药理）效应常常相反，借此生理功能，来维持内环镜中的平衡。作用于生殖系统，可溶解黄体、促进排卵。可用以调节发情周期和治疗持久黄体引起的不孕症。刺激子宫平滑肌，对各期均有收缩作用，以妊娠末期子宫最敏感，表现为子宫肌张力增高，收缩幅度加大，子宫颈松弛，适于催产、引产和人工流产。另外，也是维持公畜生殖机能的必要物质；作用于心血管系统可使心率升高，心收缩力增加，收缩血管，血压升高。PGA、PGE 为已知最有效的扩血管剂，使血压下降；作用于呼吸系统可使气管、支气管平滑肌收缩；作用于消化系统可兴奋肠道，增强蠕动，促进肠液分泌，抑制水分，电解质吸收，导致腹泻；作用于神经系统，可兴奋脊髓，升高体温。PGE 可抑制 CNS、表现为镇静、安定、抗惊厥。

在动物应用上以猪、牛较多。在猪，可以控制分娩：如在妊娠第 112d，注射 PGF_{22} 后 20h，配合催产素，可使足月猪分娩。还可以维护母仔健康：产后 24～48h 内，应用 PGF_{22} 可促进子宫收缩，加快子宫恢复，防止子宫炎、乳腺炎和少乳症的发生，降低仔猪死亡率，提高母猪发情率和受胎率，增加下次分娩的活仔数。在牛，对于发情不明显或持久黄体性所致的不孕症，应用前列腺素后，雌二醇血浆水平即表现升高，母牛可在第 3d 开始发情，4～5d 左右开始排卵。此外，对于母牛的卵巢囊肿、不排卵、排卵延迟、诱发分娩、子宫积脓、胎儿干尸化、胎衣不下等均有效。对于公牛，PGF_{22} 可增加精液射出量，提高人工授精效果。

地诺前列素（前列腺素 F_{2a}、PGF_{2a}）

【作用与应用】①用于同期发情。能兴奋子宫平滑肌，特别是妊娠子宫；使黄体退化或溶解，促进发情，缩短排卵期，使母畜在预定时间内发情、排卵；促进输卵管收缩，影响精子运行至受精部位及胚胎附植；作用于丘脑 - 垂体前叶，促进垂体释放黄体生成素（LH）；影响精子的发生和移行。②治疗母畜卵巢黄体囊肿或持久性黄体。③治疗马、牛不发情或发情不明显；用于母猪催情，使断奶母猪提早发情和配种。④用于催产、引产、子宫蓄脓、慢性子宫内膜炎、排出死胎。⑤用于增加公畜的精液射出量和提高人工授精率。

【注意事项】①如本品引产无效，要等待宫缩停止后才可改用其他方法引产，妊娠晚期有头盆不称、胎位异常者禁用，胎膜已破时也禁用；②有贫血、子宫手术、宫颈炎或阴道炎、糖尿病史、青光眼、肝病及肾病患畜应慎用。

【用法与用量】地诺前列素注射液：肌内注射或子宫内注入，马、牛 25mg/ 次，猪、羊 3～8mg/ 次。

氯前列醇

【作用与应用】①本品有强烈溶解黄体及收缩子宫的作用，临床上用于同期发情，催情配种催产，引产，子宫蓄脓等。对怀孕 10～150d 的母牛给药后 2～3d 流产，而非妊娠牛于用药后 2～5d 发情。②可用于诱导母猪分娩。

临床可用于诱导母畜同期发情、同期分娩；治疗黄体囊肿、持久黄体和卵泡囊肿；也可用于治疗产后子宫疾病，如子宫复原不全、胎衣不下、内膜炎症等。

【注意事项】①可诱导流产及急性支气管痉挛，禁用于不需流产的怀孕牛；②易通过皮肤吸收，皮肤接触后应尽快用肥皂水清洗；③不能与非类固醇类抗炎药同时应用；④休药期：牛、猪 1d。

【用法与用量】以氯前列醇计，氯前列醇钠注射液：肌内注射，一次量，牛 0.2～0.3mg；猪妊娠第 112～113d，0.05～0.1mg。注射用氯前列醇钠：肌内注射，一次量，牛 0.4～0.6mg，11d 再用药一次；猪预产期 3d 内，0.05～0.2mg。

氟前列醇

【作用与应用】属于人工合成药物，在前列腺素制剂中，溶解黄体作用最强（对胚胎早期死亡或重吸收的母马，可使黄体溶解），毒性最小。主要用于马的催情和排卵（对卵巢静止期的乏情和各种原因引起的垂体机能不足的母马，无催情作用）。

【注意事项】暂无。

【用法与用量】参照前列腺素 F_{2a}。

第三节　解热镇痛抗炎药

解热镇痛抗炎药是一类化学结构不同，但都可抑制体内前列腺素合成，具有解热镇痛和消炎抗风湿作用的药物。由于其特殊抗炎作用，为了与糖皮质激素（甾体）抗炎药区别，又称为非甾体抗炎药。这类药物临床应用广泛，临床地位较重要。临床上常分为以下三类。

1）第一类，吡唑酮类。代表药物有氨基比林、保泰松（临床很少应用）、安乃近等。

2）第二类，苯胺类。代表药物有非那西汀、扑热息痛等。特点：①体内去乙基生成扑热息痛，少部分氧化生成亚氨基醌，其对机体有毒，导致机体血红蛋白→高铁血红蛋白，严重时，出现红细胞溶解、溶血、黄疸等症状，损害肝；②抑制上脑下部 PG 的合成与释放，故外周作用弱，解热效果好，镇痛、抗炎差；③解热作用缓慢而持久。解热作用是原型药物和扑热息痛联合作用。

3）第三类，有机酸类。包括①甲酸类：水杨酸类（代表药物有阿司匹林等）和芬那酸类（代表药物有甲芬那酸等）；②乙酸类：代表药物有吲哚类 - 吲哚美辛、苄达明等；③丙酸类：代表药物有布洛芬等。

氨基比林（匹拉米洞）

【作用与应用】①有较强的解热镇痛作用，作用缓慢而持久，与巴比妥合用有增强镇痛作用，抗风湿作用强，常用于肌肉痛、神经痛、关节痛和马、骡疝痛；②本品还有消炎和抗风湿作用，按不同比例与巴比妥制成复方治疗急性风湿性关节炎，药效可持续 1～4h；③长期连续使用，可引起白细胞减少症；④氨基比林的单方针、片剂已被淘汰，但在一些复方制剂中，作为主要成分仍在大量使用，其制剂有复方氨基比林注射液和安痛定注射液等。

【注意事项】长期连续使用氨基比林可出现白细胞减少症。

【用法与用量】复方氨基比林注射液：肌内、皮下注射，一次量，马、牛 20～50mg，羊、猪 5～10mg。

安乃近

【作用与应用】①本品解热镇痛作用强而快，肌注后 10～20min 出现药效，作用可维持 1～2h 左右。常用于肌肉痛、风湿痛、高热等病。临床上还能制止动物腹痛，而不影响肠蠕动，因此也常用于肠痉挛和肠臌气等疼痛症状。②有较强的消炎抗风湿作用。

【注意事项】①长期使用安乃近可使中性白细胞减少，还可抑制凝血酶原形成，加重出血倾向，或致血小板减少，甚至发生再生障碍性贫血而导致死亡；②不能与氯丙嗪合用，以防引起体温剧降；③不能与巴比妥类及保泰松合用，因其相互作用影响微粒体酶；④对吡唑酮类药物有过敏史者禁用；⑤较易引起不良反应，尤其不宜用于穴位注射，特别禁用于关节部位穴位，因为其可引起肌肉萎缩，关节功能障碍。

【用法与用量】安乃近注射液：深部肌内注射，一次量，家畜，每 1kg 体重 0.2～0.5g，犬 0.3～0.6g/ 次，猫 0.1g/ 次。

扑热息痛

【作用与应用】扑热息痛又称对乙酰氨基酚、醋氨酚，是非那西丁的体内代谢产物。对乙酰氨基酚解热作用强，与阿司匹林相仿，且比较持久，但镇痛抗炎作用较弱，抗风湿则无实际意义。对乙酰氨基酚因仅能缓解症状，消炎作用轻微，且不能清除关节炎引起的红、肿、活动障碍，故不能用以代替阿司匹林或其他非甾体抗炎药治疗各种类型关节炎，但可用于对阿司匹林过敏、不耐受或不适于应用阿司匹林的病例。

具有解热镇痛作用，无明显消炎抗风湿作用。临床常用作中、小动物的解热镇痛药。

【注意事项】①本品不宜用于猫、猪，易引起猫、猪的红细胞溶解和肝坏死，或出现严重的毒性反应，如结膜发绀、贫血、黄疸、脸部水肿等；②本品常用剂量较安全，但若剂量过大或伴肝功能不良患病动物应用可致肝损伤，甚至急性中毒性肝坏死；③剂量过大或长期大量应用，可引起高铁血红蛋白血症，出现缺氧发绀。

【用法与用量】对乙酰氨基酚注射液：家畜，每 1kg 体重 0.01～0.02g，2 或 3 次 /d。

水杨酸钠

【作用与应用】解热镇痛作用弱而抗风湿强，因此常应用于各类风湿和风湿性关节炎。副作用：对胃刺激大，大剂量连用引起肾炎、抑制肝凝血酶原合成，可能引起内出血。

【注意事项】①水杨酸钠内服对胃黏膜有刺激性，可同时服用碳酸氢钠以减轻刺激；②大量长期服用可引起耳聋、肾炎，可使血中凝血酶原降低而引起内出血，故有出血倾向时忌用。

【用法与用量】片剂：内服，马 10～50g/ 次，牛 15～75g/ 次，羊、猪 2～5g/ 次，犬 0.2～2g/ 次，猫、鸡 0.1～0.2g/ 次。注射液：静脉注射，马、牛 10～30g/ 次，羊、猪 2～5g/ 次，犬 0.1～0.5g/ 次，猫 0.05～0.1g/ 次。

阿司匹林

【作用与应用】阿司匹林又称乙酰水杨酸，是水杨酸的衍生物，解热作用确实、可靠，内服后 30～45min 显效，经 2～3h 达高峰，维持达 4～6h。镇痛作用较弱，但比水杨酸钠强。抗风湿作用显著，用药后症状明显减轻，曾作为风湿病的鉴别诊断药。①有解热、镇痛、消炎、抗风湿作用，对急性风湿症有特效，可与其他药物配成复方用于牙痛、肌肉痛、神经痛、关节痛及感冒发热等；②较大剂量可明显抑制肾小管对尿酸的重吸收作用，使尿酸排泄量增多，所以常用于治疗痛风症；③本品有抗血栓形成作用，可用于动物的心脑血栓疾病。

【注意事项】①中小剂量阿司匹林能抑制肾小管排泄尿酸能力。因此，痛风急性发作时，应避免应用阿司匹林。②本品内服主要在胃肠道前部吸收，犬、马吸收快。对胃肠有一定的刺激性。主要表现为呕吐、腹痛，大剂量长期服用可引起胃炎、隐性出血，加重溃疡形成和消化道出血等。若与适量碳酸钙同服，可减少反应的发生，但不宜与碳酸氢钠同服，因后者可加速本品的排泄而降低疗效。③对凝血系统的影响：大剂量长期服用，可抑制凝血酶的合成，增加出血倾向。由于本品不可逆性地抑制血小板凝聚，所以会延长出血时间。④变态反应：少数可出现荨麻疹、黏膜充血等过敏反应。⑤中毒反应：长期大量应用可产生视 / 听力减退、嗜睡等反应，这是水杨酸盐慢性中毒的表现，多见于风湿病的治疗，严重者有精神紊乱、酸碱失衡和出血。⑥肝、肾功能不良的患者应慎用或禁用本品。⑦本品对猫毒性大，不适合用于猫。

【用法与用量】参照氨基比林。

吲哚美辛

【作用与应用】吲哚美辛又名消炎痛，具有显著的清热、消炎、抗风湿作用。最新研究表明，本品还具有减轻免疫反应、止泻、增加抗菌药组织血药浓度、改善精液品质等作用。鉴于吲哚美辛使用量小、使用成本低、作用广泛而显著，在畜禽疾病防治中有一定的推广和应用价值。①具有消炎、镇痛、解热作用，对炎症性疼痛作用显著，比保泰松强 48 倍，其解热作用比阿司匹林强 10 倍，药效快而显著，镇痛作用较弱；②主要用于治疗风湿性关节炎，特别是慢性关节炎；③也可用于治疗腱炎、腱鞘炎、滑囊炎、关节囊炎、肌肉损伤等。

【注意事项】①胃肠道反应（呕吐、腹痛、腹泻、溃疡，有时并引起胃出血及穿孔），犬、猫常见，所以犬、猫不宜用；②可造成粒细胞减少，中枢神经系统反应也多见；③因不良反应多，故仅用于其他药物不能耐受或疗效不显著病例，马不宜使用；④可引起肝功能损害；⑤抑制造血系统（粒细胞减少等，偶有再生障碍性贫血）；⑥可发生过敏反应，常见的有皮疹等，有的动物临床还可出现心律不齐、心律过快等副作用。

【用法与用量】禽病治疗上，建议采用饮水给药；在畜病治疗上，建议采用拌料给药或注射给药。由于吲哚美辛解热、镇痛、消炎作用显著，其使用量很小。对于轻度感染，按每 1kg 体重 0.5mg（按有效成分计）给药即可；对于重度感染如禽大肠杆菌病胸腔感染，家畜重度肺炎、肺脓肿、混合性肺炎，近期猪无名高热症或极期高热性疾病，建议按每 1kg 体重 1mg（按有效成分计）给药。

苄达明（炎痛静、消炎灵）

【作用与应用】①对炎性疼痛的作用比消炎痛强，消炎作用较弱，常用于手术及外伤所致的各种炎症，以及关节炎、气管炎、咽炎等，与抗生素或磺胺药合用可增强疗效；②本品有罂粟碱样解痉作用；③作用机制主要是抑制前列腺素合成。

【注意事项】①皮肤局部用药不良反应有红斑、皮疹；②服用本品后有时有轻度食欲不振、腹泻、胃酸过多、头晕、失眠等症状，并可能引起白细胞减少。

【用法与用量】炎痛静片：内服，家畜，每 1kg 体重 1～2mg。

布洛芬（异丁苯丙酸、芬必得）

【作用与应用】①内服易吸收，显效快。犬内服达峰时间为 0.5～3h，生物利用度为 60～80%，消除半衰期 4.6h。具有较好的解热、镇痛、抗炎作用。其抗炎作用与阿司匹林、保泰松、吲哚美辛相似而副作用较之为轻。解热作用与阿司匹林相近。②适用于解热、减轻轻度至中度疼痛，如关节痛、神经痛、肌肉痛、牙痛、感冒及流感症状。③对血小板黏着和聚集反应也有抑制作用，并延长出血时间。④对轻、中度术后疼痛等镇痛疗效优于阿司匹林。

【注意事项】①最常见的反应为呕吐，其次是腹泻、便秘、腹痛。偶见轻度消化不良、皮疹等。长期应用可导致胃肠道溃疡及出血。②对阿司匹林或其他非甾体类抗炎药过敏者，对本品有交叉过敏反应。③出血性疾病、消化道溃疡、肾功能不全者慎用。④犬 2～6d 可见呕吐，2～6 周可见胃肠损害，所以犬慎用。

【用法与用量】布洛芬注射液：肌注，家畜，每 1kg 体重 0.02～0.04g，2 次 /d。

酮洛芬

【作用与应用】①本品具有明显的消炎、镇痛和解热作用；②消炎作用较布洛芬强，解热作用较阿司匹林、吲哚美辛强，且副作用小，毒性低；③对血小板的黏附和聚集反应也有一定的抑制作用，其作用机制与布洛芬相似；④用于类风湿性关节炎、风湿性关节炎、骨关节炎、强直性脊椎炎、急性痛风等，对轻、中度的疼痛也有缓解作用；⑤可用于术后止痛。

【注意事项】主要表现对消化系统刺激作用，长期应用可导致消化道溃疡或出血。

【用法与用量】静脉注射：马、牛 2.2mg/kg，犬 3～5mg/kg，1 次 /d，连用 5d。

氟尼辛葡甲胺

【作用与应用】氟尼辛葡甲胺属兽用类抗炎镇痛药。氟尼辛葡甲胺具有解热、消炎和镇痛作用，单独或与抗生素联合用药能够明显改善临床症状，并可以增强抗生素的活性。兽医临床上常用于缓解马的内脏绞痛、肌肉与骨骼紊乱引起的疼痛及抗炎，牛的各种疾病感染引起的急性炎症的控制，如蹄叶炎、关节炎等，另外也可用于母猪乳腺炎、子宫炎及无乳综合征的辅助治疗。①本品具有镇痛、解热、抗炎和抗风湿作用，如同其他非甾体抗炎药，氟尼辛葡甲胺是一种强效环氧化酶抑制剂；②主要用于家畜及小动物的发热性、炎性疾患，肌肉痛和软组织痛等；③注射给药可控制牛呼吸道疾病和内毒素血症所致的高热，也可用于马和犬的发热；④用于治疗马、牛、犬的内毒素血症所致的炎症；⑤治疗马属动物的骨骼肌炎症及疼痛。

【注意事项】①大剂量或长期使用，马可发生胃肠溃疡，按推荐剂量连用 2 周以上，马也可能发生口腔和胃的溃疡；②牛连用超过 3d，可能会出现便血和血尿；③犬的主要不良反应为呕吐和腹泻，在极高剂量或长期应用时可引起胃肠溃疡。

【用法与用量】氟尼辛葡甲胺注射液：肌内注射，家畜，每 1kg 体重 2～4mg，1 或 2 次 /d。

甲芬那酸

【作用与应用】①具有解热、镇痛和抗炎作用，镇痛作用较强，解热持久，但消炎作用不及保泰松和氟芬那酸；②用于风湿性、类风湿性关节炎及牙痛、神经痛、分娩后疼痛等的治疗。

【注意事项】①最常见的为胃肠道反应，如胃肠道不适、消化不良、腹泻、呕吐等，也有引起消化道溃疡及出血的报道；②偶有皮疹、嗜睡、粒细胞缺乏症、特发性血小板减少性紫癜及巨红细胞性贫血。

【用法与用量】甲芬那酸片：内服，家畜，每 1kg 体重 2～4mg，2 或 3 次 /d。

甲灭酸（扑湿痛）

【作用与应用】有镇痛、消炎、解热作用。镇痛作用强于消炎作用。其镇痛作用比阿司匹林、氨基比林都强。主要用于风湿性关节炎、神经痛、其他炎性疼痛及慢性疼痛。

【注意事项】①本品对胃肠道有刺激性；②肾功能不全及溃疡患畜慎用，孕畜禁用。

【用法与用量】内服：一次量（试用量），猪、羊 0.5g，马、牛 1.25～2.5g，犬 0.1～0.25g。首次剂量加倍。3 或 4 次 /d，用药时间不宜超过 1 周。

实训十一　解热镇痛药物在猪病治疗中的应用能力训练

姓名		班级		学号		实训时间	2 学时
技能目标		结合兽医临床的典型案例，培养应用解热镇痛药物所学知识，认真观察、分析、解决在猪病治疗中合理应用的能力					
任务描述		2007 年 2 月，一规模养猪场发生一起副伤寒和弓形体混合感染的病例，发病情况：该猪场 2 月初开始有猪发病，几天内陆续整圈发病，该场曾用安乃近、青霉素、庆大霉素等药治疗均无效，发病猪相继死亡，造成了很大损失，共死亡猪 45 头。临床症状：发病猪精神不振、共济失调、拉稀、拒食；有的双耳发绀、咳嗽和呼吸困难，结膜发绀等，体温 41～42℃，眼有黏性分泌物并将上下眼睑粘在一起，喜卧，常钻垫草。病理剖检：回盲瓣有溃疡，全身淋巴结周边出血，肾、膀胱有出血点，肠黏膜呈急性卡他性炎症；肺高度水肿，小叶间质增宽，其内充满半透明胶冻样渗出物，气管和支气管有大量黏液和泡沫。实验室检验：采病死的猪肝、淋巴结涂片，瑞氏染色，油镜下镜检可发现核为紫红色、细胞质为淡蓝色的月牙形或梭形的弓形虫体。无菌采病死猪的病料直接接种于伊红亚甲蓝琼脂培养基上，经 12～24h 培养后出现无色针尖大小的菌落。经流行病学调查和临床表现，结合实验室分离鉴定，确诊为副伤寒和弓形体混合感染感染。 　　针对上述病例，拟定一个合理的防治方案					
关键要点		①根据所学知识，提出解热镇痛药在该病案中的应用注意事项；②如何理解合理使用解热镇痛药；③如何理解规范使用解热镇痛药；④写出本案例的综合治疗方案；⑤病猪在发热时，还应注意哪些事项					
用药方案							
评价指标		考核依据					得分
		能熟练应用所学知识解读解热镇痛药在猪病治疗中的应用（20 分）					
		能说明解热镇痛药应用的合理性和规范性（20 分）					
		结合本案例能给出综合治疗方案且科学合理（20 分）					
		能描述在猪发热时的注意事项（20 分）					
		评价态度较好，积极回答问题（20 分）					
教师签名						总分	

知识拓展

解热镇痛抗炎药的共同药理作用

一、解热作用

解热镇痛抗炎药能降低发热动物的体温，而对体温正常者几无影响。这和氯丙嗪对体温的影响不同，在物理降温配合下，氯丙嗪能使正常动物体温降低。机体存在体温调节中枢，位于下丘脑，体温调节中枢通过对产热及散热两个过程的精细调节，使体温维持于相对恒定水平。传染性疾病之所以导致发热，是由于病原体及其毒素刺激中性粒细胞，产生与释放内热原，可能为白介素-1（IL-1），后者进入中枢神经系统，作用于体温调节中枢，将调定点提高至正常值以上，这时产热增加，散热减少，因此体温升高。其他能引起内热原释放的各种因素也都可引起发热。研究表明内热原并非直接作用于体温调节中枢，因为实验证明，全身组织的多种 PG 都有致热作用，微量 PG 注入动物脑室内，可引起发热，其中前列腺素 E_2（PGE_2）致热作用最强；其他致热物质引起发热时，脑脊液中 PG 样物质含量增高数倍。这说明内热原可能使中枢合成与释放 PG 增多，PG 再作用于体温调节中枢而引起发热。解热镇痛药对内热原引起的发热有解热作用，但对直接注射 PG 引起的发热则无效。因此认为它们是通过抑制中枢 PG 合成而发挥解热作用的。治疗浓度的解热镇痛药可抑制 PG 合成酶（环加氧酶），减少 PG 的合成，而且它们对该酶活性抑制程度的大小与药理作用强弱相一致。这类药物只能使发热者体温下降，而对正常体温没有影响，也支持这一观点。

小提示：发热是机体的一种防御反应（巨噬细胞、白细胞吞噬活动增强，抗体生成增加等），且热型也是诊断疾病的重要依据，故对一般发热患病动物不必急于使用退烧药；但热度过高，可引起头痛，甚至惊厥，适当选用退烧药降体温是必要的，退烧是对症，临床上还应辅以针对发热原的对因治疗。

二、镇痛作用

解热镇痛抗炎药仅有中等程度镇痛作用，对各种严重创伤性剧痛及内脏平滑肌绞痛效果较差；对临床常见的慢性钝痛如牙痛、神经痛、肌肉或关节痛等则有良好镇痛效果；不产生成瘾性，故临床广泛应用。本类药物镇痛作用部位主要在外周。在组织损伤或发炎时，局部产生与释放某些致痛化学物质（也是致炎物质）如缓激肽等，同时产生与释放 PG。缓激肽作用于痛觉感受器引起疼痛；PG 则可使痛觉感受器对缓激肽等致痛物质的敏感性提高。因此，在炎症过程中，PG 的释放对炎性疼痛起到了放大作用，而 PG 本身也有致痛作用。解热镇痛药可防止炎症时 PG 的合成，因而有镇痛作用。这说明了为何这类药物对尖锐的一过性刺痛（由直接刺激感觉神经末梢引起）无效，而对持续性钝痛（多为炎性疼痛）有效。但它们部分通过中枢神经系统而发挥镇痛作用的可能性也不能排除。

三、抗炎作用

大多数解热镇痛抗炎药都有抗炎作用，对控制风湿性及类风湿性关节炎的症状有肯定疗效，但不能根治，也不能防止疾病发展及并发症的发生。PG 还是参与炎症反应的活性物质，将极微量（ng 水平）PGE_2 皮下或静脉或动脉内注射，均能引起炎症反应；而发炎组织（如类风湿性关节炎）中也有大量 PG 存在；PG 与缓激肽等致炎物质有协同作用。解热镇痛药抑制炎症反应时 PG 的合成，从而缓解炎症。

四、抑制血小板聚集

解热镇痛抗炎药在抑制 PG 合成的同时，可使血栓烷 A2（TX-A2）合成减少，TX-A2 又是血小板释放和聚集的诱导剂，它的减少可使血小板受抑制，血栓不易形成。但大剂量则可能引起消化道出血。

复习思考题

1）常用的组胺 H_1 受体阻断药和 H_2 受体阻断药分别有哪些？

2）简述抗组胺药的药理作用。

3）兽医临床常用的抗过敏药有哪些？

4）前列腺素在繁殖和畜牧生产中主要有哪些作用？常用药物有哪些？

5）简述阿司匹林的药理作用和临床应用。

6）解热镇痛抗炎药的共同药理作用是什么？

7）解热镇痛抗炎药的镇痛作用机制有哪些？

（李守杰）

第十一章　解　毒　药

【学习目标】
　　1）了解非特异性解毒药使用原则。
　　2）了解各类中毒特效解毒药的解毒机理，掌握其作用特点、临床应用和注意事项。

【概　　述】
　　在广义上讲，凡能消除动物体内毒性作用的药物均称为解毒药。按兽医临床应用，解毒药可分为一般性解毒药和特异性解毒药。一般性解毒药对毒物无特异性拮抗作用，但它们能通过生理或药物理化作用来减少或消除毒物在肠道中吸收或加速体内毒物的消除，减轻中毒的程度，或不发生中毒；特异性解毒药是一类具有高度专属性解除毒性作用的药物，毒物吸收入血液后，应用这类药物可以收到特异性解毒效果。

第一节　非特异性解毒药

　　1. 催吐剂　　在毒物被胃肠道吸收前，应用催吐剂引起呕吐，排空胃内容物，防止中毒或减轻中毒症状。但当中毒症状十分明显时，使用催吐剂意义不大。常用催吐剂为0.5%～1%硫酸铜溶液，有条件时可应用吐根碱或阿扑吗啡。但对不具备呕吐功能的动物如禽，可将嗉囊内毒物摘取。反刍动物等可通过洗胃或瘤胃切开术摘除毒物。

　　2. 保护剂　　指分子量大，不具备药理作用，溶于水呈现胶状溶液，如米汤、牛奶、豆浆、淀粉浆或蛋清等一类物质。这类物质在胃肠道内附着于黏膜上，保护黏膜不受毒物刺激，且能干扰毒物吸收，常作为一种辅助方法。

　　3. 吸附剂　　常用的有活性炭、白陶土，具有很大吸附力以吸附毒物，阻止毒物被胃肠道吸收，安全性大，效果可靠。

　　4. 沉淀剂　　指一些能与毒物产生沉淀反应而阻止毒物吸收的物质。常用有鞣酸溶液（2%～4%）和浓茶。这些对多数生物碱如士的宁、奎宁等及重金属盐有一定效果。

　　5. 氧化剂　　高锰酸钾为常用药，以氧化有机毒物而产生解毒效果。它对阿片碱、士的宁、毒扁豆碱、奎宁等生物碱，以及氰化物、磷化物均有氧化作用而使其失去毒性，但对阿托品、可卡因等中毒无效；对农药1059（甲基对硫磷）和1605（对硫磷）等硫磷类中毒，因氧化为毒性更大的对氧磷类，应禁用本品。临床用于洗胃时，通常应用浓度为1∶5000。

　　6. 泻下剂　　促进肠道内的毒物排出体外，减轻中毒。这些药可口服或导胃管注入。常用药物有硫酸镁或硫酸钠等盐类泻药。其常用溶液浓度为2%～4%。使用时应让动物充分饮水或灌服适量的水，以防止脱水。

　　7. 利尿剂　　通常选用速尿或利尿酸加速毒物从体内血液中经肾排出。这两种药物的利尿作用强且作用快，使用方便，既可口服也可静脉注射，是极为实用的急性中毒解救剂。为增强安全性，必要时应以小量重复给药，或静脉滴注。弱酸性药物如水杨酸盐或巴比妥类等中毒时，为促进毒物排泄，应同时碱化尿液，可收到同等效果。

8. 洗胃剂　　通常选用肥皂水、1%～5%碳酸氢钠溶液、高锰酸钾溶液。敌百虫中毒不能使用肥皂水和碳酸氢钠清洗，因为会变成毒性更强的敌敌畏。对硫磷中毒不能用高锰酸钾溶液洗胃，因为会变为毒性更强的对硫磷。其他有机磷酸酯类中毒可用肥皂水、1%～5%碳酸氢钠溶液洗胃。

9. 拮抗剂　　这种解毒剂称对症解毒剂。其针对危害生命的重要症状进行治疗，如呼吸兴奋药（尼可刹米）、强心药（安钠咖）、抗休克药（地塞米松）、抗惊厥药（戊巴比妥）、升压药（去甲肾上腺素）等。如不予及时纠正症状，即可有致死的危险。

第二节　特异性解毒药

特异性解毒药是针对毒物中毒的病因，消除毒物在体内的毒性作用的药物。其借助药物高度专属药理性能，拮抗毒物的作用，对临床抢救急性中毒病例具有特殊重要的意义。

一、有机磷中毒的特异性解毒药

有机磷酸酯为广泛应用的有效杀虫剂。目前，常见的有机磷酸酯类农药有对硫磷（1605）、马拉硫磷（4049）、敌百虫等。这些农用杀虫剂能与昆虫或动物体内胆碱酯酶结合而不易水解。因此，有机磷酸酯对昆虫或动物都具有强烈的毒性。兽医临床上，有机磷酸酯类农药中毒比较常见。常用特异性解毒药有 M 受体阻断剂（阿托品等）和胆碱酯酶复活剂（如解磷定、氯解磷定等）。

阿托品

【作用与应用】见传出神经药物相关介绍。阿托品应用原则：早、快、足量、重复给药。

【注意事项】①本品单独使用仅适用于轻度有机磷中毒；中度和严重有机磷中毒时，应配合胆碱酯酶复活剂使用，方可取得满意效果。②用药 1h 后症状未见好转时应重复用药，直至病畜出现口腔干燥、瞳孔散大、呼吸平稳、心跳加快，即所谓"阿托品化"时，剂量减半，每隔 4～6h 用药 1 次，继续治疗 1～2d。

【用法与用量】见传出神经药物相关介绍。

碘解磷定

【作用与应用】又称碘磷定或派姆，本品静脉注射后作用迅速，消除也快，因而作用短暂，必要时可重复给药。①本品为胆碱酯酶复活剂，能使被有机磷酸酯抑制的胆碱酯酶重新恢复活性，临床上主要用于中度及重度有机磷酸酯中毒的治疗；②本身无直接对抗乙酰胆碱的作用，故应与阿托品配合进行对症治疗；③特别适用于内吸磷、对硫磷等急性中毒，对敌百虫治疗效果较差；④本品对骨骼肌的神经肌肉接点作用特别突出，能迅速恢复骨骼肌的正常活动，但不易透过血脑屏障。因此，该药对中枢神经系统中毒症状治疗效果不佳。

【注意事项】治疗剂量下不良反应少见。注射剂量过大或过快可产生心动过速，并能直接与胆碱酯酶结合，抑制该酶活性，引起神经肌肉传导阻滞。本品使用时不宜与碱性药物配伍，以防止水解后产生氰化物而中毒。

【用法与用量】静脉注射：一次量，每 1kg 体重，家畜 15～30mg，中毒症状缓解前，每 2h 注射 1 次，中毒症状消失后，4～6 次 /d，连用 1～2d。

氯解磷定

【作用与应用】又名氯磷定、氯化派姆。药物溶解度大，溶液稳定，使用方便。本品作用与碘解磷定相似，但作用较强（1g 氯解磷定相当于 1.53g 碘解磷定的作用），作用产生快，毒副反应低，疗效高。不良反应同碘解磷定。其注射液可供静脉注射或肌内注射。

【注意事项】肌注局部可有轻度疼痛，其他同碘解磷定。

【用法与用量】同碘解磷定。

双复磷

【作用与应用】本品作用同碘解磷定，易通过血脑屏障，有阿托品样作用，对恢复胆碱酯酶活性效果较佳，能消除外周 M 和 N 受体兴奋及中枢神经系统中毒的症状。

【注意事项】对肝毒性较大，故不宜作为常规用药。

【用法与用量】双复磷注射液：肌内注射或静脉注射，15～30mg/kg。

双解磷

【作用与应用】本品作用与碘解磷定相似。但比碘解磷定强且持久，水溶性好，使用时可用生理盐水稀释或葡萄糖盐水溶解，肌内注射或静脉注射均可。缺点是本品不易透过血脑屏障，对中枢中毒症状治疗效果欠佳。常用其粉针剂。

【用法与用量】双解磷注射液：肌内注射或静脉注射，马、牛 3～6g，猪、羊 0.4～0.8g，以后每隔 2h 一次，剂量减半。

二、亚硝酸盐中毒的特异性解毒药

动物亚硝酸盐中毒多为饲料、饮水或化肥中硝酸盐转化为亚硝酸盐而产生。有些青饲料如包心菜、甜菜、南瓜秧等含有较高硝酸盐，而动物中牛、羊、猪消化道内又有微生物能将其转化为亚硝酸盐。如果食用太多含有硝酸盐的青饲料，这些动物则易发生亚硝酸盐中毒。此外，青饲料储存或调制（煮焖）不当使细菌大量繁殖，将饲料中的硝酸盐转化为亚硝酸盐，动物食入后也可发生中毒。

亚甲蓝

【理化性质】本品又称美蓝、甲烯蓝，为深绿色有光泽的柱状晶粉，易溶于水和醇。

【作用与应用】本品具有氧化还原的性质。小剂量亚甲蓝在体内还原型辅酶 I 的作用下，形成还原型白色亚甲蓝（MBH_2），此后 MBH_2 使高铁血红蛋白（MetHb）还原为正常的亚铁血红蛋白（Hb），使之恢复携氧功能。还原型 MBH_2 被氧化成氧化型亚甲蓝（MB）。因此，亚硝酸盐急性中毒时，小剂量（1～2mg/kg）亚甲蓝缓缓静脉注射用于治疗高铁血红蛋白过多症。

大剂量可产生氧化作用，给予大剂量亚甲蓝（5～10mg/kg）时，血中形成高浓度的亚甲蓝，由于体内还原型辅酶Ⅰ的量有限，不能使全部氧化型亚甲蓝转变为还原型亚甲蓝，此时血中过量氧化型亚甲蓝能使正常的 Hb 氧化为 MetHb，MetHb 与氰离子具有强的亲和力，因此，大剂量亚甲蓝具有解除氰化物中毒的作用。

【注意事项】①如果增加亚甲蓝剂量达到 5～10mg/kg 时，血中形成高浓度的亚甲蓝，由于体内还原型辅酶Ⅰ的量有限，不能使全部亚甲蓝转变为还原型亚甲蓝，此时血中过量氧化型亚甲蓝能使正常的 Hb 氧化为 MetHb，使病情加重，因此，用于治疗亚硝酸盐中毒时，亚甲蓝剂量宜小；②静脉注射速度宜慢，因过快可引起呕吐、呼吸困难、心率加快、血压降低；③若临床效果不明显时，可在半小时左右，小剂量重复给药一次；④与强碱性溶液、氧化剂、还原剂和碘化物有配伍禁忌；⑤葡萄糖能促进亚甲蓝的还原作用，与高渗葡萄糖合用可提高疗效。

【用法与用量】亚甲蓝注射液：静脉注射，一次量，每 1kg 体重，家畜，解救高铁血红蛋白症 1～2mg，解救氰化物中毒 10mg（最大剂量 20mg）。

三、氰化物中毒的特异性解毒药

动物可因食入含有氰苷或氢氰酸的饲草料或氰化物污染的饲草而引起中毒。例如，苦杏仁和亚麻子含有氰苷，在胃酸作用下转变为有毒的氢氰酸；高粱幼苗、玉米幼苗、马铃薯幼芽及南瓜秧等为常见含有氢氰酸的植物。常用氰化物中毒的特异性解毒药是亚硝酸钠注射液、亚甲蓝注射液及硫代硫酸钠注射液。

亚硝酸钠

【理化性质】亚硝酸钠易溶于水，不稳定。

【作用与应用】本品为氧化剂，主要用于氰化物中毒的解救。静脉注射时，可使部分血红蛋白氧化成高铁血红蛋白，可迅速与体内的游离氰离子及与细胞色素氧化酶结合的氰离子形成较稳定的氰化高铁血红蛋白，使组织细胞色素氧化酶恢复活性，达到解毒的作用。

【注意事项】①本品仅能暂时地延迟氰化物对机体的毒性，静注数分钟后，应立即使用硫代硫酸钠；②本品容易引起高铁血红蛋白症，故不宜大剂量或反复使用；③有扩张血管的作用，注射速度过快，可使血压下降，心动过速、出汗、休克、抽搐。

【用法与用量】亚硝酸钠注射液：静脉注射，一次量，每 1kg 体重，15～25mg。

硫代硫酸钠

【理化性质】本品又称大苏打，为无色晶体，极易溶于水，水溶液呈微碱性。

【作用与应用】①本品主要用于氰化物中毒，静脉注射给药后，在硫氰化酶作用下，能与游离氰离子或氰化高铁血红蛋白中的氰离子结合，生成无毒且较稳定的可溶性硫氰化物，从尿中排出体外；②具有还原性，在体内能与多种金属、类金属离子结合成无毒可溶性硫化物，由尿排出体外，因此，本品可治疗砷、汞和铅等中毒，但疗效不及二巯丙醇。

【注意事项】①本品解毒作用产生慢，应先静脉注射作用产生迅速的亚硝酸钠（或亚甲蓝）后，再立即缓慢注射本品，不能将两种药混合后同时注射；②对内服中毒的动物，还应使用本品的 5% 溶液洗胃，并于洗胃后保留适量溶液于胃中；③硫代硫酸钠应用时应新鲜配制，常用其 5%～20% 注射液。

【用法与用量】亚硝酸钠注射液：静脉或肌内注射，一次量，马、牛 5～10g，猪、羊 1～3g，犬、猫 1～2g。

四、金属与类金属中毒的特异性解毒药

动物的金属及类金属中毒是指由金属的铅、铜、锑、镉、镁、铁、锌、锡等与类金属砷、磷、汞等引起的中毒。这些毒物可经口、呼吸道和皮肤等途径侵入动物体内产生毒性反应。目前可作为金属及类金属中毒的特异性解毒药，有含巯基的解毒剂及金属络合解毒剂。

二巯丙醇

【理化性质】本品为无色或近无色油状液体，易溶于水，但不稳定。

【作用与应用】本品属巯基络合物，进入体内后：①能竞争性地与游离的上述金属离子结合，形成无毒的可溶性螯合物，迅速从肾排出；②该药进入体内后能夺取已结合在酶上的金属或类金属离子，使酶复活；③本品主要用于砷、汞中毒的解救，但对镉和锑中毒解救的效果不可靠，与依地酸钙钠合用，可治疗幼小动物的急性铅脑病。

【不良反应】二巯丙醇对肝、肾有损害作用，并有收缩小动脉作用。过量使用可使中枢神经系统和循环系统功能紊乱，出现呕吐，中枢性痉挛，血压升高，最后陷于昏迷、抽搐而致死。由于药物排出迅速，大多数不良反应为暂时性。

【注意事项】①本品与金属离子结合后，仍有一定程度的解离。被解离的和尚未结合而游离的二巯丙醇，在体内也可很快被氧化失效，被解离下的金属离子仍有毒性。因此，在治疗过程中应反复注射。②与金离子结合过久的巯基酶，不易为二巯丙醇所解除，故应及早给药，动物在接触金属后 1～2h 内用药效果较好，超过 6h 则作用减弱。③与镉、硒、铁等金属形成有毒络合物，应避免同时应用硒和铁盐等。④注射可引起剧烈疼痛，仅供深部肌肉注射。

【用法与用量】二巯基丙醇注射液：肌内注射，一次量，每 1kg 体重，家畜 3.0mg，犬、猫 2.5～5.0mg。用于砷中毒，第 1～2d 每 4～6h 一次，第 3d 开始，2 次 /d 至痊愈。

二巯丙磺钠

【理化性质】本品又称解砷灵，为白色晶粉，易溶于水，可供肌内注射或静脉注射。

【作用与应用】本品作用与二巯丙醇相似，但解毒作用较强、较快，毒性较小，常用于砷、汞中毒的解毒，对铋、铬、锑也有效，对铅的结合较依地酸钙二钠差，对镉的解毒作用与二巯丙醇相似。

【注意事项】①一般采用肌内注射，静脉注射速度宜慢，否则可引起呕吐、心跳加快等；②不用于砷化氢中毒。

【用法与用量】二巯丙磺钠注射液：肌内注射或静脉注射，一次量，每 1kg 体重，马、牛 5～8mg，羊、猪 7～10mg，中毒后，第 1～2d 每 4～6h 一次，第 3d 开始，2 次 /d。

依地酸钙钠

【理化性质】依地酸钙钠又称乙二胺四乙酸二钠钙，商品名解铅乐，为白色结晶性粉

末，易溶于水。

【作用与应用】本品属氨羧络合剂，在体内能与多种重金属离子络合形成稳定而可溶的金属络合物，从肾排出。本品与金属离子的络合能力不同，与铅络合最好，与其他金属的络合效果较差，对汞、砷中毒及有机铅的中毒无效。因此，本品主要用于铅中毒，为无机铅中毒的特效解毒剂。

【注意事项】①依地酸钙钠口服吸收不良，通常肌内注射给药，且很快缓解中毒症状；②对四乙基铅中毒无效；③大剂量应用可引起肾小管上皮细胞损伤、水肿，甚至急性肾功能衰竭，用药期间应注意检查尿液，对各种肾病患者和肾毒性金属中毒动物应慎用，对少尿、无尿和肾功能不全的动物应禁用；④本品对犬具有严重的肾毒性，致死剂量为每1kg体重12g。

【用法与用量】依地酸钙钠注射液：静脉注射，一次量，马、牛3～6g，羊、猪1～2g，2次/d，连用4d，临用时用灭菌生理盐水稀释成0.25%～0.5%溶液，缓慢注射；皮下注射，每1kg体重，犬、猫25mg。

五、有机氟中毒的特异性解毒药

有机氟化合物常有氟乙酰胺（敌蚜胺）、氟乙酸钠（杀鼠药）。这些有机氟化物可由消化道、呼吸道及开放创伤面吸收进入血液，从而影响机体机能。乙酰胺是有机氟化物中毒的有效解毒药。

乙酰胺

【理化性质】本品又称解氟灵，为白色晶粉，易溶于水。

【作用与应用】乙酰胺能延长有机氟中毒的潜伏期及解除其中毒症状，主要用于有机氟中毒的解救。

【注意事项】①有机氟化物氟乙酰胺和氟乙酸钠均属剧毒品，急性中毒时，发病急，病情重，解毒时应尽早足量应用；②必要时配合镇静药，如氯丙嗪或苯巴比妥钠等治疗，疗效较好；③本品pH低，刺激性较大，注射可引起局部疼痛，故本品一次量（2.5～5g）需加普鲁卡因20～40mg混合注射以减轻疼痛。

【用法与用量】乙酰胺注射液：肌内注射，0.1g/kg。

实训十二 制定有机磷农药中毒的解毒方案

姓名		班级		学号		实训时间	2学时
技能目标	结合有机磷中毒的典型事例，培养独立应用所学知识，认真观察、分析、解决问题，提高综合应用知识的能力						
任务描述	某养殖户共饲养绵羊20只，全群发病，随来就诊。主诉：因误将喷洒有机磷农药的种子喂羊，2h后开始有发病表现。病羊主要表现精神沉郁或狂躁不安，流涎、流泪、咬牙、口吐白沫、瞳孔缩小、眼球颤动、食欲消失、腹痛、反刍停止、严重拉稀、粪便带血，心跳、呼吸次数增加，呼吸困难，体温正常；病羊全身发抖、痉挛，运动失调后失去平衡，步态不稳，卧地不起。经病史调查和临床表现，确诊为有机磷中毒。 针对上述疾病，拟定一个合理的有机磷中毒的治疗方案						

关键要点	①根据发病表现，合理选择特异性解毒药；②根据中毒程度，确定合理的联合用药和重复用药方案；③写出处方；④写出详细的给药途径、剂量和注意事项；⑤列出非特异解毒药的配合使用，以及如何加强饲养管理	
用药方案		
评价指标	考核依据	得分
	能熟练应用所学知识分析问题（25分）	
	制定药物处方依据充分，药物选择正确（25分）	
	给药方法、剂量和疗程合理（25分）	
	临床注意事项明确（25分）	
教师签名		总分

知识拓展

一、有机磷中毒的毒理及解毒原理

毒理：有机磷酸酯类化合物进入动物体内，其亲电子性的磷原子迅速与体内的胆碱酯酶结合，生成磷酰化胆碱酯酶，使酶失去水解乙酰胆碱的活性，导致乙酰胆碱在体内蓄积，胆碱能神经机能亢进出现中毒症状。轻度中毒时主要表现 M 样症状，如流涎、呕吐、腹痛、腹泻、瞳孔缩小、发绀、出汗、心率减慢、呼吸困难等；中度中毒时同时表现 M 和 N 样症状，如肌肉震颤、抽搐等；严重中毒时 M 受体和 N 受体过度兴奋，动物表现兴奋不安、惊厥，最后转入昏迷、血压下降、呼吸中枢麻痹而死亡。

解毒机理：①生理阻断剂，又称 M 受体阻断剂，如阿托品、东莨菪碱、山莨菪碱等，它们可竞争性地阻断乙酰胆碱与 M 受体的结合，迅速解除 M 样症状，大剂量应用时也能进入中枢系统消除中枢神经样中毒症状，兴奋呼吸中枢，缓解呼吸抑制症状，但对骨骼肌震颤等 N 受体兴奋样中毒症状无效，也不能使胆碱酯酶复活。②胆碱酯酶复活剂，如碘解磷定、氯解磷定、双解磷及双复磷。本类药物属季胺类复合物，分子中含有的肟基（＝N—OH）有很强负电性，为亲核基团，易与正电荷的磷原子进行共价键结合，能与游离的及与胆碱酯酶结合的有机磷酸根离子结合，恢复胆碱酯酶的活性而达到解毒作用。但对中毒过久，已经"老化"的磷酰化胆碱酯酶几乎无作用，因此，复活剂越早使用越好。

二、亚硝酸盐中毒的毒理及解毒原理

毒理：亚硝酸盐有强的氧化性能，与血红蛋白结合后，使正常的亚铁血红蛋白氧化为三价铁的高铁血红蛋白（MetHb）。由于 MetHb 失去携氧功能，导致血液不能供给组织充足的氧，造成组织器官严重缺氧。同时，亚硝酸盐吸收入血液后，形成的亚硝酸根离子直接抑制血管运动中枢，使血管扩张。亚硝酸盐中毒后呈现高铁血红蛋白症，动物呈现不安，运动失调，心跳快而弱，呼吸迫促而困难，体温下降，微血管舒张发绀，血液呈酱色而不凝等症状。

解毒机理：小剂量亚甲蓝在体内还原型辅酶Ⅰ的作用下，形成还原型白色亚甲蓝（MBH_2），此后 MBH_2 使高铁血红蛋白 MetHb 还原为正常的亚铁血红蛋白（Hb），使其恢复携氧功能，解除组织缺氧的症状。同时，还原型 MBH_2 被氧化成氧化型亚甲蓝（MB），如此循环进行。

三、氰化物中毒的特异性解毒药

毒理：含有氰苷或氢氰酸的饲草料或氰化物被动物大量食入后，吸收进入组织的氰离子（CN^-）能迅速与线粒体内氧化型细胞色素氯化酶的 Fe^{3+} 结合，形成氰化细胞色素氧化酶，从而妨碍酶的还原，使酶失去传递氧的能力，使组织细胞不能得到足够的氧，形成"细胞内窒息"，导致细胞缺氧而中毒。组织缺氧首先引起脑、心血管系统损害和电解质紊乱。对氰化物牛最敏感，其次是羊、马和猪。氰化物中毒过程极快，病畜常见兴奋不安、流涎、呼吸加快，黏膜微血管鲜红，血液呈现鲜红色，全身肌无力，站立不稳，肌肉痉挛，呼吸浅表而微弱，以致死亡。

解毒机理：使用氧化剂（亚硝酸钠、大剂量亚甲蓝），可使部分血红蛋白氧化成高铁血红蛋白，后者中的 Fe^{3+} 与 CN^- 结合力比氧化型细胞色素氯化酶的 Fe^{3+} 强，可迅速与体内的游离氰离子及与细胞色素氧化酶结合的氰离子形成较稳定的氰化高铁血红蛋白，使组织细胞色素氧化酶恢复活性，达到解毒的作用。但高铁血红蛋白与 CN^- 结合后形成的氰化高铁血红蛋白在数分钟后又逐渐解离，释出的 CN^- 又重现毒性，因此，一般在应用亚硝酸钠、大剂量亚甲蓝 $15\sim25min$ 后，需再注射硫代硫酸钠，在体内转硫酶作用下，与氰离子形成稳定且毒性小的硫氰酸盐，随尿排出而彻底解毒。

四、有机氟中毒的特异性解毒药

毒理：有机氟化物（如氟乙酰胺或氟乙酸钠）进入体内后，在酰胺酶的作用下被转化为氟乙酸，随后与乙酰辅酶 A 的乙酰基结合，形成氟乙酰辅酶 A，再与草酰乙酸作用生成氟柠檬酸酸，氟柠檬酸酸竞争性地抑制三羧酸循环中的顺乌头酸脱羧酶，从而阻断体内三羧酸循环，从而阻断细胞内氧化能量代谢，对机体内脑、心等重要器官产生严重损害，导致机体死亡。有机氟中毒时，动物临床表现除急性肠炎外，犬和豚鼠主要出现兴奋不安，过度激动，狂吠，强直性痉挛，最后因中枢抑制死亡；马、牛、羊、兔及猴等表现心律不齐，心动过速，心室纤维颤动，最后抽搐致死；猫、猪则上述兴奋和心律不齐兼有。

解毒机理：乙酰胺与氟乙酰胺或氟乙酸钠化学结构相似，在体内能与氟乙酰胺、氟乙酸钠等争夺酰胺酶，使氟乙酰胺、氟乙酸钠不能转化为氟乙酸，阻止氟乙酸对三羧酸循环的干扰，恢复阻止正常代谢功能，从而解除有机氟对机体的毒性。

五、金属及类金属中毒的毒理及解毒机理

毒理：动物的金属及类金属中毒是指由金属的铅、铜、锑、钴、镉、镁、铁、钼、锌、锡等与类金属砷、磷、汞等引起的中毒。这些毒物可经口、呼吸道和皮肤等途径侵入动物体内，能与体内的巯基酶系统中的巯基（—SH）结合，抑制酶的活性，阻碍了组织细胞中的新陈代谢而中毒。临床上可表现出各种症状，严重时可导致死亡。

解毒机理：临床使用解毒药为金属或类金属的络合剂（如依地酸钙钠），进入体内后能与这些金属或类金属离子络合，形成可溶性无毒或低毒的络合物，经肾排出，缓

和或解除中毒症状。而巯基酶复活剂（如二巯丙醇），这类药物与金属或类金属离子的亲和力要比酶与金属或类金属的离子亲和力大，因此该药进入体内后不仅能与游离的上述金属离子结合，形成无毒的可溶性螯合物，迅速从肾排出，防止酶系内巯基中毒，还能夺取已结合在酶上的金属或类金属离子，使酶复活恢复其机能而呈解毒作用。

复习思考题

1）敌百虫等有机磷药物中毒应如何解救？

2）亚硝酸盐中毒有何症状及如何解救？

3）氟乙酸盐中毒应如何解救？

4）硫代硫酸钠（大苏打）在解毒剂应用中有何应用价值？

5）重金属及类金属中毒的解救药有哪些？各有哪些适应证？

6）一般性解毒剂有哪些？如何选择应用？

（芮　萍　宋　涛）

第十二章 兽医药理学课程教材教法

第一节 课程设置与学情分析

兽医药理学是动物医学专业的一门重要的专业基础课，主要研究药物与动物机体（包括病原体）之间的相互作用规律，是为兽医临床合理用药、防治疾病提供基本理论的基础学科。本学科主要研究药物效应动力学（简称药效学）和药物代谢动力学（简称药动学）两个方面，还包括药物的来源、性状、适应证、药物间相互作用、应用时注意事项及用法与用量等。

兽医药理学是一门桥梁学科，既是动物药学与兽医学的桥梁，也是基础兽医学与临床兽医学的桥梁，还是联系专业基础课程与畜牧兽医生产实践的桥梁。本学科的主要任务是培养未来的兽医师，使其学会正确选药、合理用药、提高疗效、减少不良反应；并为进行兽药临床前药理学实验研究及研制开发新药和新制剂创造条件。

学习本课程时，要求学生在学习过生理学、病理学、动物生物化学、微生物学、免疫学、传染病学、解剖学等基础理论和知识的基础上进行学习。兽医药理学课程属于以理论学习为主的课程，理论性强、涉及学科面广、涵盖基础知识多、难理解、难记忆，难以将书本知识应用于畜牧兽医实践，学生容易失去对兽医药理学的学习兴趣与动力，教学效果较差。在教学过程中应注意教学方法的运用，提高学生学习的积极性和主动性，从而为本课程的学习创造有利条件。学生的抽象思维能力一般还没有系统形成，在进行症状综合分析时，还要求任课教师循循善诱，启发学生进行思考。

第二节 教 材 分 析

《兽医药理学》教材是动物医学专业职教师资培养专用教材。内容选取考虑了中职毕业生的岗位定位与能力需求，也考虑了国家职业技能鉴定工种对中职毕业生胜任工种的能力需求。尽量选取有代表性的学习内容和能起到举一反三作用的内容。编写体例上力求以工作任务为导向，体现职业教育特点，同时更强调技术的先进性和可操作性。每一独立项目都有相应的教学评价标准，便于任课教师进行教学评估。

对课程内容的深入掌握，无疑是讲授好课程的前提。教师必须要研究教材的科学性，把握知识的内涵和外延，做到深入浅出、科学正确地传授知识；必须要研究教材的逻辑性，运用科学的思维方法，做到讲述思路清晰，通俗严密，并要善于抓住教材的重点、难点和关键；还要研究教材的系统性，把教材中的各知识点有机地结合起来，在授课过程中，自然地形成完整的知识网络，从而达到灵活掌握和支配教材的目的。另外对于课程分析、教材分析和职业教育理念下的具体章节教学法的优选，也是在本课程教学时要贯穿始终的。

第三节 教学法建议

职业教育常用的教学法包括项目教学法、任务驱动教学法、情景教学法、引导式教学法、案例教学法、角色扮演法、问题导向教学法（PBL 教学法），在本课程的教学中都可以应用，但最适合本课程使用的方法是项目教学法、任务驱动教学法和案例教学法。

在兽医药理学课程教学过程中，各章涉及药物种类较多，学生往往会对性质相近的药物混淆不清，如果按照教材顺序逐个阐述，学生将难以掌握。因此，在讲授药物作用原理、药理作用、用途及不良反应相似的药物时，可采用比较式教学法进行教学，通过比较，抓住主题、寻找共性、突出特点。使学生理清思绪，强化记忆，能够同中求异、异中求同，加深印象。例如，对于拟胆碱药的介绍，应先介绍该类药物的共同作用特点，并重点讲透毛果芸香碱的作用、应用、注意事项等，其他类似作用的药物，则以表格的形式进行比较、归纳总结，使复杂的内容条理化、系统化，便于掌握和记忆各种药物的特点及彼此间的差异，进而保证临床的正确合理用药，收到良好的教学效果。

引导式教学法贯穿于药理学的各个重点章节，在教学过程中体现 PBL 理念，首先由教师引导并提出相关问题，启发和诱导学生以问题为出发点，在听讲的过程中积极、主动思考，培养学生的思维能力，以及分析和解决问题的能力。学生在学习中讨论、在讨论中学习，引导学生自主思考，带着问题听课，边听课边思考边回答问题，师生互动，气氛活跃，从而激发学生的学习兴趣，也有利于学生对知识的学习和掌握，这种教学方法可增强学生的主动性及师生间的互动，变单向的被动关系为双向的互动关系，最终达到提高教学质量的目的。

案例教学法是一种以案例为基础的教学方法，通过一个具体教学情境的描述，引导学生对特殊情境进行讨论，以学生为主体，以教师为主导，培养学生自主分析问题、解决问题的能力。兽医药理学教学中的案例教学法是学生在学习一定的药理基础知识后，通过分析用药过程，培养学生发现问题、分析问题和解决问题的能力。兽医药理学教师首先应该安排充分的时间深入临床第一线，主动参与兽医临床疾病的诊断和合理用药，才能及时了解临床应用的最新药物及其制剂，并通过教学与临床相结合，提高教师的理论水平和操作能力。同时掌握一个个具体生动的用药病例，为课堂教学提供良好的素材，从而拉近了学与用的距离，活跃课堂气氛，改变了课堂枯燥无味，气氛较差，学生学习兴趣不浓的传统教学方式，提高了教学效果。例如，在讲磺胺类药物的代谢过程时，先列举一个典型的因磺胺类药物中毒引起的泌尿道损伤的猪只病例，然后提出问题：为什么磺胺类药物会引起泌尿道损伤呢？临床实践中该如何避免呢？激发学生进入积极的思维状态，产生强烈的求知欲。这时教师再讲解磺胺类药物的体内代谢过程，学生就会用心去听课，讲完这部分内容后，提问大家明白刚刚提出的两个问题吗？同学们会主动思考，积极回答问题，通过师生互动，极大地调动了学生的学习兴趣和学习动力，培养学生对兽医药理学知识的总结和实际应用的能力。

兽医药理学具有理论性强、涉及学科面广、涵盖基础知识多等特点，学生普遍反映难理解、难记忆。我们只有具体章节具体对待，采用不同的教学方法，才能收到事半功倍的效果。对有类似药理作用或用途的药物，适宜采用比较式教学法，让学生能够加深印象。引导式教学法适用于药理学的重点章节，能培养学生的思维能力。带有专题性质的内容用讨论式教学法，拓宽学生的知识面，锻炼他们的综合分析能力。兽医药理学中难理解或重要、需要强调的内容，采用通用的直观式教学法，动静结合或边讲边画，图文并茂，可使知识具体化、形象化，为学生的感知、理解和记忆创造条件。对药理理论与实践结合紧密的内容重视实践式教学法，让学生自己动手、在实验中获取知识，培养学生的观察能力及动手能力。必须指出，同样一个教学内容，可以选用多种教学方法，不能简单认为哪个方法对、哪个方法错，也不能说哪个方法好、哪个方法差。对于特定的教学内容，只能以其中最适合的一种教学方法为主，再辅以其他的一或两种教学方法。在教学备课过程中，要认真分析学习内容，要时刻思考如何把要传授的知识和技能以最好的方式传授给学生，以及怎样进行过程评价和效果评价。

第四节　教学方法示例

一、引导式教学法

兽医药理学教学的特点是内容多、抽象且复杂，学生对种类繁多的药物及复杂而抽象的药物作用机理等难于理解和掌握。如何使学生更好地理解和掌握该门课程值得进一步探讨，通过引导式教学法的应用收到良好的效果。引导式教学法是将具体问题引入兽医药理学课堂教学中，由教师提出问题，学生分析、思考、解决问题，达到提高学生理论联系实际的能力、培养学生解决问题的能力的目的。让学生在解决问题的过程中，主动摄取知识，对提高自学能力和思维能力，取得良好的教学效果具有重要的意义。

引导式教学法的一般过程为：设计问题→导入问题→分析并解决问题。

选取兽医药理学课程中"药物代谢动力学"内容进行研究。

1）设计问题：针对学生提出的问题没有代表性或实用性不高等可能出现的问题，教师在集体备课的基础上明确本次教学内容，根据学生已有的知识设定学习目标，对学生给予必要的提示和引导，使学生在教学大纲的要求和教材内容的引领下自主学习。作为药物代谢动力学内容的教具，药品说明书的出现，极大地激发了学生学习的兴趣，有助于学生根据选定的教学内容提出与临床用药联系密切的实际问题。

2）导入问题：教师根据设计的问题引导学生读书、思考，适时导入并点拨，将所学理论融合其中，以这样的问题作为学生课堂学习和讨论的导航，极大程度地激活了学而问的主动性。

3）分析并解决问题：教师适时把握学情，结合学生所学知识，启发学生思路，对提出的问题进行分析，在问题的导航和教师的讲解中，逐步走近答案，使学生对药品说明书由看不懂（what）→能解释（why）→如何做（how），实现理论知识与临床应用的完美连接，这对兽医药理学后续课程的学习和学生以后的生产实践都起到了积极的指导和推动作用。为了加深印象，可将问题延伸至课外，达到学生综合素质发展的目的。

药物代谢动力学（引导式教学法）教案

专业 __兽医__ 授课班级 __动医****班__ 教师姓名 __***__

第 __3__ 周 第 __5~6__ 课时

教学内容		药物代谢动力学
教学目标	技能目标	掌握药物代谢动力学的基本理论
	情感目标	培养学生理论与实践的结合
教材重、难点	重点	机体对药物的作用
	难点	药物代谢动力学的基本参数及其意义
教学组织与过程		第一步：设计问题 第二步：导入问题 第三步：分析并解决问题
已具备知识		分析化学、动物生理、动物生物化学
教学方法	教法	引导式教学法
	学法	
教学媒体及辅件		多媒体、药品说明书、药物代谢动力学内容的教具

二、案例教学法

案例教学法是一种以案例为基础的教学方法，通过对具体教学情境的描述，引导学生对特殊情境进行讨论，以学生为主体，以教师为主导，培养学生自主分析问题、解决问题的能力。兽医药理学教学中的案例教学法是在学生学习一定的药理基础知识后，使其通过分析用药过程，培养发现问题、分析问题和解决问题的能力。

案例法的一般过程为：选择和编写案例→学生讨论→案例评论与总结。

下面是一个案例教学法的应用示例，任课教师可以在此基础上，掌握案例教学法的特点，根据相应教学内容的实际，选用案例教学法。

案例教学法在兽医药理学教学中的实施

一、选择和编写案例

采用案例教学法时，案例不是随意选择的，而是要根据教学内容和教学对象的不同，精心选择、设计。案例的选择是实施案例教学法的基本前提，选择的案例是否恰当，直接关系到教学效果的好坏。所以，教师要深入到临床实践中搜集案例资料，然后从大量案例中精选出症状典型、诊断明确、药物作用显著并且与各章药物知识连接紧密的典型案例。最后，对这些案例进行整理加工，使案例更具针对性、理论性和综合性。其目的就是让学生运用已掌握的药物基本知识对病例进行分析和诊断，给出安全、有效、合理的治疗方案，或是对治疗方案的合理性进行分析，把学到的兽医药理学基础理论知识灵活地运用到临床实践中去，从而增强学生分析问题、解决问题和适应临床工作的能力。

案例教学法只是教学方法中的一种，我们不能将它形式化和绝对化，也不可过分夸大它的作用。对于兽医药理学教学来讲，只采取单一的案例教学法不一定能达到良好的效果，在实际的课堂教学过程中，应与其他的教学方法相互穿插，不同章节可能适合不同的教学方式。一般来说，案例教学一般适用于理论与实践结合性强的章节，例如，作用于心血管系统的药物、抗微生物药物等，而讲授法更适合于总论。我们提倡在一门学科或课程中，将多种教学方法并举，做到各有侧重、灵活运用、取长补短，只有这样，才能取得更好的效果。

一般来说，案例的选择应符合以下 4 个要求。

1）选择的案例要贴切、恰当，能全面反映教学内容，这是实施案例教学的前提条件。作为一种教学方法，它的本质是服务教学，如果与教学内容不符，不能被教学对象接受，所选择的案例也就失去了存在的意义。

2）选择的案例要生动，具有吸引力。所选案例需要能调动学生的积极性，能吸引学生积极参与和思考，才能起到提高学生分析问题、解决问题的能力，使学生更好地掌握所学的基础理论知识，为以后的工作打下坚实基础。

3）选择的案例难易要适度，易于被学生接受理解。由于学生自身能力存在差异，对所选择案例的理解和接受能力也会存在着差异，所以，在选择案例时要充分考虑到学生的个体差异，尽量选择可以让大多数学生理解和接受的案例。

4）所选择的案例最好和学生的生活或将来的工作有紧密联系，这样的案例才接近学生的实际，使他们更感兴趣，更有助于学生对所学内容的理解和接受。

二、学生讨论

在教师介绍完案例各方面的特点后，先以小组为单位，对案例用药进行讨论分析。例如，为什么选用这些药物治疗患病畜禽？有哪些药物不能用于此病例？案例中的用药方案是否合理等。小组讨论以后，再进行全班课堂大讨论。每个小组推选代表针对用药问题阐述小组的意见和看法，其他小组可以提出质疑或者补充，从而在课堂上模拟"实战"的氛围，使学生身临其境，提高学生的学习兴趣。

三、案例评论与总结

教师首先应从多角度、全方位对学生的讨论分析进行总结，重点应该关注学生对案例分析的思路是否正确、方法是否恰当，以便学生从案例教学法的过程中学到正确处理和解决问题的思路和方法。其次，教师要对案例所包含的知识点进行归纳和总结，以方便学生记忆和理解。在进行评价总结时，对一些有新意的正确观点应给予鼓励，对一些有代表性的观点要进行剖析，同时指出优缺点，并适当提出一些自己的看法和意见。最后，还可以让学生在课后写出心得报告。

实践表明，在兽医药理学教学过程中引入案例教学法，可使教学内容生动形象，清晰易懂，可以引起学生的兴趣，吸引学生的注意，提高教学质量。但教师应如何控制教学过程？如何使案例与基础理论知识有机结合？如何更好地调动学生的积极性？仍有待于进一步研究。

（毛　伟）

主要参考文献

操继跃，卢笑丛. 2005. 兽医药物动力学. 北京：中国农业出版社.

陈杖榴. 2010. 兽医药理学. 第三版. 北京：中国农业出版社.

邓旭明，哈斯苏荣. 2014. 兽医药理学. 北京：中国林业出版社.

高作信. 2014. 兽医学. 北京：中国农业出版社.

江明性. 2004. 药理学. 第六版. 北京：人民卫生出版社.

李春雨，贺生中. 2007. 动物药理. 北京：中国农业大学出版社.

李继昌. 2014. 兽医药理学. 北京：中国林业出版社.

梁运霞，宋冶萍. 2006. 动物药理与毒理. 北京：中国农业出版社.

林庆华. 1987. 兽医药理学. 成都：四川科学技术出版社.

刘海. 2008. 动物常用药物及科学配伍手册. 北京：中国农业出版社.

刘占民，李丽. 2012. 新编动物药理学. 北京：中国农业科学技术出版社.

沈建忠，谢联金. 2000. 兽医药理学. 北京：中国农业大学出版社.

宋冶萍. 2014. 动物药理与毒理. 北京：中国农业出版社.

孙洪梅，王成森. 2010. 动物药理. 北京：化学工业出版社.

王新，李艳华. 2006. 兽医药理学. 北京：中国农业科学技术出版社.

徐浩. 2005. 最新国家兽药药品标准手册. 吉林：银声音像出版社.

杨雨辉，邵卫星. 2011. 兽医药理学. 北京：中国农业出版社.

张继瑜. 2007. 动物专用新化学药物. 兰州：甘肃科学技术出版社.

赵明珍. 2013. 动物药理. 北京：中国农业出版社.

中国兽药典编辑委员会. 2010. 中华人民共和国兽药典 兽药使用指南：化学药品卷（2010年版）. 北京：中国农业出版社.

中国兽医协会. 2014. 执业兽医资格考试应试指南. 北京：中国农业出版社.

周新民. 2006. 动物药理. 北京：中国农业出版社.

朱模忠. 2002. 兽药手册. 北京：化学工业出版社.